Über dieses Buch

Daß der Mensch ein an das Landleben angepaßtes Meerestier ist, beweist der Biologe Hans Hass anhand der Entwicklungsgeschichte der menschlichen Organe in diesem Buch sehr anschaulich.
Alle wichtigen Organe des menschlichen Körpers entstanden zu ganz verschiedenen Zeiten – z. T. auf höchst grotesken Umwegen. Konstruktionsfehler aller Art – im Buch in Zeichnungen dargestellt – beweisen, daß der Mensch kein einheitlicher, zielhafter Entwurf war. Der menschliche Embryo zeigt den entwicklungsgeschichtlichen Werdegang noch heute, indem er zunächst Kiemenspalten anlegt. Im Mutterleib reift der Embryo in einem Aquarium heran, das ihm die Umweltbedingungen seiner Urahnen vermittelt.
Anknüpfend an die »Sternstunden der Menschheit« des Dichters Stefan Zweig unternimmt hier ein Naturforscher den Versuch, die 85 wichtigsten Sternstunden in dem über 4000 Millionen Jahre verlaufenden Entwicklungsweg zum menschlichen Körper aufzuzeigen. Zufall und Notwendigkeit wiesen der Entwicklung den Weg.

Der Autor

Prof. Dr. Hans Hass, geb. 1919, ist Biologe und gehört zu den Pionieren des Tauchsports. Weltberühmt wurde er durch seine Unterwasser-Expeditionen, die er seit 1938 unternahm. Hans Hass, der heute eine Professur in Wien innehat, produzierte viele, später preisgekrönte Filme. Er schrieb zahlreiche Erfolgsbücher, u. a.: ›Unter Korallen und Haien‹ (FTB 3052), ›Eroberung der Tiefe‹ und ›Der Hai‹. Das vorliegende Buch ist ein Ergebnis seiner 40jährigen Forschungsarbeit.

Hans Hass

Wie der Fisch zum Menschen wurde

Die faszinierende Entwicklungsgeschichte unseres Körpers

Mit 20 Tafeln von Helmut Katzmann

Fischer Taschenbuch Verlag

Fischer Taschenbuch Verlag
August 1982
Umschlagentwurf: Jan Buchholz / Reni Hinsch
Fischer Taschenbuch Verlag, Frankfurt am Main
Lizenzausgabe mit freundlicher Genehmigung
des C. Bertelsmann Verlages, München

Satz: Welsermühl, Wels
Druck und Bindung: Hanseatische Druckanstalt GmbH, Hamburg
Printed in Germany
980-ISBN-3-596-23058-6

Inhalt

Den vorbildhaften Vertretern
universalistischer Denkweise
in der Biologie
Richard Hesse und *Franz Doflein*
gewidmet

Einleitung

»Sternstunden der Menschheit« nannte der österreichische Dichter Stefan Zweig ein ebenso schönes wie erfolgreiches Buch, in dem er von schicksalhaften Augenblicken in der Menschheitsgeschichte erzählte. Auch im vorliegenden Buch soll von solchen Sternstunden die Rede sein – allerdings liegen diese viel weiter zurück. Fast alle ereigneten sich vor mehr als 2 Millionen Jahren, manche vor mehr als 100 Millionen Jahren, manche sogar vor mehr als 1000 Millionen Jahren. Es sind jene Zeitpunkte, da sich entschied, warum der Mensch so und nicht anders aussieht, warum wir aus diesen und jenen Teilen, aus diesen und jenen »Organen« bestehen.

Einwand: Ist diese Frage überhaupt interessant? Was kümmert uns diese graue Vorgeschichte? Kann es uns in unserem heutigen Leben mit seinen so vielen Problemen auch nur im entferntesten helfen, wenn wir wissen, wann, wie und unter welchen Voraussetzungen unser Herz, unsere Nase, unsere Zehennägel entstanden sind? Handelt es sich hier nicht bloß wieder um den krampfhaften Versuch, mit irgend etwas Ausgefallenem, Neuem Interesse zu erwecken, Leser zu gewinnen, sie allenfalls zu amüsieren?

Antwort: Nein. Gerade im heutigen Chaos der von allen Seiten auf uns eindringenden Meinungen, Behauptungen, Ideologien ist es von beträchtlicher Wichtigkeit, wieder irgendwo einen festen Standort zu gewinnen, auf den man sich verlassen kann, von dem aus man Stück für Stück weiter aufbauen kann, um die Sturmflut heutiger Informationen zu beurteilen, einzuordnen – und wenn nötig abzuwehren. Wo aber könnte dieser feste Standort, dieser so wichtige Ausgangspunkt für alles Weitere zu suchen sein, wenn nicht in einer nüchternen Beurteilung unseres Körpers und seiner Teile? Ob es Politik, Kunst, Wirtschaft, ob es dies oder jenes Alltagsproblem ist: Nichts ist ohne den menschlichen Körper denkbar. Wie können wir uns vermessen, himmelstürmende Ideen zu diskutieren, ohne vorher das Zentrum ihrer Entstehung in Augenschein zu nehmen . . .

Die »Sternstunden«, die Stefan Zweig in seinem Buch darstellte, sind sehr persönlich ausgewählt: Augenblicke, die ihn als Dichter besonders faszinierten. Etwa der Augenblick, da ein spanischer Conquistador als erster Europäer im Gebiet von Panama die blaue Weite des Pazifischen Ozeans erblickte – um bald darauf seinen Kopf zu verlieren. Oder der Augenblick, da der zum Tode verurteilte russische Schriftsteller Dostojewski mit verbundenen Augen das Kommando »Feuer!« erwartete – und statt dessen von der Begnadigung durch den Zaren erfuhr. Oder der Augenblick, da über ein immer wieder reißendes Kabel schließlich doch die erste telegraphische Verbindung zwischen Europa und Amerika hergestellt wurde . . . Wie viele andere Sternstunden in der Geschichte der Menschheitsentwicklung gab es, die Stefan Zweig nicht schildern konnte, weil sie im Schoß der Vergessenheit ruhen: Der Augenblick, da der erste Mensch das Feuer zähmte, es für seine Zwecke einsetzte. Der Augenblick, als das erste Rad ersonnen wurde. Der Augenblick, da dieser oder jener Religionsstifter zum erstenmal seine Lehre verkündete . . .

Aber bei all den zahlreichen Sternstunden, welche die Menschheitsentwicklung in dieser oder jener Weise beeinflußten, ihr diese oder jene Richtung wiesen, ist der Mensch bereits vorhanden, als selbstverständliche Einheit vorausgesetzt. War seine eigene Entstehung das Ergebnis einer einzigen »Sternstunde«? Die meisten Religionen, auch die christliche, legen das nahe. Wie auch immer man sich den Gott, den Verursacher des menschlichen Daseins, vorstellte: Man nahm an, daß er den Menschen schuf – aus welchem Grund auch immer. Tief in uns verwurzelt – seitdem der Mensch denkt, sein Denken weitergibt – ist die Vorstellung von einer »Erschaffung« des Menschen. In ferner, unklarer Perspektive stellen wir uns einen Schöpfer bei der Bildung des menschlichen Körpers vor, beim Entwurf unserer Arme, unseres Gehirns, unserer Hände, unserer Augen. Was immer auch die Wissenschaft entdeckte und behauptete: Wir sehen uns als einheitlichen Entwurf, als Ergebnis eines Schöpfungsaktes, einer genialen Planung, als in einer geheimnisvollen »Sternstunde« entstandene Ganzheit.

Daß diese Vorstellung total irrig ist, soll dieses Buch Stück für

Stück darlegen. Nicht um zu verwirren oder zu provozieren – sondern um zu einer Basis der Selbsterkenntnis zu gelangen, die frei ist von der Spukwelt unserer eigenen Phantasie. Der Mensch ist ebensowenig das Ergebnis einer bestimmten Schicksalsstunde, wie der nächtliche Sternenhimmel die zeitliche Einheit ist, als die er sich uns darstellt. Öffnen wir bei klarer Nacht das Fenster, blicken wir zur Ernüchterung zu den Sternen hoch: Dort ist der Mond, dort der Große Wagen, dort jener winzige Punkt: der Nebel der Andromeda.

Was wir in Wahrheit sehen, ist der Mond, so wie er vor etwas mehr als einer Sekunde aussah. So lange brauchen die von ihm kommenden Lichtstrahlen zu uns. Die Sterne, aus denen sich der Große Wagen zusammensetzt, sind 55 bis 215 Lichtjahre von uns entfernt. So lange braucht das Licht, um von ihnen zu uns zu gelangen. Wir sehen sie also keineswegs, wie sie eben jetzt sind, sondern wie sie vor 55 bis 215 Jahren waren. Und den Nebel der Andromeda sehen wir so, wie er vor 2,5 Millionen Jahren aussah. Mancher Stern, der so freundlich auf uns herabglitzert, mag längst nicht mehr existieren. Der nächtliche Himmel zeigt uns somit ein Nebeneinander von Eindrükken, die alles andere als etwas Gleichzeitiges, alles eher als eine einheitliche, zusammengehörende Wirklichkeit sind.

Nicht anders verhält es sich aber auch mit unserem eigenen Körper. Treten wir vor einen Spiegel. Da ist das vertraute Bild unseres »Gesichtes«. Seine Teile sind ebensowenig Ausdruck einer Gleichzeitigkeit wie die Sterne des Großen Wagens. Die Augen, der Mund, die Nase – sie wurden durchaus nicht gleichzeitig entworfen. Die Mundöffnung kam in der Linie unserer Vorfahren vor etwa 1000 Millionen Jahren zustande, die Zähne vor 400 Millionen Jahren, die roten Lippen vor »bloß« 4 bis 2 Millionen Jahren. Die Augen –? Nun: Die lichtempfindlichen Zellen des Augenhintergrundes haben das stattliche Alter von über 600 Millionen Jahren, die Pupille ist »nur« etwa 460 Millionen Jahre alt, die Wimpern 200 Millionen Jahre. Und so ist es mit dem Rest unseres »Gesichtes«, mit unserem ganzen Körper. Von einem gleichzeitigen Entwurf kann nicht im entferntesten die Rede sein. Unser Körper ist vielmehr ein Sammelsurium von Teilen, die zu höchst verschiedenen Zeiten, unter höchst verschiedenen Umständen, auf höchst verschiedene Art zustande kamen. Von »Pinselstrichen des Meisters«

ist keine Rede. Immerhin jedoch von denkwürdigen Sternstunden, da die Familie unserer Organe um dieses oder jenes Mitglied bereichert wurde.

Einwand: Und wenn schon! Was ficht es uns an, ob dieser oder jener Teil vor 50 oder 2000 Millionen Jahren zustande kam? Was kümmert uns diese läppische Prozession von Vorfahren? Schön und gut: Irgendeiner dieser Vorfahren war nun eben eine besondere Kombination von Molekülen und irgendein späterer Vorfahre war dann ein Wurm. Mit uns, unserem Heute und Morgen, hat das wohl kaum etwas zu tun. Oder doch?

Antwort: Es hat sehr wohl etwas mit unserer Gegenwart zu tun. Denn wer »Ich« sagt, sollte letztendlich wissen, wie die Teile entstanden sind, die insgesamt dieses »Ich« produzieren. Wer wollte sich ernsthaft beurteilen können, ohne die einzelnen Bausteine zu kennen, aus denen sich letztendlich dieses »Ich« zusammensetzt? Somit ist es vielleicht doch keine so schlechte Idee, sich einmal in einem anderen als dem gewohnten Spiegel zu betrachten. Manche unserer Besonderheiten, jedoch auch manche Schwäche und Krankheit mögen aus dieser Perspektive besser erklärbar sein, uns unser »Ich« in etwas anderem Licht darstellen.

Thema dieses Buches sind somit die Teile, aus denen wir bestehen, ihr Ursprung, ihre Geschichte, ihr Entwicklungsweg. Ehe wir uns ihnen zuwenden, muß allerdings noch kurz erklärt werden, wie man diesen Entstehungsweg überhaupt aufdecken konnte. Denn was hier dargelegt wird, ist keine blühende Phantasie. Worauf also stützen sich die einzelnen Angaben, die Behauptungen?

Es dürfte wohl keinen Kriminalfall geben, dessen Aufklärung mehr emsige Arbeit, mehr geistreiche Schlußfolgerung, mehr technisches Rüstzeug gewidmet wurde, als der Problematik der menschlichen Herkunft. Sobald vor knapp 130 Jahren entdeckt war, daß sämtliche Lebewesen auf dem Planeten Erde miteinander verwandt sind, ja, daß offenbar alle, sowohl Tiere als auch Pflanzen, von gleichen mikroskopisch kleinen Urvorfahren abstammen – sobald diese sensationelle Entwicklung bekanntgeworden war, setzte sich ein Heer von Wissenschaftlern in Bewegung, um diesen gigantischen Stammbaum, an dem wir selbst ein kleiner Zweig sind, zu rekonstruieren.

Erste Methode: die vergleichende Untersuchung sämtlicher

heute lebender Tier- und Pflanzenarten. Zeigen zwei Arten eine ähnliche innere Organisation, sind ihre Organe in wesentlichen Merkmalen ähnlich gebildet, dann ist das ein Hinweis darauf, daß sie näher miteinander verwandt sind, also von einem nicht allzuweit in der Vergangenheit lebenden gemeinsamen Ahnen abstammen. Stoßen wir dagegen auf grundsätzlich anders gebildete und angeordnete Organe, dann muß angenommen werden, daß sie sich unabhängig voneinander entwickelten – daß wir also in eine sehr ferne Vergangenheit zurückgehen müssen, um zum gemeinsamen Vorfahren zu gelangen, von dem dann so verschiedene Entwicklungslinien ihren Ausgang nahmen.

Zweite Methode: die genaue Erforschung fossiler Körperreste und Spuren in den Gesteinsschichten. Besonders auf dem Meeresboden und in Seen wurden abgestorbene Tier- und Pflanzenkörper von Schlamm und Sand bedeckt, wurden ebenso wie diese Sedimente durch chemische Umwandlung zu Stein. Nicht nur Panzer, Skelette und sonstige Hartteile blieben so erhalten, sondern in günstigen Fällen auch die Abdrücke zartester Gewebe, ja selbst Fußspuren, die Tiere in weichem Boden hinterließen. Durch tektonische Erdbewegungen gelangten dann solche Gesteine über Wasser, in manchen Plattenkalken sind geradezu perfekte Abbilder längst ausgestorbener Tier- und Pflanzenarten erhalten. In Braunkohle, die sich vor 60 Millionen Jahren bildete, konnten sogar einzelne Zellen, ja darin eingebettete Bakterien sichtbar gemacht werden. Da das Alter solcher Fossilien mit verschiedenen Methoden ermittelt werden kann, gelangte man bei zahlreichen Organismen zu einer recht genauen Kenntnis ihrer geschichtlichen Entwicklung und Veränderung, manchmal wurden so auch gemeinsame Ahnen von heute völlig getrennten Tier- und Pflanzengruppen entdeckt. Ein klassisches Beispiel ist der in den Solnhofener Schiefern in zahlreichen Exemplaren entdeckte Urvogel *Archaeopteryx*, der deutlich aufzeigt, daß die Vögel von Reptilien abstammen (Taf. 1, Abb. 6). Dieses längst ausgestorbene Tier gleicht in vielen Körpermerkmalen einer Echse, hat jedoch bereits Flügel mit echten Federn.

Dritte Methode zur Erforschung des gemeinsamen Stammbaumes aller Lebewesen: die sorgfältige Untersuchung »lebender Fossilien«. Unter den heute verbreiteten Tieren und Pflanzen gibt es Arten, die sich – wie fossile Reste beweisen – seit Jahrmillionen, ja in manchen Fällen seit mehr als hundert Millionen Jahren fast überhaupt nicht veränderten. Sie erwiesen sich in der einmal erreichten Gestalt als so erfolgreich, daß die Zeit dann geradezu spurlos an ihnen vorbeiging. Ein Beispiel, mit dem wir uns schon im ersten Kapitel beschäftigen werden, ist das Lanzettfischchen, das uns noch heute eine äußerst primitive Urform der Fische, die sich ihrerseits aus wurmartigen Vorfahren entwickelten, vor Augen führt (Taf. 10, Abb. 1). Das Tier hat noch keinen Kopf, keine Augen, kein Herz, jedoch bereits einen elastischen Rückenstab, um den sich bei seinen Verwandten die Wirbelsäule entwickelte. Während auf diese Art Knochenfische entstanden, während an Land vordringende Fische zu Lurchen wurden und sich dann zu Echsen, Vögeln und Säugetieren weiterentwickelten, während im Kreis der Säugetiere unter anderem auch die Affen und unter diesen schließlich der Mensch entstand, blieb das Lanzettfischchen nahezu unverändert. Einer bestimmten Lebensweise bestens angepaßt, konnte es sich gegen die ständig anwachsende Konkurrenz behaupten, blieb somit bestehen, pflanzte sich in immer gleicher Gestalt weiter fort – führt uns noch heute Merkmale der Ahnenform lebend vor Augen.

Vierte Methode: das Studium der Embryonalentwicklung einzelner Tiere und Pflanzen. Wie der deutsche Naturforscher Ernst Haeckel erkannte, stellt die Keimesentwicklung beim Individuum eine verkürzte und vereinfachte Wiederholung der Stammesentwicklung seiner Art dar. Diese Regel hat zwar viele Ausnahmen, trotzdem läßt sich aus den Entwicklungsstadien der vielzelligen Körper manche verwandtschaftliche Beziehung ablesen, die man beim erwachsenen Tier nie und nimmer vermuten würde. So zeigt etwa der menschliche Embryo in der dritten bis neunten Woche noch die Anlage von Kiemenspalten, die dann rückgebildet werden – ein deutlicher Hinweis auf unsere noch vor 450 Millionen Jahren im Meer als Fische lebenden Ahnen (Taf. 6 und 7, jeweils Abb. 3). Ebenso zeigt die Zahnentwicklung bei allen Säugetieren, Reptilien und Amphibien auf das deutlichste, daß diese ursprünglich aus Schuppen entstanden, die sich am Mundrand stärker entwickelten. Die Haie führen uns dies noch heute vor Augen – die Anlagen ihrer Hautzähnchen entsprechen im Aufbau der Anlage der Zähne beim menschlichen Embryo in den wesentlichen Merkmalen (Taf. 3).

Fünfte Methode: die Untersuchung parasitärer Beziehungen.

Manche Parasiten sind unverändert geblieben, während die Tiere, an oder in denen sie schmarotzten, sich körperlich veränderten und so neue Arten, Gattungen oder Familien bildeten. So leben etwa die gleichen Läuse auf Menschen und Schimpansen, was – neben anderen Merkmalen – auf eine engere Verwandtschaft zu dieser Affenart als zu den übrigen hinweist.

In den letzten 50 Jahren kamen zahlreiche weitere Forschungsmethoden hinzu, mit deren Hilfe die verwandtschaftlichen Verhältnisse innerhalb des großen Stammbaumes aller Lebewesen aufgedeckt werden konnten. Die Erkenntnis, daß die Lage der Kontinente sich veränderte, machte manches bis dahin rätselhafte Phänomen verständlich. So waren noch vor 200 Millionen Jahren Afrika und Südamerika vereint. Daraus erklärt sich die enge Verwandtschaft von afrikanischen und südamerikanischen Tier- und Pflanzenarten, deren auffallende Ähnlichkeit früher rätselhaft gewesen war. Wertvolle Hinweise liefert auch die oft erfolgte Rückbildung nicht mehr benötigter Organe: Die Blindschleiche ist völlig beinlos, doch zeigt die genauere Untersuchung ihres Körpers noch Reste eines Beckengürtels und einen vollständigen Schultergürtel, was auf vierbeinige Vorfahren hinweist. Auch bei den Walen, die von Landwirbeltieren abstammen, sind noch Reste eines Beckengürtels nachweisbar. Ebenso kann über die Abwehrstoffe im Blut auf den Grad der Verwandtschaft geschlossen werden. Diesbezügliche Tests haben ergeben, daß die Wale den Paarhufern besonders nahestehen, daß also aus deren Verwandtschaft eine Wiederbesiedlung des Meeres erfolgte. Biochemische Untersuchungen wieder zeigten, daß fast jede Tier- und Pflanzenart ihre eigenen, für sie charakteristischen Eiweißmoleküle bildet. Auch hier wurden Methoden entwickelt, die Rückschlüsse auf die stammesgeschichtliche Verwandtschaft erlauben. Anderseits, freilich, gibt es auch genug Ähnlichkeiten, die zu Fehlschlüssen verleitet haben. Besonders in extremen Lebensräumen gelangten Vertreter sehr verschiedener Tiergruppen zu auffallend ähnlichen Anpassungen, zu fast identischen Körperformen und Organen. Oft schloß man daraus auf enge Verwandtschaft und erst spätere, genauere Untersuchungen deckten dann die Herkunft aus völlig verschiedenen Stammeslinien auf. Die auf Uferfelsen häufige Seepocke sieht äußerlich einer Napfschnecke ähnlich, die Entenmuschel einer echten Muschel. Beides sind indes Krebse, die zu seßhafter Lebensweise übergingen und ähnlich den Schnecken und Muscheln Schutzpanzer bildeten. Das Auge des Tintenfisches ist in seiner Konstruktion dem unseren fast identisch – und doch müssen wir mehr als 1000 Millionen Jahre weit zurückgehen, um zum gemeinsamen Ahnen zu gelangen, der uns mit den Tintenfischen verbindet (Taf. 4 u. 5). Die Augen der Mollusken und jene der Wirbeltiere kamen völlig unabhängig und auf durchaus verschiedenen Entwicklungswegen zustande – die gleiche Funktion erzwingt hier die gleiche Gestalt: so wie der Grundbauplan jeder Fotokamera notwendigerweise jenem aller anderen gleicht.

Uns interessiert in diesem Buch der Stammbaum des Menschen, der Entwicklungsweg unserer Organe. Dieser kann jedoch nicht völlig gesondert von der übrigen Entwicklung betrachtet werden. Wo uns in der eigenen Ahnenkette Übergänge fehlen, können wir aus anderen Entwicklungslinien, die besser belegt sind, wertvolle Anhaltspunkte gewinnen. Bis zum heutigen Tage glauben die meisten immer noch, bei der Abstammungslehre ginge es darum, ob und wieso wir von den Affen abstammen. Dies ist jedoch nur der allerletzte Schritt im Rahmen einer ungleich größeren und faszinierenden Entwicklungsfolge. Interessieren wir uns für den Ursprung unseres Körpers und unserer Organe, dann ist der Vorfahre Affe nur im Rahmen der Entwicklung unseres Gehirnes und unserer Hand von Bedeutung. Die Entstehung fast aller anderen wichtigen Organkomplexe erfolgte in einer ungleich länger zurückliegenden Zeit, als es an Land noch überhaupt kein Leben gab. Suchen wir nach jenen Ahnen, bei denen sich der Grundbauplan unseres Körpers entwickelt hat, dann können wir die Affen völlig beiseite lassen. Vielmehr müssen wir uns den Fischen zuwenden. Denn der Grundbauplan des menschlichen Körpers entwickelte sich Stück für Stück bei Urahnen, die fischartig im Meer lebten. Er entwickelte sich vor 900 bis 400 Millionen Jahren.

Alle heute lebenden Landtiere und Landpflanzen stammen von Meeresbewohnern ab. Und diese gingen wiederum alle aus Einzellern hervor. Daß der Mensch tatsächlich mit sämtlichen Lebewesen – sogar mit den Pflanzen, den Bakterien und den Viren – verwandt ist, bewies in jüngster Zeit die Entschlüsselung des in den Zellkernen enthaltenen »genetischen Code«. Bei jeder Fortpflanzung sind die Befehle zum Aufbau der Nachkommen in der gleichen chemischen Buchstabenschrift geschrieben. Die Übereinstimmung ist so genau, daß man durch Untersuchungen an Viren und Bakterien feststellen konnte, wie der genetische Code beim Menschen im einzelnen beschaffen ist. Er umfaßt ein Millionenfaches mehr an Aufbaubefehlen, doch sind die Buchstaben, in denen sie auf langen Molekülketten aufgezeichnet sind, hier wie dort dieselben.

Gehen wir also ans Werk. Betrachten wir unser Spiegelbild anders als sonst. Jedes Organ hat seine Geschichte, hat seine Sternstunde. Die Teile, aus denen wir bestehen, entstanden zu völlig verschiedener Zeit – ähnlich den Lichtsignalen, die uns ein »naturgetreues« Abbild des nächtlichen Sternenhimmels vortäuschen. Wie sich zeigen wird, ist der menschliche Körper alles eher als perfekt. Manche seiner Teile sind nur aus den Umwegen ihres Entstehungsweges verständlich. Und auch manche unserer Krankheiten und Schwächen finden hier ihre historische Erklärung. Die Kenntnis unseres »Ich« und seiner Antriebe hat die Kenntnis des Werdeganges unseres Körpers zur Voraussetzung. Der Weg, über den er entstand, nimmt uns bestimmt nichts von der so viel gepriesenen und so heftig verteidigten »menschlichen Würde«. Sofern wir eine solche haben, wird sie durch die Art unseres Zustandekommens weder größer noch kleiner.

1.
Unsere Hände

Wenden wir uns also unserem eigenen Körper zu. Wo ist hier zu beginnen? Bei den Augen, die uns diese Welt in all ihrer Buntheit und Vielfalt und Seltsamkeit erkennen lassen? Oder bei unserem Gehirn, dem stolzen Lenker des so schlingernden Schiffes Mensch? Oder mit den Zehennägeln? Oder mit unserem Herzen, von dem wir behaupten, daß es uns manchen Streich spielt – obwohl es nichts anderes ist als eine Pumpe? Wie wir sehen werden, sogar eine doppelte Pumpe.

Es ist ziemlich gleichgültig, wo wir beginnen – wesentlich ist, daß wir den ganzen Kreis abschreiten. Denn jedes Organ ist Teil dieses Ganzen, ohne das gesamte Mosaik sind wir selbst nicht zu verstehen.

Beginnen wir mit unseren Händen: Sie sind vielleicht das menschlichste aller unserer Organe. Ohne unsere Hände würde unser stolzer Geist nicht das geringste vermögen – ja, er hätte sich kaum entfalten können. Das ist auch die Tragik der Delphine. Sie haben ein überaus hochentwickeltes Gehirn – doch was nutzt es ihnen? Mit ihren Flossen können sie keinerlei Werkzeuge formen. Keinen Hammer, keinen Bleistift, keinen Volkswagen. Sie sind verurteilt zu bleiben, was sie sind: Meeressäuger ohne Hoffnung. Denn was kann ihnen das entwerfende, erfindende Organ schon nützen, wenn ihr Körper nicht ausführen kann, was es erfindet, was es entwirft?

Wir müssen jedoch bei unserer Beurteilung von Anfang an vorsichtig sein. Etwa: die Mündung unseres Enddarmes und unserer Harnleiter. Wir verhüllen sie schamhaft, es sind für uns Organe dritter, vierter Ordnung. Wie aber sieht es mit unserem stolzen Körper aus, wenn sie streiken, ihren Dienst verweigern? Plötzlich gewinnen sie dann hohe, höchste Bedeutung. Die erhabene Streitmacht unserer bewußten Gedanken kreist dann allein um sie. Teure Ärzte, Heilmethoden, Spitäler, alles irgendwie Verfügbare wird dann eingesetzt, um sie wieder in Ordnung zu bringen ... Was damit gesagt sein soll, ist dies: In diesem Orchester hat jede Geige, jede Trompete ihre Bedeutung – streikt eines der Organe, dann ist die Harmonie gestört. Dann sind wir nicht mehr Prometheus, stolzer Beherrscher und Deuter der Welt. Dann werden wir »kranke«, bemitleidenswerte Objekte der medizinischen Heilkunst. Wir sind nur so lange wirklich wir, als alle Teile im Mosaik unseres Körpers mitarbeiten. Darum ist es ziemlich gleichgültig, wo wir anfangen und wie unser Weg sich fortsetzt. Eine echte Priorität ist schwer zu setzen.

Immerhin: Unsere Hände haben eine gewisse Priorität. Sie sind unsere engsten Freunde, helfen bei fast allem mit, was wir tun. Wir verteidigen uns mit ihnen – wir liebkosen mit ihnen. Wir arbeiten mit ihnen. Wir schreiben mit ihnen, wir essen mit ihnen, wir musizieren mit ihnen. Ohne Hände sind wir in der Tat arm daran ...

Wann, wo entstanden sie in der langen Ahnenkette unserer Vorfahren? Wie kamen sie zustande? Wenden wir unseren Blick auf einen Fisch. Etwa auf die Forelle im Becken eines Restaurants, ehe wir sie verspeisen. Betrachten wir das ungemein grazile Spiel ihrer Brustflossen, mit denen der Fisch nach Belieben vor oder rückwärts navigieren oder sich zur Seite wenden kann. Und dann betrachten wir unsere Hände, denn sie sind den Flossen dieses Fisches auf das engste verwandt. Nicht derart, daß etwa unsere Hände ausgerechnet von den Brustflossen der Forellen abstammen. Keineswegs. Aber ebendiese Flossen und unsere Hände stammen von den gleichen vorderen paarigen Flossen von Urfischen ab, die vor etwa 450 Millionen Jahren lebten. Aus diesen entwickelten sich dann einerseits die Brustflossen aller Haie und Knochenfische und anderseits die Vorderbeine aller Landwirbeltiere: aller Lurche, aller Echsen, aller Vögel, aller Säuger. Und aus den paarigen Bauchflossen dieser Urfische entwickelten sich die rückwärtigen Extremitäten aller Landwirbeltiere: die Hinterbeine aller Lurche, aller Echsen, aller Vögel, aller Säuger. Aus ihnen entwickelten sich unsere Füße.

Aber gehen wir noch einen Schritt weiter zurück. Woher stammen die Fische ihrerseits ab, wie entwickelten sich die ersten Flossen?

Vor 2 Milliarden Jahren gab es nur einzellige Lebewesen im Meer. Sie sahen ähnlich aus wie jene, die auch heute noch in jedem Wassertropfen herumwimmeln. Wie sie entstanden, darauf kommen wir noch zurück. Eines Tages jedenfalls kam es dahin, daß solche Einzeller, wenn sie sich teilten, sich nicht mehr trennten, sondern in Klumpen, in Gruppen zusammenblieben. Auch heute gibt es noch solche primitivsten Vielzeller, die aus vier, sechzehn oder einigen tausend Zellen bestehen. Innerhalb dieser einfachsten Zellgruppen kam es zu einer Arbeitsteilung, einige der Zellen spezialisierten sich auf Nahrungserwerb, andere auf den Schutz der Kolonie, andere auf Fortpflanzung und so weiter. Die Korallenpolypen, die durchs Meer treibenden Medusen und die Schwämme führen uns eine solche noch recht primitive Organisation vor Augen. Andere Zellkolonien entwickelten die Gestalt von »Würmern«, bildeten einen durchgehenden Darm aus, wurden fähig, sich kriechend durch Sand oder auf dem Meeresboden fortzubewegen. Solche wurmartigen Tiere sind Vorfahren jener ursprünglichsten Fische, von denen auch wir abstammen, aber auch der heutigen Seesterne, Seeigel und Seewalzen. Diese sogenannten »Stachelhäuter« sind weit näher mit uns verwandt als etwa die Tintenfische, die Krebse oder die Insekten. Ein noch heute lebendes Fossil, der Eichelwurm, hat bereits einen Kiemendarm, ein sonst für Wirbeltiere charakteristisches Merkmal, während seine Larve deutlich die Verwandtschaft zu den Stachelhäutern zeigt. Vor etwa 1100 Millionen Jahren trennten sich im Stammbaum des Lebens zwei Hauptäste, deren einer zu den Seeigeln, Seesternen und Seewalzen führte, der andere über die Wirbeltiere zu uns selbst (Taf. 5). Der Trennungspunkt dieser gemeinsamen Vorfahren von jenen der Mollusken und Gliedertiere, die auch aus wurmartigen Vielzellern hervorgingen, liegt noch ein Stück weiter zurück.

In dem zu uns führenden Entwicklungsweg hinterließ das noch heute auf sandigem Meeresboden lebende Lanzettfischchen eine deutliche Visitenkarte aus der Zeit des Überganges von Wurm zu Fisch. Während alle übrigen Urformen der ersten Fischgemeinschaft längst ausgestorben sind, längst im Konkurrenzkampf gegen immer bessere, höher organisierte Konkurrenten ausradiert wurden, zeigt uns dieses lebende Relikt einer grauen Vorzeit den Augenblick dicht vor der ersten Sternstunde in der Entstehung unserer Hände. Das Lanzettfischchen hat noch keinerlei paarige Flossen, nur einen Flossensaum, es schwimmt mit Hilfe von Schlängelbewegungen seines zahnstocherförmigen Körpers. Es schwimmt schlecht und nur über kleine Strecken. Ein eigentlicher Kopf mit Augen ist noch nicht ausgebildet, der Körper besteht aus einem großen Kiemenapparat mit anschließendem Schwanzteil (Taf. 10). Das Tier wühlt sich schräg rückwärts liegend in den Sand ein, so daß die Mundöffnung über den Sand vorsteht. Zu beiden Seiten sind bis zu 200 Kiemenspalten. Durch Wimpernbewegung wird Wasser eingesaugt und alles Nahrhafte, das es enthält, von den Kiemen wie durch ein Netz ausgefiltert. Nähern wir uns mit dem Finger, erschrecken wir das Lanzettfischchen, dann schießt es aus dem Sand, schwimmt ein Stück weit und wühlt sich wieder ein. Gegenüber den Korallenpolypen und der Seeanemone, die sich ebenfalls von vorbeitreibendem Plankton ernähren, hat dieses Tier den erheblichen Vorteil, seinen Standort wechseln zu können. Wird es angegriffen, kann es flüchten. Werden die Lebensbedingungen ungünstig, kann es übersiedeln. In seinem Rücken verläuft ein elastischer Stab, die »Chorda«, an dem die seitlich angeordneten Muskeln ansetzen. Rings um diesen Stab entwickelte sich dann bei den Wirbeltieren die Wirbelsäule – dies zeigt die Embryonalentwicklung der heute lebenden Arten noch deutlich.

Uns interessieren zwei unscheinbare Hautfalten, die an beiden Seiten des Bauches ausgebildet sind. Aus ähnlichen Falten, so nimmt man heute an, dürften sich bei späteren Fischformen die Brust- und Bauchflossen entwickelt haben: erste Sternstunde in der Entwicklung unserer Arme und Beine. Dies ereignete sich vor 570 bis 500 Millionen Jahren. Die ersten Fische, die einen Kopf mit Augen ausbildeten und aktiv Beute verfolgten, die mit den Panzerfischen verwandten »Agnathen«, hatten noch keine paarigen Flossen. Durch Fossilreste sind sie uns gut bekannt. Dann entstanden solche mit vorderen seitlichen Stützen. Aus Stabilisierungsorganen wurden später Organe der aktiven Fortbewegung. Aus Hautfalten bildeten sich vorn und rückwärts Lappen, die dann durch knorpelige Stäbe gestützt wurden, an denen wiederum Muskelfasern ansetzten.

Der nächste Entwicklungsschritt vollzog sich nicht im Meer, sondern im Süßwasser, und zwar in gelegentlich austrocknenden Tümpeln. Auch aus dieser schicksalhaften Periode – nächste Sternstunde auf dem Entwicklungsweg der menschlichen Hand vor 400 bis 380 Millionen Jahren – ist uns ein noch lebendes Fossil erhalten. Wer es besuchen will, kann es in Australien in austrocknenden Tümpeln betrachten. Es ist der Lungenfisch, der bereits wohlausgebildete Brust- und Bauchflossen hat (Taf. 1, Abb. 1, 2). Sie sind jedoch noch völlig gleich geformt, ohne Anpassung an unterschiedliche Aufgaben. Was indes wichtiger ist: Das Tier hat eine primitive Lunge entwickelt, kann an der Luft atmen (Taf. 14). Trocknen die Tümpel aus, dann kann es trotzdem überleben. Auch in Afrika gibt es Lungenfische, doch die australischen zeigen uns den ursprünglichen Zustand. Wie im einzelnen die Lunge durch eine Ausstülpung des Darmes entstand, besprechen wir später. Hier ist für uns zunächst nur wesentlich, daß Vorfahren dieser heute lebenden Lungenfische, die sich seit 350 Millionen Jahren nicht entscheidend veränderten, dazu übergingen, auf dem Trockenen herumzuspazieren.

Der ursprüngliche Anlaß und Lebensvorteil war, daß sie so auf andere, noch nicht ausgetrocknete Gewässer stoßen und in diesen dann weiterleben konnten. Aber an Land gab es damals bereits Pflanzen und niedere Tiere – also Nahrung. Das war für die weitere evolutionäre Entwicklung ausschlaggebend. Diese Lungenfische brauchten gar nicht unbedingt einen anderen Tümpel zu finden, nicht unbedingt ins Wasser zurückzukehren, um an Nahrung zu gelangen. So kam es, daß einige unter ihnen sich zu Landlebewesen weiterentwickelten und so die Urahnen der Lurche, der sogenannten »Amphibien«, und – im weiteren Verlauf – der Kriechtiere, der »Reptilien«, der Vögel, der Säugetiere und des Menschen wurden.

Die ersten Pflanzen, welche vor etwa 400 Millionen Jahren die Besiedlung des Landes einleiteten, waren nach heutigem Wissensstand Blaualgen. Sie waren die ersten Lebenspioniere, die in die damals noch völlig öde Trockenwelt vorstießen. Auf flachen, feuchten Stränden überzogen sie wie noch heute im Wattenmeer ganze Flächen. Andere Algenarten bildeten an Land Polster. Besonders geeignet für die Landeroberung war das Konsortium zwischen Algen und Pilzen, das wir als »Flechte« bezeichnen. Diese Gemeinschaft vermag kahle Felsen zu besiedeln und bildet bereits niedere Vegetationsdecken. Erwiesen ist, daß sich vor spätestens 350 Millionen Jahren die ersten Urformen der Farne bildeten, aus denen sich dann die Bärlappgewächse, die Schachtelhalme und die Samenpflanzen entwickelten. Erwiesen ist auch, daß es schon vor 340 Millionen Jahren baumartige Landpflanzen von 20 Meter Höhe gab. In der als »Karbon« bezeichneten Periode – vor 335 bis 275

TAFEL 1: **Die Entstehung von Beinen, Händen und Flügeln aus der Fischflosse**

Abbildungen: **1** Australischer Lungenfisch *Ceratodus* (kriechend), **2** Skelett seiner Brustflosse, **3** Brustflossenskelett des Quastenflossers *Sauripteris Taylori,* **4** Vorderfußskelett des ausgestorbenen Lurches *Eryops,* **5** Skelett des Urlurches *Ichthyostega,* **6** Skelett des Urvogels *Archaeopteryx.* a = Schultergürtel, b = Oberarmknochen, c = Elle, d = Speiche, e = Mittelhandknochen, f = Finger.

Der Australische Lungenfisch (Abb. 1) ist ein »lebendes Fossil«. Wie Knochenfunde beweisen, hat sich seine Gestalt seit 350 Millionen Jahren kaum verändert. Noch heute zeigt dieser Süßwasserfisch, wie in Anpassung an Trockenperioden Flossen zu Fortbewegungsorganen an Land wurden (S. 26). Das Stützskelett seiner Flossen (2), die gelenkig am Schultergürtel (a) ansitzen, besteht aus einem gegliederten Hauptstrahl mit beiderseits abzweigenden gegliederten Nebenstrahlen. Aus dieser Anordnung konnte durch allmähliche Rückbildung von Gliedern und stärkere Ausbildung der verbliebenen das Stützskelett von Beinen und Füßen werden, die den Körper über Land fortbewegten. Zwei Fossilfunde ausgestorbener Tierarten zeigen andeutungsweise diesen Entwicklungsverlauf. Beim Quastenflosser *Sauripteris Taylori* (3) sind bereits Oberarmknochen, Elle und Speiche zu unterscheiden (b, c, d), und darauf folgen gegliederte Strahlen in stark verminderter Zahl. Bei dem schon zu den Amphibien gezählten *Eryops* (4) sind Mittelhandknochen und fünf Finger ausgebildet (e, f). Der ebenfalls ausgestorbene *Ichthyostega* (5), der im Gebiet des heutigen Grönland lebte und dessen Körperbau man zur Gänze rekonstruieren konnte (5), zeigt Vorder- und Hinterbeine mit der für alle Landwirbeltiere charakteristischen Knochenanordnung. Auf den einstrahligen Oberarmknochen folgen die beiden Unterarmknochen, sodann Mittelhandknochen und anschließend fünf gegliederte Finger. Bei den rückwärtigen Extremitäten ist es analog. Bei den Affen und beim Menschen differenzierte sich der Vorderfuß zur Greifhand (S. 32). Bei anderen Landwirbeltieren fanden in Anpassung an besondere Lebensweisen mannigfache Abwandlungen des im Embryonalstadium immer noch deutlich gleichen Knochenmusters statt (extreme Beispiele: Pferd, Maulwurf, Wal). Wie sich aus den Reptilien die Vögel entwickelten, zeigt der Urvogel *Archaeopteryx,* dessen versteinertes Skelett im Solnhofener Schiefer in zahlreichen wohlerhaltenen Exemplaren gefunden wurde (6). Bei ihm ist der Kopf noch deutlich der einer Echse, Schwanz und Extremitäten tragen jedoch Federn, wurden bereits zu Flugorganen. So geben Fossilfunde ausgestorbener Arten, manchmal aber auch noch lebende Arten oder die Embryonalentwicklung von solchen Auskünfte über den Evolutionsverlauf innerhalb einzelner Entwicklungslinien. Die Entdeckung echter »Brückenformen«, die große Tiergruppen entwicklungsgeschichtlich miteinander verbinden, ist eher selten. Im Falle des Lungenfisches, des *Ichthyostega* und des *Archaeopteryx* zeigt sich besonders deutlich der Entwicklungsweg, der schließlich zur menschlichen Hand und zu den Flügeln der Vögel führte.

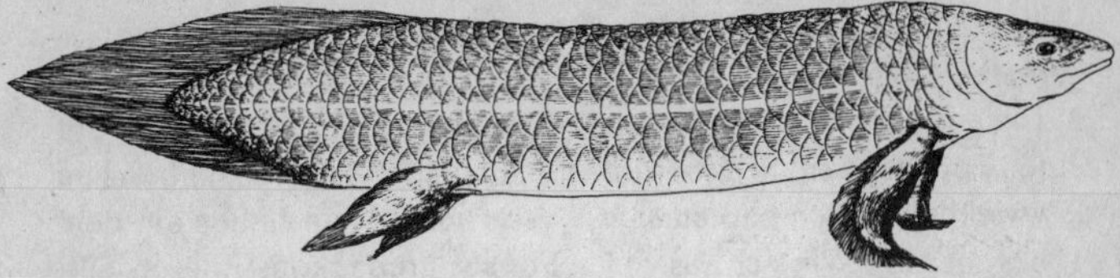

1 Australischer Lungenfisch

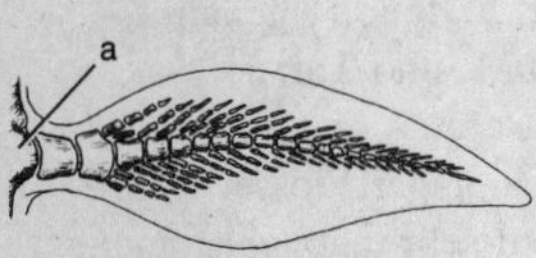

2 Lungenfischflosse

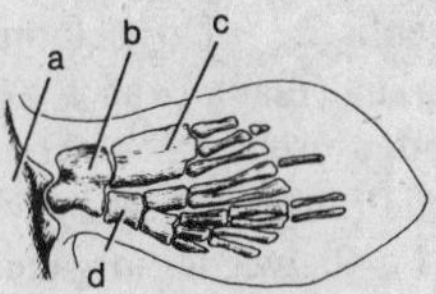

3 Sauripterisflosse

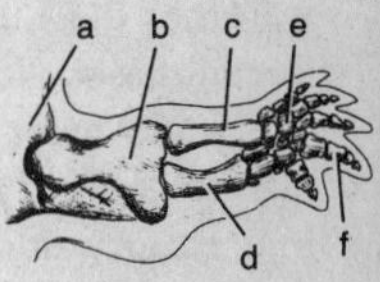

4 Eryopsarm

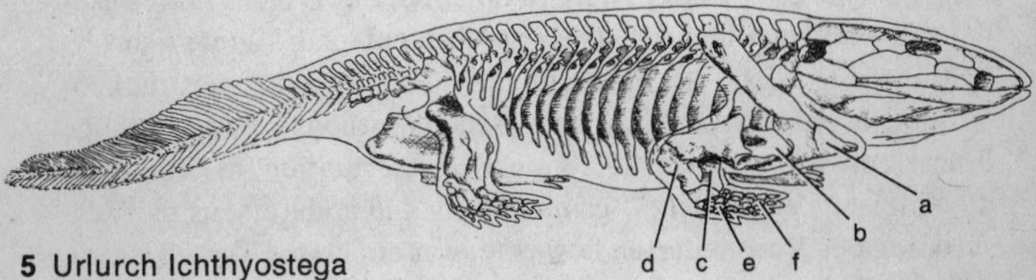

5 Urlurch Ichthyostega

6 Urvogel Archaeopteryx

TAFEL 1

Millionen Jahren – bedeckten dichte Urwälder weite Bereiche der damaligen Kontinente (vgl. Taf. 11).

Tiere folgten den Pflanzen auf dem Fuß. Die Pflanzendecke bot ihnen Feuchtigkeit, Schutz – und vor allem Nahrung. In zahlreichen Entwicklungslinien paßten sich Wassertiere einem Leben auf dem Trockenen an. Wie sich aus vielen Fossilspuren rekonstruieren läßt, eroberten Ringelwürmer, Krebse, Schnecken und andere Tiergruppen voneinander völlig unabhängig das Land. Bei den Wirbeltieren waren es die Lungenfische – Doppelatmer, »Dipnoi«, genannt –, denen dieser Siegeszug gelang (Taf. 1, Abb. 1, und Taf. 5).

Unter Wasser ist der Fischkörper fast schwerelos, an Land wurde die Schwerkraft zum Problem. Die weichen, lappigen Flossen waren in der Luftwelt als Fortbewegungsorgane nur sehr mäßig geeignet. Andererseits waren die Flossenstrahlen bei den Lungenfischen in zahlreiche Abschnitte gegliedert – eine geradezu ideale Voraussetzung für die Entstehung von Gliedmaßen und Zehen. Durch Reduktion und Umbildung von bereits Vorhandenem konnte sich verhältnismäßig leicht ein einstrahliger Oberarm, ein zweistrahliger Unterarm, daran anschließend Zwischenknochen und fünfstrahlige Finger entwickeln. Gelenkige Finger. Jede Mutation im Erbrezept, die einerseits eine solche Verminderung und andererseits die Verstärkung des Verminderten bewirkte, war ein klarer Vorteil, setzte sich durch. Es sind uns, wohlgemerkt, nur wenige Relikte aus dieser bedeutsamen Entwicklung bekannt (Taf. 1, Abb. 3, 4). Wahrscheinlich vollzog sie sich in eng begrenzten Lebensräumen, wo jede günstige Mutation einen klaren Vorteil bot – und deshalb die Vorgänger verdrängte. Sobald dann die Fünfzahl der Finger und Zehen erreicht war, erwies sich diese Lösung als so perfekt, daß sie in der gesamten weiteren Entwicklung als Grundbauplan beibehalten blieb. So verwandelten sich in erdgeschichtlich kurzer Zeit Brust- und Bauchflossen in Fortbewegungsorgane von Landtieren. Das war die zweite Sternstunde auf dem Entwicklungsweg der menschlichen Hand vor 400 bis 380 Millionen Jahren.

An diesem Punkt wollen wir innehalten. Bemerkenswert ist, wie hier in einem Extremraum eine entscheidende Entwicklung stattfand. Für den Weg der Evolution, für den bizarren Wuchs des Lebensstammbaumes ist dies geradezu charakteristisch. Und nicht minder charakteristisch ist, daß solche Entwicklungen in Extremräumen – in unserem Fall vertrocknende Tümpel – dann auch wieder Auswirkungen in völlig anderer Richtung haben.

Der Übergang von der Fischflosse zum Fuß des Landtieres mag zielhaft erscheinen: planvoller Pinselstrich eines eigenwilligen Schöpfers. Sehen wir jedoch genauer hin, dann zeigt sich die Ziellosigkeit des gesamten Geschehens. Ausgangspunkt war die Entstehung einer primitiven Lunge, die Entstehung einer Ausstülpung des Darmes, einer mit Muskeln ausgestatteten Blase. Mit dieser Blase ausgerüstet, kehrten jedoch einige dieser landerobernden Fische auch wieder ins Meer zurück. Um damit dort zu atmen? Keineswegs. Dazu eigneten sich nach wie vor die Kiemen. Aber mit dieser Blase wurde es ihnen plötzlich möglich, ihren Auftrieb zu tarieren. Aus der Primitivlunge wurde bei ihnen die Schwimmblase. Mit Hilfe dieses neuen Organes waren sie den im Wasser verbliebenen Fischen in weiten Bereichen überlegen, verdrängten viele Arten, löschten sie aus. Alle heute lebenden Knochenfische stammen von jenen lungenatmenden Fischen ab, die nach erdgeschichtlich kurzem Kontakt mit der Luftwelt wieder kehrtmachten (Taf. 5). Sinnvoller Entwicklungsweg? Wohl kaum. Wäre in diesem Geschehen eine lenkende Schöpfungskraft im Spiel, ein weiser, gestaltender Geist, dann hätte es zur Bildung einer Schwimmblase – entscheidender Vorteil für die Knochenfische – nicht des Umweges über eine Lunge bedurft. Hier kann eingewandt werden: Nur der Weg zum Menschen zählt. Doch wie wir sehen werden, entstanden auch manche der für den Menschen entscheidend wichtigen Organe auf ebensolchen Umwegen – etwa Teile unseres Gehörorganes und unserer Sprechwerkzeuge, also wesentliche Voraussetzungen für die Menschwerdung (vgl. S. 196 und 233).

Bei den Knochenfischen setzte sich die Entwicklung folgerichtig fort. Bei ihrer Rückkehr in den Unterwasserraum bot die neuerworbene Schwimmblase erhebliche Vorteile, die Brust- und Bauchflossen mußten nun nicht mehr darauf ausgerichtet sein, auf- und abwärts zu steuern, und konnten sich deshalb zu höchst perfekten Navigationsinstrumenten entwickeln. Die Forelle zeigt es – und noch mehr zeigen es die zierlichen Korallenfische. In ungemein differenzierter Bewegung drehen und wenden sie den Körper am Ort, bewegen ihn in schmalsten Spalten vor- und rückwärts. Beim Liebeswerben senden sie ganze Symphonien von Wasserschwingungen aus, die den Geschlechtspartner erregen, die er wahrnimmt und versteht. Zwischen solchen Flossenbewegungen und der klavierspielenden menschlichen Hand liegt durchaus nicht mehr ein so gähnender Abgrund. Diese Flossen können zwar nicht greifen und Werkzeuge bilden – aber sie können musizieren und über Schwingungen streicheln.

Am Land ging die Entwicklung andere Wege. Hier mußten die umgewandelten Flossen den Körper über Land schieben, über Steine hochbefördern, Kopf und Maul zu flüchtiger Beute hinlenken. Dafür war in erster Linie notwendig, daß die Hinterbeine Anschluß an die Wirbelsäule bekamen. Dieser Anschluß kam allmählich zustande – wir nennen ihn »Beckengürtel«. Der vordere Anschluß war weniger dringlich. Hier war die Verbindung über Muskeln und elastische Bänder vorteilhaft. Während sich ursprünglich Vorder- und Hinterbeine gleich entwickelten, jeweils mit dem Hauptgelenk nach der Seite, änderte sich dies, sobald die Beine kräftig genug waren, den Körper vom Boden abzuheben. Jetzt verwandelte sich bei den Vorderbeinen die Ausrichtung der Gelenke in nach rückwärts weisende Ellenbogen. Schon der Frosch, der den Körper springend über den Boden befördert, zeigt es uns. Insekten hatten sich inzwischen in großer Zahl entwickelt, nach diesen jagte er. Das hintere Beinpaar übernimmt den Antrieb, das vordere fängt die Bewegung auf.

Ein noch sehr ursprünglicher Lurch – ein »Fisch mit Füßen« – ist uns in Versteinerungen in allen Details erhalten. Zu einem deutschen Namen hat er es nicht gebracht, seine wissenschaftliche Bezeichnung ist *Ichthyostega* (Taf. 1, Abb. 5). Das Tier lebte vor 350 Millionen Jahren im Gebiet des heutigen Grönland. Sein Körper ist noch völlig Fisch, seine Füße sind jedoch bereits die eines Molches: Oberarmknochen, Elle und Speiche, Handwurzel- und Mittelhandknochen sowie fünf gegliederte Finger; die gleiche Gliederung zeigen die rückwärtigen Extremitäten. Vor 330 Millionen Jahren starb er aus, wurde von besseren Molch-Konstruktionen verdrängt. Er hatte jedoch Vettern, deren Nachkommen bis heute überlebten. Freilich dort, wo man sie nicht vermutet: im Meer, bei den Komoren, am steilen Kontinentalschelf, in 100 bis 200 Meter Tiefe. Ihre Entdeckung im Jahre 1938 war eine Sensation.

Wiederum stellt sich die Frage, warum kühne Landpioniere ins

Meer zurückkehrten. Antwort: Weil irgendein Zufall sie wieder an die Küste brachte, weil irgendein erworbener Fortschritt ihnen im Unterwasserreich wieder einen bevorzugten Lebensplatz bot. Bei den Knochenfischen war der klare Vorteil die Lunge, die bei ihnen zur Schwimmblase wurde. Was den »Quastenflossern« – so heißen diese weiteren Rückwanderer – im Meer einen Konkurrenzvorteil verlieh, bleibt ungewiß. Tatsache ist: Auch diese Landeroberer mit bereits einsetzender Beinbildung mischten sich wieder unter die Fische (Taf. 5). Da sie nun bereits Ansätze zu Füßen hatten, mußten sich diese wieder zu Flossen umbilden (Taf. 1, Abb. 3). Eines der fragwürdigsten Lebensgesetze, die im Rahmen wissenschaftlicher Forschung aufgestellt wurden, ist jenes von der »Irreversibilität der Entwicklung«. Zu deutsch sagt dies: Die Lebensentwicklung vollziehe sich auf einem nicht umkehrbaren Weg. In Wirklichkeit ist das Gegenteil nicht selten der Fall. Zugegeben: Bei den Quastenflossern kam es nicht zur Rückkehr zu den genau gleichen Flossenstrahlen der Ahnen. Doch immerhin reduzierten sie die an Land entstandenen Stützknochen, und aus den Gliedmaßen wurden wieder lappige Flossen. Wer diese genau untersucht, findet darin noch die Rudimente von Oberarm- und Unterarmknochen. Man kannte diese Rückwanderer aus Versteinerungen, hielt sie jedoch für längst ausgestorben. In Wahrheit gibt es sie noch heute, freilich in geringer Zahl. Den Fischern im Umkreis der Komoren sind sie schon lange bekannt, sie werden von ihnen gefangen, verkauft und verspeist. Sie unter Wasser zu beobachten ist allerdings bisher noch keinem Taucher gelungen. Für den Wissenschaftler sind sie »lebende Fossilien«. Noch heute zeigt uns ihr Körper Organisationsmerkmale von Ahnen, die zu den Lurchen überleiteten und somit in unsere eigene Stammeslinie gehören.

Doch kehren wir an Land zurück, zu den sich dort weiterentwikkelnden Wirbeltieren (Taf. 1, Abb. 4, 5). Die aus Fischen entstandenen Lurche, die Amphibien, vermochten sich bloß zur Hälfte vom Wasser zu lösen. Noch bis zum heutigen Tag verhalten sich ihre Nachkommen im erwachsenen Zustand wie Landlebewesen, ihre Jugendentwicklung absolvieren sie jedoch nach wie vor unter Wasser. Jeder Molch zeigt uns dies, ebenso jeder Frosch. Die Eier werden ins Wasser abgelegt, die Larve schwimmt noch mit Flossen wie ein Fisch umher, atmet mit Kiemen. Erst wenn sie ein gewisses Alter erreicht, bildet sie die Kiemen zurück, begibt sich an Land, geht auf Lungenatmung über. Und aus den Flossen werden Extremitäten, mit denen sie auch in der Luftwelt den Körper fortbewegen können (Taf. 1, Abb. 6).

Sämtliche heute lebenden Amphibien sind Nachkommen von Ahnen, die vor 360 bis 340 Millionen Jahren aus Fischen hervorgingen. Ein Teil dieser Sippschaft löste sich dann jedoch völlig vom Wasserleben und wurde zu jenen Tieren, die wir als Reptilien zusammenfassen. Zu »Kriechtieren« – zu Echsen, Schlangen, Schildkröten und anderen Gruppen. Sie legen ihre Eier an Land ab. Deshalb müssen diese fester umhüllt, besser gegen Austrocknung geschützt sein (Taf. 6, Abb. 2). Der Embryo muß in diesem Ei zu einem an Land lebensfähigen Jungtier heranreifen. Das Ei muß demgemäß über mehr Nährstoffe, über mehr Dotter verfügen und ist entsprechend größer. Auch in dieser Gruppe finden wir wieder Rückkehrer ins Meer: manche Schildkröten, manche Schlangen und vor allem manche der inzwischen ausgestorbenen Saurier. Auch bei ihnen mußten sich die Extremitäten wieder dem Wasserleben anpassen, wieder in flossenartige Bildungen zurückverwandeln. Und was die Eier betrifft, so gab es jetzt die umgekehrte Komplikation. So wie die Amphibien mit den Eiern ans Wasser gebunden sind, so sind die Reptilien durch die ihren ans Land gebunden. Höchst mühselig kriecht die Meeresschildkröte zur Eiablage aus dem Wasser, schiebt sich mit ihren Flossen keuchend an Land hoch, verwendet diese, um ihre Eier im Sand zu vergraben. Der Ichthyosaurus dagegen paßte sich dem Meeresleben so sehr an, daß seine Rückwanderung an Land zur Eiablage nicht mehr nötig war. Er wurde zum ebenso perfekten Meerestier wie der Hai und der Knochenfisch. Die Lösung seines Problems: Er setzte lebende Junge in die Welt, brütete also die Eier im eigenen Bauch aus. Auch manche Haie und einige Knochenfische gelangten zu dieser Fortpflanzungsform. Zur Regel wurde sie dann erst bei den Säugetieren (Taf. 6, Abb. 3).

Diese entstanden vor 240 bis 210 Millionen Jahren in mehreren Entwicklungslinien aus Reptilien, ebenso wie etwas später die Vögel. Der Fortschritt war in beiden Tiergruppen die Warmblütigkeit, die ihnen gegenüber den anderen Wirbeltieren einen Vorteil brachte. Denn alle Lebensvorgänge laufen – wie jeder chemische Prozeß bei Wärme schneller ab als bei Kälte. Wird es Winter, dann werden die Bewegungen der Eidechsen langsamer, sie verkriechen sich im Boden, ihre Aktivität erlahmt. Bei den Säugetieren und den Vögeln neutralisiert eine innere Zentralheizung diesen lähmenden Einfluß der Kälte, sie bewirkt in kälterer Jahreszeit – und in kälteren Gebieten – einen erheblichen Vorteil. In einem Terrarium kann man das deutlich beobachten. Bei warmer Temperatur ist die Kreuzotter der Maus überlegen, bei kälterer Temperatur die Maus der Kreuzotter.

Auch die Entwicklung der Extremitäten wurde von diesem Fortschritt betroffen. Wir sprachen von den mangelnden Pinselstrichen des Schöpfers, von der immer wieder zu beobachtenden Ziellosigkeit in der Richtung der Lebensentwicklung: Unter den Warmblütern kehrten einige wieder ins Meer zurück. Sowenig die Fische über Mutationen im Erbgut zu einer Schwimmblase gelangen konnten und diese nur über den Umweg einer Landanpassung in Gestalt einer Lunge, gleichsam als Beute, ins Wasserreich zurückbrachten, sowenig vermochten die Wassertiere über Erbänderungen eine innere Zentralheizung zu bilden. An Land, aufgrund der dortigen Entwicklungsbedingungen, kam es dazu – und auch diesen Fortschritt brachten einige als neue Errungenschaft wieder ins Wasserreich, gewannen hier einen Konkurrenzvorteil, etablierten sich als überlegene Rückkehrer. Es sind die Wale und die Robben. Und unter den Vögeln die Pinguine. Sie alle mußten ihre Beine und Flügel wieder in Flossen rückverwandeln – ein langwieriger mühevoller Prozeß. Wieder mußten Knochen der Oberarme, Unterarme und Finger rückgebildet werden – die Schwanzflosse der Wale und Robben entstand aus einer versteiften Hautfalte und ist durch keine anderen Knochenstrahlen als durch die Wirbelsäule gestützt. Aber ihr Vorteil wog den dornenvollen Rückweg auf. Im kalten Wasser sind die Warmblüter ebenso agil wie in den Tropen. Die innere Heizung verursacht zwar Kosten, denn die dadurch verbrauchte Energie erfordert mehr Nahrung – aber die Rechnung geht doch auf. Pfeilschnell schießen sie durchs Wasser, auch wenn es eisig kalt ist.

Ehe wir zur dritten Sternstunde in der Entwicklung der menschlichen Hand kommen – nach der Bildung der ersten paarigen Flossen und ihrer Umbildung in Beine –, ist noch auf die mannigfache Abwandlung dieser Beine hinzuweisen. Beim Pferd wurde aus den fünf Zehen – durch Reduktion – ein einziger huftragender Knochen.

Beim Maulwurf wurden die Vorderbeine zu einer Grabschaufel. Beim Flugsaurier und bei den Fledermäusen verwandelten sie sich – in verschiedener Weise – in Flügel. In jedem Fall war das Resultat nicht Ergebnis einer zielhaften Konstruktion, sondern vollzog sich über Umwege und Abwandlungen von andersartigen, bereits bestehenden Skeletteilen. Manche der Knochen wurden total rückgebildet, andere stärker entwickelt, wieder andere verschmolzen miteinander. Solche Veränderungen kamen durch Änderungen im Erbrezept zustande. Welche von ihnen sich bewährten, darüber entschied die jeweilige Umwelt, die Lebensart, die Beute, die jeweiligen Feinde. Bei unseren unmittelbaren Vorfahren, den warmblütigen Affen, war es die kletternde Lebensweise in den Urwaldbäumen, die den Ausschlag gab. Um zu klettern, muß man sich an Ästen festklammern. Das Eichkätzchen bewerkstelligt dies, indem es mit allen fünf Fingern den Ast umfaßt. Ebenso viele der niederen Affen. Noch effektiver ist es jedoch, wenn einer der fünf Finger sich aus der Partnerschaft der übrigen löst, wenn er sich ihnen entgegenstellt und so eine Zange bildet. Die Entstehung des opponierenden, also entgegengesetzt stehenden Daumens – vor 65 bis 60 Millionen Jahren – war die dritte Sternstunde in der Entwicklung unserer Hand. Nur wem der Daumen abhanden kommt, kann ermessen, welche Bedeutung seiner eigenwilligen Stellung zukommt. Bei den Menschenaffen kann er noch nicht rotieren, bildet jedoch immerhin bereits mit den übrigen Fingern eine Zange. Ja, in einem Punkt waren unsere Affenvorfahren uns bereits voraus: Sie hatten nicht nur an den Händen einen opponierenden Daumen, sondern auch an den Füßen eine opponierende große Zehe. Dies ist ein weiterer Hinweis dafür, wie wenig das Konzept der »Irreversibilität in der Lebensentwicklung« stimmt. Bei den niederen Affen steht die große Zehe brav parallel zu den übrigen – genauso wie bei uns. Bei unseren unmittelbaren Vorfahren jedoch, den höheren Affen – der Schimpanse zeigt es noch heute – hatte sich die große Zehe gedreht, war zum Widerpart der übrigen geworden. Die noch affenähnlichen Vormenschen, von denen wir abstammen, gingen dann jedoch zur aufrechten Lebensweise über. Damals verlor die opponierende große Zehe allmählich ihre Bedeutung, ja wurde zum Nachteil. Und demgemäß kehrte sie wieder in die ursprüngliche Stellung zurück.

Vierte Sternstunde, vor 10 bis 8 Millionen Jahren: Unser Affenahne trennte sich von den Urwaldbäumen, ging zum Leben in der Steppe über. Woran es lag, läßt sich nur vermuten. In jener Zeit – einer Dürreperiode – lichteten sich die Wälder, entstanden zwischen ihnen Savannen. Unter diesem »Druck« mögen unsere Vorfahren aus dem angestammten Astwerk verdrängt worden sein, dazu gezwungen, sich anderswo Nahrung zu suchen. Oder die Savannen boten sich als neues Jagdgebiet an, die Vorfahren wären dann nicht dorthin gedrängt, sondern davon angezogen worden. So oder so: Im Buschwerk und hohen Gras wurde es vorteilhaft, aufrecht zu gehen. Der Blick sieht weiter, die Fortbewegung wird schneller. Als Beute gibt es allerhand Kleingetier, Früchte und nahrhafte Wurzeln – vor allem aber grasfressende Wirbeltiere, etwa Antilopen. Jetzt wurden die Füße zu Lauforganen, die Hände zu Greiforganen, alsbald zu Wurforganen. Im Rudel kreisten diese Raubaffen – jene Vormenschen – ihre Beute ein, schnitten ihr den Weg ab, überwältigten sie (Taf. 16, H). Dabei erwies sich, daß die Hand durch einen Stein in ihrer Wirkung noch gesteigert werden kann.

Die fünfte Sternstunde schließlich ist mit der zweiten verwandt. Auch sie war an die Entwicklung eines anderen Organes geknüpft, hätte sich ohne diese niemals verwirklicht. Bei der zweiten Sternstunde war die Entwicklung der Lunge ausschlaggebend. Ohne sie hätte keine Landbesiedlung stattfinden können. Nur im Schlepptau dieser Entwicklung wurden die Flossen zu Beinen. Nicht anders verhielt es sich mit der durch den aufrechten Gang frei werdenden Hand. Sie wäre noch heute die Hand eines Affen – perfekt geeignet, Früchte zu pflücken, in der Nase zu bohren, Artgenossen zu kneifen –, wäre sie nicht unter den Einfluß eines anderen sich entwickelnden Organes gelangt. In diesem Fall war es kein völlig neues Organ, sondern bloß die stärkere Entwicklung eines schon bestehenden: des Großhirns. Oder genauer: der Großhirnrinde, in der die Fähigkeit zur Assoziationsbildung beheimatet ist (Taf. 10 und 18). Diese stärkere Ausbildung – vor 4 bis 2 Millionen Jahren – führte zur Fähigkeit, Ursachen und Wirkungen zu verknüpfen, wozu der Affenvorfahre noch nicht in der Lage war. Sie führte zu erheblich gesteigerter Intelligenz, zum Vergleich der fremden mit der eigenen Handlung, zur Betrachtung des Selbst. Das menschliche Gehirn begann sich mit sich selbst zu beschäftigen, mit den Möglichkeiten eigener Wirkung auf die Umwelt. Werkzeug solcher Wirkungen war in erster Linie die Hand. Diese Hand konnte einen Stock ergreifen, ihn zum Grabstock, zur Waffe, zum Wurfspeer machen. Diese Hand konnte aus dem Fell eines Tieres eine eigene, ablegbare Haut anfertigen: Kleider. Diese Hand konnte aus herumliegenden Steinen und Ästen eine künstliche Schutzhöhle bilden: ein Haus. Diese Hand konnte Feuer zähmen und zum eigenen Diener machen. Diese Hand konnte Töpfe formen, konnte Schmuckstücke herstellen, konnte eine Trommel anfertigen und betätigen ...

Diese letzte Sternstunde war die für uns entscheidende. Sie machte uns zum Menschen. Nur aufgrund unserer besonders entwickelten Großhirnrinde vermögen wir mit unseren Händen zu schreiben. Nur aufgrund dieser besonderen Entwicklung eines anderen Organes erfanden wir jene Maschinen, welche die Macht unseres Zellkörpers millionenfach steigern. Nur aufgrund dieses Organes vermochten menschliche Hände Raketen zu bauen, die den menschlichen Zellkörper bereits bis hinauf in den Weltenraum und auf den Mond beförderten.

Wir sehen uns in erster Linie als geistiges Wesen – weit weniger als Wesen, die über eine Greifhand verfügen. Auch beim Chamäleon bildet die Hand eine Zange, auch beim Papagei. Aber bei ihnen, ebenso wie bei den Affen, blieb es ein besonders effizientes Greiforgan. Erst durch die Verbindung mit dem Steuerungsorgan Gehirn wurde die Hand zum menschlichsten Organ. Freilich, wie uns heute besonders klar wird, auch zum unmenschlichsten. Über jede neue Steuerung gelangt die Hand zu einer neuen Funktion. Betrachten wir unseren Tagesablauf, so sind es deren viele Tausende, ja praktisch unzählige. Und betrachten wir die Werke unserer Technik und Industrie, unserer Wirtschaft und Organisation, unserer Kultur und Kunst, dann stoßen wir überall auf funktionelle Erweiterungen unseres Zellkörpers, die von Händen geschaffen wurden. Hände – im Verein mit unserem besonders entwickelten Gehirn – schufen alles, was wir unseren Fortschritt nennen. Hände – im Verein mit unserem besonders entwickelten Gehirn – schaffen alles, was uns möglicherweise in das Chaos einer globalen Lebenszerstörung führen wird.

2.
Das zwiespältige Herz

Als zweites wenden wir uns nun einem Organ zu, dessen Bedeutung nicht leicht zu klassifizieren ist. Es ist unser verwundbarster Punkt: Fällt es aus, dann sind wir sofort tot. Es ist das emsigste unserer Organe, ein Sklave von unübertrefflichem Eifer. Während sich die anderen Organe ausruhen, ja über lange Strecken ohne jede Gegenleistung ernährt und gepflegt werden, also ein eher geruhsames Leben führen, arbeitet es maschinenhaft Tag und Nacht, bei einem Achtzigjährigen achtzig Jahre lang. Es ist ein primitives Organ: eine Pumpe, nichts weiter. Seine einzige Aufgabe ist es, den Blutkreislauf in Gang zu halten. Dazu kommen aber andere Fähigkeiten, die man einer Pumpe ganz und gar nicht zutraut. Seit es denkende Menschen gibt, sieht man im Herzen den Sitz der Liebe, den Sitz der Sehnsucht, den Sitz von Kummer und Freude. Von manchem wird erzählt, daß er aus Kummer an gebrochenem Herzen starb.

Das Herz – so heißt es – bangt, hofft, trauert, wird von Verzweiflung zerrissen, jubelt, ist treu, gut oder hart. Der Engherzige, Herzlose wird jenem gegenübergestellt, der Herzensgüte zeigt, ein offenes und reines Herz hat. Schenk mir dein Herz, fleht der Liebende, singt der Tenor. Sitz des Verstandes ist der Kopf, Sitz der Gefühle – so wird seit Urzeiten angenommen – das Herz. In »Wallensteins Tod« läßt Schiller Gordon sagen: »Oh, wenn das Herz Euch warnt, folgt seinem Triebe.« Also eine Pumpe, die warnt. An einer anderen Stelle sagt Schiller: »Das Herz und nicht die Meinung ehrt den Mann.« Und an einer weiteren: »Dein Urteil kann sich irren, nicht dein Herz.« Eine Pumpe also, die Charakter vermittelt, ja dem Gehirn überlegen ist. Aber noch mehr. In der Bibel, bei Matthäus, lesen wir: »Selig sind, die reinen Herzens sind, denn sie werden Gott schauen.« Und Heinrich Heine erklärt sogar: »Größer als alle Pyramiden, als der Himalaja, als alle Wälder und Meere ist das menschliche Herz – es ist herrlicher als die Sonne und der Mond und alle Sterne, strahlender und bleibender – es ist unendlich in seiner Liebe, unendlich wie die Gottheit, es ist die Gottheit selbst.«

Mag dies auch alles symbolisch gemeint sein. Tatsache ist, daß man bis heute die Gefühle im Herzen lokalisiert. Also wenden wir uns dieser sensiblen Pumpe zu – welches ist ihre Geschichte? Wie und wann kam sie zustande? Seit wann erzittert sie in Lieb und Leid?

Bei den Einzellern können wir feststellen, daß sie noch kein Herz haben. Sie brauchen kein solches Organ. Alle aufgenommenen Stoffe verteilen sich in ihrem kleinen Körper ganz von selbst, ähnlich wie sich gelöstes Salz in einem Glas Wasser verteilt. Auch die einfachsten Vielzeller haben noch kein Herz. Bei Korallenpolypen und Medusen werden aufgenommene Stoffe von einer Zelle an die andere durch die Zellwand weitergegeben. Ein physikalisches Gesetz, der Diffusionsdruck, hilft hier mit. Erst bei den Schwämmen sehen wir Organe der Verteilung. Einige der Zellen sind hier auf Stofftransport spezialisiert. Sie kriechen wie Amöben quer durch die Gewebe, bringen das Benötigte, wie Händler ihre Ware, an den Ort der Nachfrage. Beim Plattwurm ist eine andere Möglichkeit der Verteilung des von der Zellkolonie Erworbenen verwirklicht. Dieses Tier hat einen vielfach verzweigten Darm, der dem Geäder eines Pflanzenblattes gleicht. Das aber bedeutet, daß dieser Darm zwei höchst verschiedene Aufgaben zu bewältigen hat, die sich eher stören. Er muß verdauen und verteilen. Höhere Effizienz konnten vielzellige Tiere nur über eine Aufgabentrennung erreichen. Die Verteilungsfunktion mußte dem Darm abgenommen werden. Am besten durch ein Hohlraumsystem, das die aufgeschlossene Nahrung vom Darm übernimmt und den Geweben zuleitet.

Wie solche Hohlraumsysteme entstanden, war eher nebensächlich, denn die für sie nötige Ausbildung war technisch gleichsam vorgezeichnet. Zwischen den Zellen gab es Spalten, Hohlräume – das war der Anfang. In ganz verschiedenen Tiergruppen entwickelten sich dann rings um den Darm »Leibeshöhlen«, die mit diesem Spaltensystem in Verbindung standen. Entscheidend war ein Umlauf der darin enthaltenen Flüssigkeit. Das war durch Wimpernbewegung möglich – noch besser war es, wenn sich geschlossene Röhren bildeten, die sich rhythmisch zusammenzogen und so die Flüssigkeit weiterschoben. Jetzt mußten nur noch Klappen entstehen, die wie Ventile dafür sorgten, daß der Strom nur in eine Richtung lief. Zu solchen Röhren und Klappen gelangten Tiere an sehr verschiedenen Ästen des sich immer mehr aufspaltenden Lebensstammbaumes. Da nur eben diese Lösung praktisch und geeignet war, wurde sie mehrfach unabhängig voneinander »erfunden«. Eine solche Entwicklung konnte auf diesem oder jenem Weg über Erbänderungen einsetzen – der weitere Weg war ihr dann vorgeschrieben.

Die erste Sternstunde in der Entwicklung des menschlichen Herzens hatte geschlagen, als in der langen Kette unserer Vorfahren die beiden essentiellen Elemente des Herzens entstanden waren: der sich zusammenziehende Schlauch und die darin befindlichen Klappen. Dies wurde vor 700 bis 600 Millionen Jahren erreicht.

Manche Tiergruppen haben bis heute ein offenes Blutgefäßsystem: ein röhrenartiges Herz, das innerhalb der Leibeshöhle die Blutflüssigkeit in Umlauf bringt. So ist es bei allen Insekten und Schnecken. Das Herz pumpt die Flüssigkeit in eine Richtung – meist nach vorn zum Kopf –, und innerhalb der Leibeshöhle fließt sie in entgegengesetzter Richtung wieder zurück. Unsere Urvorfahren dürften dagegen bald zu einem geschlossenen Röhrensystem gelangt sein, das die Nahrung in feinen Gefäßen durch die Darmwand in Empfang nahm, sie in verzweigten Röhren allen Organen zuleitete – auch hier wieder sich in feine Gefäße verästelnd – und dann in weiteren Röhren zum Darm zurücksandte. Wenn man so will, ist ein solches System zur Gänze ein Herz. An vielen Stellen der Leitung sind kontraktile Abschnitte und Klappen, die ein Rückfließen verhindern.

Ehe wir beim Lanzettfischchen nachsehen, wie es bei ihm diesbezüglich ausschaut – bei diesem lebenden Relikt, das uns noch heute Hinweise auf den Körperbau unserer Urvorfahren gibt –, muß darauf hingewiesen werden, daß dieser Kreislauf sehr bald weitere Funktionen übernahm, aufgebürdet erhielt. So wie man einem Esel noch zusätzlich dies oder jenes aufpackt, so erging es dem Blutkreislauf in seiner gesamten weiteren Entwicklung. Als erstes fiel ins Gewicht, daß die einzelnen Zellen einer solchen Zellkolonie – Vielzeller genannt – ja nicht nur ernährt werden müssen, sondern auch Abfälle erzeugen. Die Nahrung wird in ihrem kleinen Betrieb verwertet, verarbeitet, dabei fallen Schlacken ab, die ausgeschieden werden müssen. Ist die Kolonie nicht allzu groß, dann kann dies durch die Zellwand nach außen erfolgen. Ist das nicht möglich – vor allem, wenn ein Panzer den Körper umschließt –, dann ist ein Ableitungssystem nötig, eine Kanalisation gleichsam – und dafür bietet sich der Blutkreislauf an. Da er nun einmal vorbeifließt, kann er auch die Abfallstoffe aufnehmen. Freilich müssen sie dann auf irgendeinem Weg nach außen gelangen. Am einfachsten wäre es, wenn der Darm sie wieder aufnähme. Doch dies vermag er nicht, vermutlich würde es seine Hauptfunktion der Nahrungsaufnahme stören. Fast in allen Tiergruppen bildeten sich spezialisierte Organe, die der Blutflüssigkeit die Abfallstoffe entziehen. Es sind die »Nephridien«, die bei den Wirbeltieren zu komplizierter gebauten »Nieren« wurden. Durch eigene Kanäle werden die Abwässer in den Ausgang des Darmes oder direkt nach außen geleitet (Taf. 7).

Der Esel wird jedoch noch weit mehr bepackt. Denn die Zellen brauchen nicht nur Nahrung und müssen nicht nur Abfälle abscheiden, sondern zur Verarbeitung der Nahrung benötigen sie auch noch Sauerstoff. Ist die Zellkolonie klein, dann kann solcher – über Diffusionsdruck – direkt von außen gewonnen werden. Wird jedoch der Körper größer, dann geht das nicht mehr. In diesem Fall müssen sich bestimmte Zellen auf die Gasgewinnung aus der Umwelt – zunächst ist es Wasser – spezialisieren. Die von ihnen gebildeten Strukturen nennen wir »Kiemen«. Der Blutkreislauf muß nun einen etwas komplizierteren Weg nehmen. Auf seinem Weg vom Darm zu den Geweben muß er diese Kiemen durchfließen – sich wiederum in feinste Kapillaren verzweigend –, damit er das Gas übernehmen kann. Nun bringt er nicht nur Nahrung, sondern auch das zu ihrer Verarbeitung notwendige Gas zu den Zellen. Aber damit nicht genug: Dem Blutkreislauf wird noch eine weitere Bürde aufgeladen. Bei der Verarbeitung der Nahrung in den Zellen wird der Sauerstoff verbraucht, und es entsteht Kohlendioxyd, ein für die Zellen giftiges Gas. Es liegt nahe, daß auch dieses Abfallprodukt über den Blutstrom beseitigt wird. Und es ist in diesem Fall auch leichter, den Abfall loszuwerden. Während es dem Darm nicht möglich ist, die festen Abfallstoffe wieder aufzunehmen, vermögen die Kiemen ohne weiteres, das den Körper Schädigende wieder abzugeben. So wie der Diffusionsdruck den Sauerstoff in die Blutflüssigkeit hineinbefördert – so befördert dieser den Überschuß an

Kohlendioxyd durch die Kiemen wieder aus dem Körper hinaus. Nun können wir uns auch die Verhältnisse im Körper des Lanzettfischchens genauer ansehen.

Dieser Vielzeller ist so groß, daß er die Abfälle weder unmittelbar durch die Außenhaut abscheiden, noch unmittelbar von außen Sauerstoff aufnehmen oder nach außen Kohlendioxyd loswerden kann. All dies leistet ein geschlossenes Blutgefäßsystem, das sowohl den Darm als auch die zahlreichen Kiemenspalten jeweils in feinsten Äderchen umspinnt. Die Nierenkanälchen, die dem Blut seine Abfallstoffe entziehen, befinden sich bei ihm am Oberende der Kiemen. Ein eher ungewöhnlich erscheinender Platz – bei den Fischnachkommen und Landwirbeltieren verlagerte er sich dann auch mehr zum rückwärtigen Ende. Aber im Prinzip ist es einerlei. Worauf es ankommt, ist die Abfuhr des Mülls. Durch die bei den Kiemen gelegenen Nierenkanälchen gelangt er in einen beiderseitigen Hohlraum, der unterhalb des Darmes vor dem After nach außen mündet.

So weit, so gut. Indessen entdecken wir noch einen anderen Umweg dieses Blutkreislaufes. Nachdem er den Darm umsponnen und dessen Erträge übernommen hat, führt er in ein weiteres Organ, in dem er sich verzweigt. Bei allen Nachkommen ist es ebenso, und bei ihnen nennt man dieses Organ »Leber«. Es hat zahlreiche Aufgaben, auf die wir später noch zurückkommen. Beim Lanzettfischchen ist es ein Darmblindsack, der die Verdauungsfermente abscheidet. Später wird sie zusätzlich zu einem Speicher für Nährstoffe, die bei Bedarf ins Blut ausgeschüttet werden können. Von diesem Organ also führt dann der Blutkreislauf zu den Kiemen, nimmt dort Sauerstoff auf, liefert Kohlendioxyd und in den Nierenkanälchen Abfallstoffe ab und strömt anschließend in mannigfachen Verzweigungen zu den Geweben des noch gehirn- und augenlosen Vorderendes, zu den Muskeln des Rumpfes und des Schwanzes – und dann wieder zurück zum Darm.

Daß dieser Kreislauf eine kräftige Pumparbeit voraussetzt, liegt auf der Hand. An zahlreichen Abschnitten der Röhrenleitung entwickelten sich kontraktile Abschnitte und entsprechende Klappen, außerdem haben sich einige Abschnitte noch besonders auf diese Pumparbeit spezialisiert. Sie liegen vor den Kiemen, somit an einem günstigen Platz. Es sind Erweiterungen, die man »Kiemenherzen«

nennt. Da manche Lanzettfischchen nicht weniger als 200 Kiemenbögen haben, besitzen sie auch entsprechend viele solcher Herzen. Hier wird bereits deutlich, wo eine Verbesserung ansetzen kann: Der Ort vor den Kiemenbögen ist günstig, die vielen Einzelpumpen lassen sich jedoch im Sinne einer Rationalisierung und Funktionszusammenlegung weit besser auf ein einziges, entsprechend stärker entwickeltes Herz konzentrieren. Dieser Übergang ist die zweite Sternstunde in der Entwicklung zu den eigentlichen Fischen, die bereits über einen Kopf mit Augen verfügen. Sie fand vor ungefähr 500 bis 480 Millionen Jahren statt. Was zunächst bloß Konstruktionsteile waren – zusammenziehbarer Schlauch und Ventilklappen –, konsolidierte sich nun in einem zentralen Organ, das wir »Herz« nennen. Die niedersten uns bekannten Fische zeigen es bereits. Es besteht aus zwei Abschnitten: aus einer ansaugenden Vorkammer und einer auspressenden Hauptkammer. An den Eingängen liegen Klappen, die ein Zurückströmen verhindern, ebenso am Ausgang der Hauptkammer, und zahlreiche weitere befinden sich im gesamten zum Herz zurückführenden Venensystem.

Schon in diesem frühen Stadium stellt das »Herz« entsprechende Ansprüche. Erstens darf seine Bewegung durch die umliegenden Organe nicht behindert sein, es darf an diesen nicht scheuern. Funktionelle Lösung: der Herzbeutel. Zellen bilden rings um die emsige Pumpe eine mit Flüssigkeit gefüllte Kammer, in der sie sich nach Belieben ausdehnen und zusammenziehen kann. Zweitens wird ein Nervennetz erforderlich, das dem Herzen seinen Takt vorschreibt. Auch zu einer solchen Bildung kam es. Drittens verbindet sich dieses Nervennetz noch mit Rückenmark und Gehirn: damit das Herz schneller schlägt, wenn die Situation es erfordert. Wird Beute verfolgt, wird man selbst als Beute verfolgt, dann müssen die Muskeln ihr äußerstes hergeben, brauchen also mehr Energie, mehr Nahrung, mehr Blut – also muß die Pumpe um so kräftiger schlagen.

Zur dritten Sternstunde ist noch ein weiter Weg. Am jetzt erreichten Entwicklungspunkt ist der Blutkreislauf bereits zum lebenswichtigen Organ geworden, das nach außen hin geschützt werden muß. Jeder Biß eines Feindes legt das Röhrensystem bloß, dann strömt die wertvolle Blutflüssigkeit aus, geht verloren. Schon sehr früh also mußten sich Zellen darauf spezialisieren, diese Katastrophe zu verhindern. In die Blutflüssigkeit wurden Stoffe abgeschieden, die bei Berührung mit Wasser – und später mit der Luft – ein abschließendes Netzwerk bilden. Gemeinsam mit anderen im Blut treibenden Zellen – den »Thrombocyten« – formen sie einen Abschlußpfropfen, der das Ausströmen aus Wunden vermindert und unterbricht. Sodann wird das Röhrensystem auch zum Verkehrsweg für eine innere Polizei. Dringen feindliche Einzeller in das Körperinnere ein, dann werden sie von darauf spezialisierten Zellen bekämpft. Diese haben die Gestalt von Amöben und fressen eindringende Bakterien genauso, wie dies freilebende Amöben tun. Man nennt sie »Leukocyten«, es sind die weißen Blutkörperchen (Taf. 19, Abb. 2). Sie beseitigen auch Abfälle. Wie unser eigener Körper zeigt, leisten sie ein Höchstmaß an Aufopferung. Sind viele Feinde in den Körper eingedrungen – wir nennen sie »Krankheitserreger« –, dann fressen sie deren so viele als sie vermögen und verlassen mit dieser gefährlichen Fracht den Körper. Wir sagen dann: Pfui, Eiter! Er erregt in uns angeborenermaßen Ekel, da er für uns schädliche Stoffe enthält. An sich jedoch ist Eiter nichts anderes als ein Riesenheer von Zellorganen unseres Körpers, die ihr Leben für die übrige Zellgemeinschaft opfern. Wäre unser »Ich« ein Ich, das die Welt erkennt, so wie sie ist, würden wir jedem Eitertropfen unsere Reverenz erweisen. Zwar ist unser Herz an Diensteifer kaum zu übertreffen, aber es wird vom Körper ernährt, betreut, jede seiner Zellen wird so lange als möglich am Leben erhalten. Jene Zellen, die wir weiße Blutkörperchen nennen, opfern sich, wann immer es sein muß, für die Gemeinschaft auf, beenden damit ihr Leben.

Das Lanzettfischchen hat noch keine weißen Blutkörperchen, das sehr urtümliche Neunauge dagegen schon. Sie dürften in unserer Ahnenreihe vor 550 bis 480 Millionen Jahren bei den »Kieferlosen Fischen« erstmals in Erscheinung getreten sein. Später – vor 500 bis 400 Millionen Jahren – entstand die Fähigkeit, »Antikörper« zu bilden, eine weitere Streitmacht: auf Abwehr eingedrungener Schädlinge spezialisierte Moleküle. Sodann wurde sehr bald der Blutstrom, da er nun einmal da war, vom Körper auch als Botenweg benützt. Drüsen sondern Stoffe ab, die wie ein Brief an anderer Stelle in Empfang genommen und deren Anweisungen befolgt werden, die »Hormone«. Auch darauf kommen wir noch zurück. Schließlich – etwa in der gleichen Periode – kam eine ungeheure weitere Zahl von Zellen in Gestalt der roten Blutkörperchen, »Erythrocyten« genannt, hinzu. Zunächst wurde nur ein besonderer Stoff ins Blut abgesondert, der den Sauerstofftransport verbesserte – das »Hämoglobin«, dann spezialisierten sich eigene Zellen auf diese Funktion. Bei den Fischen, Amphibien, Reptilien und Vögeln sind es echte Zellen mit einem Kern, bei den Säugetieren sind sie ab Geburt kernlos und somit kleiner. Vorteil: Sie können so engere Röhren, Kapillaren, passieren. Nachteil: Sie leben nur 90 bis 120 Tage lang und müssen laufend erneuert werden. Beim Menschen sind es über 150 000 Millionen pro Tag. Der Blutstrom übernahm so immer mehr Funktionen, was zum weiteren Problem führte, daß diese sich nicht gegenseitig stören dürfen.

Als die ersten Tiere das feste Land zu erobern begannen, kam es zum weiteren schwerwiegenden Problem des Überganges von der Kiemenatmung auf die Lungenatmung. Wiederum mußte sich der Blutkreislauf in ein neues Organ verzweigen, dort Benötigtes übernehmen, Nichtbenötigtes abgeben. Eine Abzweigung von den Kiemengefäßen übernahm diese Aufgabe: ein zweiter Vorhof des Herzens bildete sich, der das aus der Lunge kommende Blut wieder ins Herz saugt und über die Hauptkammer dem Gesamtkreislauf zuführt. Bei allen Amphibien hat somit das Herz zwei Vorkammern und eine Hauptkammer. Der Nachteil: In der Hauptkammer mischt sich das an Sauerstoff reiche Blut aus der Lunge mit jenem, das aus dem Körper mit Abfallstoffen beladen zurückkehrt.

Bei den Säugern und Vögeln ist der doppelte Kreislauf dann perfekt. Das Herz hat sich nun verdoppelt. Es hat nun zwei Vorhöfe und zwei Hauptkammern. Praktisch sind also zwei Herzen, zwei gesonderte Pumpen daraus geworden. Die eine übernimmt das vom Darm, von der Leber, von den Nieren und vom übrigen Körper zurückkehrende Blut und pumpt es in die Lunge. Das zweite übernimmt es aus der Lunge und pumpt es zu den Körperzellen, zum Darm, zur Leber und zu den Nieren.

Wie langwierig und mühsam der Weg war, diese Umstellung von Kiemenatmung auf perfekte Lungenatmung zu erreichen, zeigen in größter Deutlichkeit die heute noch lebenden Nachkommen von Vorfahren aus verschiedenen Epochen dieser Entwicklung (Taf. 2). Jedem Zoologiestudenten wird schwindelig, wenn er sich damit zu befassen beginnt, wie sich einerseits die Arterien und Venen der Kiemen allmählich zurückbildeten und wie andererseits, teils in Umbildung, teils in Neubildung, das für den Blutkreislauf zur Lunge notwendige Röhrensystem entstand. In dieser Entwicklung, das zeigt sich auf das deutlichste, gab es keine helfende Hand. Sollte ein Schöpfer wirklich diese gesamte Entwicklung zum Menschen gewollt und bewirkt haben, dann muß angenommen werden, daß er in dieser langen Periode ein Mittagsschläfchen hielt. Ein Chaos von Verflechtungen und Entflechtungen kennzeichnet das Bild. Wo sich in dieser Periode – vor 410 bis 220 Millionen Jahren – über zufällige Erbänderungen ein Vorteil ergab, verbesserte er bei den neuentstandenen Formen deren Konkurrenzfähigkeit, bewirkte, daß sie sich besser behaupten und fortpflanzen konnten, diesen Vorteil also in der Entwicklung weitertrugen. Wo dies nicht der Fall war, konnten sich die betreffenden Arten auch schlechter behaupten. Manche Entwicklung war auch nur vorübergehend von Vorteil und erwies sich etwas später als Sackgasse.

Allein über das Schicksal der Blutgefäße, welche die einzelnen Kiemenbögen versorgten, ließe sich ein eigenes Buch schreiben. Der Endpunkt, die Entstehung des doppelten Herzens, wurde zweimal, und zwar auf verschiedene Weise erreicht: bei den Säugetieren und bei den Vögeln. Beide Tiergruppen stammen von Reptilien ab: Die Säugetiere entstanden in mehreren Linien vor 240 bis 210 Millionen Jahren, die Vögel vor 200 bis 150 Millionen Jahren. Bei beiden ist die den Körper versorgende Hauptarterie aus der vierten Kiemenarterie der Fischvorfahren hervorgegangen. Bei den Säugetieren aus dem rechten Bogen, bei den Vögeln aus dem linken Bogen. Der entgegengesetzte wurde jeweils rückgebildet. Welche Lösung bei diesem Umbau die naheliegende und einfachere war, darüber läßt sich streiten. Im Endeffekt leisten aber beide gleich gute Dienste. Hier wie dort hat sich der Körperkreislauf vom Lungenkreislauf völlig getrennt. Hier wie dort sind die Reste der nicht verwendeten Kiemengefäße weitgehend beseitigt. Hier wie dort zeigen uns die Embryonen, bei denen die Kiemengefäße zunächst noch angelegt werden, den komplizierten Weg der Umwandlung, rekapitulieren also die sich über 200 Millionen Jahre erstreckende Entwicklung.

An diesem Punkt wird interessant, was sich bei den anderen beiden großen Tiergruppen, die das Land eroberten, abspielte. Was geschah hier mit den Kiemen, mit dem Blutkreislauf, mit dem Herzen?

TAFEL 2: **Beweis für die Abstammung des Menschen und aller Landwirbeltiere von Fischvorfahren**

Abbildung **1** zeigt schematisiert das Herz und die Kiemenarterien beim Hai, **2** beim Frosch, **3** beim menschlichen Embryo, **4** beim erwachsenen Menschen. H = Herz (aufgeschnitten gezeichnet), 1–6 = Kiemenbögen, a = Arterienstamm, b = Rückenarterie, c = Arterie der Vorderextremitäten, d = Kopfarterien, e = Lungenarterien, f = Kiemenkapillaren, g = Trennwand in der Hauptkammer, h = Ductus Botalli. Gestrichelte Linien = Gefäße, die vom Embryo angelegt werden, jedoch funktionslos sind. Gestrichelte Doppellinien = Gefäße, die beim Embryo noch funktionell, jedoch beim erwachsenen Tier rückgebildet sind. x, y, z = im Text erklärt.

Vergleicht man das Herz und die von ihm wegführenden Arterien beim Hai und beim Menschen (Abb. 1, 4), dann bietet sich ein sehr verschiedenes Bild. Beim Hai hat das Herz (H) nur eine Hauptkammer, aus dieser wird das Blut in den Arterienstamm (a) gepreßt, welcher sich beiderseits in sechs Kiemenbögen (1–6) aufgabelt. In den feinverzweigten Kiemenkapillaren (f) findet der Gasaustausch mit dem Wasser statt, dann sammelt sich das Blut in der Rückenarterie (b), die es in den Körper leitet, während je zwei Äste (d) den Kopfteil versorgen. Der Mensch (4) hat dagegen ein geteiltes Herz und einen »doppelten Blutkreislauf«. Eine Hauptkammer pumpt das Blut in die Lungenarterien (e), die andere pumpt das aus der Lunge rückkehrende, regenerierte Blut (Venen sind nicht eingezeichnet) in den Körper und Kopf (b, d). Betrachtet man jedoch den Gefäßverlauf beim menschlichen Embryo (3), dann ist die Übereinstimmung mit der Situation beim Hai nicht zu übersehen. So wie dieser legt auch der Mensch zunächst alle 6 Kiemenbögen an – sogar den ersten, der bereits vor 430 bis 400 Millionen Jahren bei den Urhaien funktionslos wurde (S. 196). Auch das Herz des Embryos hat zunächst nur eine Hauptkammer, die sich dann durch eine Falte teilt (g). Die beim Hai die Brustflossen versorgenden Gefäße (c) versorgen beim Menschen die Arme, die sich ja aus Brustflossen entwickelten (Taf. 1). Aufschlußreich ist die Situation beim Frosch (2). Wir sehen hier, wie beiderseits aus dem 6. Kiemenbogen durch Abzweigung die Lungenarterien (e) entstehen. Der Frosch atmet als Larve (Kaulquappe) zunächst durch Kiemen und geht erst als erwachsenes Tier auf Lungenatmung über. Beim Menschen kann das Kind erst bei der Geburt mit der Lungenatmung einsetzen. Das »Schreien« des Neugeborenen ist der erste Atemzug. Bis zu diesem Zeitpunkt hält der »Ductus Botalli« (h) den Weg der 6. Kiemenarterie aufrecht, er wird zu allerletzt rückgebildet. Beim Hai (1) münden Gefäße des dritten Kiemenbogens am Punkt »x« in die Rückenarterie, von wo der Blutstrom auch in Richtung zum Kopf fließt (Pfeile). Beim Frosch wird die Verbindung zwischen dem 3. und 4. Kiemenbogen (y) rückgebildet, so daß der 3. Kiemenbogen nur noch den Kopfteil versorgt (z). Auch beim menschlichen Embryo ist diese Verbindung zunächst noch da (3), beim Erwachsenen (4) dagegen rückgebildet, so daß auch hier über die 3. Kiemenarterie der Kopf versorgt wird (x, z). Die Embryonen aller Landwirbeltiere zeigen noch heute die drastische Umgestaltung, die durch den Übergang auf Luftatmung notwendig wurde. Wäre der Mensch zielhaft als Landlebewesen geschaffen worden – oder als Gottesabbild –, dann kämen seine Gefäßbahnen bestimmt anders zustande.

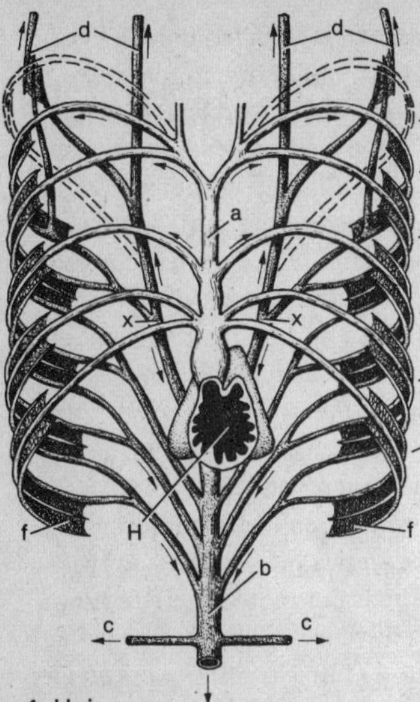

1 Hai

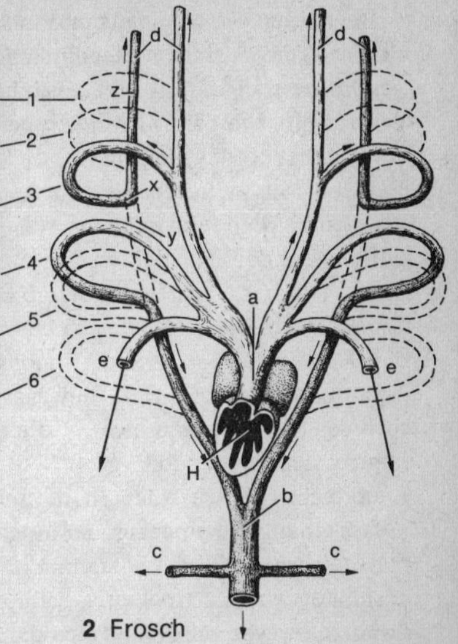

2 Frosch

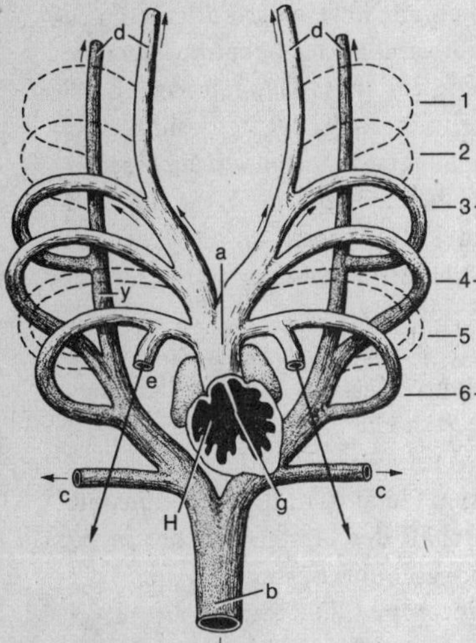

3 Menschenembryo

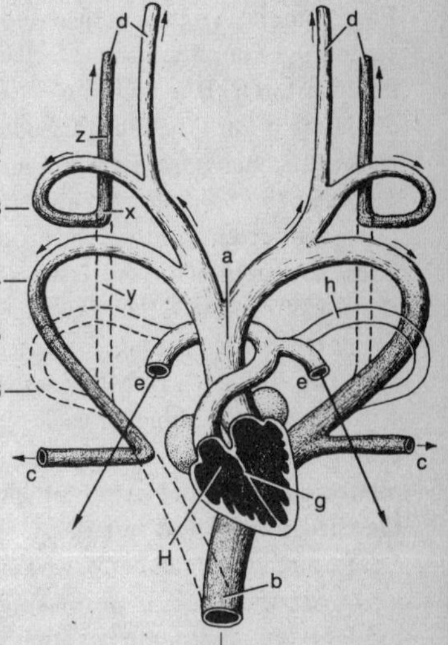

4 erwachsener Mensch

TAFEL 2

Bei beiden – sowohl bei den Mollusken als auch bei den Gliedertieren – kam es zu keinerlei ähnlichen Komplikationen, da sie kein geschlossenes Röhrensystem ausbildeten. Bei beiden liegen die Organe in einer mit Blutflüssigkeit gefüllten Leibeshöhle, bei beiden sorgt ein zentrales Herz dafür, daß diese Flüssigkeit bewegt wird. Bei den Muscheln, als besonderes Kuriosum, verläuft der Darm quer durch die Herzkammer – was jedoch offensichtlich nicht zum entscheidenden Nachteil wurde, da sich diese artenreiche Gruppe sonst nicht hätte erhalten können. Bei den an Land vordringenden Schnecken bildeten sich die in einem geschützten Hohlraum liegenden Kiemen zurück, und die Innenwand dieser Höhle wurde zum Atmungsorgan. Die Tiere bewegen sich langsam – laufen nicht, springen nicht, fliegen nicht –, die demnach benötigte Sauerstoffmenge ist nicht besonders groß. Sehr weit haben es die Schnecken an Land nicht gebracht. Die Gliedertiere – etwa die Krebse – entwikkelten einen Außenpanzer, der ihnen an Land zum Vorteil und zum Nachteil wurde (Taf. 15). Zum Vorteil, weil er ihren Körper einigermaßen vor Vertrocknung schützte. Zum Nachteil, weil er an Land zu schwer wurde und sich darum nur verhältnismäßig kleine Formen durchsetzen konnten. Diese allerdings mit großem Erfolg. Es gibt mehr Arten von Insekten als alle übrigen Landtierarten zusammengenommen – über 800 000 sind bisher bekannt. Auch bei ihnen ist der Blutkreislauf offen: Ein mit Klappen versehener Schlauch pumpt die Blutflüssigkeit innerhalb der Leibeshöhle von rückwärts nach vorn. Den nötigen Sauerstoff gewinnen die Insekten – ebenso die Spinnen und alle sonstigen Gliedertiere, die das Luftreich eroberten – durch ein eigenes Röhrensystem: die Tracheen. Diese umspinnen die einzelnen Organe und münden durch zahlreiche Öffnungen des Panzers nach außen.

Die dritte Sternstunde in der Entwicklung unseres Herzens schlug vor etwa 240 bis 210 Millionen Jahren, als bei unseren Säugetiervorfahren die Bildung eines doppelten Herzens vollendet war. Aus dem einen Blutkreislauf waren somit zwei geworden: der immer mehr bepackte Esel hatte nun einen Gefährten, der ihn entlastete. Da dieser Kamerad nur das Geschäft des Gasaustausches in der Lunge zu bewältigen hatte, war er wesentlich besser dran, denn dieses Geschäft erfordert weit weniger Arbeit. Die Muskeln des zweiten Herzens sind demnach auch wesentlich schwächer ausgebildet.

Beim Menschen ist die Muskelschicht, welche die linke Herzkammer umschließt, drei- bis viermal so dick wie jene der rechten.

Dieses Gespann war nun aber stark genug, um noch eine weitere Bürde aufgeladen zu erhalten. Ehe wir sie in Augenschein nehmen, sei nochmals zusammengefaßt, welche Leistungen der Blutkreislauf zu diesem Zeitpunkt bereits erbringt. Zuallererst war seine Aufgabe nur eben die, vom Darm die aufgeschlossene Nahrung zu übernehmen und sie an alle Organe des Körpers zu verteilen. Dann kam der Abtransport der anfallenden Abfälle hinzu; der Energie- und Nahrungslieferant wurde so in zweiter Funktion zum Organ der Müllabfuhr, der Kanalisation. Als Hilfseinheit dafür entstanden die Nieren, und die Ableitung erfolgte über das Darmende oder in einer gesonderten Öffnung dicht nebenan. Mit wachsender Körpergröße mußten nun aber auch die Gewebe mit Sauerstoff versorgt werden – auch diesen Dienst übernahm das kreisende Blut. Wiederum war eine Hilfseinheit nötig – die Kiemen. Sie übernahmen gleich auch den Abtransport der gasförmigen Abfälle – des Kohlendioxyds. Mit vier Aufgaben war somit der Esel bereits bepackt. Als weitere kam hinzu, daß der Blutkreislauf auch zum Verkehrsweg wurde. Erstens für Polizeiorgane in Gestalt spezialisierter Zellen oder spezialisierter Moleküle. Zweitens für eine Flaschenpost, die beliebig in Anspruch genommen werden konnte. Irgendwo im Kreislauf wurde ein Briefchen – in Gestalt eines Hormons – in den Strom geworfen, und an anderer Stelle klingelte es dann, und der Empfänger vernahm die Botschaft. Außerdem mußte der Blutkreislauf Einheiten transportieren, die bei Verletzung schützend in Erscheinung traten, indem sie wie mit einem Gitter die Wunde verschlossen. All dies und manches andere mehr mußte in ständigem Kreislauf rings durch den Körper transportiert werden. Dabei mußten sich die Röhren in den Geweben – aber auch in der Darmwand, in der Leber, in den Kiemen und in den Nieren fein verzweigen, was erhöhten Widerstand schafft, ein gehöriges Maß mehr an Energie kostet. Orte also, wo der Esel steil aufwärts gehen muß. Und zu alledem kam der Übergang auf die Lungenatmung, der für geraume Zeit die Organisation aus dem Gleichgewicht brachte. Röhren wurden überflüssig, andere mußten neu gebildet werden: Erst mit Vollendung des doppelten Blutkreislaufes war diese Problematik aus der Welt geschafft. Neben dem arg überbürdeten Lasttier trottete nun ein hilfreicher Kamerad – wie ein siamesischer Zwilling an ihn gekettet. Bedenken wir all dies, dann verlagert sich unser Respekt vor dem Herzen auf das Organ Blut. Schneiden wir uns in den Finger und betrachten wir dieses Blut, dann ist es nichts anderes als eine rote Flüssigkeit. Was aber leistet sie alles! Wie viele lebenswichtige Funktionen sind ihr aufgebürdet! Das Herz, die Pumpe, ist so betrachtet nur eben ein notwendiger Diener. Auch im Zweiergespann vermag dieses Herz nicht mehr, als eben zu pumpen. Es sei denn, wir tun ihm unrecht, und es hat wirklich die weitere Funktion: uns Liebesgefühle zu entfachen, uns vor Gefahren zu warnen, unsere Handlungen vor Schuld zu bewahren und ähnliches.

Warten wir also ab. Ehe wir zu dem Zeitpunkt gelangen, da dies aktuell wird, übernimmt der Blutkreislauf noch eine Bürde. Bei den Säugetieren und Vögeln – vor 220 bis 190 Millionen Jahren – wird der Blutkreislauf in zusätzlicher Funktion auch noch zu einer inneren Zentralheizung. Heizmaterial ist vorhanden: in erster Linie Vorräte, die in der Leber gespeichert sind. Indem sie verbrannt werden, läßt sich die Bluttemperatur erhöhen. Die Vorteile einer Unabhängigkeit von der Außentemperatur sind bedeutend: Wird es kalt, dann erlahmen alle Prozesse – auch die Leberprozesse. Zu einer solchen Heizung gehört aber noch mehr. Erstens eine isolierende Schicht, damit die mühsam erzeugte Wärme nicht entweicht. Bei den Säugetieren sind es über einer Fettschicht Haare, bei den Vögeln Federn. Letztere leisten, in Doppelfunktion, auch beim Fliegen wertvolle Dienste. Zweitens ist ein Thermostat nötig, damit nicht zuwenig oder zuviel geheizt wird. Dieses Problem wurde indes bereits mehrfach gelöst – etwa bei der Atmung. Auch hier müssen die Lungenbewegungen den Erfordernissen angepaßt sein. Mehr Sauerstoff erfordert schnellere Atemtätigkeit, weniger Sauerstoff eine langsamere. Eine innere Nervenschaltung leistet dies: im Prinzip ganz ähnlich wie der Thermostat in der Zentralheizung einer Wohnung. Einen derartigen Thermostat bildete das Nervensystem auch als Hilfsorgan der Warmblütigkeit.

Vierte Sternstunde also: Vor 220 bis 190 Millionen Jahren, als unsere Ahnen zu Säugetieren wurden, übernahm der doppelte Blutstrom als weiteres Amt auch jenes eines inneren Wärmeträgers. Das aber hatte nun wieder zur Folge, daß die Herzgröße in Abhängigkeit zur Körpergröße geriet. Wieso? Sehr einfach: Wird ein Körper größer, dann wächst seine Oberfläche mit dem Quadrat (beim Würfel $6a^2$), das Volumen jedoch mit der dritten Potenz, mit dem Kubus (beim Würfel a^3). Das aber bedeutet, daß ein kleiner Körper im Vergleich zu seinem Volumen eine relativ große Oberfläche hat. Und da durch die Oberfläche Wärme verlorengeht, müssen kleine Körper stärker heizen. Und um stärker zu heizen, muß mehr Brennmaterial und Sauerstoff in den Ofen gelangen – muß das Herz also mehr arbeiten. Darum haben große Warmblüter ein relativ kleineres Herz als verwandte kleinere Arten. Beispiele: Bei einem 2 kg schweren Uhu beträgt das Herzgewicht 0,5 % des Gesamtgewichtes, beim zehnmal leichteren Steinkauz dagegen 0,8 %. Bei der 200 Gramm schweren Wanderratte beträgt das Herzgewicht 0,4 %, bei der nur 5 Gramm schweren Zwergmaus ganze 1,3 %. In ebendiesem Sinn finden wir auch meist bei den Jungtieren der Säuger ein relativ größeres Herz als beim erwachsenen Tier.

Und noch eine Aufgabe übernahm der so unermüdlich eifrige Blutkreislauf. Im Rahmen der Zweigeschlechtigkeit, über deren funktionelle Bedeutung wir noch ausführlich sprechen werden, ermöglicht er bei den Säugetieren den Akt der Paarung. Das männliche Geschlechtsorgan, der Penis, ist mit schlauchförmigen Schwellkörpern ausgestattet, die sich bei sexueller Erregung mit Blut füllen (Taf. 8, Abb. 1, a, b). Über Nervenkommandos wird das Blut in diese Schläuche geleitet – und weitere Kommandos bewirken, daß Ringmuskeln den Abfluß blockieren. Das Glied versteift sich also – und die darin enthaltene Blutmenge wird dem Blutkreislauf entzogen. Alle Botenstoffe und Polizeiorgane, die in diese Falle geraten, müssen nun eben warten, bis die geschlechtliche Erregung abklingt und das gedrosselte Blut weiterfließen kann.

Die fünfte Sternstunde im Entwicklungsweg unseres Herzens liegt nur knappe 4 bis 2 Millionen Jahre zurück. Am Herzen selbst änderte sich damals nicht das mindeste, doch ging es mit einem anderen sich entwickelnden Organ eine engere Verbindung ein. Ähnlich wie bei der Hand war es eine Verbindung mit dem Großhirn: mit der sich nun vehement entwickelnden Großhirnrinde. Also mit jenem Organ, durch das der Mensch fähig wurde, sich selbst als Objekt zu sehen, über sich selbst nachzudenken, sich selbst zu beobachten, sich und seine Empfindungen zu deuten. Im Falle der Hand führte diese Verbindung zu einem entscheidenden Fortschritt – zur

Grundlage für unser heutiges Menschsein schlechthin. Beim Herzen dagegen führte sie zu einem kuriosen Irrtum. Das bewußt denkende Ich, alles eher als befähigt, sich selbst und die Umwelt objektiv zu sehen, erhob diese klopfende Pumpe auf ein besonderes Podest, machte sie gleichsam durch Ritterschlag zum Sitz unserer so verworrenen Gefühle, zur Heimstätte einer körperlosen Seele, ja zum unmittelbaren Verbindungsglied mit höheren Mächten, denen der Mensch Rechenschaft schuldig ist, die sein Tun beobachten, seine Taten bewerten, belohnen, bestrafen.

Was wir »Empfindungen« nennen, gewinnen wir am Ort selbst, wo sie entstehen. Wenn wir uns die Finger verbrennen, empfinden wir die Hitze am Finger. Geräusche empfinden wir im Ohr, Helligkeit im Auge, Geruch in der Nase, Geschmack in den Geschmacksknospen am Gaumen, Schmerz überall dort, wo es uns eben schmerzt. Ein Übergangsfeld zu den »Gefühlen« sind alle Erlebnisbereiche, wo unsere Triebe in Erscheinung treten. Den Geschlechtsakt empfinden wir bereits als Gefühl. Ebenso die Stillung des Hungers, das Erschrecken bei Gefahr, die Freude bei gelungener Tat, die Aufopferung für das Ziel der Gemeinschaft. Unser Triebleben – und ebenso unsere erworbenen Triebe, unsere Gewohnheiten – vermittelt uns ein ungeheures Spektrum sehr unterschiedlich getönter Gefühle: Sie pendeln zwischen Lust und Unlust, zwischen Erregung und Entspannung. Sie sind zweifellos im Nervensystem beheimatet, doch während die Nerven selbst Organe sind, die Reize empfinden und weiterleiten, haben wir keinerlei Organ, um die Erregungen der Nerven selbst zu empfinden. Oder vielleicht eben nur eines – unser Herz. Denn bei Erregung befiehlt unser Nervensystem dem Herzen, daß es schneller schlägt. Warum? Weil sich Erregung bei erhöhter Gefahr, bei erhöhter Chance einstellt, also in Situationen, wo es ganz besonders auf die Leistungsfähigkeit und Reaktionsschnelligkeit unseres Körpers und unserer geistigen Fähigkeiten ankommt. Dies aber erfordert mehr Energie – also wird dem Herzen der Befehl erteilt, beschleunigt zu pumpen. Ob es ein für uns günstiges oder ungünstiges Erlebnis ist – in jedem Fall ist es wichtig, daß mehr Kraft zur Verfügung steht, daß also schneller gepumpt wird.

Sitz unserer Triebe sind die ältesten Gehirnteile, besonders das Zwischenhirn, doch der Hauptsitz unserer Gefühle liegt woanders.

Er liegt in jenen Bereichen der Großhirnrinde, wo die besondere Fähigkeit produziert wird, die wir unsere Phantasie, unsere Vorstellungskraft nennen. Dort, im eigentlichen Zentrum unseres »Ich«, können wir jede nur erdenkliche Situation und Handlung simulieren. Können sie theoretisch erleben und ausführen. In unserer Phantasie können wir jeden Trieb aktivieren und auch teilweise abreagieren, können Pläne für Handlungen entwerfen und ihre möglichen Folgen erkunden, ohne sie ausführen zu müssen. In der Welt unserer Vorstellung können wir, ohne den Finger zu krümmen, Held, Heiliger oder Verbrecher sein, können die gesamte Welt aus den Angeln heben.

Auch von diesem Bezirk unseres Gehirns läuft eine Nervenverbindung zu unserem Herzen, löst bei Erregung schnelleres Pumpen aus – bei Erregung also über unsere eigenen Vorstellungen. Und da wir am Entstehungsort dieser Vorstellungen kein eigenes Sinnesorgan haben, verlagern wir die dort ausgelösten Gefühle auf das an sich grundlos angepeitschte Herz. Grundlos deshalb, weil die Vorgänge in unserer Phantasiewelt keineswegs gesteigerter Energiezufuhr an unsere Organe bedürfen. Ein Mißverständnis sozusagen. Und über ebendieses Mißverständnis kommt es zu dem höchst irrigen Glauben, daß im Herzen die Gefühle beheimatet sind.

Wo viel Gefühl, sei auch viel Leid, erklärte Leonardo da Vinci. Sicherlich wahr, nur muß hinzugefügt werden: auch viel Freud. Denn wer nur mäßige Phantasie hat und wem die Triebe nur mäßig zusetzen, lebt ruhiger – mit weniger aus geistigen Erlebnissen stammender Erregung. »Gefühl ist alles; Name ist Schall und Rauch, umnebelnd Himmelsglut«, sagt Goethe im ›Faust‹. Sicher ebenso wahr. Denn in der Gefühlswelt entfaltet sich der Mensch, unsere Phantasie ist Ursprung unserer Künste, Ursprung menschlicher Verfeinerung und Kultur. Für die Bereiche unserer Phantasie haben wir jedoch kein eigenes Sinnesorgan. Wir verlagern darum ihre Auswirkungen auf jenes Organ, auf das sie sich unmittelbar auswirken – auf eine an sich völlig teilnahmslose Pumpe. So kam es, daß das menschliche Herz eine fünfte Sternstunde erlebte. Ebenso unerwartet wie unverdient wurde es zu einem Tempel, ja zur Gottheit selbst erhoben.

3.

Der vielseitige Mund

Im Gegensatz zum Herzen, dieser eintönigen Pumpe, ist unser Mund ein höchst vielseitiges Organ. Wie der Blutkreislauf übernahm auch er immer neue Funktionen. Wir trinken mit diesem Mund – notwendigerweise Wasser, darüber hinaus Zuckersäfte und Alkohol. Wir essen mit dem Mund – notwendigerweise Nahrung, nach Möglichkeit jedoch solche, die gut schmeckt. Wir atmen durch diesen Mund – notwendigerweise Luft, doch viele verbinden dies mit einer Aufnahme des anregenden Giftes Nikotin. Wir sprechen mit diesem Mund – notwendigerweise im Rahmen der organisierten Gesellschaft, doch darüber hinaus zum Vergnügen auch Nutzloses. Wenn es kalt ist und unsere Finger in den Handschuhen erstarren, hauchen wir sie durch unseren Mund an, führen ihnen Wärme zu. Und wir küssen mit unserem Mund das Kind, die Lippen des Geschlechtspartners, unter Umständen jeden Teil seines von uns geliebten Körpers. Keines unserer Tastorgane ist so feinfühlig wie unser Mund, wie unsere Lippen, wie unsere Zunge. Was wir zutiefst verehren, bewundern und lieben, berühren wir mit unserem Mund.

Wo hatte also diese so entscheidend wichtige Öffnung, die wir unseren Mund nennen, ihren Anfang? Einer Öffnung haftet an sich etwas Negatives an. Hat unser Strumpf ein Loch, fehlt ein Stück in der unsere Füße schützenden Hülle, dann geht es darum, die Öffnung schnell wieder zu verschließen. Ähnlich ist es, wenn unser Zaun ein Loch hat oder wenn ein Riff oder Torpedo in die Schiffswand ein Loch reißt. In unserem Kopf ist dagegen ein solches Loch, das gute Dienste leistet.

Betrachten wir unsere Verwandten, die Pflanzen – eine Haselnußstaude, eine Salatpflanze oder eine Tanne –, dann sehen wir nirgends ein derartiges Loch. Und damit sind wir bereits zu einem sehr entscheidenden Punkt gelangt: zum Unterschied zwischen der Gesamtheit der tierischen Lebensformen und der Gesamtheit der pflanzlichen Lebensformen. Der Unterschied liegt in der Art, wie sie die erforderliche Energie erwerben. Was ist Energie? Kein Physiker weiß dies. Nur eben dies wissen wir: Ohne Energie gibt es keine Bewegung, keinen Vorgang, keine Entwicklung – somit auch keinen Gedanken, keine Musik, keine Religion. All dies erfordert Kraft – und nur Energie verfügt über dieses Etwas. Energie tritt in sehr verschiedener Gestalt an den Tag: elektrische Spannung, Bewegung von Körpern, über chemische Prozesse erfolgende Erwärmung oder Explosion, die Anziehungskraft der Erde, die in Atomen gefesselten Kräfte – all dies sind Erscheinungsformen von Energie. Kein Tier und keine Pflanze kann existieren, ohne aus irgendwelchen Quellen dieses besondere, kostbare Etwas zu gewinnen. Bei den uns umgebenden Pflanzen sind die Sonnenstrahlen die Energiequelle, während alle Tiere gleichsam Energie rauben, indem sie Pflanzen oder andere Tiere verspeisen und die in ihren Geweben gespeicherte Energie in Besitz nehmen. Zum Vereinnahmen der Sonnenstrahlen ist nun aber keine Öffnung, kein sogenannter Mund erforderlich, zum Vereinnahmen der Gewebe von Pflanzen oder anderer Tiere dagegen schon. Hier liegt der bedeutsame Unterschied. Aus diesem Grund und nur eben deshalb haben Tiere und wir selbst ein zähnestrotzendes Maul, unsere Verwandten, die Pflanzen, dagegen nicht.

Bei den Pflanzen gelangen die Lichtstrahlen ganz von selbst in das Innere jener Organe, die ihre Energie vereinnahmen. Es sind rundliche grüne Körper in ihren Blättern: die Plastiden (Taf. 20, Abb. 2). Das Kunststück der Pflanzen besteht darin, daß sie Licht in chemische Energie verwandeln, die aus winzigen Atomen ebenfalls winzige Moleküle aufbaut, daß sie also Lichtenergie gleichsam in Käfige einsperren. So entsteht organische Struktur, Baumaterial für Zweige, Wurzeln, Blätter, Früchte und Samen. Es ist keine Zeitverschwendung, die Zierpflanze am Fensterbrett, den Baum in der Parkanlage einmal so zu betrachten. Es sind Lebenskollegen, die ohne Mundöffnung auskommen. Um der Luft Kohlendioxyd und Wasserdampf zu entziehen, haben ihre Blätter zahllose winzige Öffnungen. Aber einen zentralen Mund, ein zahnstrotzendes Maul haben sie alle nicht. Sie rauben nicht, wenn wir von den wenigen Fällen »fleischfressender« Pflanzen absehen. Sie fangen wie mit einem

Schmetterlingsnetz die Sonnenstrahlen ein, die diesem Vorgang nicht den geringsten Widerstand entgegensetzen.

Schon hier ist vorauszuschicken, daß es auch Tiere ohne Maul gibt. Vor allem bei Parasiten ist dies der Fall. Sowohl bei Einzellern, die im Körper von Vielzellern schmarotzen, als auch bei vielzelligen Schmarotzern, etwa Würmern, die sich auf die eine oder andere Art in den Darm, in die Muskeln oder in sonstige Gewebe eines anderen Vielzellers einnisten. So wie die körpereigenen Zellen sind sie dort von nährender Flüssigkeit umspült: Ein besonderes Maul ist hier zur Energieaufnahme nicht notwendig. Die gesamte Körperoberfläche wird hier zum Maul. So wie die Wurzeln der Pflanzen, so nehmen auch diese Parasiten, was sie benötigen, durch ihre Zellwände auf.

Charakteristikum aller Tiere ist der Raub. Schon bei den Einzellern schieden sich die Tiere von den Pflanzen. Auf irgendeine Weise müssen sie organische Struktur vereinnahmen. Die Amöben tun dies, indem sie die Beute – also den organischen Energieträger – mit ihrem verwandlungsfähigen Körper wie mit freundlichen Armen umfließen, umschließen und so in das Körperinnere aufnehmen (Taf. 20, Abb. 1). Dort wird die Beute dann verdaut, dort werden die Gewebe und ihre Moleküle zertrümmert und die darin enthaltene Energie befreit. Freilich nicht wirklich. Sie wird bloß aus den bisherigen Käfigen herausgelassen und gleich wieder in andere gesperrt. In wissenschaftlicher Sprache wird dieser Vorgang so formuliert: Die Struktur der Nahrung wird abgebaut, körpereigene Struktur wird aufgebaut.

Andere tierische Einzeller – wie etwa das Glockentierchen – haben Fangvorrichtungen entwickelt oder ein richtiges Maul wie das Pantoffeltierchen. Manche besitzen sogar ein vorstreckbares, sich gewaltig erweiterndes Maul, das auch Bissen von einem Drittel der eigenen Größe vereinnahmen kann – wie etwa *Dileptus anser,* der es bisher noch zu keiner deutschen Bezeichnung brachte. Als sich dann vielzellige Lebewesen bildeten, gab es wiederum solche, die sich auf den Erwerb von Sonnenenergie spezialisierten, und andere, die sich als grimmige Räuber betätigten. Eine klare Grenzlinie ist weder hier noch dort zu ziehen. Denn in diesen Anfangsbereichen des Lebens gab es auch Zwitter, die beide Ernährungsweisen betrieben. Gab es genug Sonne, dann vereinnahmten sie deren Strahlen, gab es deren zu wenige, dann waren sie auch zu tierischem Nahrungserwerb fähig. Der Einzeller *Euglena viridis* zeigt uns dies noch heute, und auch unter den einfachen Vielzellern gibt es gleichermaßen anpassungsfähige Kollegen. Die beiden großen Hauptzweige am Stammbaum des Lebens, die Pflanzen und die Tiere, mögen sich an mehreren Punkten gegabelt haben, jedenfalls setzte diese Entwicklung bereits bei den Einzellern ein. All dies ereignete sich vor 3000 bis 2500 Millionen Jahren.

Damit ist jedoch die erste Sternstunde in der Entwicklung unserer eigenen Mundöffnung noch keineswegs gefunden. Die ersten Vielzeller, die sich tierisch ernährten, waren Gruppen von 4, 8, 16 oder einigen tausend Zellen, die Klumpen oder Kugeln bildeten, jedoch noch keinerlei Maul aufwiesen. Die ästhetisch so ansprechende Hohlkugel *Volvox globator* kann als lebendes Fossil aus jener eminent weit zurückliegenden Zeit angesehen werden. Sie ist indes eine Pflanze. Sehr ursprüngliche, noch heute lebende Formen vielzelliger Tiere sind die zu den Nesseltieren gehörenden Polypen. Sie sind im Prinzip nichts anderes als ein am Boden festhaftender Darm mit nur einer Öffnung, die mit Fangarmen versehen ist. Dieses Tier bewegt sich nicht vom Ort, eilt nicht entfliehender Beute nach, sondern überläßt die Mühe, Nahrung heranzubringen, den Strömungen des Wassers. In jedem vorbeifließenden Wassertropfen sind mikroskopische Kleinlebewesen enthalten – Pflanzen wie auch Tiere, Plankton genannt. Die Fangarme brauchen bloß zuzugreifen und diese Beute in den Darm hineinzubefördern. Dort wird sie verdaut, verwertet. Das Maul ist hier gleichzeitig auch der After. Was nicht verwertet werden kann, wird durch diese Öffnung wieder hinausbefördert, von der hilfreichen Wasserströmung hinweggetragen.

Als niederste Vielzeller, die sich tierisch betätigen, betrachtet der Zoologe die Schwämme. Sie sind tatsächlich in vieler Hinsicht primitiver, zeigen weniger Arbeitsteilung unter den Zellen als die Polypen und die Medusen. Doch eines haben sie diesen immerhin voraus: durchgehende Kanäle, bei denen das Plankton enthaltende Wasser an einem Ende aufgenommen und am anderen ausgeschieden wird. Wie ein Schwamm aussieht, weiß jeder. Er ist von unzähligen kleinen und größeren Höhlungen durchzogen. Weit weniger bekannt ist, daß diese Höhlungen dem Nahrungserwerb dienen. Durch zahlreiche nach außen mündende Öffnungen wird mittels

Geißelbewegung darauf spezialisierter Zellen Wasser eingesaugt, durch andere wird es ausgestoßen.

In gewisser Hinsicht ist der Schwamm dem Polypen und der Meduse überlegen. Die Öffnungen zur Nahrungsaufnahme und zur Ausscheidung des Nichtbenötigten sind bei ihm nicht dieselben, sondern verschiedene. Allerdings sind sie in diesem Gewirr von Höhlungen so zahlreich, daß sie sich mit einem Darm nicht vergleichen lassen. Wir stammen auch nicht von den Schwämmen ab. Diese gelangten vor etwa 1600 Millionen Jahren zu eben jener Ernährungsform, die sich noch heute ertragreich erweist. Deshalb haben sie sich auch nicht wesentlich verändert. Die meisten bilden Nadeln in ihren Geweben – eine wirksame Schutzmaßnahme gegenüber beweglichen Tieren, gleichzeitig ein inneres Stützskelett. Manche bilden große Becher, andere Röhren – sehr viel weiter haben es die Schwämme nicht gebracht. Aber trotzdem haben sie sich gegenüber der Konkurrenz der übrigen, sich weiterentwickelnden, Beweglichkeit und zuschnappende Mäuler entwickelnden Tiere behauptet. Es gibt sie noch heute (vgl. Taf. 5).

Die erste Sternstunde in der Entwicklung des menschlichen Mundes schlug etwas später, als sich wurmförmige Vielzeller entwickelten, die am Meeresgrund herumkrochen und in aktiver Fortbewegung nach Nahrung suchten. Diese erste Sternstunde ist sehr merkwürdiger, ja beinahe makabrer Art. Bei den Polypen war bereits ein Darm vorhanden, allerdings hatte er nur eine Öffnung. Ebenso ist es bei den sich fortbewegenden Medusen und bei manchen primitiven Würmern. Bei kriechender Fortbewegungsweise liegt es indes nahe, daß eine zweite Öffnung entsteht. Am vorderen Pol wird dann die Nahrung aufgenommen. Im Darm wird sie verdaut. Durch eine rückwärtige, zweite Öffnung wird das Nichtbrauchbare abgeschieden. Zu dieser Anordnung kam es nun – auch hier zeigt sich die totale Regellosigkeit in der Gesamtentwicklung – auf zwei völlig konträren Wegen. Erste Möglichkeit: Der Mund bleibt Mund, und am anderen Darmende entsteht der After. Diese Möglichkeit wurde bei fast sämtlichen Würmern, von denen sich Nachkommen bis heute erhalten haben, sowie bei allen Mollusken und Gliedertieren (Arthropoden) verwirklicht. Die zweite Möglichkeit: Aus dem ursprünglichen Mund wird der After, und die am anderen Darmende durchbrechende Öffnung wird zum Mund (Taf. 9). Das war die Lösung bei unseren Vorfahren. Was also heute unser After ist, war ursprünglich der Mund. Wer dies nicht glaubt, kann in jedem Lexikon, in jedem Lehrbuch der Zoologie nachschlagen. Wir sind »Deuterostomier«, »Zweitmünder«, die den Urmund zum After machten. Ja, bis zum heutigen Tag zeigt die Embryonalentwicklung der Wirbeltiere – auch des Menschen – noch immer diesen Vorgang. So wie sich die Pflanzen und die Tiere in zwei große Äste trennten, so trennten sich die »Protostomier« – die »Vordermünder« –, die ihre ursprüngliche Mundöffnung beibehielten, vor 1200 bis 1000 Millionen Jahren von den Deuterostomiern (Taf. 5). Aus dem großen Ast der Vordermünder entwickelten sich sämtliche Schnecken, Muscheln, Tintenfische und sonstige Weichtiere, außerdem sämtliche Gliedertiere, also Krebse, Spinnen, Insekten und andere. Aus den Zweitmündern dagegen entwickelten sich die Eichelwürmer und die Stachelhäuter – Seesterne, Seeigel, Seegurken – und als weiterer, sich bald trennender Zweig jene wurmartigen Vorfahren, aus denen dann alle Fische und alle Landwirbeltiere einschließlich des Menschen hervorgingen.

Die erste Sternstunde in der Entwicklung des menschlichen Mundes war somit der Augenblick, als vor 1200 bis 1000 Millionen Jahren bei unseren Urvorfahren der Urmund zum After wurde. Während zahlreiche heute noch lebende Wurmgruppen uns zeigen, wie sich die Vordermünder weiterentwickelten, wie einerseits die immer höher differenzierten, leistungsfähigeren Molluskenkörper entstanden – und andererseits über Segmentierung des Körpers und die Bildung von zahlreichen gepanzerten Abschnitten sich Krebse und in der Luftwelt dann Spinnen und Insekten entwickelten, hinterließ der Weg unserer Ahnenreihe bis zu den Fischen nur spärliche Spuren. Und zwar weder in Fossilresten noch in heute lebenden Nachkommen dieser so weit zurückliegenden Verwandtschaft. Aus der Zeitspanne unseres gemeinsamen Weges mit den Stachelhäutern verblieb als noch lebende Nachfahren nur die kleine Gruppe der Eichelwürmer, die sich jedoch so sehr einer grabenden Lebensweise anpaßte, daß ihr Körperbau nur wenige Hinweise gibt. Ähnlich ist es mit einigen anderen abseits stehenden Tiergruppen, in deren Embryonalentwicklung und Körperbau manche Spezialisten Hinweise auf die ersten Entwicklungsstadien der Zweitmünder zu finden glauben, während andere sie nicht zu diesen zählen. Ihre

Entwicklung hat wahrscheinlich in Lebensräumen stattgefunden, wo sich nur wenige Fossilien bildeten, und während sie sich dort weiterentwickeln konnten, waren sie in den übrigen Lebensräumen nicht konkurrenzfähig, wurden im Lebenskampf ausgemerzt.

Auch nachdem sich die Vorfahren der Stachelhäuter von unseren Vorfahren endgültig getrennt hatten, liegt die weitere Entwicklungskette zu den Fischen weitgehend im dunkeln. Das einzig deutliche Signallicht, das uns noch heute wertvolle Hinweise auf die damals sich entwickelnde innere Organisation liefert, ist das mehrfach zitierte Lanzettfischchen, das in mehreren Arten in allen wärmeren Meeren anzutreffen ist. Ähnlich den Seeanemonen lebt es in sandigem Boden verankert von vorbeitreibendem Plankton, kann jedoch bei Gefahr schnell flüchten und den Ort wechseln. So wurde es in diesem Lebensraum zu einem Favoriten und konnte sich bis zum heutigen Tag wenig verändert dort behaupten. Bei der Geschichte unserer Mundöffnung kann uns dieses Lanzettfischchen allerdings in keiner Weise helfen. Seine mit beweglichen Fortsätzen umgebene Mundöffnung ist nämlich unsymmetrisch plaziert, sie hat sich durch Erweiterung der ersten linken Kiemenspalte gebildet. Durch diese Öffnung wird vorbeitreibendes Plankton eingesaugt. Ob die Öffnung säuberlich in der Mitte oder einseitig zwischen Kiemenbögen liegt, ist bei dieser Lebensweise ziemlich gleichgültig. Auch der After mündet nicht in der Mitte, sondern etwas links. Und am Vorderende auf dem Rücken hat dieses kuriose Tier nur auf der linken Seite eine Grube, die man als primitives Riechorgan auffaßt. Einige Arten haben auch nur auf einer Seite Geschlechtsdrüsen ausgebildet. Wenn man als schräg im Sand steckender Zahnstocher sein Leben führt, ist eine symmetrische Ausbildung des Körpers eben nicht notwendig, ja unter Umständen sogar nachteilhaft. Über unsere Mundöffnung kann uns somit das Lanzettfischchen keine Auskunft geben. Bei jenen Vorfahren, von denen wir abstammen – gleichsam entfernte Vettern des Urlanzettfischchens –, lag das Maul sicher in der Mitte, ihr Körper war symmetrisch. Sie schwammen räuberisch umher, zielhaft nach Beute suchend. Dazu ist ein symmetrischer Körperbau erforderlich. Außerdem ist eine Versteifung der Mundöffnung nötig, um besser zupacken zu können. Und damit gelangen wir zur zweiten Sternstunde in der Entwicklung unseres Mundes.

Oder, genauer gesagt, wir gelangen zu einer Doppel-Sternstunde – ganz so wie es auch Doppelsterne gibt. Sowohl Kiefer als auch Kiefergelenk haben sich zweimal entwickelt. Das erste Mal vor 450 bis 420 Millionen Jahren, das zweite Mal vor etwa 235 Millionen Jahren. Ein in Versteinerungen erhaltenes Fossil, der längst ausgestorbene *Diarthrognathus* zeigt uns sogar beide Kiefergelenke nebeneinander. Der Anfang dieser Entwicklung war verhältnismäßig einfach. Die ältesten Fische, die längst ausgestorbenen Panzerfische, die vor 450 bis 300 Millionen Jahren lebten, hatten zuerst noch keine richtigen Kiefer, dann entstanden Knorpelbildungen, die das Maul am oberen und unteren Rand stützten. Zu beiden Seiten bildete sich ein Gelenk – primäres Kiefergelenk genannt. Diesen ursprünglichen Zustand zeigen uns noch heute die mit den Panzerfischen verwandten Knorpelfische, besonders die Haie und die Rochen. Sie machten nie einen Ausflug in die Landwelt und gelangten deshalb nie zu einer Schwimmblase. Jeder Hai und jeder Rochen muß schwimmen, damit er nicht absinkt. Seine aus Knorpelsubstanz bestehenden Kiefer zeigen uns, wie die Kiefer unserer eigenen Vorfahren vor 430 Millionen Jahren aussahen. Ihr Kiefergelenk war eine solide, sich gut bewährende Struktur – und hätte es damals schon Propheten gegeben, dann wäre wohl keiner auf die ausgefallene Idee gekommen, daß aus diesem Gelenk Gehörknöchelchen in unserem Ohr würden: nämlich Hammer und Amboß. War es eine bewußt lenkende Macht, die diese Entwicklung vorantrieb, dann müssen wir ihr Phantasie und künstlerische Eigenwilligkeit zugestehen. So wie mancher moderne Maler, der selbst nicht weiß, welche Wirkungen er letztendlich auslöst, müßte auch dieser Schöpfer mit den Ergebnissen seiner Schöpfungskraft gespielt haben.

Wie gut sich das Haifischgebiß bewährt, ist jedermann bekannt, ja es gibt in diesem Punkt recht übersteigerte Vorstellungen. An der Leistungsfähigkeit der Kiefer ist indes nicht zu zweifeln. Sie bestehen nur aus Knorpel, nicht aus Knochen – aber ihrem Verwendungszweck genügen sie. Sehen wir von den aus dem Landreich wieder ins Meer zurückgekehrten Walen und Delphinen ab, dann müssen die Haie als die Herrscher der freien Meeresräume – aber auch der Küsten – bezeichnet werden.

Bei den Knochenfischen, die über den Landumweg zu ihrer Schwimmblase gelangten, ebenso bei den Amphibien, setzte eine

Verknöcherung ein. Hier genügt es, festzustellen, daß sich den an sich leistungsfähigen knorpeligen Kiefern Stück für Stück Knochen überlagerten, die sie allmählich ersetzten, verdrängten. Diese Entwicklung vollzog sich langsam und kümmerte sich nicht darum, ob sie im Wasser- oder im Landraum stattfand. Bei den Landwirbeltieren war sie erst beim Übergang von den Reptilien zu den Säugetieren vollendet. Inzwischen hatten sich nicht nur ein neuer Oberkiefer und ein neuer Unterkiefer gebildet, sondern außerdem vor dem ursprünglichen Gelenk ein weiteres neues, so daß das ursprüngliche arbeitslos wurde. Es bildete sich allmählich zurück. Aber letztendlich trug es entscheidend zur Gestaltung unseres Ohres bei. Wenn wir die subtilen Tongeflechte einer Beethovenschen Symphonie wahrnehmen und genießen können, dann verdanken wir das ausgerechnet dem Umstand, daß aus dem Knorpelkiefer von haifischähnlichen Vorfahren die Knochenkiefer von Lurchen und Echsen wurden und daß sich bei den Säugetieren noch ein zweites knöchernes Kiefergelenk bildete. Ausgerechnet aus den Abfallprodukten eines arbeitslos gewordenen Kieferabschnittes und einer arbeitslos gewordenen Befestigung am Schädel wurden jene Einheiten, denen der heutige Musikliebhaber seine erlesenen Genüsse verdankt. Wenn wir an späterer Stelle vom Ohr und seiner Entstehung sprechen – bei der noch weitere kuriose Umbildungen eine Rolle spielten –, kommen wir darauf noch ausführlicher zurück (S. 196).

Die zweite Sternstunde, deren beide Akte fast 200 Millionen Jahre voneinander getrennt sind, führte so letztendlich zu den Kieferknochen, die wir durch die Haut hindurch fühlen können, und dem von Muskeln umgebenen sekundären Kiefergelenk, das uns wie jenes des Nußknackers beim Beißen hilft. Allerdings gehört zum Beißen noch etwas mehr – und das bringt uns wieder in die graue Vorzeit zurück. Die dritte Sternstunde in der Entwicklung unseres Mundes, die Entstehung unserer Zähne, erfolgte dicht nach dem Einsetzen der zweiten, der Kieferbildung, liegt also zeitlich gleichsam zwischen ihren beiden Akten eingebettet. Auch unsere Zähne – ähnlich den Gehörknöchelchen – entstanden keineswegs im Sinne ihres ursprünglichen Zweckes. Sie entstanden aus Schuppen, nämlich aus den Kosmoidschuppen der Haivorfahren, aus welchen sich die Placoidschuppen der heutigen Haie entwickelten. Bei den Vorfahren der Haie wuchsen sie – vor 430 bis 400 Millionen

Jahren – am oberen und unteren Maulrand ins Maul hinein, wurden dort größer, entwickelten sich zu Zähnen. Wer sich das Maul eines der heute lebenden Haie ansieht, kann erkennen, was damals geschah. Denn auch bei den heutigen Haien sind deren so gefürchtete Zähne nichts anderes als Körperschuppen, die am Maulrand länger auswachsen. Deshalb stehen sie in zahlreichen Reihen hintereinander und können laufend nachgebildet werden. Kein Hai stirbt an Nahrungsmangel, weil ihm im Alter die Zähne ausfallen. Wenn wir die Zahnentwicklung bei Embryonen von Knochenfischen, von Salamandern, Echsen, Säugetieren und Menschen untersuchen, dann können wir die Verwandtschaft zu diesen Schuppen noch heute auf das deutlichste erkennen.

Manche Zähne haben ungewöhnliche Formen. Beim Stoßzahn des Elefanten oder beim zwei Meter langen Spieß des Narwals, der einen umgebildeten linken Schneidezahn darstellt, erscheint es äußerst unwahrscheinlich, daß es sich dabei um umgewandelte Körperschuppen handelt. Und doch ist es so. So vielfältig sich bei den Wirbeltieren – in Anpassung an die jeweilige Beute und Lebensform – auch im einzelnen die Zähne entwickelt haben mögen, die Embryonalentwicklung zeigt in allen Gruppen deutlich, woher diese Zähne stammen. Sie werden noch genauso angelegt wie heute beim Hai (Taf. 3). Sie bestehen aus von Kanälchen durchsetztem Dentin, sind mit einer Schmelzschicht überzogen und haben im Inneren eine von Blutgefäßen durchzogene Höhlung, die »Pulpa«. Bei den Vögeln sind sie durch den aus Horn gebildeten Schnabel ersetzt, und hier zeigt nicht einmal die Entwicklung der Embryonen Andeutungen von Zähnen. Dies ist ein Beispiel dafür, daß die Keimesentwicklung nicht immer die Stammesgeschichte rekapituliert, daß Übergangsstufen durchaus unterdrückt werden können. Immerhin beweisen die Fossilfunde von Urvögeln, daß auch ihre Ahnen noch Zähne besaßen – umgewandelte Schuppen der Urhaie (Taf. 1).

Bei den Knochenfischen und allen Amphibien bilden sich noch an den verschiedensten Teilen innerhalb des Mundes Zähne, und es findet auch ein vielfacher Zahnwechsel statt. Manche Fische können bis 100mal ihre Zähne wechseln, das Krokodil bis 20mal. Erst bei den Säugetieren, welche zu den höchstentwickelten Gebissen gelangten, reduzierte sich dies auf einen einfachen Zahnwechsel – und auf eine einfache Zahnreihe. Schneidezähne, Eckzähne und Mahl zähne sind je nach Nahrung verschieden ausgebildet. Bei den Zahnwalen zeigt sich, daß die evolutionäre Entwicklung sehr wohl reversibel ist, die Ausbildung von Organen sehr wohl wieder zu früheren Entwicklungsstufen zurückkehren kann. Vor 60 Millionen Jahren hatten ihre Vorfahren, die bereits im Meer lebenden Zeuglodonten, noch ein aus verschiedenen Zahntypen bestehendes Gebiß, die mehrzackigen Backenzähne mit zweifacher Wurzel. Die heutigen Zahnwale sind zum gleichförmigen Zahntyp der Echsen und Lurche zurückgekehrt. Während bei allen sonstigen Säugetieren die Zahnzahl streng begrenzt ist, und zwar auf ein Höchstmaß von 52 Stück bei den Beuteltieren, haben Delphine bis zu 250.

Über die Entstehung der für uns so wichtigen Kauzähne gibt es mehrere Theorien. Manche Forscher vertreten die Ansicht, daß sie durch Verschmelzung mehrerer einspitziger Reptilzähne entstanden, andere leiten sie von dreispitzigen Reptilzähnen ab, wobei noch weitere Nebenhöcker eingefügt wurden, wieder andere glauben an die Verschmelzung von aufeinanderfolgenden Zahngenerationen. Von besonderem Interesse ist die Rückbildung unserer unteren Eckzähne, die noch vor 30 Millionen Jahren, als sich unsere Ahnen von denen der heutigen Menschenaffen zu trennen begannen, als furchterregende Hauer ausgebildet waren. Damals, wenn nicht schon früher, entstand die Drohgeste, diese gefährlichen Waffen durch Herabziehen der Unterlippe zu entblößen. Bei Hunden ist es ähnlich, wenn sie in Wut geraten. Der entblößte Eckzahn sagt dann als deutliches Signal: Komm mir ja nicht zu nahe! Im weiteren Entwicklungsverlauf bildete sich bei den Vorläufern des Menschen diese Waffe zurück – und heute sind die Eckzähne hübsch ordentlich in die Reihe der übrigen eingeordnet. Trotzdem zieht der Mensch in äußerster Wut noch immer die Unterlippe herab. Die im Stammhirn beheimatete Steuerung ist also noch vorhanden und tätig, während das Organ, auf das sie sich bezog – der untere Eckzahn –, längst rückgebildet wurde. Dies zeigt, wie sehr angeborene Steuerungen mit in den Kreis der strukturellen Einheiten gehören, aus denen sich unser Körper zusammensetzt. Auch ein Steuerungsrezept ist ein materielles Gebilde – freilich ein sehr kleines. Auch Steuerungsrezepte werden vererbt, werden ebenso wie die Organe im Gefüge des vielzelligen Körpers aufgebaut. Im Rahmen der großen Gemeinschaft unseres Körpers sind auch sie aufgabenerfül-

TAFEL 3: **Der kuriose Ursprung unserer Zähne**

Abbildungen: **1** und **2** Entwicklung der Placoidschuppe beim Hai, **3** und **4** Entwicklung eines Schneidezahnes beim Menschen. a = Pulpa, b = Dentin, c = Schmelzschicht, d = Kieferknochen.

In unserer Ahnenlinie kam es vor 430 bis 400 Millionen Jahren zur Bildung der ersten Zähne. Sämtliche Landlebewesen und fast alle heute lebenden Fische stammen von Urhaien ab, deren Körper mit zähnchenartigen Knochenschuppen (»Kosmoidschuppen«) bedeckt war. An den Rändern des Maules wuchsen diese bei ihnen länger aus und wurden – im Vorgang eines Funktionswechsels – zu Zähnen. Die heute lebenden Haiarten, deren geringfügig weiterentwickelte Schuppen als »Placoidschuppen« bezeichnet werden, zeigen uns immer noch diesen Vorgang auf das deutlichste. Bis auf den heutigen Tag wachsen bei jedem Haiembryo am Rand des Maules die Schuppen länger aus, werden so zu Zähnen. Ebenso wie die Schuppen stehen sie in Reihen hintereinander und können deshalb bei Abnützung durch weiteres Auswachsen von Schuppen laufend erneuert werden (»Revolvergebiß« des Haies). Abb. 1 zeigt im Schnitt, wie beim Haiembryo die Placoidschuppe angelegt wird: Gewebe der Unterhaut (»Cutis«) wölben sich auf, bilden die Pulpa (a), deren äußere Zellschicht das knöcherne Dentin (b) abscheidet. Angrenzende Zellen der Oberhaut (»Epidermis«) überziehen die sich bildende Schuppe mit einer kristallinen, überaus harten Substanz, dem »Schmelz« (c). Abb. 2 zeigt die fertiggestellte, über die Haut vorragende Placoidschuppe. Wächst sie zum Zahn aus, dann entwickelt sie sich 10- bis 20mal größer.

Einer der vielen Beweise dafür, daß der Mensch und die Kette seiner Vorfahren – Säugetiere, Reptilien und Amphibien – von Urhaien abstammen, ist die Tatsache, daß bei ihnen allen die Zähne ebenso gebildet werden. In Anpassung an das Landleben wurden die Körperschuppen rückgebildet, die aus vergrößerten Schuppen hervorgegangenen Zähne werden dagegen auch weiterhin in der ursprünglichen Weise ausgebildet. Abb. 3 zeigt die Anlage des Schneidezahnes beim menschlichen Embryo. Auch hier ist es die Unterhaut, welche die Pulpa (a) bildet, auch hier bildet deren äußere Zellschicht die Knochensubstanz Dentin (b). Und auch hier sind es der Oberhaut entstammende Gewebe, deren unterste Lage den Zahn mit dem kristallinen Schmelz (c) überzieht. Die Einsenkung in Kieferknochen (d), die unsere Zähne stützen, ist eine spätere Bildung in der Wirbeltierreihe, die den Haien noch fehlt. Abb. 4 zeigt den fertiggestellten menschlichen Schneidezahn, dessen Dentinschicht, ebenso wie bei der Haischuppe, von Kanälchen mit Blutgefäßen und Nerven durchzogen ist. Er weist in entgegengesetzte Richtung wie die Haischuppe – aber auch dies stimmt mit der Zahnbildung der heute lebenden Haie überein. Auch bei ihnen weisen die Körperschuppen rückwärts, während am Mundrand eine Umorientierung stattfindet, so daß sie in entgegengesetzte Richtung, also gegen das Maulinnere hin ausgerichtet sind. Die Fähigkeit zur laufenden Zahnerneuerung durch Auswachsen weiterer Schuppenanlagen wurde bei den Landwirbeltieren allmählich reduziert. Das Krokodil kann noch bis zu 20mal seine Zähne erneuern, der Mensch nur noch einmal.

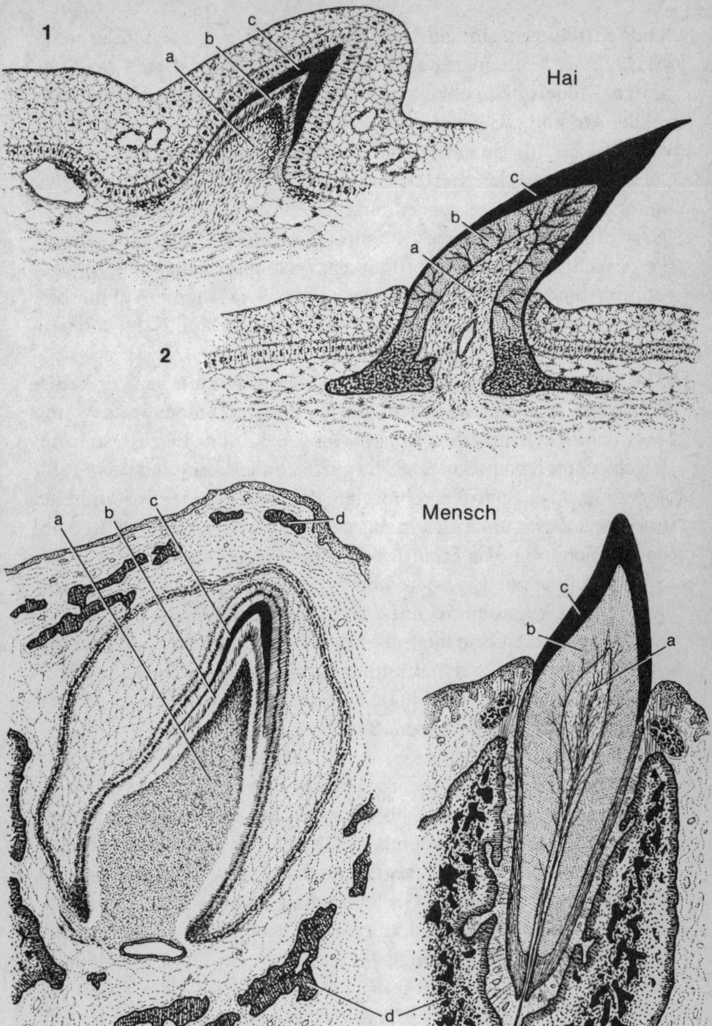

TAFEL 3

lende Strukturen, sind auch sie »Organe«. Wir werden indes noch viel kleinere kennenlernen. Hier sei festgehalten, daß sich nicht benötigte Steuerungen ebenso zurückbilden wie nicht benötigte vielzellige Organe. Allerdings sind sie unter Umständen noch tätig, während das für sie zuständige Organ längst rückgebildet ist.

Ehe wir uns der vierten Sternstunde in der Entstehung des menschlichen Mundes zuwenden, der Entstehung der Zunge, wollen wir die nicht in unsere Ahnenreihe gehörende Verwandtschaft, die zu völlig anderen Körperbildungen gelangte, nicht völlig vergessen. Entstanden auch beim Seeigel Zähne? Und wie sieht es diesbezüglich bei den noch ferneren Verwandten, den Mollusken und den Gliedertieren, aus?

So simpel ein Seeigel aussieht, so wenig tierhaft, weil er keine Augen hat, so lästig und überflüssig wir ihn empfinden, wenn wir im Meer baden und auf einen treten: Was seine Zähne betrifft, so kann er sich sehen lassen. Ja, es gibt wahrscheinlich kein anderes Freßwerkzeug, das sich in der technischen Perfektion seiner Bestandteile und ihrem Zusammenwirken mit dem seinen vergleichen läßt, dem die Bezeichnung »Laterne des Aristoteles« gegeben wurde. Fünf kräftige Zähne mit 15 anderen beweglichen Skelettstücken wurden hier zu einer Maschinerie, mit der das Tier die Oberfläche von Felsen abraspelt, die bis in mehrere Millimeter Tiefe von Algen durchsetzt ist. Wenn wir in der Brandungszone Seeigel in beckenartigen Vertiefungen sehen, dann haben sie diese selbst mit ihrer so wirkungsvollen »Laterne« geschaffen.

Bei den Krebsen und Insekten ist der gegliederte Körper von einem Panzer umhüllt und mit zahlreichen Beinpaaren ausgerüstet, deren vordere zu Scheren und sonstigen Mundwerkzeugen umgestaltet sind. Teile des Außenpanzers sind hier zu sehr komplexen und leistungsfähigen Greif- und Zerkleinerungswerkzeugen geworden. Wer in einem Film in Großaufnahme einer Wespe beim Fressen zusieht, glaubt einem außerirdischen Roboter gegenüberzustehen, der mit feingeschliffenen Metallteilen sein Opfer zerkleinert und der gierigen Mundöffnung einverleibt. Weit harmloser erscheint das Maul der weichen, panzerlosen Schnecken – doch auch sie haben ein sehr wirkungsvolles Instrument zum Zerkleinern und Erschließen von Nahrung entwickelt: die als »Radula« bezeichnete Reibplatte ihrer Zunge. Sie ist mit spitzen Zähnen versehen, wird wie eine Raspel vor und rückwärts bewegt und vermag nicht nur Pflanzen abzuweiden und zu zerkleinern, sondern auch die Gehäuse anderer Schnecken oder Muscheln zu durchbohren. Wer am Strand Muschelschalen mit einem säuberlichen runden Loch findet und sich dieses Loch genauer ansieht, kann feststellen, was das feilenartige Zahninstrument vermag. Bei den hochentwickelten Tintenfischen ist das Maul mit einem hornartigen Schnabel versehen, doch die eigentlichen Mundwerkzeuge sind die Fangarme. So kehrt die Entwicklung nicht selten auf höherer Organisationsstufe wieder zum gleichen technischen Prinzip zurück. Ganz weit zurück in der Urverwandtschaft der Mollusken – wie auch unserer eigenen – finden wir die nur aus wenigen Zelltypen gebildeten Polypen. Ihre Mundwerkzeuge sind ganz ähnliche Fangarme. Bei den Tintenfischen sind sie bis 20 Meter lang und mit Saugnäpfen versehen, erbringen Leistungen, welche jene der bestgeformten Kiefer und Zähne noch in den Schatten stellen.

Doch kehren wir zu unserem eigenen Mund zurück. Die vierte Sternstunde in seinem Entwicklungsweg schlug vor 400 bis 370 Millionen Jahren, als sich bei unseren Fischahnen ein mehr oder minder vorragendes Polster auf dem Mundboden bildete. Es vermag lediglich, wie alle noch heute lebenden Fische zeigen, aufgenommene Nahrung zu bewegen und nach rückwärts zu befördern. Erst bei der Landübersiedlung wurde die Zunge allmählich selbständig. Sie wurde größer, Muskulatur und Bindegewebe bildeten einen beweglichen Wulst, sie wurde zum vielseitig verwendbaren Hilfsorgan. Beim Frosch liegt sie im Maul nach rückwärts umgeklappt. Kommt ein Insekt in seine Nähe, dann klappt er sie aus. Dabei streift sie über eine Gaumendrüse, wodurch sie klebrig wird, er schleudert sie vor, zieht sie mit der festhaftenden Beute ins Maul zurück. Bei den Spechten wird sie bis fünfmal so lang wie der Schnabel und ist vorn stiletthaft zugespitzt: Mit ihr spießt der Vogel im Holz versteckte Insektenlarven auf. Schon früh in unserer Vorfahrenreihe wurde die Zunge zum Aufnehmen von Wasser verwendet, zum Auflecken von Säften, später auch zur Körperpflege. Bei den Schlangen wurde sie zum Hilfsorgan der Geruchswahrnehmung: Durch das Züngeln werden Geruchsreize auf empfindliche Sinnesgruben am Gaumendach übertragen. Bei den Wiederkäuern wurde sie zum Greiforgan. Das Rind umschlingt mit ihr Grasbüschel, rupft sie ab. Bei katzenartigen Raubtieren wurde sie zu einem Werkzeug, das ein sauberes Abraspeln der Fleischteile von Knochen ermöglicht.

Noch bei den Reptilien werden die Bissen zur Gänze hinuntergeschlungen. Erst bei den Säugetieren mit ihren vielfach spezialisierten Zähnen wird die Nahrung im Mund zerkleinert. Wichtig dafür ist der harte Gaumen, die Zunge kann gegen ihn drücken und dadurch die Speisen noch besser bearbeiten. Die besonders fleischige und durch zahlreiche Muskeln überaus bewegliche Säugetierzunge ist weitgehend eine Neubildung, die sich der von den Reptilien übernommenen Unterzunge auflagert. Sie ist reichlich mit Schleimdrüsen und Geschmacksknospen versehen (Taf. 13). Unsere Unterscheidung von süß, salzig, sauer und bitter teilen wir mit weit in der Ahnenreihe zurückreichenden Vorfahren. Süß zeigt uns energiereichen Zucker an, Salze benötigen alle Lebewesen, auch die Pflanzen. Bitter schmecken viele Gifte – hier wird die Geschmackswahrnehmung zur Warnung. Für den Menschen, der durch besondere Zubereitung und Würzung von Speisen zu Eßkultur gelangte, ist von Bedeutung, daß trotz Verlängerung des Gaumens nach rückwärts, wodurch Atem- und Speiseweg besser getrennt sind, noch eine Verbindung verblieb. Denn ein Großteil unserer Geschmackswahrnehmung beruht auf dem Riechen der Speisen. Bei Schnupfen schmeckt es uns deshalb längst nicht so gut, und wenn ein Mensch durch Kopfverletzung den Geruchssinn verliert, dann kann er eine gekochte Zwiebel von einem gekochten Apfel nicht mehr unterscheiden. Die Zungenspitze wurde bei uns zum empfindlichsten Tastorgan. Während die druckempfindlichen Punkte in der Haut bei den Lippen 4 mm und bei den Fingerspitzen 2 mm weit voneinander entfernt liegen, liegen sie auf der Zungenspitze bis auf 1 mm dicht nebeneinander.

Eine besondere Geschichte haben unsere Lippen. Auch unsere Reptilvorfahren hatten bereits lippenartige Bildungen, doch ohne Tastfunktion, ohne besondere Muskulatur und auffällige Farbe. Der Übergang begann, als vor 230 bis 200 Millionen Jahren unsere Vorfahren keine Eier mehr ablegten, sondern die Jungen im Körper austrugen und nach der Geburt säugten. Das war der bedeutsame Übergang von den Reptilien zu den Säugetieren, mit dem auch der Übergang zu den Warmblütern einherging. Die Funktion des Saugens erforderte nun aber eine entsprechende Umgestaltung der

Mundöffnung. Reichte diese noch bei den Echsen von einem Ohr bis zum anderen, so wurde nun der Mund kleiner, die Lippen wurden zum Rundmuskel, die Wangen zu Organen, die das Saugen unterstützten. Die rote Farbe der besonders dünnen und anschmiegsamen Haut verleitete den englischen Forscher Desmond Morris zu einer eher grotesken Hypothese, die hier kurz erwähnt sei. Ausgangspunkt war für ihn die Tatsache, daß viele Affenweibchen schlechtgelaunte Männchen beschwichtigen, indem sie ihnen die Kehrseite mit der weiblichen Geschlechtsöffnung zuwenden. Die Schamlippen gewannen so Signalcharakter, wurden auffällig gefärbt. Bei einigen Affen, die häufig sitzen – den Dscheladas –, hat sich nun auch auf der Brust eine haarlose Stelle gebildet, die ein sehr naturgetreues Abbild der weiblichen Schamlippen zeigt. Die Vermutung tauchte auf, daß hier das Beschwichtigungssignal nach vorne verlagert wurde. Da unser Geschlechtsverkehr vornehmlich von vorne stattfindet, kam Morris auf den Gedanken, daß sich auch beim Menschen die Signale der sexuellen Auslöser von rückwärts nach vorne verlagert hätten. Die ausgeprägte Frauenbrust sei ein nach vorne verlagertes Abbild der Gesäßbacken, und die roten Lippen seien nichts anderes als die nach vorne gewanderte, um 90 Grad gedrehte Kopie der weiblichen Schamlippen. Wenn die Evolution auch vielfach merkwürdige Wege ging, so wird hier doch die Phantasie etwas sehr strapaziert.

Der Verhaltensforscher Eibl-Eibesfeldt führt die Entstehung des menschlichen Kusses auf eine Mund-zu-Mund-Fütterung bei Mutter und Kind zurück. In der Tat konnte er solche Vorgänge bei Primitivvölkern filmen: Die Mutter zerkaut die Speise und schiebt sie ihrem Baby mit den Lippen in den Mund. Tatsache ist andererseits, daß wir beim Kuß keineswegs Luft ausstoßen, vielmehr eine Saugbewegung ausführen. Das Saugen an der Mutterbrust ist der erste innige Kontakt mit einem anderen Menschen – ein uns angeborenes Verhalten. Eine andere plausible Erklärung wäre also, daß dies zum Signal der Zuneigung wurde: Was wir lieben, küssen wir wie als Kind die Mutterbrust. Hinzu kommt, daß die Lippen besonders innige Berührungskontakte ermöglichen – ebenso wie Finger und Zunge, die bei Liebesbezeugungen und sexuellem Kontakt noch zusätzlich eingesetzt werden.

Ein weiter Weg von einer Öffnung, die zunächst als dem Mund

entgegengesetzte angelegt wurde, bis zu dem so äußerst vielseitigen und differenzierten Organ beim Menschen. Nachzuholen ist noch, daß das Maul, sobald es bewaffnet war, auch als Werkzeug der Verteidigung eingesetzt werden konnte. Dazu mußten sich bloß im Steuerungszentrum des Nervensystems andere Bewegungsrezepte bilden – und dies geschah bei sehr vielen Tiergruppen. Bei den Säugetieren entwickelte sich auch ein Steuerungsrezept, das die Mutter befähigt, bei der Geburt des Jungen dessen Nabelschnur abzubeißen. Das ist ein total anderer Vorgang als die Nahrungsaufnahme oder Verteidigung und macht somit auch eine völlig andere Umweltbeurteilung und Muskelkoordination nötig. Ebenso wie bei der Hand führte so die Zusammenarbeit mit dem steuernden Gehirn zu weiteren Leistungen. Die für unsere Menschwerdung so besonders wichtige Fähigkeit zur Sprache besprechen wir im Rahmen der Entwicklung unserer Lunge (Kap. 11). Dieser Blasebalg ist hier ausschlaggebend – Lippen, Zunge, Gaumen leisten dabei nur Hilfsdienste. Der beim Mann die Mundöffnung umrahmende Bart wurde beim Menschen zum Geschlechtsmerkmal. Am übrigen Körper bildeten sich die Haare beim Übergang zu dem in der Steppe jagenden Raubaffen zurück – nicht dagegen am Kopf, wo sie dem empfindlichen Gehirn Schutz gegen Hitze und Kälte bieten, und rings um den Mund: als Erkennungssymbol des Mannes.

4.
Unsere Augen

Die ersten drei Organe, nach deren Sternstunden wir suchten, führten uns einen eher verworrenen Weg. Ausgangspunkt unserer Hand war eine Hautfalte bei Ahnen, die schon mehr waren als Würmer, aber noch weniger als Fische. Aus einer Flosse wurden Finger, die kletternde Lebensweise der Affen machte sie zur Zange. Beim Herzen stellten wir fest, daß es ein eher banaler Diener eines anderen Organes ist, dem im Lauf des Entwicklungsweges immer neue Aufgaben aufgebürdet wurden. Und bei unserem Mund stellte sich heraus, daß er seinen Platz mit dem ursprünglichen After tauschte, dessen Funktion auf den ursprünglichen Mund überging. Ähnlich wie der Blutkreislauf – und wie die Hand in ihrem letzten Entwicklungsstadium – übernahm auch diese Öffnung dann immer weiter zusätzliche Funktionen. Das Werkzeug der Nahrungsaufnahme wurde auch zu einem solchen der Verteidigung, des Gasaustausches, der Liebesbezeugung und des Informationstransfers. Jetzt aber wenden wir uns einem Organ zu, das sich in zielstrebiger Geradlinigkeit entfaltete – wie eine Blüte, von der im voraus feststeht, wie sie letztendlich aussehen wird, wie eine Kathedrale, deren letzte Türmchen längst vor Baubeginn geplant sind. Freilich: Auch unsere Augen übernahmen schließlich noch die eine oder andere zusätzliche Aufgabe, doch höchst nebenbei, gleichsam mit einem Achselzucken. Die Hauptentwicklung war ein solider Marsch, bei dem nicht links und rechts geschaut, sondern unbeirrbar ein Gipfel erklommen wurde.

Wer gab hier den Befehl? Wer legte die Marschrichtung fest? Sind wir hier endlich auf jenen unsichtbaren Architekten gestoßen, der aus Zwecklosem Zweckmäßiges formte, der der Lebensentfaltung ihre Richtung zuteilte, dem wir verpflichtet sein müssen, weil er uns wollte?

Nein, auch hier Enttäuschung. Auch hier ein Geschehen, das über mannigfache Zufälle seinen Lauf nahm – bloß mit dem Unterschied, daß im Fall der Sehorgane überhaupt nur zwei Entwicklungswege möglich sind. Herr und Meister ist hier eindeutig die Funktion selbst. Tiere, die sich im Raum bewegen, müssen sich im Raum orientieren. Die Lichtstrahlen bieten sich dafür als Hilfe an. Um sie jedoch in diesen Dienst zu zwingen, bedarf es bestimmter Vorrichtungen. Wie diese beschaffen sein müssen, ist gleichsam durch die Eigenschaften des Lichtes festgelegt. Oder, noch besser, streichen wir das Wort gleichsam. Es ist tatsächlich so, daß die Eigenschaften des Lichtes eindeutig festlegen, wie Augen beschaffen sein müssen, wie ihre Leistungsfähigkeit gesteigert werden kann.

War die erste Sternstunde in der Entwicklung unserer Augen jener Moment, da irgendwelche Urvorfahren fähig wurden, Licht wahrzunehmen? Keineswegs. Licht ist reine Energie, übt entsprechende Wirkungen aus. Die Fähigkeit, auf Licht zu reagieren, mußte nicht erst erworben werden. Schon seit Einsetzen des Lebens – seit vor etwa 4000 Millionen Jahren Molekülgruppen dahin gelangten, ihr Machtpotential zu erweitern und sich zu vermehren – reagierten sie auf Strahlung. Sie erwies sich entweder als Störung oder wurde von den Pflanzen später zur Energiequelle gemacht.

Für viele Einzeller im Meer bedeutet Licht eine ernsthafte Bedrohung. Zu starkes Licht zerstört ihr sensibles Gefüge, bringt ihre Lebensrädchen zum Stehen. Das ist der Grund, warum ein Großteil dieser winzigen Lebewesen – Plankton genannt – tagsüber in größere Tiefe absinkt und erst mit einbrechender Dämmerung wieder nach oben hochsteigt. Das ist auch der Grund, warum die Korallenpolypen, die sich von ebendiesem Plankton ernähren, tagsüber ihre Fangarme einziehen, ihre Kelche schließen. Sie leben in 0 bis 40 Meter Tiefe, das Plankton sinkt bis weit über 100 Meter Tiefe ab. Also lohnt es sich für sie erst gegen Abend, wenn das große lichtscheue Heer wieder hochkommt, mit den Fangarmen ins Wasser zu greifen, Vorbeitreibendes festzuhalten.

Der langen Rede kurzer Sinn: Die Kunst, Licht wahrzunehmen, mußte nicht erlernt werden. Ob es will oder nicht, reagiert das Protoplasma der Zelle – das komplizierte Räderwerk in diesen kleinsten Lebensbetrieben – auf Einstrahlung von Licht. Abschirmung ist somit das erste Problem. Nutzbarmachung der in den Lichtstrahlen enthaltenen Energie, ist das zweite – darauf spezialisierten sich die vor 3000 bis 2500 Millionen Jahren sich im Lebensstammbaum von uns trennenden Pflanzen. Drittes Problem, und mit diesem wollen wir uns nun beschäftigen, ist die Dienstbarmachung des Lichtes zum Zwecke der Orientierung. Und hier gibt es, wie gesagt, praktisch nur zwei Wege – jeder in seiner Richtung festgelegt.

Um Licht zum Diener der eigenen Orientierung zu machen, ist zuallererst notwendig, seine Einstrahlung nach einer Richtung hin abzuschirmen. Wird eine Zelle durch Licht erregt, dann weiß sie naturgemäß nicht, aus welcher Richtung es kommt. Sie empfindet lediglich Licht, das sie erregt. Konstruktive Lösung: lichtundurchlässige Körper, die sich wie ein Becher um die lichtempfindenden Abschnitte legen. Solche Körper werden aus Pigmenten gebildet, meist sind sie von roter oder dunkler Farbe. Nur wenn die Lichtstrahlen – die sich ja in höchster Perfektion geradlinig bewegen – nun durch die Öffnung des Bechers ins Innere gelangen, wird Licht wahrgenommen. Kommen sie aus anderer Richtung, dann wehrt das Pigment sie ab. Alle beweglichen Einzeller – aber auch die im Meer treibenden Medusen – sind darauf angewiesen, nicht ins Bodenlose abzusinken. Von vielen wird das Licht als Orientierungshilfe benutzt. Sie bilden jene becherförmigen Lichtsinnesorgane, die wir dann auch noch bei vielen, weit höher organisierten Tieren finden.

Wie kann nun die Orientierung über Lichtstrahlen noch verbessert werden? Der Becher vermittelt ein Richtungssehen, aber wie geht es nun weiter? Bei den einfachen Vielzellern sehen wir, wie die Becher ihre Leistungskraft steigern. Etwa indem eine Zelle sich auf Lichtwahrnehmung spezialisiert und die andere den Pigmentbecher bildet. Sodann entstehen größere Becher: innen die Sinneszellen und ringsumher jene der Lichtabwehr. Da nicht allzuviel Licht in solche Becher gelangt, wird ein linsenförmiger Körper über der Öffnung gebildet, der die Lichtstrahlen sammelt, hineinlenkt. Oder aber – und damit kommen wir an den entscheidenden Punkt, wo sich die beiden Wege trennen: Es entstehen nebeneinander zahlreiche kleine Becher, die eine Vorwölbung bilden. Eine Halbkugel. Je nachdem, woher das Licht dann kommt, wird der eine oder der andere getroffen – durch die Lichteinstrahlung erregt. Auf diese Weise gewinnt das Tier sogar eine primitive Abbildung von seiner Umwelt.

In der Mitte etwa ist sie hell, rechts weniger erleuchtet, links völlig dunkel. Je mehr Einzelbecher sich so zu einer Halbkugel vereinen, um so mehr Einzelinformationen werden erworben. Auf diesem eher einfachen Weg entstanden die komplexen Facettenaugen der Krebse und Insekten. Aus den Bechern wurden langgestreckte Keile, die am äußeren Ende, meist durch kleine Linsen unterstützt, Licht aufnehmen und am unteren schmalen Ende mit Lichtsinneszellen ausgerüstet sind. Zwischen den Keilen ist jeweils eine Pigmentschicht, die jeden vom anderen isoliert. In der Regel teilen sich bei einem solchen Keil – »Ommatidium« genannt – 14 Zellen in die Arbeit. Zwei bilden die Linse, vier den sehr durchsichtigen Kegel, »Kristallkegel« genannt, und die acht restlichen sitzen am unteren Ende und nehmen die herabkommenden Lichtstrahlen wahr. Naturgemäß vermittelt jeder solche Kegel nur eben eine Information. Immerhin, das Auge der Ameisen hat 200 bis 1200 solche Kegel, jenes der Hummel 4000, das großer Libellen 10 000, und das Auge des Totenkopffalters weist sogar 12 400 solche Kegel auf. Auch kleine Einzelaugen werden gebildet: bei der Biene drei in der Kopfmitte, bei manchen Tausendfüßlern sind es bis zu je 40 beiderseits entlang des Kopfes. Daß die Meldungen so zahlreicher Augen, vom Nervensystem entsprechend verarbeitet, dem Tier eine ganz gute räumliche Vorstellung von seiner Umwelt vermitteln, liegt auf der Hand. Nähert sich den großen Facettenaugen ein Körper, dann tritt dieser in den Wahrnehmungsbereich von immer mehr Keilen: So wird hier eine Annäherung erkannt.

Das also ist der eine Weg, der zum Facettenauge führt. Es gibt indes noch einen anderen – und diesen beschritten die Vorfahren der Mollusken –, und unabhängig davon unsere eigenen Vorfahren. Dabei muß bedacht werden, daß diese beiden großen Äste im Lebensstammbaum sich bereits vor etwa 1000 Millionen Jahren trennten – längst vor Entstehen der ersten Augen (Taf. 5). Trotzdem verlief die Entwicklung des Molluskenauges nach genau dem gleichen Schema wie die des Auges der Wirbeltiere. Ja, sie erreichten am Ende sozusagen den gleichen Gipfel. Wie wir noch sehen werden, ist das höchstentwickelte Molluskenauge dem höchstentwickelten Wirbeltierauge in allen wesentlichen Konstruktionselementen durchaus gleich (Taf. 4).

Sowohl bei den Urmollusken als auch bei unseren Ahnen entwikkelte sich ein mit zahlreichen Sinneszellen ausgekleideter Becher. Das war die erste Sternstunde in der Entwicklung des menschlichen Auges – und das war ebenso die erste Sternstunde in der Entwicklung des Tintenfischauges. Zeitpunkt beider Bildungen: vor 800 bis 700 Millionen Jahren. Mit einem solchen Becher läßt sich nicht nur die Richtung des Lichtes wahrnehmen, sondern auch Bewegungen. Schwimmt ein Körper vorbei – und einstweilen befinden wir uns ja noch im Wasserraum –, dann verdunkelt sich erst das Licht auf der einen Seite der Grube, anschließend auf der anderen. Die nächste Entwicklungsstufe ist nun vielleicht die seltsamste und aufschlußreichste, der wir in der Gesamtentwicklung aller unserer Organe begegnen. Nirgends wird wohl deutlicher vor Augen geführt, wie Zufall zu erhöhter Leistung führen kann, wie über eine völlig richtungslose Veränderung eine total neue Fähigkeit entsteht.

Man halte sich dabei vor Augen, daß Veränderungen im Entwicklungsweg der Pflanzen und Tiere immer nur über Veränderungen im Erbrezept erfolgen können. Über dieses Erbrezept, »Genom« genannt, werden wir noch ausführlich sprechen. Es bewirkt jeweils – im Vorgang der Fortpflanzung – den Aufbau von neuen Individuen. Verändert sich das Rezept, dann sehen die von ihm gebildeten neuen Individuen etwas anders aus. Diese Veränderung mag sich in der Auseinandersetzung mit der Umwelt und mit den mannigfachen Konkurrenten als günstig erweisen, dann geht es dem neuen Individuum gut, es pflanzt sich fort – und damit auch das veränderte Erbrezept. Viel öfter allerdings führen solche Veränderungen im Erbgut zu Nachkommen, die weniger leistungsfähig sind und deshalb auf der Strecke bleiben, sich also nicht fortpflanzen. So erfolgt die Auswahl des Bessergeeigneten jeweils ganz von selbst. Günstige Veränderungen bleiben erhalten, pflanzen sich fort, ungünstige tun das nicht. Wie die Veränderung zustande kommt, ist dabei eher von untergeordneter Bedeutung. Ist sie förderlich, dann ist sie förderlich. Ist sie nicht förderlich, dann ist sie es nicht. Dann endet dieses Ästchen am Lebensstammbaum am betreffenden Punkt.

Sowohl bei den Ahnen der heutigen Mollusken wie auch bei unseren Ahnen kam es nun offensichtlich durch Erbänderungen dahin, daß diese Sehgruben nicht alle gleich gebildet wurden. Manche mit weiterer Öffnung, andere mit engerer Öffnung. Und plötzlich wurde der Becher zu einem die Umwelt bildhaft wiedergebenden Organ.

Die gleiche Überraschung erlebte der Erfinder des ersten technischen Auges, der Camera obscura, von dem wir nicht wissen, wer er war. Schon in der Antike war dieses Instrument bekannt. Fällt durch ein enges Loch Licht in einen schwarzen Kasten, dann erscheint auf der Rückseite des Kastens ein auf dem Kopf stehendes Abbild der vor dem Kasten befindlichen Szenerie. Dies war der Ausgangspunkt für die Entwicklung der fotografischen Kamera, die 1793 von den Brüdern Niepce erdacht und 1840 mit der Entwicklung abzugsfähiger Papierkopien funktionsfähig wurde. Der Nachteil jeder solchen Vorrichtung ist, daß durch ein enges Loch nur wenige Lichtstrahlen passieren können und deshalb nur ein sehr lichtschwaches Abbild der Außenwelt entsteht. Vergrößert man das Loch, dann wird das Bild heller, jedoch unschärfer. Vor diesem Problem standen die Erfinder der Fotokamera – und das gleiche Problem mußte auch auf dem Entwicklungsweg der von Tieren entwickelten Lochaugen gelöst werden. Da jedoch Lichtsinneszellen sehr empfindlich sind, leistete bereits das einfache Lochauge gute Dienste. Dies zeigen uns heute lebende Borstenwürmer, die es unabhängig von den Mollusken und Wirbeltieren zu einem solchen Auge brachten. Und besonders deutlich zeigt es uns ein lebendes Fossil aus der Tintenfischentwicklung: der noch heute lebende, seit weit über 200 Millionen Jahren kaum veränderte *Nautilus*.

Nur ein enges Loch also erzielt ein scharfes Bild. Dies ist jedoch lichtschwach. Die Lösung ist eine vor dem Loch gebildete lichtsammelnde Linse. Weder bei der Entwicklung der Tintenfische und der Wirbeltiere noch bei der vom Menschen gebildeten Kamera entstand hier ein sonderliches Problem. Was zunächst die Kamera betrifft, so gab es bereits seit dem 13. Jahrhundert Glaslinsen für Lupen und Brillen. Und auch bei den Becher- und Grubenaugen der Tiere waren frühzeitig Linsenbildungen aufgetaucht. Solche Linsen bildeten sich vor der engen Sehöffnung, bei den Tintenfischen allerdings ganz anders als in der Wirbeltierreihe (Taf. 4). Bei letzteren entstand sie aus Zellen der Außenhaut des Embryos, die eine Blase bilden. Bei den Tintenfischen wird so nur das vordere Drittel der Linse gebildet, der Rest jedoch von der Innenwand der Augenblase. Praktisch bedeutet dies, daß beim Tintenfischauge eine doppelte Zellhaut quer durch den Linsenkörper hindurchgeht – eine bestimmt schlechtere Konstruktion. Dagegen ist der Augenhintergrund bei den Tintenfischen besser gestaltet. Hier stehen die lichtempfindlichen Zellen ohne die geringste Unterbrechung in Reih und Glied, der lichtempfindliche Abschnitt weist nach außen, während sich am unteren Ende die vorsorgenden Blutgefäße und die ableitenden Nerven befinden. Bei unserem Auge dagegen – und ebenso auch bei jedem anderen Wirbeltierauge – erkennen wir beträchtliche Konstruktionsfehler. Hier weisen die lichtempfindenden Zellen in die verkehrte Richtung: Der lichtempfindliche Teil ist nach rückwärts gerichtet, so daß die Lichtstrahlen den Zellkörper passieren müssen, um ihn zu erreichen. Damit jedoch nicht genug: Auch die Blutgefäße und Nerven führen zum falschen Ende. Sie durchbrechen an einem Punkt des Augenhintergrundes die Reihen der Sehzellen und verzweigen sich dann über der gesamten Schicht (Taf. 4, Abb. 1, e, f). Erster Nachteil: An dieser Durchbruchstelle sehen wir nichts. Es ist der sogenannte blinde Fleck in unserem Auge. Zweitens: Die Lichtstrahlen müssen somit nicht nur die Zellkörper, sondern außerdem auch noch das Netz von Nerven und Blutgefäßen durchdringen. Wenn ein bewußter Wille die Entwicklung leitete, um als Höhepunkt den Menschen zu erschaffen, dann muß er wohl eine Weile unschlüssig gewesen sein, weil er in diesem Konstruktionsabschnitt die Tintenfische deutlich vorzog. Um es zu wiederholen: Ihr Augenhintergrund ist konstruktiv richtig gestaltet, der unsere dagegen mit argen Fehlern behaftet. Warum dies alles? Die Untersuchung der Embryonalentwicklung gibt uns die Antwort. Bei den Tintenfischen entwickelt sich der Augenhintergrund aus Zellen der sich einstülpenden Außenhaut, die sich auf Lichtwahrnehmung spezialisierten. Also stehen sie ganz normal. Beim Wirbeltierauge entsteht dagegen der Augenhintergrund – die Netzhaut – als eine becherförmige Ausstülpung des Zwischenhirns, was dazu führt, daß die Sinneszellen verkehrt orientiert sind und von der verkehrten Seite her versorgt werden. Besonders zu beachten ist hier auch der Umstand, daß dadurch – sowohl bei der Linse als auch beim lichtwahrnehmenden Gewebe des Augenhintergrundes – auf zwei sehr verschiedene Weisen etwas funktionell Gleiches entsteht. In einem Fall ist diese, in dem anderen jene Lösung besser. Was jedoch letztendlich zählt, ist das Resultat. Die benötigte Leistung wird hier wie dort erbracht. Auch im Falle der Fotokamera ist eine Linse und auch ein lichtempfindlicher Kamerahintergrund – hier in Ge-

TAFEL 4: **Aus der Werkstätte des »Konstrukteurs des Lebens«**

Abbildungen: **1** Schnitt durch das menschliche Auge, **2** Schnitt durch das Auge eines Tintenfisches. a = Glaskörper, b = Linse, c = Sehzellenschicht, d = Pigmentschicht, e = Austritt der Sehnerven und Blutgefäße (»blinder Fleck«), f = Sehnerven und Blutgefäße, g = Bereich deutlichsten Sehens, h = Sehganglion, j = Linsenmuskeln, k = Iris, l = Hornhaut, m = Lid.

Ähnlich strukturierte Organe weisen meist auf eine entwicklungsgeschichtliche Verwandtschaft hin (Taf. 1, 2, 3). Es gibt indes Ausnahmen (»Konvergenzen«), die über den eigentlichen »Konstrukteur« der Lebewesen und ihrer Organe Auskunft geben. Sein Name ist »Notwendigkeit«! Benötigte Leistungen diktieren gleichsam, wie Strukturen beschaffen sein müssen, um sie zu erbringen. Eine Lunge, eine Niere, aber auch eine Schere oder ein Auto werden durch die zu erfüllende Aufgabe in ihrer Struktur weitgehend festgelegt. Wie auch immer sie entstehen – über Zufall, Intelligenz oder göttliche Einwirkung: sie müssen so beschaffen sein, daß sie die benötigte Funktion erbringen.

Mensch und Tintenfisch entstammen zwei Entwicklungslinien, die sich vor etwa 1000 Millionen Jahren trennten (Taf. 5): den »Protostomiern« (Vordermünder) und den »Deuterostomiern« (Zweitmünder). Die Entwicklung ihrer Sehorgane verlief völlig unabhängig voneinander – und mündete doch in einer fast genau übereinstimmenden Struktur: aus Notwendigkeit. Die Aufgabe, über Lichtstrahlen die Details der Umwelt erkennbar zu machen, legt besonders genau fest, wie eine dafür geeignete Zellkombination beschaffen sein muß. Kamen in dieser streng vorgezeichneten Richtung über Erbänderungen Verbesserungen zustande (S. 75), dann setzten sich die um so besser sehenden Tiere bevorzugt durch. Über Zufälle kommt es so – aus Notwendigkeit – zu sich verbessernder Leistung, zu Strukturen von höherer Differenzierung, Ordnung und Zweckmäßigkeit.

Um über Lichtstrahlen einen bildhaften Eindruck zu gewinnen, bedarf es einer »Kammer« mit einer Öffnung auf der einen Seite und einer lichtempfindlichen Schicht auf der inneren Rückwand. Dann entsteht auf dieser ein auf dem Kopf stehendes Abbild der Umwelt und kann von Sinneszellen wahrgenommen werden. Entscheidender Unterschied: Beim Tintenfischauge entstand die lichtempfindliche Schicht aus Zellen der Außenhaut, die ihre Meldungen in den Körper hinein ableiten und von ebendort durch Blutgefäße ernährt werden. Beim menschlichen Auge entsteht die lichtempfindliche Schicht aus einer Ausstülpung der tiefer liegenden Gehirnzellen, was zur Folge hat, daß Nerven und Blutgefäße aus der verkehrten Richtung an sie gelangen. Diese müssen somit in die Kammer eintreten (e, f), sich über die gesamte Schicht ausbreiten, was von Nachteil ist (S. 77). Wären nicht zufällige Erbänderungen der Konstrukteur, sondern bewußter Wille, dann wäre zu folgern, daß dieser die Tintenfische bevorzugte. Bei der Linse ist es jedoch umgekehrt. Beim Tintenfisch entsteht sie aus zwei getrennten Zellbildungen, beim Menschen – weit eleganter – aus bloß einer. Im übrigen gelangten beide Lichtsinnesorgane zu einer Zone stärkeren Auflösungsvermögens (g), zur Scharfeinstellung auf nähere oder fernere Objekte und vieles andere. Aus Notwendigkeit (S. 80–85).

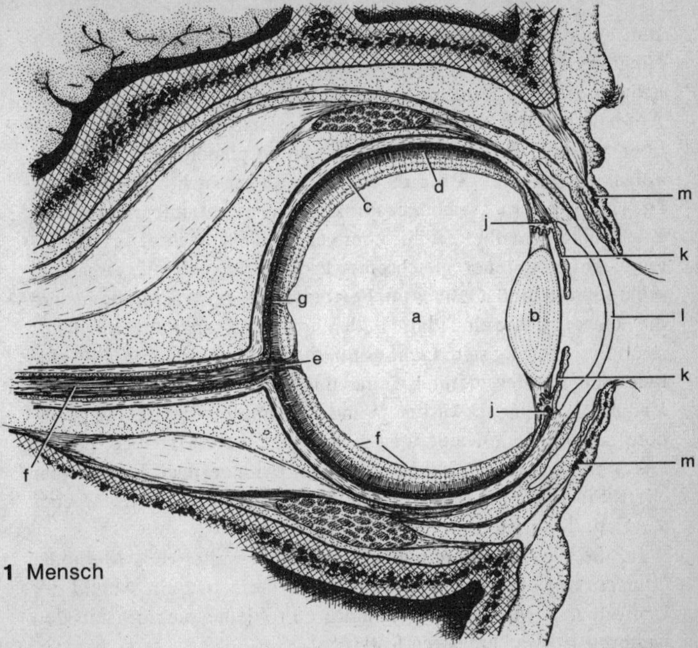

1 Mensch

2 Tintenfisch

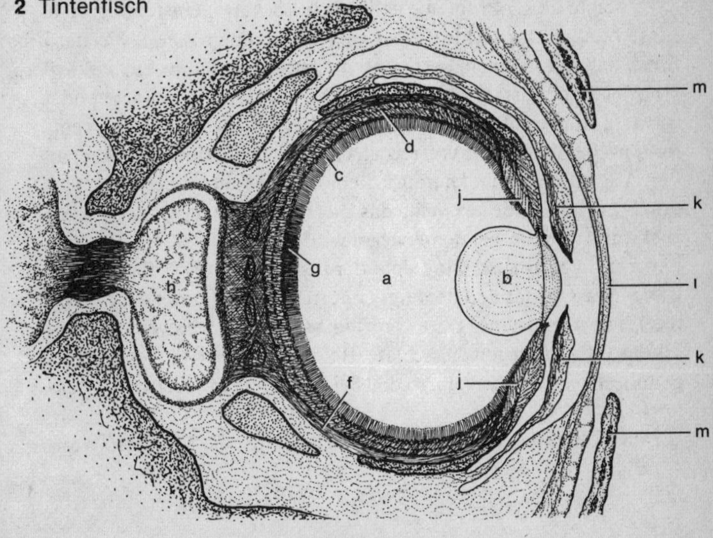

TAFEL 4

stalt einer auswechselbaren Platte oder eines Filmes – vonnöten. Nicht der Herstellungsweg ist somit verantwortlich für die schließlich entstehende Struktur, sondern die Funktion, die zu erfüllende Aufgabe legt fest, wie diese Struktur beschaffen sein muß. Ob also über zufällige Erbänderungen oder einen planenden Willen eine aufgabenerfüllende Struktur entsteht, ist gar nicht entscheidend. Dies ist ein überaus wichtiger Punkt, der das Zustandekommen von Zweckmäßigem über Zufälle eher verständlich macht. Die zu erfüllende Aufgabe steuert gleichsam, wie das dafür geeignete Organ beschaffen sein muß. Geht es um Fortbewegung im Wasser, dann muß die Schwanzflosse eine Platte bilden, und der Körper muß möglichst stromlinienförmig sein. Geht es um die Orientierung mit Hilfe einfallenden Lichtes, dann ist eine mit Loch und Linse versehene Kammer, deren rückwärtige Wand lichtempfindlich ist, die geeignete Lösung. Jede Kamera ist gleichsam ein Reserveauge, das für uns Sinneswahrnehmung festhält, also Erinnerungen besser speichert. Sie kommt anders zustande, ist aus anderem Material, aber die Grundkonstruktion muß auch hier die gleiche sein.

Ja, die Übereinstimmung geht noch viel weiter. Die Methode, über ein mit einer Linse versehenes Kameraauge ein Abbild der Umwelt zu gewinnen, schafft mehrere Probleme, die ihrerseits den weiteren Entwicklungsweg festlegen.

Das erste dieser Probleme ist jenes der Schärfeneinstellung. Jede Linse bündelt das Licht in einer ganz bestimmten Weise, was dazu führt, daß nur in einem bestimmten Abstand hinter ihr ein wirklich scharfes Bild entsteht. Soll ein naher Gegenstand scharf abgebildet werden, dann muß sich die Linse vom Augenhintergrund etwas entfernen – bei Abbildung von fernen Objekten muß sie etwas näher an den Augenhintergrund heranrücken. Bei der Fotokamera wird dies durch ein Gewinde erreicht, das die Linse weiter vor oder nach rückwärts schiebt, bei den Fischen wird das gleiche durch Muskeln bewirkt. In Normalstellung sieht der Fisch nur in der Nähe scharf – ist das Wasser klar und benötigt er Fernsicht, dann zieht ein Muskel die Linse nach vorne. Da es nur ein Muskel ist, zieht er die Linse schräg aufwärts gegen die Schläfe. Beim Tintenfisch sind es zwei gegenüberliegende Muskeln, so daß bei ihm die Technik etwas perfekter ist.

Beim Übergang zum Landleben änderte sich die Situation. Während unter Wasser die Sichtweite gering und somit die Naheinstellung wichtiger ist, kann das Auge über Wasser mehrere hundert Meter weit, ja mehrere Kilometer weit sehen. Feinde und Beuteobjekte können somit aus viel weiterer Entfernung geortet werden. Als unsere Fischahnen das Land eroberten und sich in Amphibien verwandelten, kam es zu Veränderungen in ihrem Aufbaurezept, die auch hier zu Anpassungen führten. Bei allen noch heute lebenden Amphibien sehen wir, daß ihr Auge auf Fernsicht eingestellt ist und bei benötigter Nahsicht durch Muskeln näher an den Augenhintergrund herangezogen wird. Es sind deren bereits zwei gegenüberliegende, so daß an diesem Punkt – vor 350 bis 330 Millionen Jahren – die etwas bessere Konstruktion beim Tintenfischauge wieder aufgeholt wurde. Dabci blieb es indes nicht. Denn es gibt noch eine elegantere Lösung, um die Schärfeneinstellung – die richtige »Akkommodation« – zu regeln. Und zwar durch Änderung in der Linsenkrümmung.

Bei dem vom Menschen hergestellten technischen Auge ist dies nicht möglich. Eine Glaslinse ist starr, ihre Wölbung läßt sich nicht verändern. Die aus zahlreichen Einzelzellen gebildete Linse des Wirbeltierauges war dazu dagegen imstand. Es mußte bloß eine etwas andere Muskelkombination entstehen. Dazu kam es vor etwa 320 Millionen Jahren, als sich die Urahnen der heutigen Amphibien ganz vom Wasser lösten und zu den Urahnen der heutigen Reptilien wurden. Jede Eidechse, jede Schildkröte zeigt uns noch heute die neue Lösung. Die Linse wird durch einen ringförmigen Muskel zusammengepreßt, wird dadurch auf der Vorderseite stärker gewölbt und vermittelt so Scharfeinstellung für Nahsicht. Die beim menschlichen Auge vorliegende Konstruktion sieht jedoch wieder anders aus, es kam nochmals zu einer Veränderung. Und zwar vor 240 bis 210 Millionen Jahren, als sich aus Reptilien die ersten Säugetiere entwickelten. Jetzt wird die Linse nicht mehr zusammengedrückt, sondern im Ruhezustand am Äquator auseinandergezogen und dadurch abgeflacht. Naheinstellung geschieht durch Erschlaffen der Muskelbänder, wodurch die Linse wieder ihre stärker gewölbte Normalstellung einnimmt. Die Vögel folgten dieser Weiterentwicklung nicht, und für den Menschen wäre es wohl besser, wenn unsere Vorfahren ebenfalls beim Reptilauge geblieben wären. Dann bräuchten wir keine Lesebrille. Denn mit dem Alter schwindet die

Elastizität der Linse. Auch bei Erschlaffen der Muskeln verbleibt sie im Ruhezustand – also abgeflacht und auf Fernsicht eingestellt. Beim Reptilauge kommt es also auf den Ringmuskel an – und dieser altert weit weniger rasch. Beim Säugetierauge ist nicht mehr er, sondern die Formkonstanz der Linse ausschlaggebend, und durch die überwiegende Ferneinstellung geht die dazu nötige innere Spannkraft weit eher verloren. Auch hier hatte somit die Entwicklung nicht uns zum Ziel – nicht den Menschen, der über die Schutzmaßnahmen seiner Medizin zu weit höherem Alter gelangt – und bei dem die Nahsicht, etwa beim Vorgang des Lesens, auch in den späteren Jahren noch von beträchtlicher Bedeutung ist.

Eine weitere Problematik ist dadurch gegeben, daß zu starkes Licht Schädigungen verursachen kann – nicht nur bei den im Meer schwebenden Einzellern, sondern auch bei den auf Lichtwahrnehmung spezialisierten Zellen des Augenhintergrundes. Hier spielen jene Zellen eine wichtige Rolle, die lichtundurchlässige Pigmente bilden. Schon bei primitiven Lichtsinnesorganen führen sie Bewegungen aus, schirmen wie ein Sonnenschirm gegen allzu starken Lichteinfall ab. Andererseits ziehen sie sich bei Dunkelheit zurück. Beim Facettenauge der Insekten zieht sich die Pigmentschicht, welche die einzelnen Sehkeile voneinander trennt, bei Dunkelheit so weit zurück, daß Lichtstrahlen zu den Sinneszellen mehrerer Lichtkeile gelangen können. So wird unter Verlust von Sehschärfe Wahrnehmung gewonnen. Ähnliche Pigmentwanderungen finden auch im Wirbeltierauge statt, außerdem Formveränderungen der lichtempfindenden Einheiten sowie Abscheidung von Substanzen, welche die Empfindlichkeit für Lichtstrahlen wesentlich erhöhen. Bei unseren fernsten Verwandten, den Pflanzen, gibt es lichtempfindliche Zellen, die ein einziges Photon der Strahlung des Sonnenlichtes wahrzunehmen vermögen. Ähnliche Leistungen werden von den lichtempfindlichen Zellen der tierischen Sinnesorgane nicht erreicht. Beim Menschen liegt die Höchstleistung bei 800 Photonen. Manche unserer Wirbeltierverwandten, die auf ein Leben in der Dunkelheit spezialisiert sind – Tiefseefische, Geckos, katzenartige Raubtiere und Nachtaffen –, haben noch eine zusätzliche Vorrichtung entwickelt, um ihre Sehfähigkeit zu steigern. Hinter ihren Sehzellen ist eine Schicht ausgebildet, welche die Lichtstrahlen wie ein Spiegel zurückwirft. Dies hat zur Folge, daß der gleiche Lichtstrahl die lichtempfindliche Zelle zweimal erregt – beim Hinweg und beim Rückweg. Es wird also eine Verdoppelung der Wirkung erzielt. Deshalb leuchten die Augen einer Katze im Dunkeln, wenn sie ein Lichtschein trifft.

Beim Linsenauge besteht die weitere Möglichkeit, das Sehloch je nach Lichtstärke mehr zu öffnen oder zu schließen. Diese Lösung wird wiederum bei den Tintenfischen und bei den Wirbeltieren ganz unabhängig voneinander erreicht. Bei beiden durch die durch Pigmente gefärbte und zusammenziehbare Regenbogenhaut (»Iris«), welche das Sehloch – die Pupille – erweitert oder verengt (Taf. 4, k). Bei beiden liegt sie unmittelbar vor der Linse und ist durchaus gleich konstruiert. Untersucht man indes die Embryonalentwicklung, dann zeigt sich, daß sie beim Tintenfisch aus einer Falte der Außenhaut gebildet wird, während sie bei uns aus dem vorderen Rand des Augenbechers entsteht. Auch die Fotokamera ist mit einer solchen »Iris« versehen. Da bei den modernen Kameras die Linse meist aus mehreren Einzellinsen zusammengesetzt wird, liegt die technische Iris innerhalb der Linse. So oder so: jedenfalls ist sie vorhanden. Ob aus Zellen oder aus vom Menschen geformtem Material: Für ein Organ, das die Umwelt abbilden soll, ist der Entwicklungsweg vorgezeichnet. Denn auch auf die lichtempfindliche Schicht des Fotofilmes darf nicht zuviel und nicht zuwenig Licht gelangen. Die richtige Öffnung der technischen Iris – der Blende – wird durch einen Belichtungsmesser bestimmt. Bei modernen Kameras ist er bereits »eingebaut«, öffnet oder schließt selbsttätig das Loch. Bei den Augen der Tintenfische und der Wirbeltiere begegnen wir der gleichen Automatik. Ebenso wie die Atembewegung und die Wärmeregulierung des Blutes erfolgt auch der Pupillenreflex über Regelkreise. Bei nächtlich aktiven Tieren mit besonders empfindlichen Augen – etwa bei der Kreuzotter, beim Fuchs und bei manchen Halbaffen – ist das Sehloch schlitzförmig, was einen totalen Lichtabschluß ermöglicht. Bei Tiefseefischen, deren Auge nie zuviel Licht bekommen kann, wurde die Kamerablende überflüssig. Demnach ist sie bei manchen rückgebildet.

Damit sind aber noch längst nicht alle gemeinsamen Bildungen, die von der gleichen Funktion her diktiert sind, erschöpft. Die Irisblende braucht Schutz – bei den Wirbeltieren besorgt dies eine durchsichtige Stelle der davorliegenden Außenhaut, beim Tintenfisch eine weitere Falte, die sich vor der Irisfalte bildete, jedoch im Gegensatz zu dieser durchsichtig ist. Bei der Kamera ist dieser Schutz – wie gesagt – dadurch gegeben, daß die Blende zwischen den Linsenhälften liegt. Dazu kommt bei der Kamera als notwendiger Schutz des Linsenglases eine Kappe, die man, wenn man nicht fotografiert, über die Linse stülpt. In ganz analoger Weise hat sich auch bei den tierischen Augen eine solche Schutzkappe gebildet – bei manchen Haien in Gestalt der »Nickhaut«, bei den Tintenfischen und den Landwirbeltieren in Gestalt des sich durch weitere Muskeln vor dem Auge schließenden Augenlids (Taf. 4, m). Bei den Landwirbeltieren wurde die Nickhaut im Verein mit den dafür notwendigen Tränendrüsen zum Organ der Befeuchtung. Der Mensch hat noch Reste einer Nickhaut im Augenwinkel, die Befeuchtung übernahm das automatisch tätige Lid. Bei uns gewann die Tränenabsonderung – in Gestalt des Weinens – noch eine zusätzliche, im sozialen Zusammenleben als Ausdrucksmittel, ja als Waffe wirkungsvolle Funktion.

Eine Kamera kann man mit der Hand nach jeder Richtung drehen. Das ist ein wesentlicher Vorteil aller von der Hand betätigten, mit dem Körper nicht fest verwachsenen, künstlich gefertigten Organe. Bei den mit dem Körper fest verwachsenen Augen schuf dagegen die Veränderung der Sehrichtung ein weiteres Problem. Im einfachsten Fall wird es durch eine entsprechende Wendung des Körpers gelöst. Beim höherentwickelten Auge dagegen begegnen wir bereits einer perfekten Kugel, die sich in einer ihrer Form entsprechenden Wölbung dreht. Auch dazu kam es über vorteilhafte, sich deshalb durchsetzende Erbänderungen, und zwar ganz unabhängig voneinander bei den Tintenfischen und bei den Wirbeltieren. Als besondere Problematik tritt hier hinzu, daß Nervenstränge und Blutgefäße in die Kugel führen müssen – daß die Drehung somit nicht diese Stränge stört und die Stränge nicht diese Bewegung. Hier wie dort wurde diese Hürde genommen. Ein weiteres Problem besteht darin, daß jedes Kameraauge ein auf dem Kopf stehendes Bild produziert. Dieses muß also herumgedreht werden, um zu einer realistischen Beurteilung der Umwelt zu verhelfen. Das mit der Fotokamera produzierte Bild drehen wir mit der Hand herum – niemand zerbricht sich den Kopf darüber. Beim Auge der Tintenfische muß dies ein zwischen Auge und Gehirn eingeschaltetes Nervenzentrum leisten (Taf. 4, Abb. 2, h). Beim Wirbeltier wird diese Leistung im Gehirn selbst erbracht. Und noch viele weitere Leistungen sind nötig, um die Bedeutung des Bildes zu erfassen. Da beim Wirbeltierauge – und damit auch bei unserem eigenen Auge – der Augenhintergrund eine Ausstülpung des Gehirns darstellt, wird bereits in unserer Sehzellenschicht (»Retina«) mit der Verarbeitung des Bildes begonnen. Beim Tintenfischauge übernimmt das hinter dem Auge gelegene Sehganglion diese Verarbeitung. Bei den Facettenaugen der Krebse und Insekten sind es in der Regel drei Sehganglien, die hintereinander geschaltet und durch gekreuzte Nervenfasern miteinander verbunden sind. Ebenso kreuzen sich die Sehnerven im Tintenfischauge, ehe sie in das Sehganglion eintreten – und Sehnerven unserer Augen, ehe sie ins Gehirn eintreten. Warum? Völlig geklärt ist das noch nicht. Offensichtlich bestehen funktionelle Notwendigkeiten, sie diktieren, was gebildet werden muß, ob der Entstehungsweg so oder anders verläuft.

Es ließen sich noch weitere parallele Bildungen anführen – die Bildung einer Stelle gesteigerten Auflösungsvermögens im Augenhintergrund sowohl des Wirbeltierauges als auch des Tintenfischauges (Taf. 4, g) und manche andere. Doch das Gesagte müßte genügen. Wenn es auf diesem oder jenem Weg gelingt, eine Bergspitze zu erreichen, dann steht man oben. Analogie: Läßt sich eine bestimmte Leistung nur über eine ganz bestimmte Struktur erzielen, dann ist diese festgelegt – auf welchem Wege man auch immer dahin gelangt. Ob die Herstellung über Zufall oder Intelligenz erfolgt, spielt insofern keine Rolle, als das erforderliche Ergebnis dadurch nicht berührt wird. Schlußfolgerung: Hätte eine helfende Hand die Evolution gesteuert, dann hätte sie gar nicht beliebig entwerfen können. Wie die Augenbildung – und die Kamerabildung – besonders deutlich zeigen, bestimmt nicht die Art des Zustandekommens die Gestalt des Zweckmäßigen, sondern die zu erfüllende Aufgabe. Diese diktiert das Geschehen. Ob über höheren Willen oder Zufall entstanden – einem Kameraauge ist die »Konstruktion« vorgeschrieben.

Zweite Sternstunde in der Entwicklung unserer Augen war – vor 460 bis 420 Millionen Jahren – also die Verengung der Sehgrube am oberen Rand, durch die das Kameraauge entstand. Die technische Vervollkommnung dauerte dann 150 Millionen Jahre: Mit dem

Reptilauge war ziemlich der Gipfel erklommen, das bestmögliche erreicht. Belastet wurde diese Entwicklung dadurch, daß die Sehzellen verkehrt stehen – dies konnte auch über Mutationen nicht mehr ausgeglichen werden, doch wurden die Nachteile auf ein Minimum reduziert. Daß der Mensch über besondere Organisation zu besonderem Alter gelangen würde, war bei der Entstehung der ersten Säugetiere nicht evident, aber durch die Lesebrille gleichen wir die damals verursachte Schwäche aus.

Die dritte Sternstunde, wiederum sehr weit zurückliegend, war die Entstehung der Fähigkeit, Farben zu unterscheiden. Wenn heutige Haie uns diese Fähigkeit beweisen, so ist damit nicht gesagt, daß unsere gemeinsamen Vorfahren diese Fähigkeit bereits besaßen. Da sich indes bei allen drei Tierstämmen, die unabhängig voneinander leistungsfähige Sehorgane entwickelten – den Gliederfüßern, den Mollusken und den Wirbeltieren –, die Unterscheidung von Farben nachweisen läßt, ist anzunehmen, daß es ziemlich früh zu dieser Fähigkeit kam, schätzungsweise vor 400 bis 300 Millionen Jahren. Im Auge der Wirbeltiere spezialisierten sich die als »Zäpfchen« bezeichneten Zellen des Augenhintergrundes auf diese Aufgabe, während die als »Stäbchen« bezeichneten die einfache Schwarz-Weiß-Unterscheidung – besonders wichtig im Dämmerungssehen – übernahmen. Was wir als Farben empfinden, ist die verschiedene Wellenlänge bei Lichtstrahlen. Wesentlich ist hier die Erkenntnis, daß wir aus dem gesamten Spektrum der elektromagnetischen Schwingungen nur einen ganz winzigen Abschnitt wahrzunehmen vermögen. Die Wellenlänge schwankt hier von mehreren zehntausend Kilometern bis weit unter die Länge des millionsten Teils eines Millimeters. Der menschliche Körper wurde einmal als ein Sack bezeichnet, in den nur durch beschränkte »Löcher« bestimmte Signale von außen gelangen können. Kein schöner Vergleich, doch seine Aussage ist richtig. Aus dem enormen Spektrum der elektromagnetischen Wellen gelangen durch das »Loch« unserer Augen nur jene im Bereich zwischen 4 bis 7,5 tausendstel Millimeter Wellenlänge. Erstere empfinden wir als violett, und dann geht es über Blau, Grün, Gelb, Orange bis Rot. Bei Bienen sieht das »Loch« etwas anders aus: Sie sehen ab 3 bis 6,5 tausendstel Millimeter Wellenlänge – also Ultraviolett, das wir nicht sehen, jedoch können sie Rot von Schwarz nicht mehr unterscheiden. Dafür können sie die

Schwingungsrichtung – Polarisationsebene – des Lichtes wahrnehmen und haben somit auch bei bedecktem Himmel einen verläßlichen Kompaß, den wir nicht besitzen. Obwohl der Mensch ihn, besonders in der Schiffahrt, ebenso nötig hätte. Was auch wieder zeigt, daß wir keineswegs ein gewollter, bevorzugter Entwurf sind, sondern das Endprodukt einer Entwicklungskette – so wie jedes andere Tier, so wie jede Pflanze.

Eine weitere, vierte Sternstunde in der Entwicklung unseres Auges war das Zustandekommen des räumlichen, plastischen Sehens. Voraussetzung dafür ist, daß zwei Augen in die gleiche Richtung blicken. Schließen wir eines, dann können wir zwar durch Bewegung des Kopfes, durch Größer- oder Kleinerwerden eines Objektes erschließen, was weiter vorn und was weiter hinten liegt. Versuchen wir jedoch mit nur einem Auge eine Nadel einzufädeln, dann zeigt sich, worin der Unterschied zum beidäugigen Sehen besteht. Wann und wo kam also diese Fähigkeit zustande?

Es gibt Fische, die diese Fähigkeit besitzen: etwa die Schollen. Sie schwimmen mit der einen Seite abwärts, haben sich einem Leben auf dem Sandboden angepaßt. Ihr Körper wurde flach wie ein Blatt – und das untere Auge wanderte allmählich über die Stirn hinweg zum anderen hin. Neben diesem steht es nun und blickt in gleicher Richtung nach oben. Meist liegen die Tiere in Tarnfarbe auf dem Sand; kommt man näher, dann sieht man deutlich, wie sie die Annäherung wahrnehmen. Auch das Chamäleon kann beide Augen in eine Richtung drehen und sieht dann räumlich. Aber das sind eher Ausnahmen. Für die meisten Tiere erwies es sich als wichtiger, ein möglichst großes Sichtfeld zu haben: Ihre Augen blicken nach rechts und links. Jede Eidechse, jedes Reh zeigt es uns. Beim Pottwal gibt es überhaupt keinen Bereich, wo sich das Sichtfeld seiner beiden Augen überschneidet. In unserer unmittelbaren Ahnenlinie entstand das räumliche Sehen erst verhältnismäßig spät. Hier waren es in Bäumen lebende, von Ast zu Ast springende Affen, die der Fähigkeit genauer räumlicher Einschätzung bedurften. Die vierte Sternstunde im Entwicklungsweg unserer Augen liegt somit »nur« etwa 65 bis 60 Millionen Jahre zurück. Sie verhalf uns nicht bloß zum sicheren Einfädeln einer Nadel, sondern förderte auch die Entwicklung unserer Gehirnleistungen. Unsere Fähigkeit des räumlichen Denkens und Vorstellens – und damit die so entscheidende

Fähigkeit, uns selbst in der Phantasie als Objekt zu sehen – wurde dadurch nicht unerheblich gefördert.

Noch einige Details, die vielleicht interessieren: Öffnen wir unter Wasser die Augen, dann sehen wir nur ganz verschwommen. Das liegt an der Lichtbrechung an der äußeren Hornhaut, die im Wasser anders ausfällt als in der Luft. Um unter Wasser scharf zu sehen, müßte unser Augapfel stärker gewölbt sein, wie dies bei den Fischen der Fall ist. Indem wir eine Tauchmaske aufsetzen, trennen wir das Wasser vom Augapfel, deshalb sehen wir dann scharf. Mit diesem Nachteil sind wir versehen, seitdem sich unsere Vorfahren vor gut 360 Millionen Jahren dem Landleben anpaßten.

Sodann unsere Wimpern: Ihre Funktion ist es, Flugstaub oder kleine Insekten vom Auge abzuhalten. Sie dürften ebenso alt sein wie unsere Haare – und damit ebenso alt wie die Säugetiere. Reptilien haben noch keine Haare. Während sich die Vogelfeder aus der Echsenschuppe entwickelte, ist das Haar der Säugetiere eine neue, für sie charakteristische Bildung. Somit haben unsere Haare ein Alter von etwa 200 Millionen Jahren, und dies trifft auch auf unsere Wimpern zu. Dagegen sind unsere Augenbrauen nur 6 bis 4 Millionen Jahre alt, allerdings nicht die Haare an sich, sondern ihr Verbleiben über den Augen. Ihre Funktion ist dort, Schweiß vom Auge abzuhalten. Sie entstanden – beziehungsweise verblieben – zu jener Zeit, da unsere Vorfahren ihren Körperpelz verloren: in jenem Zeitraum also, da sich aus Raubaffen der Steppe der Urmensch entwickelte (Taf. 16, H).

Sowohl Wimpern als auch Augenbrauen wurden in sekundärer Funktion zu Signalapparaten. Die angeborene Bewegung des kurzen Hochziehens des Lides und der Augenbrauen wurde zum Signal des Erkennens. Um ein Vielfaches älter ist die uns angeborene Reaktion, die dazu führt, daß ein auf uns gerichtetes Augenpaar uns zur Vorsicht mahnt. Jeder Angriffshandlung eines Raubtieres – und auch eines Menschen – geht ein Fixieren mit den Augen voraus. Die darauf beruhende Reaktion – als besondere Schaltung irgendwo im Zwischenhirn beheimatet – mag bis in die Zeit unserer Reptilvorfahren zurückreichen, also über 250 Millionen Jahre alt sein. Zu jener Zeit hatten »wir« übrigens noch ein drittes Auge: in der Mitte auf dem Scheitel. Ein aus jener Zeit noch übriggebliebenes lebendes Fossil, die Brückenechse, zeigt die genaue Ausbildung. Auch bei den heutigen Eidechsen ist es noch vorhanden, jedoch schon weiter rückgebildet. Aus diesem Scheitelauge wurde schließlich unsere Zirbeldrüse. Und auf diese kommen wir später noch zurück (Kap. 14).

Wir sind beim Auge nur zu vier Sternstunden gelangt – fehlt hier die fünfte? Bei diesem Organ läßt sich besonders gut verfolgen, wie die vom Menschen künstlich gebildeten Behelfe die Fähigkeiten unseres aus Zellen gebildeten Körpers unmittelbar erweitern. Die Brille als Verbesserung des Auges, das Fernrohr, die Lupe, das Mikroskop. Von der Kamera sprachen wir bereits, sie wurde jedoch eher zum Hilfsorgan unseres Gehirns: unserer Erinnerung. Was unser Auge flüchtig sieht, hält das künstliche Auge Kamera fest, im Standbild oder Film wiederholbar, auch anderen übertragbar. Somit wurde die Kamera auch zum Organ der Übertragung von Information: Foto und Film wurden zur technischen Ergänzung unserer Sprache. Bis zu diesem Punkt ist indes noch kein wesentlich neues Prinzip hinzugetreten. Anders beim Fernsehen. Hier werden Bilder, in Impulse verwandelt, beliebig über den Raum hinweg versendbar. Die erste Mondlandung konnten wir gleichzeitig – oder genauer: etwas mehr als eine Sekunde später – auf dem Fernsehschirm in unserer Wohnung mitansehen. Als fünfte Sternstunde in der Entwicklung des menschlichen Auges wäre somit die Erfindung des Fernsehens anzusehen. Diese liegt knappe 50 Jahre zurück.

Die Evolution der tierischen Vielzeller

TAFEL 5: **Der Entwicklungsstrom der vielzelligen Tiere**

Die Entfaltung des Lebens läßt sich am besten mit einem Strom vergleichen. Was wir »Leben« nennen, ist eine energetische Entfaltung, die sich über materielle Strukturen – wir nennen sie »Lebewesen« – fortsetzt, immer mehr Materie in ihren Dienst zwingt und deren Fähigkeit, Arbeit zu leisten, steigert. Nach gewohntem Denken betrachten wir die verschiedenen Lebewesen als die Hauptsache und sehen in dem Lebensprozeß, der in ihnen stattfindet, ihre Voraussetzung. Blicken wir indes auf die Lebensentwicklung in ihrer Gesamtheit, dann sind die einzelnen »Lebewesen« nur gleichsam Werkzeuge in diesem Geschehen, materielle Strukturen, über die sich ein anwachsender Strom fortsetzen kann. Wie mit tausend Fühlern tastet sich dieser »Lebensstrom« in immer neue Gebiete vor, erobert über »Pflanzen« und »Tiere« immer neue Lebensräume. Wo Körper entstehen, die den Strom fortsetzen, ja steigern, dort fließt er weiter – wo dies nicht der Fall ist, »versiegt« er. Erfolgreiche Strukturen werden zu »Arten«, die sich über unzählige Generationen von Lebensindividuen fortsetzen. Jede Pflanze und jedes Tier ist ein solches »Lebensindividuum«, ein solcher »Weiterträger des Prozesses Leben«. Auch jeder Mensch ist aus dieser Sicht ein Weiterträger dieser energetischen Entfaltung.

Diese Tafel stellt jenen Teil des Lebensstromes dar, der sich über vielzellige Tiere fortsetzte und letztendlich auch uns hervorgebracht hat. Die ersten tierischen Vielzeller gelangten vor 1800–1200 Millionen Jahren zu zwei Konstruktionstypen, die noch bis heute »florieren«: die »Schwämme« und die »Hohltiere«. Beispiele für letztere sind die so erfolgreichen Korallenpolypen und Medusen. Dann entstanden Vielzeller mit einem durchgehenden Darm, und die zwei großen Entwicklungsströme der Vordermünder (»Protostomier«) und der Zweitmünder (»Deuterostomier«) trennten sich (S. 58; Taf. 9). Die Vordermünder brachten die bis heute erfolgreichen Würmer, Mollusken (Weichtiere), Krebse, Spinnen und Insekten hervor, außerdem die im Erdaltertum formenreiche Gruppe der Trilobiten, die jedoch vor etwa 250 Millionen Jahren ausstarb. Die Landeroberung gelang sowohl den Würmern als auch den Weichtieren (Schnecken), insbesonders jedoch den Spinnen und dem artenreichsten Tierstamm: den Insekten. Im Entwicklungsstrom der Zweitmünder, der auch uns hervorbrachte, trennten sich zunächst die bis heute artenreichen Stachelhäuter (Seeigel, Seesterne, Seewalzen) von der kleinen Gruppe der sich noch bis heute behauptenden Eichelwürmer und den »Urchordaten«, von denen sämtliche Wirbeltiere abstammen. Kieferlose Fische bildeten hier den Anfang. Die vor 300 Millionen Jahren ausgestorbenen Panzerfische erwiesen sich als Konstruktion, über die sich der Lebensstrom nicht fortsetzen konnte. Die Knorpelfische behaupteten sich in den Haien und Rochen bis heute. Die Lungenfische brachten über einen »Landausflug« (S. 27) die Vielzahl der heutigen Knochenfische hervor, außerdem die Amphibien und Reptilien, aus denen wiederum die Säugetiere und die Vögel hervorgingen. Letztere eroberten die Luftwelt – ähnlich wie bei den Vordermündern die Insekten –, während die Säugetiere unter anderem die Affen mit ihrer Greifhand hervorbrachten und den Menschen, der aufgrund seines besonders entwickelten Großhirnes diese Hände intelligent zu verwenden vermag. Er gliedert seinem Körper künstlich geschaffene Organe – »Werkzeuge« – an, beherrscht heute den Planeten Erde.

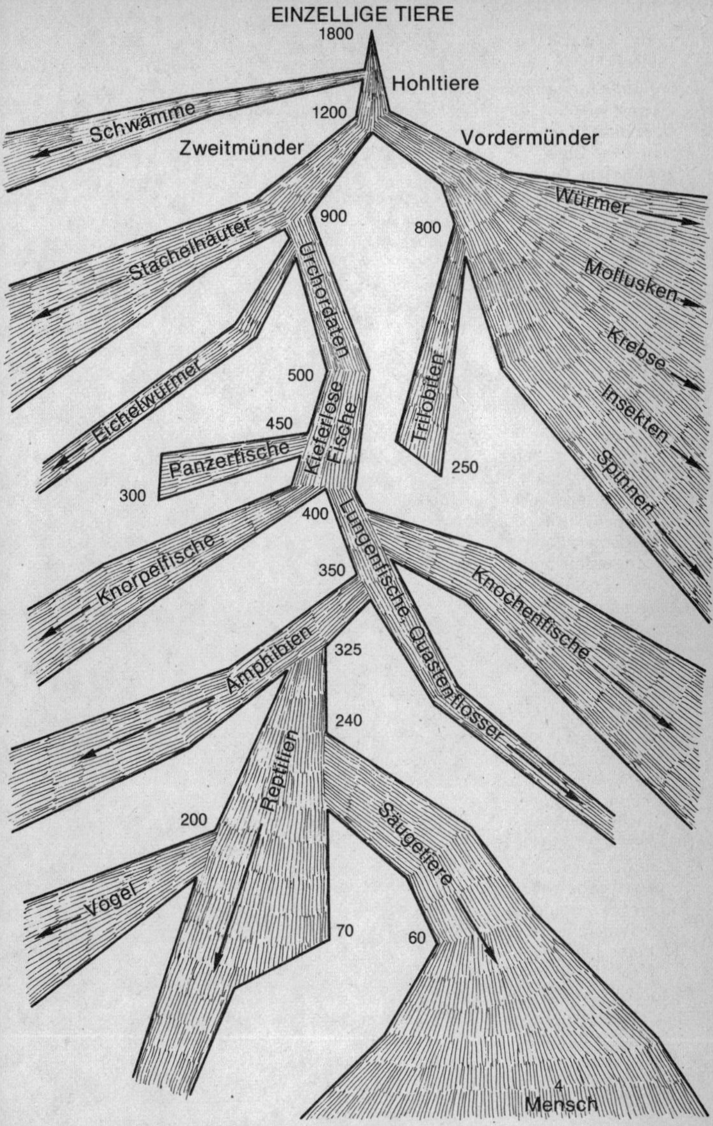
EINZELLIGE TIERE
1800
Hohltiere
Schwämme
1200
Zweitmünder
Vordermünder
Würmer
900
800
Stachelhäuter
Urchordaten
Mollusken
Eichelwürmer
Krebse
Trilobiten
500
Insekten
Kieferlose Fische
450
Panzerfische
Spinnen
250
300
400
Lungenfische
Knorpelfische
350
Knochenfische
Amphibien
325
Quastenflosser
240
Reptilien
200
Säugetiere
Vögel
70
60
4
Mensch

TAFEL 5

5.
Das Erbrezept

Das nächste Organ, dem wir uns zuwenden, ist wohl das merkwürdigste in der ganzen Organfamilie, die wir unseren Körper nennen. Wir verdanken ihm unsere Geburt, unser Dasein – und wir verdanken ihm noch weit mehr. Wir verdanken ihm ein Gutteil dessen, was wir unser »Ich« nennen. Wenn wir Hunger und Durst empfinden, wenn uns Wut packt oder Leidenschaft erfüllt, dann ist letztendlich eben dieses Organ dafür verantwortlich. Es ist so klein, daß es noch kein Mensch richtig betrachten konnte. Selbst im besten Elektronenmikroskop ist es nur andeutungsweise sichtbar. Wir besitzen von diesem Organ nicht nur ein Stück, sondern deren über 60 000 Milliarden. Kein Druckfehler: sage und schreibe über 60 000 000 Millionen. Und noch etwas Besonderes: Es ist das älteste unserer Organe. Der immense Lebensstammbaum, an dem der Mensch nur eben ein Ästchen unter Millionen anderen ist, begann mit diesem Organ. Ja die gesamte Lebensentfaltung setzte praktisch mit diesem Organ ein. Die erste Sternstunde in seiner Entwicklung ist die Geburtsstunde unseres ältesten Vorfahren, ist praktisch die Geburtsstunde der Vorfahren sämtlicher heute lebender Pflanzen und Tiere. Sehen wir uns also dieses kuriose Organ etwas genauer an.

Ehe wir das freilich tun, müssen wir unsere normale Einschätzung der Dinge korrigieren, müssen wir etwas uns selbstverständlich Erscheinendes aus der Welt räumen. Nach unserer eingefleischten Vorstellung gehören Paarung und Fortpflanzung wie Bruder und Schwester zusammen. Ohne Geschlechtsakt kein Kind. Also ist der sexuelle Vorgang Bestandteil der Fortpflanzung, aus irgendeinem geheimnisvollen Grund sein notwendiger Auslöser. Das stimmt zwar insofern, als diese beiden Vorgänge eng aneinandergekoppelt sind – nicht nur beim Menschen, sondern auch bei den Tieren und Pflanzen. An sich dienen sie aber nicht der gleichen Funktion, sind nicht Diener desselben Herrn. Wie noch gezeigt wird, sind es sogar Widersacher. Zunächst jedoch genügt es festzustellen, daß der Geschlechtsakt und die Fortpflanzung durchaus getrennt betrachtet werden müssen – und somit auch die Organe, die diesem Gespann dienen. Wir lassen deshalb das Thema »Sex« zunächst völlig beiseite und betrachten die Fortpflanzung so, als existiere jener Vorgang nicht. Zur Erleichterung sei schon hier darauf hingewiesen, daß es genug Lebewesen gibt, die auch ohne sexuelle Vereinigung Nachkommen in die Welt setzen. Beim Menschen besteht heute eher das Problem, die sexuelle Vereinigung zu vollziehen, ohne Nachkommen zu erzeugen – doch auch darauf kommen wir im nächsten Kapitel zurück. In diesem interessiert uns nur, wie Tiere und Pflanzen sich vermehren, was dazu nötig ist, welche unserer Organe diese Leistung erbringen. Und außerdem: Wie und wann sie Schritt für Schritt entstanden.

Fortpflanzung: Ein Individuum bringt andere hervor. Eine Heuschrecke andere Heuschrecken, eine Tanne weitere Tannen, ein Mensch weitere Menschen. Welches Organ ist für diesen Vorgang zuständig, wie muß es beschaffen sein, wie sieht es aus?

Wenn ein Unternehmen ein weiteres, ebensolches hervorbringt – etwa ein Betrieb der Schokoladeproduktion einen weiteren Betrieb der Schokoladeproduktion –, dann sind eine Unmenge an Einzelbefehlen dazu nötig. Befehle an Architekten, an Maurer, an Lieferanten aller Art etc. Oder eigentlich: Steuerungen. Denn Genehmigungen müssen eingeholt, ein Bankkredit besorgt werden – das sind nicht eigentlich Befehle, sondern Steuerungen. Bringt eine Tanne eine andere hervor oder ein Fuchs einen Fuchs, dann ist das wiederum nur über entsprechende Steuerungen möglich. Ein bestimmtes Steuerungsrezept ist Voraussetzung, damit aus der winzigen Keimzelle eine ebenso geartete vielzellige Struktur entsteht. Und bei den Einzellern ist es nicht anders. Sie vermehren sich durch Teilung: Auch dafür ist ein Steuerungsrezept nötig, das in ihrem Körper wirksam ist. Es muß solcherart wirksam sein, daß alle Teile, alle Organe sich verdoppeln – und schließlich das Ganze sich trennt und so aus einem Individuum zwei werden.

Denken wir an die allerersten Lebensformen zurück, die noch nicht die Organisation der Zelle erreichten, die nur aus einigen tausend Molekülen bestanden. Nur indem sie sich vermehrten, konnten sie sich fortpflanzen. Also auch in ihrem winzigen Körper mußte bereits ein Steuerungsrezept vorhanden sein, das alle für eine Verdoppelung oder Vervielfältigung notwendigen Befehle und Reaktionen bewirkte. Dieses Rezept mußte somit zweierlei leisten: Es mußte so beschaffen sein, daß die von ihm gesteuerte Molekülgruppe Energie und Stoffe aus der Umwelt erwarb und in sein Gefüge miteinbaute, zweitens so, daß es Teilungen bewirkte. Und wohlgemerkt: Es mußte sich in diesem Vorgang auch selbst teilen. Denn jedes der neu entstehenden Individuen mußte ja, um vollwertig zu sein und sich weiter fortpflanzen zu können, auch wieder über eine solche Steuerung verfügen.

Die Entdeckung dieses Steuerungsrezeptes, dieses Tausendsassas, ist die bedeutendste Entdeckung der modernen Biologie. Es hat die Gestalt einer Schrift, bei der die aufeinanderfolgenden Buchstaben an einem Faden hängen (Taf. 20, Abb. 1). Und zwar hat diese Schrift nur vier Buchstaben. Aus ihnen sind wortartige Gebilde geformt, aus diesen wieder satzartige Gebilde. Das Besondere an dieser Schrift besteht darin, daß sie nicht abgelesen wird, sondern selbsttätig Befehle erteilt. Sie bewirkt – direkt oder indirekt – den Erwerb von Atomen und Molekülen aus der Umwelt und deren Zusammenbau in körpereigene Struktur. In Eiweißstruktur, wie der Chemiker sagt. Die Schrift besteht, chemisch gesehen, aus Nucleinsäuren mit anhaftenden Basen, den Buchstaben. Im Grunde ist also die Sache gar nicht so schwer. Es geht um zwei Arten von Molekülen. Die eine, die Nucleinsäuren, bildet fadenförmige Schriftketten, und diese bewirken die Bildung von Eiweißmolekülen bestimmter Art und Kombination: die Körperstruktur.

Der Tausendsassa, das Erbrezept aller Lebewesen, ist also ein mehr oder minder langer Faden, von dem bestimmte Wirkungen – Steuerungen ausgehen. Erstens baut er die Körperstruktur auf. Zweitens kann er deren Verdoppelung und dabei die eigene Verdoppelung bewirken. Wer das verstanden hat, sieht die Lebewesen so, wie der moderne Biologe sie sieht. Im Zentrum ein Befehle erteilendes und zur Verdoppelung befähigtes Schriftstück – in Erbschrift verfaßt, dem »genetischen Code« – und ringsherum das Ergebnis seiner Befehle: die jeweilige Körperstruktur. Am Anfang der Entwicklung, die im Meer stattfand, gab es ringsum im Wasser – in der »Ursuppe« – genug Baumaterial. Die aktiven Schriftzeichen zogen es einfach an sich, bauten aus ihm Lebenskörper auf. Später, als dann dieses Baumaterial knapper wurde, mußten die Lebenskörper so beschaffen sein, daß sie aktiv nach Baumaterial – Energieträger und Stoffe – suchten. Jene, denen dies gelang, pflanzten sich fort. Jene, denen dies nicht gelang, starben aus. Jene, die sich fortpflanzten, waren somit zweckmäßig. Jene, denen dies nicht gelang, waren somit unzweckmäßig. Das Zweckmäßige setzte sich also fort – das Unzweckmäßige nicht. Sieht man es so, dann ist das Rätsel der Zweckmäßigkeit nicht mehr wirklich ein Rätsel. Nur Zweckmäßiges konnte sich fortpflanzen – somit sind die überlebenden Arten notwendigerweise zweckmäßig. Nicht weil ein Pinselstrich des Meisters es so wollte, sind sie zweckmäßig, sondern deshalb, weil nur Zweckmäßiges sich fortpflanzt.

Die Fäden wurden länger, die von ihnen aufgebauten Strukturen größer, komplizierter, leistungsfähiger und vielseitiger. Die Fäden trieben nicht wie immer längere Lanzen durchs Wasser, sondern waren wie ein Knäuel im Zentrum der von ihnen aufgebauten Struktur eingerollt. So ist es bis zum heutigen Tag geblieben. An den Buchstaben änderte sich nichts – es sind die gleichen vier Basen (Adenin, Thymin, Cytosin, Guanin) geblieben. An den Worten und Sätzen änderte sich jedoch viel: Jede neue Art von Lebewesen hat ihr besonderes Erbrezept.

Erste Sternstunde in dieser Entwicklung war somit die Entstehung dieser aus Molekülbuchstaben bestehenden und zur Selbstteilung befähigten Schrift. Sie liegt nach heutigen Schätzungen an die 4 Milliarden, also 4000 Millionen Jahre zurück. Die Selbstteilung und das Auseinandertreten der Strukturen beruhte zunächst auf besonderen Eigenschaften dieser Kommandoschrift, im weiteren Verlauf kam es dann zur Ausbildung von Hilfsorganen, um diese Teilung zu bewirken. Wie sie im einzelnen beschaffen sind, ist noch weitgehend unbekannt: etwa wie Bakterien sich teilen. In einer Entwicklung, die über 1000 Millionen Jahre in Anspruch nahm, kam allmählich die Zelle zustande – eine weit höher organisierte Lebenseinheit, bei der wir über den Teilungsmechanismus bereits weit mehr wissen. In ihrem Gefüge gibt es kleine Körper – Zentralkörperchen genannt –, die sich zuerst teilen und zu entgegengesetzten Seiten wandern. Von diesen gehen dann wie ein kompliziertes Gerüst Zugstrahlen aus, welche die längsgeteilten Fäden von beiden

Seiten her packen und auseinanderziehen. Inzwischen sind es bereits mehrere geworden, jeder von beträchtlicher Länge. Um eine praktische Vorstellung zu geben: Schon bei Bakterien haben sie eine Gesamtlänge, die 50mal größer ist als der Durchmesser des Bakteriums. Und beim Menschen ist die Zahl der auf den Fäden aufgereihten Buchstaben so groß, daß diese Schrift, in normale Druckschrift übersetzt, mehr als 10 Bände einer Enzyklopädie von je 1000 engbeschriebenen Seiten füllen würde. In jeder Zelle, aus welcher der menschliche Körper besteht, befindet sich eine solche Buchreihe. Hut ab vor der Leistung, diese Fäden bei jeder Zellteilung säuberlich zu trennen. Den Gordischen Knoten zu entwirren, ist demgegenüber ein Kinderspiel. Aber die in dieser Schrift verankerten Befehle sind so effektiv, bedingen eine so hohe Zweckmäßigkeit, daß es trotzdem funktioniert – und zwar unaufhörlich in unserem Körper, ohne daß wir das geringste davon wissen, davon merken.

Damit sind wir aber der Geschichte schon wieder weit vorausgeeilt. Vor etwa 2400 Millionen Jahren gelangte also die Entwicklung zur Zelle, die bereits zahlreiche hochkomplizierte Organe besitzt – in der Mitte den Zellkern mit dem darin befindlichen Knäuel endlos langer Rezeptfäden. In feinen Schliffen von Versteinerungen sind diese damals entstandenen Zellen noch heute nachweisbar. Damit war eine ungemein leistungsfähige Einheit erreicht, die sich in mannigfachen Anpassungsformen – den Einzellern – überall in den Meeren und in den sonstigen Gewässern verbreitete und sich eifrig vermehrte. Nächster Schritt: Es entstehen Vielzeller. Die Zellen teilen sich, bleiben jedoch beisammen, bilden Klumpen, Kolonien, und in diesen Gemeinschaften kommt es zu einer Arbeitsteilung. Damit gelangen wir zur zweiten Sternstunde auf dem Entwicklungsweg der Fortpflanzungsorgane.

Die Problematik liegt auf der Hand. Wie soll ein Vielzeller sich teilen, also fortpflanzen? Umfaßt eine solche Kolonie bloß 100 oder 1000 Zellen, dann ist es noch denkbar, daß sie sich in der Mitte spaltet und jedes der so entstehenden neuen Individuen seinen Weg geht. Aber bei einem Krokodil oder einer Tanne ist dies ausgeschlossen. Wie sollten sich die Augen des Krokodils teilen, wie sollte die Tanne sich teilen und separat ansiedeln? Nur in einem Trickfilm, wo alles möglich ist, läßt sich auch dies bewerkstelligen. Praktisch war für die Vielzeller der Weg der Fortpflanzung – sozusagen technisch – bereits vorgezeichnet. So wie sich einige Zellen auf Nahrungserwerb, andere auf Schutz, andere auf Sinneswahrnehmung spezialisieren, so müssen sich eben einige auf die Fortpflanzung spezialisieren. Und so ist es in der Tat. Jeder Vielzeller – Krokodil, Tanne, Eichhörnchen, Mensch – entwickelt sich aus einer einzigen Zelle.

Ehe wir uns fragen, wie das praktisch vor sich geht und welche Hilfseinrichtungen dazu nötig sind, noch ein weiteres technisches Problem: Wie kann überhaupt eine Zelle einen Vielzeller aufbauen, in dem die einzelnen Zellen ganz verschiedenen Geschäften nachgehen, sich auf ganz verschiedene Leistungen spezialisieren, in dem die einen Muskelzellen sind, die anderen Nervenzellen, andere Knochenzellen und so weiter? Wie ist das möglich? Wenn sich die Zelle teilt, teilt sich auch das Steuerungsrezept – und bleibt somit gleich. Wie ist es überhaupt zu bewerkstelligen, daß dieses Rezept, diese endlosen Fäden einmal Muskeln aufbauen, an anderer Stelle Blutgefäße, an einer dritten Haare?

Die Lösung dieses Problems war die zweite Sternstunde. Sie ist ebenso einfach wie auch grotesk umständlich. Das Erbrezept baut nicht nur Zellstruktur auf, sondern bildet außerdem Stoffe, die Teile seiner eigenen Befehlsgebung abblocken. In den Leberzellen sind nur jene Teile des Erbrezeptes aktiv, die für die Herstellung von Leberzellen notwendig sind. In der Muskelzelle nur jene, die für die Bildung und Aufrechterhaltung von Muskelzellen notwendig sind. Praktisch heißt das: Jede Zelle des vielzelligen Körpers – und so ist es auch bei unserem Körper – hat die Steuerungsanweisungen zur Bildung sämtlicher Zelltypen in ihrem Zellkern. Aber wie mit einem großen roten Stift sind jeweils alle Befehle ausgekreuzt, die am betreffenden Punkt nicht benötigt werden. Würden wir beim Aufbau eines neuen Betriebes ähnlich verfahren, dann würde jedem Arbeiter die Gesamtheit aller für den Aufbau nötigen Befehle in Gestalt eines vielbändigen Wälzers in die Hand gedrückt, und für den einen wäre darin alles ausgestrichen mit Ausnahme der Seiten 409 bis 482 und 6255 bis 6745, für den anderen wieder ein ganz anderer Abschnitt. Denken wir hier an die lenkende Hand eines gestaltenden Schöpfers, dann hat er sich hier offensichtlich eine recht umständliche und aufwendige Fortpflanzungstechnik ausgewählt. Sie hat allerdings den Vorteil, daß für den Notfall jede Zelle über alle Kommandos verfügt – und in der Tat zeigen Natur und Experiment, daß ein Zelltyp sich oft in einen völlig anderen verwandeln kann. Besonders bei noch primitiven, nicht hochdifferenzierten Tieren ist dies überall nachweisbar und hilft ihnen bei Verletzungen Verlorenes wiederherzustellen. Doch hätte eine zielgerichtete Kraft die Evolution gelenkt, dann wären solche Kunststücke wohl auch möglich ohne diesen ungeheuren überflüssigen Verschleiß.

Die zweite Sternstunde war also die Entwicklung dieser Hemmstoffe – »Repressoren« genannt –, die das aktiv tätige Erbrezept bildet, um sich selbst Fesseln anzulegen. Ein ganz ungeheuerlicher, erstaunlicher Vorgang, wenn man es recht bedenkt. Eine Gesetzgebung gleichsam, der einige Dutzend weitere Bände angefügt sind, in denen steht, für wen welche Gesetzesparagraphen gelten.

Zu diesem entscheidenden Fortschritt kam es wahrscheinlich schon bei den Einzellern vor 3000 bis 2500 Millionen Jahren, er ermöglichte diesen strukturelle Anpassungen an verschiedene Funktionen. Für die Entstehung der Vielzeller war diese Mechanik Voraussetzung. Nur so konnten arbeitsteilige Zellkolonien entstehen: Fische, Krebse, Murmeltiere, Wacholderbüsche, Schimpansen – und auch Menschen. Am Fortpflanzungsmechanismus des Einzellers änderte sich dabei nicht das geringste. Im vielzelligen Körper übernehmen nur einige das Fortpflanzungsgeschäft, bilden neue Kolonien – und in diesen sorgen Hemmstoffe dafür, daß die einen Zellen die Lunge bilden, die anderen Gehirnsubstanz, oder bei einer Pflanze die einen Wurzeln, die anderen Blüten.

Allerdings ist die Sache nicht ganz so einfach. Erstens müssen die Keimzellen mit genug Energie und Stoffen versehen werden, um so gewaltige neue Kolonien zu errichten. Zweitens durfte dieser Prozeß nicht von der Umgebung gestört werden. Total ziellos wie die Evolution verlief, wurde hier praktisch jede erdenkliche Möglichkeit verwirklicht: Keimzellen, die mit entsprechendem Baumaterial versehen ins Wasser abgestoßen und sich selbst überlassen werden; Keimzellen, die am mütterlichen Körper ein neues Individuum bilden, das sich dann eines Tages ablöst; Keimzellen, die im Inneren des mütterlichen Körpers ihr Geschäft ausüben, wobei dann das herangewachsene Junge durch eine Öffnung in die Außenwelt und ins eigene Leben gelangt; Keimzellen, die erst eine Larve bilden, welche befähigt ist, schon selbst Nahrung zu gewinnen, und sich dann erst allmählich – oft über zahlreiche Zwischenstufen – in ganz andere Gestalten verwandelt. An Land zeigt es uns die Raupe, die dann zum Schmetterling wird. Hat sie genug Energie und Stoffe gewonnen, dann verpuppt sie sich, und im Schutz des Kokons werden die roten Striche in den Erbrezepten der einzelnen Zellen total revidiert – eine völlig neue Form entsteht. Die Steuerungsrezepte in den Zellen der Raupe und in jenen des nachfolgenden Schmetterlings sind völlig die gleichen geblieben, aber die Striche wurden verändert, diese und jene Zelle bekam total neue Befehle.

Die dritte Sternstunde in der zum Menschen führenden Entwicklung war die Entstehung des Eies. Es ist im Prinzip nichts anderes als eine Keimzelle, die mit entsprechend viel Baumaterial und Kraftstoff – in Gestalt von Dotter – versehen und zum Schutz mit einer festen Haut umhüllt ist. Wann es in unserer Ahnenlinie zu dieser Lösung kam, ist ungewiß – wahrscheinlich jedoch früh. Die Vermehrung über abgelegte Eier ist bei allen noch heute lebenden Nachkommen primitiver Tierformen – etwa Würmern – universell verbreitet. Es ist anzunehmen, daß auch unsere Urvorfahren sehr schnell – bereits vor 1400 bis 1200 Millionen Jahren – zu dieser Fortpflanzungsform gelangten. Um es nochmals ins Gedächtnis zu rufen: Jene wurmförmigen Vielzeller, die den Urmund beibehielten, haben sich in vielen Formen bis zum heutigen Tage erhalten. Jene anderen, von denen wir abstammen – die den Urmund zum After machten und sich zu Fischen weiterentwickelten, hinterließen uns nur in den Eichelwürmern heute noch lebende Nachkommen, alle übrigen konnten sich nicht behaupten, wurden von der Konkurrenz ausgemerzt (Taf. 5 und 9).

Die Keimzelle wird also mit allem Nötigen versehen, wohlverpackt abgestoßen und im einfachsten Fall sich dann selbst überlassen. Solche Eier sind freilich für andere Tiere willkommene Nahrung. Ja besonders konzentrierte, hochwertige Nahrung. Die Sache funktioniert also nur dann, wenn sehr viele solcher Eier gebildet und abgestoßen werden. Sind es 100 000, dann besteht immerhin die Chance, daß 100 oder 200 nicht verspeist werden und je ein lebensfähiges Individuum sich aus ihnen entwickelt. Besser freilich ist es, wenn die Verlustquote geringer ist – zumal auch die geschlüpften Jungen als willkommene Beute gejagt werden und sich auch ihre

Reihen noch erheblich lichten, ehe sie groß genug sind, um selbst weitere Nachkommen zu produzieren. Wie also läßt sich diese Verlustquote verringern? Oder anders gefragt: Zu welchen Änderungen im Erbrezept mußte es kommen, damit im Vorgang der Fortpflanzung möglichst viele der in Eiern verpackten Keimzellen ungestört ihre schwierige und emsige Aufbautätigkeit vollenden konnten?

Antwort: Es mußte zur Bildung entsprechender Verhaltensrezepte kommen. Werden etwa die Eier bei der Ablage an einem sicheren Ort versteckt, wo Räuber sie nicht sehen, nicht riechen, nicht finden, dann ist das zweifellos ein erheblicher Vorteil. Praktisch bedeutet dies: Das Erbrezept mußte sich derart entwickeln, daß die Zellen im Gehirn Steuerungen aufbauten, die zu einem ganz bestimmten Verhalten führten. Das im Zellkern beheimatete Steuerungsrezept baut dann – wieder über entsprechende neue Schriftseiten und neue rote Striche – eine vielzellige Steuerung auf. Solches ist freilich nicht nur bei der Eiablage vonnöten, sondern für praktisch jede gezielte Aktivität. Besonders zur Beutesuche und zur Feindabwehr sind Steuerungen im Zentralnervensystem – im Gehirn – von großer Wichtigkeit. Das Erbrezept bildet somit nicht nur Körperstruktur, sondern ist auch für Verhaltensweisen zuständig (Taf. 18). Es baut über Zelldifferenzierung nicht nur Leber, Lunge, Schuppen und Augen auf, sondern auch Steuerungsmechanismen im Gehirn, die dann zu ganz bestimmten Verhaltensweisen des fertigen Vielzellers führen: zu angeborenen Verhaltensweisen. Das Tier lernt diese nicht, sondern wird von Steuerungen im Gehirn gelenkt, die ebenso wie jedes andere Organ von den eifrigen Zellen aufgebaut werden.

Jedermann ist bekannt, daß viele Tiere für ihre Eier sorgen. Besonders deutlich zeigen es die Insekten. Man denke an die Schlupfwespe, die durch Holz hindurch ihre Eier in den Körper einer im Holzinneren lebenden Made legt, so daß diese Eier nicht nur bestens geschützt sind, sondern die geschlüpften Jungen gleich als Parasiten auch an genug Nahrung gelangen. Oder man denke an die Brutfürsorge der Bienen. Solches Verhalten wird nicht gelernt, es ist den Tieren vielmehr angeboren. Oder anders gesagt: Es wird durch Steuerungen der Gehirnzellen gelenkt, die genauso vom Erbrezept aufgebaut werden wie alle sonstigen Organe des Körpers einer

Schlupfwespe oder einer Biene. In unserer Ahnenreihe kamen sicher schon beim wurmartigen Vorfahren solche die Fortpflanzung fördernden Zusatzeinrichtungen zustande. Bei den Fischen sind sie heute weit verbreitet und traten sicher auch bereits bei deren Vorfahren auf (Taf. 6, Abb. 1). In dieser oder jener Weise – man denke etwa daran, daß es Fische gibt, die ihre sich entwickelnden Eier im Maul tragen, um sie zu schützen – konnte das Fortpflanzungsmittel Ei auch noch in seiner Leistungsfähigkeit gesteigert werden. Die Eier wurden versteckt, bewacht, verteidigt, oder sie wurden mit gallertigen oder hornigen Hüllen versehen, was ihren Genuß erschwerte.

Eine besondere Problematik brachte dann auch hier die Landeroberung mit sich. Die Amphibien können sich zwar bereits auf dem trockenen Land aufhalten, doch zum Fortpflanzungsgeschäft begeben sich fast alle ins Wasser. Die Eier werden dann unter Wasser abgelegt und entwickeln sich nicht anders als die der Fische. Zu totalen Landbewohnern wurden erst jene unserer Ahnen, von denen auch die heutigen Reptilien abstammen. Sie legen an Land ihre Eier ab. Das schafft nun allerdings neue, völlig andere Bedingungen. In erster Linie die Gefahr der Austrocknung. Außerdem ist der Lebensraum an Land weit weniger lebensfreundlich. Im Wasser kann eine winzige Larve recht gut ihr Auskommen finden, an Land muß das neue Individuum schon gut ausgebildet sein, um nach Verlassen des Eies Nahrung erwerben und Feinde abwehren zu können. Die Keimzelle muß deshalb mit viel mehr Baumaterial und Treibstoffen – sprich Dotter – ausgerüstet, also entsprechend größer sein. Außerdem muß eine Schale gebildet werden, um das Ei gegen Austrocknung zu schützen. Andererseits – eine nicht eben einfache Aufgabe – muß aber durch diese Schale genug Luft eindringen, damit die Zellen des heranwachsenden Jungen mit dem nötigen Sauerstoff versorgt werden und die giftigen Abgase – das bei der Atmung entstehende Kohlendioxyd – abgeschieden werden können. Über diese durch die Übersiedlung aufs Trockene gegebene Hürde gelangte die Entwicklung bei unseren Vorfahren mit Hilfe einer Vorrichtung, die die Wissenschaft »Amnion« nennt (Taf. 6, Abb. 2, c). In der Praxis ist es ein im Inneren der Eihülle aufgebautes Aquarium, in dem das neu sich bildende Individuum, der Embryo des sich entwickelnden Vielzellers, heranwächst. Die Übersiedlung an Land gelang somit nur dadurch, daß das die Eier bis dahin umgebende Wasser ins Ei mitgenommen wurde. Wem diese Sache zu kurios erscheint, dem sei schon hier gesagt, daß er selbst bis zu seiner Geburt in einem solchen Aquarium geschwommen ist. Die Säugetiere bilden keine Eier mehr, sie tragen die Jungen im Körper aus. Aber die Vorrichtung des Amnions wurde beibehalten (Taf. 6, Abb. 3). Der Fisch konnte nur so zum Landtier und schließlich auch zum Menschen werden, indem er sich zumindest für die Dauer seiner Embryonalzeit wie ein Wasserlebewesen entwickelte. Die Keimzelle teilt sich in der gewohnten Weise, doch sobald die Kolonie auf 3000 bis 10 000 Zellen angewachsen ist, bildet sie eine Haut rings um sich, die mit »Fruchtwasser« gefüllt wird. Der Keim wächst so ohne Beeinträchtigung durch die Erdschwerkraft im ursprünglichen Milieu der Wasserwelt heran. Die Bildung dieses künstlich gebildeten Aquariums, des Amnions, war die vierte Sternstunde auf dem Entwicklungsweg unserer Fortpflanzungsorgane. Sie fand vor etwa 350 bis 300 Millionen Jahren statt. Sämtliche heute noch lebenden Reptilien, aber auch die von ihnen abstammenden Vögel und Säugetiere zeigen bis auf den heutigen Tag dieses weitere Hilfsorgan der Fortpflanzung.

Das Zentralorgan der Fortpflanzung bleibt stets das im Kern der Eizelle knäuelhaft verborgene Erbrezept, das den vielzelligen Körper aufbaut und bei jeder Zellteilung in den Kern der neugebildeten Zelle mitübersiedelt. Die Molekülfäden werden immer länger, die saubere Teilung immer schwieriger, die Steuerung baut sich aus immer mehr Worten und Sätzen auf. Immer mehr Dotter wird nötig, um die immer größeren Körper zu schaffen, die dafür nötige Energie- und Stoffmenge zu liefern. An Land wird besserer Schutz in Gestalt der harten Eihülle nötig. Wichtigste Hilfseinheit ist indes ein künstliches Schwimmbecken, das sich innerhalb des Eies bildet. In diesem kann der Fischnachkomme während seiner Embryonalentwicklung ebenso unbehindert durch die Erdschwerkraft heranwachsen wie seine Vorfahren im Meer.

Allerdings darf dieses im Ei verborgene Aquarium nicht zum Abfallkübel werden. Die harnabscheidenden Wege des Embryos münden deshalb über einen Schlauch in eine geschlossene Blase, die sich außerhalb des Aquariums befindet (Taf. 6, Abb. 2, 3, d). Sie wird in wissenschaftlicher Bezeichnung »Allantois« genannt. Ebenfalls

TAFEL 6: **Das Aquarium, in dem wir aufwachsen**

Abbildungen: **1** Haiembryo in der Eikapsel, **2** Eidechsenembryo im Ei, **3** Menschenembryo im mütterlichen Uterus. a = Dottersack, b = Kapselwand, c = Amnion, d = Allantois, e = Luftraum im Ei, f = Eischale mit innen anliegender »Serosa«, g = mütterliche Blutgefäße, h = Blutgefäße des Embryos.

Fortpflanzung bedeutet, lebensfähige Nachkommen in die Welt zu setzen. Im Wasser, in dem die ersten Lebewesen entstanden, ist dies leichter als an Land. Beim Hai (Abb. 1) genügt ein Nährstoffe enthaltender Dottersack (a), um den in der Eikapsel heranwachsenden Embryo mit Aufbaumaterial und Energie zu versehen. Die Abscheidungsprodukte (Harn und Kohlendioxyd) scheidet der Embryo in die Eikapsel ab, durch deren elastische Wand (b) sie ins Wasser diffundieren. Schon frühzeitig vermag dieser Embryo die schützende Hülle zu verlassen, sich im Wasserraum fertigzuentwickeln und auf eigene Nahrungssuche überzugehen. Bei den Reptilien (2), die völlig zum Landleben übergegangen sind, ist die Problematik schwieriger. Der Luftraum ist ein »unfreundliches Milieu«. Der Embryo muß wesentlich weiter entwickelt sein, um hier trotz Schwerkraft und Austrocknung überleben und Nahrung gewinnen zu können. Er wächst innerhalb eines festumschalten Eies in einer von Flüssigkeit gefüllten Blase, dem »Amnion« (c), heran, ist so nach wie vor schwerelos und vor Austrocknung geschützt. Energie und Stoffe erhält er ebenso wie der Haiembryo aus dem Dottersack (a), dagegen können die giftigen Abfallprodukte nicht mehr frei abgeschieden werden. Eine zweite Blase, die »Allantois« (d), wird hier zum »Abfallkübel«, nimmt den Harn auf. Immerhin kann das gasförmige Kohlendioxyd nach außen befördert werden: Die Blutgefäße in der Wand des Abfallkübels geben es an eine im Ei befindliche Luftblase (e) ab, von wo es durch die poröse Kalkwand des Eies (f) in die umgebende Luft diffundiert. Die Allantois übernimmt so die Funktion einer Lunge. Sie führt dem Blutstrom des Embryos auch Sauerstoff zu.

Der menschliche Embryo (3) entwickelt sich nicht mehr in einem abgelegten Ei, sondern im mütterlichen Körper. Die Eischale wurde somit überflüssig, ja störend, wird also nicht mehr gebildet. Nach wie vor wächst jedoch auch dieser Embryo im Wasserbecken des Amnions heran (c), wo er sich von der Schwerkraft ungestört entwickeln kann. Da der mütterliche Körper nun die Ernährung übernimmt, wird nur noch ein kleiner Dottersack (a) angelegt. Die Umstellung auf die neue Ernährungsweise ist jedoch nicht einfach. Nicht weniger als sechs Gewebsschichten müssen durchbrochen werden, damit der mütterliche Blutkreislauf (g) mit jenem des Embryos (h) in unmittelbaren Kontakt kommt. Der Abfallkübel, die Allantois (d), ist auch in dieser neuen Umwelt für den Embryo das erste Atmungsorgan. Die Blutgefäße seiner zu Zotten erweiterten Wand geben auch bei ihm das Kohlendioxyd wieder nach »außen«, jetzt an den mütterlichen Blutkreislauf ab, empfangen von diesem Sauerstoff. Noch mehr: Auch der Harnstoff, beim Reptilvorfahren noch in der Allantois verbleibend, kann durch die Wand des Abfallkübels in die mütterlichen Blutgefäße abgegeben werden, und auf dem gleichen Weg werden Nährstoffe aufgenommen. Seit der Landeroberung unserer Fischahnen sind mehr als 350 Millionen Jahre vergangen. Doch nach wie vor wächst jeder Mensch fischartig in einem Aquarium heran. Wäre der Mensch eine zielhaft auf das Landleben zugeschnittene Konstruktion, dann könnte er weit einfacher gebildet werden, und die so komplizierte Kontaktbildung zwischen den Blutgefäßen der Mutter und des in ihr ent-

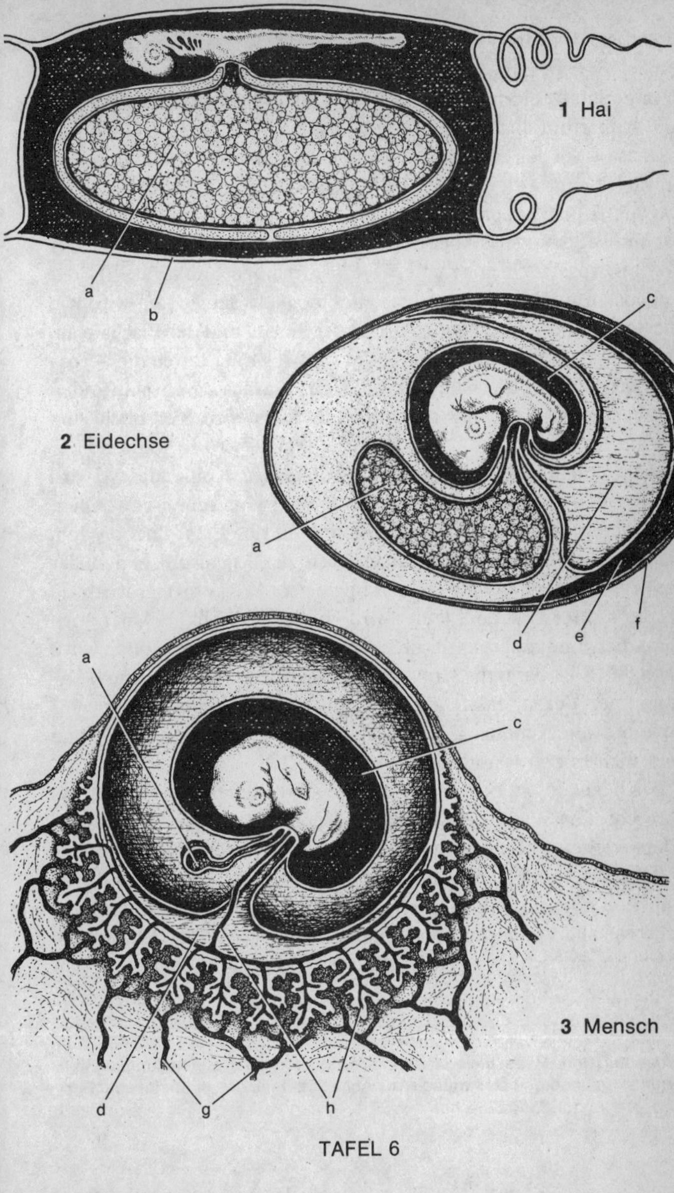

TAFEL 6

außerhalb des Aquariums befindet sich der Dottersack, durch den der Embryo – genauso wie bei den Fischvorfahren – ernährt wird und zu dem ebenfalls eine Verbindung hinführt. Dottersack, Abfallkübel und Aquarium sind von einer gemeinsamen Haut umschlossen, der »Serosa«. Sie liegt der Eischale innen an. Je mehr der Embryo heranwächst, um so kleiner wird im Ei der Dottersack und um so größer werden Aquarium und Abfallkübel. Dies gilt für das Ei jedes Reptils und jedes Vogels. Aber der Abfallkübel ist mehr als ebendies, er gewinnt zusätzlich noch eine weitere, wichtige Funktion. Bei der Lebensentwicklung ist geradezu alles möglich. Seine Haut wird von Blutgefäßen ernährt, liegt zum Teil der Serosa und der Eischale an. Das aber bedeutet, daß über diesen Blutweg quer durch die Serosa und die poröse Eischale hindurch ein Gasaustausch stattfinden kann. Ein Gaseinschluß innerhalb des Eies wird hier noch zum Vermittler (Taf. 6, Abb. 2). Der Abfallkübel wird so während der Embryonalentwicklung zu einer Art von Lunge: Kohlendioxyd wird nach außen abgeschieden, Sauerstoff wird von außen gewonnen. Drei Haupteinheiten sind somit innerhalb des Eies – neben dem eigentlichen Embryo – zu unterscheiden: das Aquarium, in dem der Embryo schwerelos ruht und das in gleicher Weise größer wird wie er; der Dottersack, der kleiner wird; und der Abfallkübel, der noch zusätzlich Lungenfunktion übernimmt und ebenfalls größer wird. Schließlich ist dann die Entwicklung abgeschlossen: Aufgrund angeborener Verhaltenssteuerungen sprengt das neuentstandene Individuum die Eihülle, läßt Eischale und Abfallkübel zurück und wirft sich in den Kampf des Lebens.

Auch bei diesem Fortschritt fallen Instinktsteuerungen wieder ins Gewicht. Die Wasserschildkröten – Reptilien, die wieder ins Meer übersiedelten – klettern am Sandstrand hoch, vergraben hier mühevoll ihre Eier und überlassen dann der Sonne das Geschäft, sie auszubrüten. Die im indomalayischen Gebiet lebenden Großfußhühner – wie alle Vögel von den Reptilien abstammend – errichten über ihren Eiern aus pflanzlichem Material Komposthaufen, in denen

stehenden Kindes wäre unverständlich und sinnlos. Auch hier liegen deutliche Beweise für unsere Abstammung von Fischen über die Zwischenstufe der Reptilien vor.

dann unter Wärmeentwicklung Gärung stattfindet. Sie lassen so chemische Prozesse für sich die Eier ausbrüten. Jede Amsel führt uns vor Augen, wie sie sich getreulich auf ihre Eier setzt und ihnen so die nötige Wärme zuführt. Alles dies und viel anderes mehr unterstützt nur eben wieder den Prozeß, daß eine vom Körper abgelöste Zelle ein neues Tierindividuum aufbaut – streng den Geboten des im Zellkern enthaltenen Erbrezeptes folgend. Alles dient der Funktion dieses Steuerungsrezeptes. Ist es so geartet, daß es seine Zellnachkommen zur Bildung eines Krokodils anregt – dann entsteht ein Krokodil. Ist es so geartet, daß es den Zellnachkommen die Bildung eines Storches befiehlt – dann entsteht ein Storch. Ei, Dotter, Amnion, Allantois, Schale und Verhalten der Brutfürsorge sind zusätzlicher Aufwand. Das Leben hat sich nun auch in den Trockenräumen des Landes ausgebreitet. Ahnen und Verwandte von uns besiedeln es. Das ist nur über Fortpflanzung möglich. Dieses Problem wurde gelöst – also setzte sich der Entwicklungsstrom fort, der bis zu uns selbst führt. Obwohl wir uns als etwas total anderes ansehen.

Zur fünften Sternstunde in dieser Entwicklung kam es dann, als Vorfahren von uns vor 230 bis 200 Millionen Jahren dazu übergingen, nicht mehr Eier zu legen, sondern die Jungen im Körper selbst auszutragen. Der Weg dahin war einfach. Zunächst wurden die Eier noch abgelegt, aber dann nicht dem Zufall überlassen, sondern in einer Bauchtasche ausgebrütet. So macht es noch heute das Schnabeltier. Oder die Eier blieben im mütterlichen Körper und wurden dort – in Verbindung mit der sich entwickelnden Warmblütigkeit – ausgebrütet. So ist es bei allen echten Säugetieren. Die Eischale wurde bei dieser Entwicklung überflüssig, sie bildete sich zurück. An die Stelle der Ernährung des Embryos mit Hilfe des Dotters konnte nun eine direkte Ernährung über den mütterlichen Blutstrom treten. Doch der Embryo und der mütterliche Körper sind zunächst durch mehrere Häute getrennt. Zwischen den Blutgefäßen des Embryos und jenen der Mutter besteht ursprünglich nicht die geringste Verbindung. Ausgerechnet der Abfallkübel, die Allantois, wurde hier wieder ausschlaggebend. Im Ei fungierte sie bereits als Lunge, jetzt wurde sie zum Ausgangspunkt für eine innige Verbindung mit der Mutter. Noch heute zeigen die Säugetiere, wie zunächst die mütterliche Uteruswand über die ihr anliegende Serosa

Nährstoffe abscheidet, die über die Blutgefäße der Allantois zum Embryo gelangen. Dann bildet die Serosa Zotten, die in die Uteruswand eindringen, die Blutgefäße des Abfallkübels wachsen in diese Zotten hinein und verbinden sich mit jenen des mütterlichen Blutkreislaufs. Auf diesem merkwürdigen Umweg entstand jenes Gewebe, das den Keim mit der Mutter verbindet: die »Placenta«. Der mütterliche Blutkreislauf übernimmt nun den Inhalt des Abfallkübels und beliefert über seine Gefäße den Embryo direkt mit Nährstoffen. Damit sind wir bei uns selbst, beim Menschen angelangt. Wir brüten unsere Nachkommen im eigenen Körper aus. Das Aquarium, in dem sich der Embryo befindet, ist nun allerdings nicht mehr von einer Schale umgeben. Diese ist überflüssig geworden, die Mutter versorgt ihn persönlich. Der Dottersack ist noch vorhanden, jedoch sehr verkleinert und enthält keinen Dotter mehr. Daß auch all dies nicht auf eine zielhafte Konstruktion zum Menschen hinweist, erübrigt sich beinahe zu erwähnen. Jeder menschliche Embryo zeigt noch diese umständliche Entwicklung, ist zunächst von der Mutter noch total getrennt. Bei der Geburt muß das Placentagewebe abgestoßen werden. Nach der Geburt wird die Brutpflege außerhalb des Körpers fortgesetzt. Das Junge wird dann nicht mehr über den Blutstrom versorgt: Es wird gesäugt. Also mußten sich auch angeborene Verhaltensweisen entwickeln – einerseits beim Neugeborenen, zu saugen, andererseits beim Muttertier, den Saugvorgang zu ermöglichen. Zusätzliche Organe der Fortpflanzung: die Milchdrüsen, die Zitzen, die Steuerungsrezepte im Verhalten, damit der Vorgang funktioniert. Wir sind damit an das Ende einer langen Entwicklungskette gelangt. Am Anfang wurden unzählige Eier produziert – beim Dorsch sind es Millionen, von denen die meisten von anderen Tieren gefressen werden. Dann werden weniger Eier besser versorgt. Dann Eier mit einem sich entwickelnden Aquarium an Land abgelegt. Dann noch bessere Fürsorge für diese Eier, die immer größer werden. Schließlich noch weniger Nachkommen, bei noch mehr verringertem Risiko. Sie werden nun im Bauch getragen, vom Blut der Mutter ernährt, von der Blutwärme ausgebrütet. Bei den Vögeln, die ebenfalls zu Warmblütern wurden, war diese Lösung nicht möglich. Die fliegende Lebensweise macht ein möglichst geringes Gewicht erforderlich. Also bleiben die Vögel bei den Eiern, bauen Nester, brüten die Eier aus, schützen und füttern dann die geschlüpften Jungen. Die Säugetiere dagegen reduzieren Eischale und Dotter, setzen die Jungen bereits schlüpffertig in die Welt, schützen sie, ernähren sie mit Milch.

An dieser Stelle muß darauf hingewiesen sein, daß es zahlreiche andere lebendgebärende Tiere gibt. So wie das Auge mehrfach erfunden wurde, so wie Greiforgane und Nervenzentren in verschiedenen Entwicklungslinien unabhängig voneinander entstanden sind – so kam es auch in verschiedenen Entwicklungslinien dahin, daß Eier im Körper ausgetragen wurden. Es gibt zum Beispiel verschiedene Arten von Haien, die lebend gebären. Auch bei ihnen werden bereits Zotten gebildet. Der Blutstrom versorgt die Embryonen, nimmt ihnen Abfallstoffe ab. Auch lebendgebärende Pflanzen gibt es – zum Beispiel den tropischen Manglebaum. Seine Samen keimen nicht einsam auf fremdem Boden, sondern der Keim entwickelt sich noch im Verbund mit der Mutterpflanze, von der er dann abfällt. Er hat die Form eines Stiletts, bohrt sich im Boden ein. Er wächst dadurch aber so dicht neben dem Mutterbaum, daß er zu dessen Konkurrenz wird, während sich normale Samen weiter entfernen können. Bei den Tieren, die zur Fortbewegung fähig sind, fällt dieser Nachteil weg. Sie reifen im Schutz des mütterlichen Körpers heran, werden dann von der Mutter, von beiden Elternteilen oder vom Rudel geschützt und versorgt, bis sie sich vom elterlichen Verband lösen.

Bei den Säugetieren hat dieser fünfte Entwicklungsschritt noch eine besondere Bedeutung, die gerade bei uns Menschen ganz eminent ins Gewicht fällt. Bei diesen Warmblütern kam es zu einer besonders starken Entwicklung ihres Gehirnes. Sie wurden in steigendem Maß fähig, zu lernen, waren also immer weniger auf angeborene Verhaltensweisen angewiesen (Taf. 10 und 18).

Das angeborene Verhalten kommt dadurch zustande, daß das in den Zellkernen verborgene Erbrezept Nervenstrukturen im Gehirn aufbaut, die dazu führen, daß das Tier angeborenermaßen agiert und reagiert. Kein Schmetterling lernt die Kunst des Fliegens. Die Befehle an die Muskeln sind bereits vorgeschrieben, erfolgen weitgehend automatenhaft. Die meisten Leistungen der Insekten kommen so zustande, beruhen also auf Leistungen des Erbrezeptes. Zur Abänderung durch Lernen sind sie nur beschränkt fähig. Die Säugetiere wurden dagegen zu »Lerntieren«. Das automatische Verhalten bildete sich immer mehr zurück. Die Jungen lernen die für sie notwendigen Fähigkeiten in einer individuellen Auseinandersetzung mit der Umwelt. Sie kommen unfertig zur Welt, bedürfen des Schutzes, weitgehend auch der Ernährung durch die Eltern. Sie sind zunächst hilflos. Aber über den Lernvorgang passen sie sich den jeweiligen Umweltbedingungen an – ein sehr erheblicher Vorteil. Nachteil: Der Vorgang des Lernens über Versuch und Irrtum dauert seine Zeit. Also ist langer Brutschutz durch die Eltern oder durch das Rudel notwendig. Beim Menschen kam es zu einer extremen Ausbildung der Großhirnrinde, zu einer extremen Fähigkeit, zu lernen, Ursachen und Wirkungen zu überschauen, im Gehirn selbst die Fähigkeit, zu bewerten, zu planen, Verhaltenssteuerungen zu entwerfen. Es entstand Ichbewußtsein und ebenso die Fähigkeit zu sprachlicher Verständigung. All das zu erwerben, zu »lernen« dauert besonders lange. Während ein Löwenjunges bereits nach 3 Jahren erwachsen ist, eine junge Giraffe nach 2 Monaten, ein junger Schimpanse nach 5 Jahren, muß das menschliche Kind 8 bis 14 Jahre lang versorgt werden, bei moderner Berufsausbildung vielfach noch viel länger. Die Intelligenz bringt immense Vorteile, erfordert jedoch weit längeren Brutschutz durch die Mutter, die Eltern oder eine Gemeinschaft. Die Vorzüge der Lebendgeburt, des Säugens und lange anhaltender Pflege und Fürsorge für das noch unfertige Junge müssen somit in Verbindung mit der geistigen Entwicklung beurteilt werden.

Wie wir sahen, wurde die menschliche Hand in Verbindung mit gesteigerter Intelligenz und entstehendem Ichbewußtsein zu einem Organ immenser Machtsteigerung über den Weg der Technik. Mit Hilfe der Sprache wurde es des weiteren möglich, erworbene Verhaltensrezepte auch anderen weiterzugeben – und diesen somit die Notwendigkeit erspart, sie über den langwierigen Vorgang von Versuch und Irrtum selbst ausbilden zu müssen. Jede Generation gibt ihre Erfahrung an die nächste weiter, Neuerung und Verbesserung pflanzt sich nun also unabhängig vom Erbrezept fort.

Ein Nachteil ergab sich aus der Aufrichtung unserer Affenvorfahren, aus dem zweibeinigen Gehen: die Beckensituation. Der Kopf des Kindes wird immer größer, das Becken kann jedoch in Anpassung an die neue Fortbewegung keine beliebig weite Öffnung zur Verfügung stellen. Also entstehen Probleme bei der Geburt. Dies ist vielleicht mit ein Grund dafür, daß das menschliche Kind so besonders unfertig und hilflos zur Welt kommt. Hier prallte die Funktion der Fortpflanzung gegen jene der Fortbewegung: ein echter Funktionskonflikt. Und wie wird es weitergehen? Ist eine sechste Sternstunde in Sicht – zeichnen sich auf dem Sektor Fortpflanzung neue Möglichkeiten ab?

Nein und ja. Bleiben wir zunächst beim Nein. In seinem berühmten Roman »Brave New World« schilderte der englische Schriftsteller Aldous Huxley die Lösung des Fortpflanzungsproblems in künftigen Jahrhunderten. Die Mütter brauchen sich nun nicht mehr neun Monate lang bemühen. Die Kinder werden sozusagen in der Retorte großgezogen. Der Embryo kann so laufend durch Hormone und sonstige Einwirkungen beeinflußt werden. Und zwar so, daß gerade das daraus wird, was benötigt wird: für Führungsaufgaben prädestinierte Menschen und andere, die so beschaffen sind, daß sie sich gut führen lassen: Spezialisten für diese oder jene Aufgabe, die glücklich und zufrieden mit ihrer Tätigkeit sind. Eine total manipulierte Welt. Ist das Utopie und unmöglich?

Keineswegs. Wenn man bedenkt, daß noch vor 250 Millionen Jahren bei unseren Vorfahren die Gesamtentwicklung vom Mutterkörper getrennt in einem Ei stattfand – wenn man bedenkt, daß Verwandte von uns, die ebenfalls warmblütigen und recht intelligenten Vögel, ebenfalls in Eiern heranreifen, dann ist keineswegs auszuschließen, daß die Entwicklung wieder – diesmal auf technischem Wege – zum Ei zurückkehrt. Zum verbesserten Ei – zur künstlichen Embryonalentwicklung außerhalb des Mutterkörpers. Über Gewebekulturen kann durchaus eine künstliche Placenta geschaffen werden, prinzipiell ist dies sicherlich möglich. Wenn am Anfang trotzdem Nein stand, dann deshalb, weil eine solche Entwicklung höchst unwahrscheinlich ist. Vor allem, weil sie viel zu kompliziert ist, zu viel kostet. Freilich: Die Möglichkeit zu gezielter Einwirkung ist so viel größer. Doch ist nicht anzunehmen, daß sich der weiterentwickelnde Mensch zu einer so totalen Manipulation bereit findet. Weit eher würde ich annehmen, daß eine andere Verbesserung in absehbarer Zeit erreicht wird. Und zwar die Einpflanzung eines befruchteten Keimes in eine andere Frau, gegen entsprechende Bezahlung. Diese nimmt dann die unangenehmen Monate mit dem dicken Bauch samt der Geburt auf sich – und liefert dann das Baby ab. Es hat die Erbmerkmale der Eltern, die Aufzucht im fremden Bauch hat keinen wesentlichen Einfluß auf das Kind. Somit ist beiden Teilen geholfen. Die Frau, die es sich leisten kann, überträgt die Mühen der Schwangerschaft auf eine Ersatzperson – diese übernimmt die Aufgabe, wenn der dafür gezahlte Preis in Ordnung ist. Zwar lehnt sich der menschliche Instinkt zunächst gegen diesen Vorgang auf, doch ist bereits eine Amme, die den Säugling säugt, der erste Schritt in dieser Richtung, und wenn man entsprechende Wertkriterien einsetzt, nicht mehr »natürlich«. Das gilt auch für die Ernährung mit der Saugflasche.

Eine neue Sternstunde wäre das freilich nicht. Denn hier wird lediglich durch einen technischen Vorgang, durch einen chirurgischen Eingriff, ein Prozeß von einem Individuum auf ein anderes verlagert. Am Resultat ändert sich nichts Wesentliches, und auch der Vorgang bleibt der gleiche. Anders ist es, wenn es dem Menschen gelingt – und auch darüber wird viel gesprochen –, am Erbrezept selbst Manipulationen vorzunehmen. Das fällt aber nicht mehr unter die Thematik dieses Kapitels, sondern unter jene des nun folgenden. Bisher sprachen wir nämlich nur über Fortpflanzung – nicht dagegen über Veränderungen im Erbrezept, über die Bildung von neuen Arten, über den eigentlichen Motor der Evolution. Wie schon anfangs hervorgehoben, ist dies ein völlig anderes Problem, muß deshalb von der Funktion der Fortpflanzung klar unterschieden werden. Bei jedem Akt der Fortpflanzung kommt es darauf an, ein bestehendes System zu verdoppeln, zu vervielfältigen – darauf, daß Affen weitere Affen hervorbringen, Mäuse weitere Mäuse, Tannenbäume weitere Tannenbäume. Das ist eine umfangreiche und schwierige Aufgabe – und das dafür zuständige Organ ist das Erbrezept. Eine total andere Problematik ist es, die Erbrezepte zu verändern, neue zu bilden, die andere Vielzeller, andere Pflanzen und Tiere aufbauen. Dafür sind nun ganz andere Organe zuständig – und diesen wenden wir uns als nächstes zu. Damit kommen wir zu jenen Organen und Vorgängen, die es den Müttern so schwierig machen, ihre Kinder darüber aufzuklären, wie ein Kind produziert wird.

6.
Sex und seine Organe

Nichts in der Welt erscheint selbstverständlicher als die Tatsache, daß es Mann und Frau gibt. So ist es stets gewesen, so wird es weiter sein. Auch bei den Tieren gibt es Männchen und Weibchen. Das menschliche Leben wäre ohne die beiden Geschlechter geradezu absurd, unvorstellbar. Die Familie baut sich auf dieser Zweiheit auf. Überall stoßen wir auf die Probleme und Folgen von Sexualität und Liebe: Eifersucht, Zärtlichkeit, Flirt und Leidenschaft, den Kampf der Geschlechter, Vereinigung und Trennung, Jubel und Tragödie. Mann und Frau seien eins, lesen wir in der Bibel. Die Partnerschaft von Mann und Frau gilt als zentrales Element innerhalb der menschlichen Gesellschaft, Grundlage ethischer Ideale, ein gottgewollter Schöpfungsakt. Doch andererseits: der Vorgang der Vereinigung gilt nicht nur als etwas Intimes, sondern sogar Sündhaftes. Sex als Laster. Die Scham. Das Verhüllen der Sexualorgane, das große Geheimnis den Kindern gegenüber ... Was bedeutet das alles letztendlich? Warum gibt es den menschlichen Körper in zweifacher Ausstattung – warum zeigen auch die Tiere und sogar die Pflanzen diese Polarität? Wenn wir wissen wollen, aus welchen Bausteinen sich unser Ich aufbaut, was unsere Organe bedeuten, warum unser Körper so und nicht anders aussieht, dann muß diese Selbstverständlichkeit ganz besonders unter die Lupe genommen werden. Wann und warum kam diese Zweiheit zustande? Die Frage ist um so mehr berechtigt und bedeutsam, als sich im Rahmen der Evolution, im Astwerk des gigantischen Lebensstammbaumes, Nutzloses, Unzweckmäßiges, Unfunktionelles nicht erhalten und weiterentwickeln konnte. Jedenfalls nicht über längere Zeiträume hinweg. Der Konkurrenzkampf der Lebensstrukturen untereinander verhinderte dies. In diesem Konkurrenzkampf blieb Funktionsloses, Unzweckmäßiges zwangsläufig auf der Strecke. Warum also dieser beträchtliche Aufwand, den die Zweigeschlechtigkeit schafft? Warum dieses so problemreiche Phänomen der Paarung? Ein Pinselstrich des Schöpfers, um Farbe in seine Schöpfung zu bringen? Ein notwendiger Vorgang, um die Fortpflanzung zu ermöglichen?

Es ist ein weitverbreiteter Irrtum – auch in den meisten wissenschaftlichen Werken –, Fortpflanzung und Zweigeschlechtigkeit als funktionelle Einheit, als unabdingbar zusammengehörig zu betrachten. In der Tat geht es um zwei total verschiedene Vorgänge, die zwar eng aneinandergekoppelt sind – wie wir sehen werden aus triftigem Grund –, jedoch höchst verschiedene Ausrichtungen haben. Bei der Fortpflanzung geht es, wie gezeigt wurde, letztlich um eine Leistung des Erbrezeptes. In seiner Kompetenz liegt die Fortpflanzung, der Vorgang also, der bewirkt, daß ein Kaktus weitere hervorbringt, ein Reh ebensolche usw. Bei dieser Leistung – ohne die es nie zur Lebensentfaltung hätte kommen können – geht es um etwas ganz besonders Schwieriges: um den Neuaufbau eines artgleichen Individuums. Eben dies leistet das Erbrezept, die endlosen Molekülfäden, auf denen in genetischer Schrift die zahlreichen dafür notwendigen Einzelbefehle aufgereiht sind. Kernteilung, Zellteilung, das Ei, Brutpflege und vieles andere mehr sind zusätzliche Vorgänge und Strukturen im Rahmen dieser Funktion. Beim Akt der geschlechtlichen Paarung geht es dagegen nicht um die Teilung eines Erbrezeptes in zwei Erbrezepte und so fort, sondern um genau den entgegengesetzten Vorgang: um die Verschmelzung von zwei Erbrezepten zu einem. Warum dies? Ist schon die Teilung äußerst schwierig und aufwendig, so stellt die Vereinigung ein praktisch noch schwierigeres Problem dar. Jeder Rezeptfaden aus der männlichen Keimzelle muß seinen Partner in der weiblichen Keimzelle finden. Man bedenke, wie endlos lang und verknäuelt diese Fäden innerhalb der Zellkerne sind. Jeder Satz der genetischen Befehlsschrift muß akkurat den gleichen Satz in der Schrift des Partners finden, sich ihm anlegen, jedes Wort seinen Wortkollegen, jeder Buchstabe seinen Buchstabenkollegen. Schon hier sei gesagt, daß wir kaum noch Anhaltspunkte dafür haben, wie das praktisch vor sich geht. Hier sei deshalb zunächst nur die ungeheure Problematik in den Vordergrund gestellt, das technisch so schwierige Problem, die Fragen: Warum muß das sein? Warum diese Komplikation? Was ist der Nutzen dieses Vorganges?

Um diese Frage zu beantworten, müssen wir uns nochmals dem Grundvorgang des Lebensgeschehens zuwenden. Es setzt sich über Einzelindividuen fort, die sich vermehren – konnte sich nur so fortsetzen. Was der Vorgang auch immer bedeuten mag: nur über die Fortpflanzung, über Vermehrung, über Vervielfältigung konnte er stattfinden. Wo dies nicht gelang, stoppte der Entwicklungsstrom ganz von selbst. Konnte sich eine Pflanze – oder Tierart – nicht vermehren, dann starb sie aus. Es gab und gibt mithin keine Alternative zur Fortpflanzung. Aber damit ist es nicht getan. Über diese Notwendigkeit erklärt sich zwar, daß Arten bestehenbleiben, nicht jedoch, auf welche Weise neue, also andere Arten zustande kommen. Laubfrösche bringen Laubfrösche hervor, Weizen bringt weiteren Weizen hervor – aber wir wissen heute, daß alle Pflanzen und alle Tiere von gemeinsamen, submikroskopisch kleinen Urvorfahren abstammen. Das aber bedeutet, daß sich an den Erbrezepten etwas ändern mußte, wenn neue Arten entstehen sollten. Zu solchen Änderungen kommt es in der Tat – und zwar ganz von selbst. Treten Fehler bei der Teilung auf, dann verändert sich die Befehlsschrift: Meist entsteht dann Minderwertiges, das sich im Konkurrenzkampf nicht behaupten kann. Manchmal jedoch kann so auch Besseres entstehen, Geeigneteres. Zum Erwerb Geeigneteres, zur Abwehr Geeigneteres – am selben Ort oder in verändertem Milieu. Solche Änderungen im Erbrezept, zu denen es ganz automatisch kommt, nennt man »Mutationen«. Sie allein genügen jedoch nicht, um die Formenfülle der heutigen Pflanzen und Tiere zu erklären. Die Zeitspanne von 4000 Millionen Jahren ist dafür viel zu gering. Im Wettkampf der Organismen brachten deshalb auch solche Bildungen einen Vorteil, welche die Entstehung von neuen Erbrezepten beschleunigten. Wie aber ist dies möglich? Sehr einfach: durch die Vereinigung verschiedener Erbrezepte. Dann entstehen mannigfache Kombinationen. Freilich: Wenn das Erbrezept einer Alge und eines Fisches sich vereinigten, könnte kaum etwas Lebensfähiges zustande kommen. Wenn dagegen die Erbrezepte von Artgenossen verschmelzen, dann können sehr wohl lebensfähige Nachkommen mit neuen Merkmalskombinationen entstehen. Der langen Rede kurzer Sinn: Die Verschmelzung von Erbrezepten ist ein Vorgang, der die Entstehung von neuen Arten erheblich fördert und beschleunigt, indem er hier und dort aufgetretene Mutationen mannigfach kombiniert. Hier liegt sein Wert – seine Notwendigkeit. Für das Einzelindividuum wie für das Bestehen der Art ist er ohne Wert. Es ist ein Mechanismus, der die Gesamtentfaltung des Lebens fördert – ohne den diese Entfaltung offenbar gar nicht hätte stattfinden können. Das ist der springende Punkt. Organe, die überflüssig wurden, haben sich bei Pflanzen und Tieren über kurz oder lang in der Regel rückgebildet. Um so bemerkenswerter ist es, daß die so aufwendige und technisch so äußerst komplizierte Einrichtung der regelmäßigen Verschmelzung von Erbrezepten bei fast ausnahmslos allen Pflanzen und Tieren beibehalten wurde – ein geradezu zwingender Beweis dafür, daß sie ohne diesen Vorgang im Konkurrenzkampf ins Hintertreffen gerieten, nicht individuell, persönlich, sondern in ihrer Generationsfolge. Wo Neues, Besseres entstand, wurde Altes, weniger Effizientes automatisch verdrängt. Einrichtungen, die dazu führten, daß Neues und Besseres entsprechend schneller entstand, waren somit ein klarer Vorteil. Deshalb der ganze Aufwand der sexuellen Vereinigung, die ganze Komplikation. Deshalb die Spaltung in zwei Geschlechter, deren Entwicklung wir nun genauer ins Auge fassen wollen. Deshalb Mann und Frau – und die immensen Auswirkungen für unser praktisches Leben, für die menschliche Gemeinschaft, für das Ich jedes einzelnen.

Erste Sternstunde in dieser Entwicklung also: Urvorfahren gelangten zur Fähigkeit, miteinander zu verschmelzen. Welche waren es wohl? Wir haben keine Ahnung, wann die Zweigeschlechtigkeit, wann der Vorgang der Paarung entstand, dürfen aber vermuten, daß diese Sternstunde sehr weit zurückliegt. Denn je einfacher das Erbrezept noch war, je weniger Körperstruktur ihm anhaftete, um so eher war es – technisch gesehen – möglich, daß Erbrezepte verschmolzen. Also entstand die Zweigeschlechtigkeit wahrscheinlich sehr bald nach der Lebensentstehung überhaupt. In der energiereichen »Ursuppe« stießen die ersten, einfachsten Lebewesen gegeneinander. Nur damals konnte offensichtlich dieser Vereinigungsvorgang entstehen. Und war er einmal entstanden, dann erwies er sich von solchem Vorteil, daß er beibehalten wurde und auch bei wachsender Kompliziertheit der Strukturen stets beibehalten blieb. Daß seine Wirkung nur dann gegeben war, wenn Fortpflanzungsvorgänge nachfolgten, liegt auf der Hand. Deshalb bis auf den heutigen Tag die enge Koppelung. Es mochten Arten entstehen, bei denen es auch ohne Rezeptvereinigung zu Fortpflanzungen kam – und in der Tat gibt es solche Arten. Man spricht dann von Knospung, Polyembryonie und Jungfernzeugung. Besonders bei Pflanzen und niederen Tieren kommt dies nicht selten vor. Doch Vorgänge geschlechtlicher Paarung sind dann trotzdem fast immer wieder zwischengeschaltet. Im großen und ganzen erwies sich dieser Vorgang als unentbehrlich – so aufwendig, so schwierig, so kostspielig er auch war. Wo er unterblieb, setzte sich die Art nicht in verbesserten Arten fort – wurde überrundet. Während die Fortpflanzung also der Arterhaltung dient, führt die Vereinigung der Erbrezepte zur Entstehung neuer Arten – zur Artüberwindung. Wie bereits gesagt, sind dies konträre Vorgänge. Der eine ist dafür zuständig, daß die gleiche Struktur durch Vervielfältigung erhalten bleibt, sich in immer weiteren Generationen fortsetzt. Der andere sorgt dafür, daß neue Strukturen entstehen, welche dann in der Praxis sehr oft die vorausgegangenen verdrängen.

Nehmen wir an – wie es heute geschieht –, daß der Prozeß des Lebens vor etwa 4000 Millionen Jahren seinen Anfang nahm, dann dürfte es schon sehr bald danach – vor 3600 bis 3000 Millionen Jahren – zum Zustandekommen dieser evolutionsfördernden Mechanik gekommen sein. Erste Sternstunde also: Erbrezepte gleicher oder ähnlicher Art vereinigten sich. Damit aber entstand das Problem, wie die Partner einander finden, wie sie sich erkennen. Zunächst mag der Vorgang auf zufälliges Zusammenstoßen angewiesen gewesen sein. Dann jedoch bildeten sich Organe, die das Zueinanderfinden förderten, den Vorgang des Verschmelzens der Erbrezepte gewährleisteten. Die nächste Verbesserung in dieser Entwicklung liegt auf der Hand. Sie heißt: Arbeitsteilung. Der eine spezialisiert sich auf entsprechende Sinneswahrnehmung und Beweglichkeit. Der andere übernimmt dann das Amt der Fortpflanzung. Damit kam es zur Spaltung in männlich und weiblich. Keineswegs jedoch – soweit naturwissenschaftliche Forschung uns den Weg weist –, um dem Menschen Annehmlichkeit, Lustgefühle und dichterische Empfindungen zu bescheren. Keineswegs entstand diese Zweiheit, die nach Schopenhauer ein fremdartiges, feindseliges, ja teuflisches Element in die Welt brachte oder – nach Jean Paul – das Menschengeschlecht vollendete, dem Menschen zuliebe, sondern an die 3,5 Milliarden Jahre bevor der erste denkende Mensch entstand. Und zwar als Voraussetzung dafür, daß es überhaupt zu der Vielheit der Lebewesen kommen konnte – und damit auch zum Menschen.

Zweite Sternstunde also – wahrscheinlich sehr bald der ersten folgend: vor 3400 bis 2800 Millionen Jahren – die Arbeitsteilung zwischen den Geschlechtern. Der weibliche Teil übernimmt das Geschäft der Fortpflanzung. Er wird zuständig für die akkurate Teilung der Erbrezepte, für die Bildung des Eies, an Land dann für den im Amnion heranwachsenden Embryo, für die Bildung der Placenta und die Lebendgeburt. Der männliche Teil wird zuständig für den Vorgang der Genvermischung: das Aufsuchen eines Artgenossen, die Vereinigung des eigenen Erbrezeptes mit dessen Erbrezept. Im einfachsten Fall – bei manchen Einzellern bis heute erhalten – sieht der männliche und der weibliche Teil noch identisch aus. Wissenschaftlich bezeichnet heißt das »Isogamie«. Sehr bald jedoch spezialisierte sich jeder Teil auf eben sein Geschäft – es kam zur »Heterogamie«. Der männliche Partner ist kleiner, beweglich und befähigt, den weiblichen zu finden. Dieser dagegen sammelt die zur Fortpflanzung, zum Hervorbringen neuer Individuen nötigen Stoffe und Energiemengen, ist weniger beweglich, wartet, bildet nach der Vereinigung – der Eroberung durch den anderen – eine Hülle, die vor dem Anmarsch weiterer Erbrezepte schützt. So bilden sich Geschlechtsmerkmale – notwendige Voraussetzung zum Erkennen der beiden Partner, zur Vereinigung der »Keimzellen«. Schon bei den Einzellern kam es – bis heute nachweisbar – zu dieser Differenzierung. Bei den Vielzellern setzte sich dies fort. Einer doppelten Problematik mußte die weitere Entwicklung somit stets entsprechen. Erstens mußten Artgenossen fähig sein, einander zu erkennen. Zweitens mußten der männliche und der weibliche Teil in der Lage sein, sich als Geschlechtspartner zu erkennen. Vom Einzeller bis zum Menschen änderte sich daran nichts. Und wenn wir noch heute beim Anblick des Geschlechtspartners, der uns anspricht, in Erregung geraten, dann setzt sich hier ein höchst animales Geschehen fort, das sicher an die 3000 Millionen Jahre alt ist.

In diesem Buch wird versucht, nur das Wesentliche herauszugreifen. Die außerordentliche Komplikation der Reifungsteilungen sei darum nur am Rande erwähnt: In jeder Zelle sind die Erbrezepte in doppelter Ausführung vorhanden. Damit sie sich bei der Vereinigung nicht nochmals verdoppeln, müssen sie sich beim männlichen und weiblichen Partner zunächst halbieren. Ursprünglich setzte dann, nach der Verschmelzung, die Fortpflanzung ein. Doch da das Zueinanderfinden der einzelnen Molekülfäden ein mühsames und langwieriges Geschäft ist, wurde es im weiteren Entwicklungsverlauf »auf später verschoben«. Bei den höheren Vielzellern findet nach der Vereinigung der Geschlechtszellen – ohne eigentliches Verschmelzen der Rezeptfäden – der Neuaufbau statt. Erst später, in der »Keimbahn«, also bei der Bildung der männlichen und weiblichen Geschlechtszellen, kommt es dann in aller Ruhe zu dieser Vermählung – der »Meiose«. Dies aber sei bloß zur Vollständigkeit erwähnt. Wesentlich ist: Die Geschlechter differenzierten sich. Bei allen Vielzellern – mit nur ganz unerheblichen Ausnahmen – gibt es männliche und weibliche Lebewesen, gibt es Merkmale, an denen sie sich erkennen, gibt es Vorrichtungen zur Paarung: zum Geschäft der Vereinigung ihres Genoms.

Bei den Pflanzen – die wir ja nur nebenbei betrachten, weil sie nicht in unserer unmittelbaren Ahnenreihe liegen – führte das an Land zu erheblichen Komplikationen. Landpflanzen können sich nicht bewegen – aufgrund ihres Energie- und Stofferwerbes brauchen sie dies auch nicht. Die Sonnenstrahlen kommen von selbst zu ihnen. Und wo Wasser erreichbar ist, können sie gedeihen. Wie aber sollen männliche und weibliche Pflanzen zueinanderfinden? Erste Lösung: der Zwitter. Dieselbe Pflanze bringt weibliche und männliche Geschlechtszellen hervor, die einander nahe genug sind, um zueinander gelangen zu können. Allerdings ist die Voraussetzung für die Kombination neuer Mutationen dann gering. Zweite Möglichkeit: Die männlichen Keimzellen benützen auch an Land vorhandene Wasserwege – feuchten Boden etwa –, um zu anderen weiblichen Keimzellen zu gelangen. Solche Landpflanzen haben sich bis heute erhalten: die Farne. Dritte Lösung: die Samenpflanzen. Sie machen den Wind oder Insekten zum Liebesboten. Im letzten Fall wird etwas verwirklicht, das erst später beim bewußt denkenden Menschen eine Parallele findet. Die Pflanze bildet eine Blüte, die Insekten anlockt, ihnen Zuckerstoffe – Energieträger also – als »Honorar« offeriert. Das Insekt hat keine Ahnung von seiner Vermittlerrolle – ebensowenig die Pflanze, welche die Blüte ausbildet. Hauptsache jedoch ist: Die Sache funktioniert, das »Geschäft«

kommt zustande. Von Form, Farbe und Duft angelockt, suchen die Insekten, bewegliche Tiere also, die Blüten auf, die so geartet sind, daß dem Insekt männliche Keimzellen angehaftet werden. Beim Besuch weiterer Blüten gelangen sie dann an Organe, die sie zur weiblichen Keimzelle führen. Ein Tauschgeschäft – ganz so wie in der Wirtschaft. Für die Zeit des Pollentransportes wird das Insekt zu einem Fortbewegungsorgan der nichtbeweglichen Pflanze. Bezahlt wird mit Zucker, mit Nektar und Pollen, mit Energie und Stoffen. Nicht anders als innerhalb der menschlichen Gesellschaft, wo der Angestellte Leistungen erbringt, die man selbst nicht auszuüben vermag oder nicht ausführen will – und dafür mit Geld, als Eintauschmittel für Energie und Stoffe, bezahlt wird. Hier handelt es sich um das Ergebnis eines Intelligenzaktes, dort um das Ergebnis einer langwierigen Kette von Mutationen. Das Resultat ist jedoch hier wie dort das gleiche: Eine benötigte Funktion wird erbracht. Eine für das Weiterströmen des Lebens über Individuen und Generationen nötige Leistung, die selbst nicht geleistet werden kann und für die ein anderes Individuum gewonnen wird. Im Falle der Pflanzen dient also das Insekt dem Transport von männlichen Keimzellen. Und eines ganz analogen Tauschgeschäftes bedienen sich die Pflanzen dann auch bei der Fortpflanzung: Die Samen werden in Zuckerpakete gehüllt – von uns »Früchte« genannt. Tiere werden so angelockt, verspeisen sie, transportieren den Samen, bis sie ihn anderwärts ausscheiden – so verbreiten sich Pflanzen, pflanzen sich fort. Wiederum ein Tauschgeschäft. Wiederum werden Tiere so zu Fortbewegungsorganen gemacht. Diesmal nicht Insekten, sondern Früchtefresser. Schon hier bahnt sich das dann beim Menschen verbreitete Wirtschaftsgeschehen an. Einer macht den anderen für Gegenleistungen zu seinem Organ. Damit sind wir nun aber vom Thema dieses Kapitels – der Zweigeschlechtigkeit, ihrer Bedeutung und Weiterentwicklung – gehörig abgekommen.

Kehren wir also zum Thema zurück. Partner müssen zueinanderfinden, müssen ihre Erbrezepte vereinigen. Dafür ist – neben allen sonstigen Komplikationen – noch etwas sehr Essentielles nötig: ein Antrieb. Und damit sind wir wieder bei uns selbst und bei der Fülle unserer tierischen Verwandten. Überall sehen wir, wie Männchen nach Weibchen suchen, wie die Geschlechter zueinanderstreben, wie Erregungszustände diesen Vorgang begleiten, ganz offensichtlich Lustzustände bei Erfolg, Unlustzustände bei Mißerfolg erzeugen. Tiere kennen jedoch noch keine ichbewußte Lust- und Unlusterregung: Erst beim Menschen wird sie ichbewußt. Im Prinzip geht es immer und überall um das gleiche: Die Geschlechter ziehen sich an, ihre Vereinigung wird belohnt. Weibliche und männliche Geschlechtszellen müssen zueinandergelangen, müssen früher oder später ihre Erbrezepte vereinigen. Dies ist ein Muß – sonst gerät die Generationsfolge in Konkurrenznachteil. Sonst entwickelt sich nicht aus einer Art eine andere, neue, verbesserte. Nur so kann Perfektion sich steigern, noch Lebensfähigeres, noch Leistungsfähigeres entstehen. Dieses Prinzip ist ebenso notwendig wie die Nahrungsaufnahme, deren erfolgreiche Abwicklung ebenso durch positiv empfundene Erregungen stimuliert wird.

Wie geht die Geschichte weiter? Wo liegt die nächste Sternstunde in dieser für uns so bedeutsamen Entwicklung? Eine fast groteske Vielzahl von Organen und Verhaltenssteuerungen bildete sich, durch die Weibchen und Männchen zueinanderfinden. Über das »Liebesleben der Tiere« sind schon viele Bücher geschrieben worden. Nirgends ist hier eine einheitliche Leitlinie zu sehen: Jede zufällige Mutation, welche dieses Muß förderte, blieb bestehen, gab neuen Entwicklungslinien ihre Richtung. Es gibt Tiefseefische, bei denen das Männchen tausendmal kleiner ist als das Weibchen und an dessen Körper festwächst. Manche im Meer lebenden Borstenwürmer sind bis zur Ausbildung des 15. bis 20. Segmentes männlich und werden anschließend weiblich. Wesentliche Einsparungen waren zu erzielen, wenn die Geschlechtszellen nicht frei ins Wasser ausgestoßen wurden, sondern das Männchen sie direkt in den Körper des Weibchens einführte. Bei den Haien ist dies verwirklicht. Ein Teil der Bauchflosse ist dort bei den Männchen in eine Röhre umgewandelt, die in das Darmende des Weibchens eingeführt wird, in den auch die weiblichen Geschlechtsorgane münden. Das Männchen legt sich dabei ringartig um das Weibchen, zitternd vor Erregung, vor nicht ichbewußter Lust. Ebenso haben im Wasser lebende Strudelwürmer – sie gehören in die Ahnenverwandtschaft der heutigen Mollusken – einen röhrenartigen Penis ausgebildet, der die Spermien in den Leib des Weibchens befördert. Auch hier wird Verschleiß vermieden. Bei einigen dieser Würmer sind die Sitten noch derber. Sie stoßen ihren Penis an irgendeiner Stelle in den Körper

TAFEL 7: **Der riskante Umweg der weiblichen Keimzellen durch die Bauchhöhle**

Abbildungen: **1** Urogenitalsystem (schematisiert) beim Hai, **2** bei der Eidechse, **3** beim menschlichem Embryo, **4** beim erwachsenen Menschen. A = Ovar (beim männlichen Geschlecht liegt hier der Hoden), B = Eizelle, C = Wimperntrichter des Eileiters, D = Vorniere, E = Urniere, F = Nachniere, G = Darm, H = Blase, J = Uterus, K = Vagina. a = Urwimperntrichter der Exkretionskanälchen, b = Urnierengang, c = Bowmansche Kapseln, d = Eileiter, e = Kloake, f = Ei mit Kalkschale, g = menschlicher Embryo, h = getrennte Ausscheidungswege.

Jede Frau, die eine Bauchhöhlenschwangerschaft erleidet, verdankt dies dem Umstand, daß der menschliche Körper keine zielhafte Konstruktion ist und Defekte aufweist, die sich aus dem entwicklungsgeschichtlichen Werdegang seiner Organe erklären. Harnabscheidung und Nachkommenerzeugung haben an sich nicht das geringste miteinander zu tun, doch da für beide Funktionen Ausleitungskanäle nötig sind, kam es bei unseren Urvorfahren – den Urhaien – vor 450 bis 400 Millionen Jahren zu einer engen Partnerschaft zwischen den Keimdrüsen, welche männliche und weibliche Keimzellen bilden, und den Exkretionsorganen, welche aus einfachen Kanälchen hervorgingen (»Nephridien«), die sich mit Wimperntrichtern in die Leibeshöhle öffneten und aus dieser Abfallstoffe abtransportierten. Beim Hai, bei den Reptilien und auch beim Menschen werden in der Embryonalentwicklung noch solche Wimperntrichter (a) angelegt, dann rückgebildet. Denn im Verlauf der historischen Entwicklung traten diese Kanälchen mit dem sich bildenden Blutgefäßsystem in Verbindung, es entstanden Kapseln (c), in denen die Kanäle nunmehr dem Blut die Abfallstoffe entziehen. Die männlichen Keimzellen (»Spermien«) sind so klein, daß sie durch dieselben Kanäle nach außen gelangen können – deshalb werden beim Mann Harn und Samen über den gleichen Weg abgeschieden (Tafel 8, Abb. 1, e). Die Eizellen waren dafür zu groß, ihren Transport nach außen übernahm ein Kanal dieses Systems, der sich noch heute bei allen Wirbeltieren, auch beim Menschen, mit einem Wimperntrichter in die Bauchhöhle öffnet (d). Die Eier (B) werden vom Ovar (A) in die Bauchhöhle abgestoßen und müssen dann in diesen Trichter (C) gelangen. Bei innerer Befruchtung reifen sie im Eileiter, dessen mittlerer Abschnitt zum Uterus (J) wird, heran. So ist es bereits bei den Haien, bei den Reptilien werden entsprechend größere Eier gebildet und mit einer Kalkschale überzogen (Abb. 2, f). Beim Menschenembryo (3) werden noch alle Nierenabschnitte – Vorniere (D), Urniere (E) und Nachniere (F) – angelegt: ein weiterer Beweis für unsere Fischherkunft. Beim erwachsenen Menschen ist nur die Nachniere funktionsfähig, die beiden anderen Abschnitte sind rückgebildet. Immerhin verbleibt beim Mann der Urnierengang erhalten, wurde zum Samenleiter (Tafel 8, c). Bei der Frau ist der Trichter des Eileiters (4, C) näher an die weibliche Keimdrüse (»Ovar«) herangerückt, aber nach wie vor müssen die Eizellen nach dem »Follikelsprung« zu diesem Trichter gelangen – was nicht immer funktioniert. Bei zielhafter Planung würde die Keimdrüse – wie jede andere Drüse – ihre Produkte direkt in einen Abführungskanal ableiten. Nur die historische Verbindung zwischen Keimdrüsen und Exkretionssystem (»Urogenitalsystem«) erklärt diesen Schwachpunkt bei der Frau.

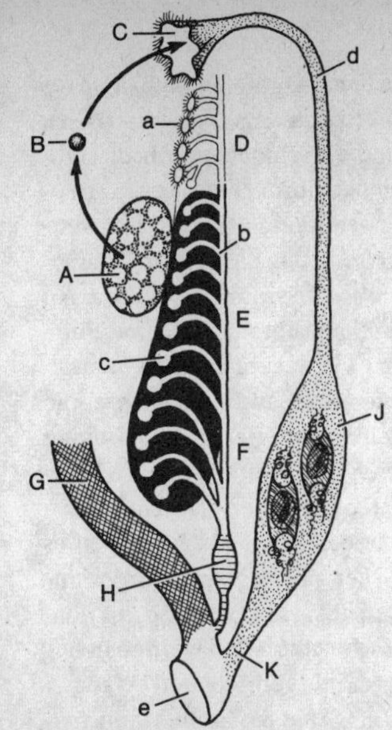

1 Hai

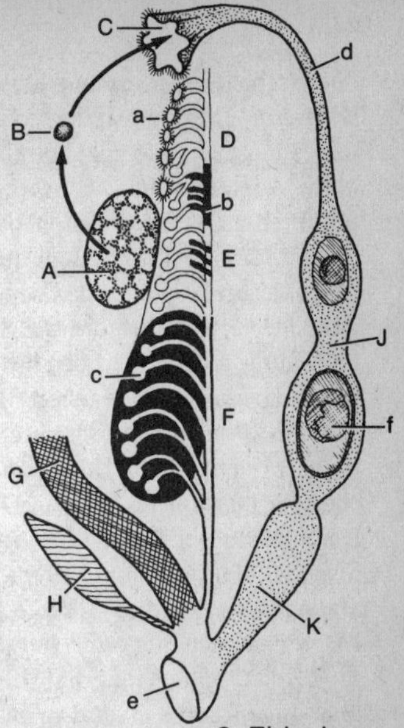

2 Eidechse

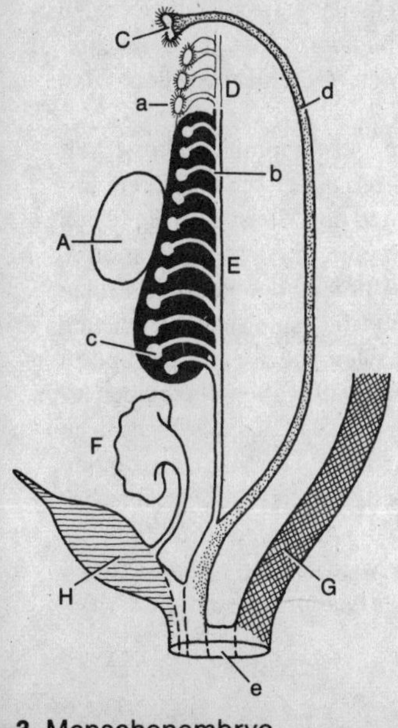

3 Menschenembryo

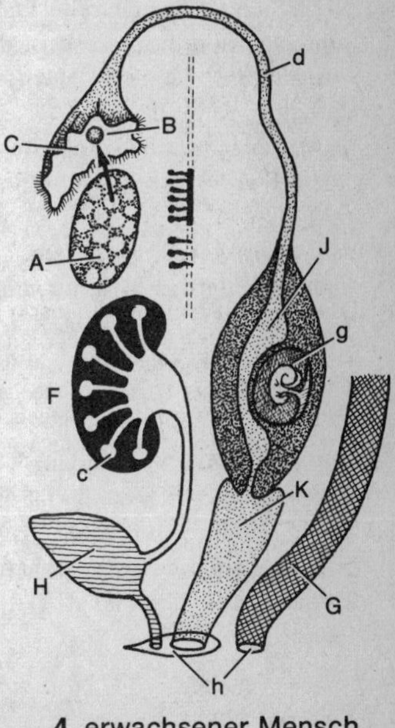

4 erwachsener Mensch

TAFEL 7

des Weibchens – wie einen Dolch. Die Samen ergießen sich dann ins Körperinnere und wandern – alles über Erbanlagen gesteuert – zu dem Punkt, wo die Eizellen liegen und verschmelzen mit diesen.

Im Wasser setzten sich solche Vorgänge durch, weil sie der Ökonomie dienten. Hier besteht jedoch noch keine absolute Notwendigkeit für eine direkte Begattung. An Land dagegen schon. Im Gegensatz zum Wasser ist das Land kein lebensfreundliches Milieu. An der Luft vertrocknen die Geschlechtszellen sehr schnell, eine Fortbewegungsmöglichkeit für die mit einer Geißel versehenen Samenzellen ist hier nicht gegeben. Bei den ersten Landwirbeltieren, die sich aus den Lungenfischen entwickelten, den bereits auf Beinen umherkriechenden Urmolchen, begaben sich Weibchen und Männchen zur Paarung ins Wasser. Die meisten von ihnen abstammenden Lurche sind bei dieser Methode verblieben: die Frösche zeigen es uns noch heute. Männchen und Weibchen pressen ihre Körper aneinander, stoßen ihre Geschlechtszellen aus. Der Ausgang aus dem Körper ist auch hier der After. Die Geschlechtszellen werden in besonderen Organen innerhalb der Leibeshöhle gebildet und gelangen über enge Kanäle in das Darmende (Taf. 7 und 8). Beim Männchen ist es derselbe Kanal, durch den auch der Harn abgeleitet wird, beim Weibchen ein dazu parallel laufender eigener Kanal. Beide münden in den Enddarm. Und so ist das Darmende ebenso das Ausscheidungstor für Kot und Harn wie für die Geschlechtszellen. Man spricht darum von einer »Kloake«.

Aus der großen Gruppe der Lurche, der Amphibien, entwickelten sich vor 325 bis 315 Millionen Jahren die ersten Reptilien, unmittelbare Vorfahren der Säugetiere und des Menschen. Sie lösten sich völlig vom Wasserleben. Dazu war eine Vorrichtung vonnöten, eine rinnenartige Struktur, die beim Vorgang der Paarung in den weiblichen Enddarm eingeführt wird und die Samen zum weiblichen Eileiter leitet. So gelangen die Samenzellen, die Spermien, ohne zu vertrocknen an den Ort ihrer Bestimmung. Bei allen heute noch lebenden Arten von Reptilien – Echsen und Schlangen – sind solche Penisbildungen vorhanden. Und zwar hat jedes Männchen einen doppelten Penis. Verwendet wird jeweils nur einer, der andere befindet sich in Reserve. Die Ausleitung der Geschlechtszellen in die Kloake erfolgt beim Weibchen genauso wie bei den Lurchen durch einen eigenen Gang (Taf. 7, d). Bei den Männchen sind die Urnierenkanäle rückgebildet, ein neues Organ hat hier die Funktion der Harnabscheidung übernommen. Es verfügt über einen eigenen Ausleitungsweg. Der ursprüngliche Nierengang verwandelte sich in den Samenleiter, der – dicht vor dem Nierenkanal – in den Enddarm mündet (Taf. 8, c).

Wir kommen nun zu uns selbst. Bei den ursprünglichsten heute noch lebenden Säugetieren – beim Ameisenigel und beim Schnabeltier – ist der Ausgang für die Geschlechtszellen immer noch derselbe wie für den Kot. Dann jedoch – nicht zuletzt wohl aufgrund der Lebendgeburt und der damit verbundenen Komplikation – trennten sich die Geschlechtswege vom Enddarm. Ein gesonderter Ausführungsweg entstand: beim Männchen nach wie vor gemeinsam mit dem Harn ausmündend – beim Weibchen durch einen gesonderten Kanal. Dieser hat sich inzwischen in drei Abschnitte unterteilt: in den Eileiter, die Gebärmutter und die Vagina – die den Penis aufnehmende Scheide (Taf. 7, J, K). Beim männlichen Tier ist der den Harn und die Samen ausleitende Gang in den Penis verlagert, der in Funktion durch Schwellkörper versteift wird. Bei manchen Säugetieren ist der Penis durch Knochen versteift, etwa bei Wolf und Fuchs. Der Mensch verfügt über drei Schwellkörper: schlauchartige Organe, die Blut aufnehmen, wobei die Ableitung durch Muskeln gedrosselt wird (Taf. 8, Abb. 1, a, b).

Bei unseren Verwandten und Vorfahren entwickelte sich der Penis in mannigfacher Gestalt. Beim Lama hat er zwei ungleich entwickelte Spitzen, bei manchen Insektenfressern und beim Wildschwein sieht er wie ein Korkenzieher aus, beim Meerschweinchen und bei der Springmaus ist er mit zwei Stacheln versehen. Weit verbreitet sind Dornenbildungen zur Reizung der Scheidenschleimhaut beim Weibchen. Ein merkwürdiges Schicksal war im Entwicklungsweg der Säugetiere jenen Organen beschieden, die bei den Männchen die Samen produzieren (Taf. 8, B). Ursprünglich lagen sie, wie gesagt, in der Leibeshöhle. Von hier aus wanderten sie allmählich abwärts. Wissenschaftlich wird dies »Descensus testiculorum« genannt. Beim Elefanten befinden sie sich noch im Körper, bei den Raubtieren, bei den Affen und bei uns haben sie diesen bereits verlassen und befinden sich in einem dem Penis angegliederten Sack. Warum? Welchen Vorteil brachte dies mit sich? Darauf ist bis heute noch keine Antwort gefunden. Manche behaupten, die Kör-

TAFEL 8: **Der kuriose »Descensus Testiculorum« beim Mann**

Abbildungen: **1** Urogenitalsystem beim Mann, **2** bei der Eidechse, **3** beim menschlichen Embryo. A = Niere (Nachniere), B = Hoden, B′ = Hoden vor dem Descensus, C = Blase, D = Glied, E = Prostata, F = Schambein. a, b = Schwellkörper, c = Samenleiter, d = Nierengang, e = Harnleiter, f = Enddarm, g = Kiemenanlage, h = Schwanzanlage. x, y, z werden im Text erklärt.

Abb. 1 zeigt das männliche Glied (D), den »Penis«, in funktioneller Begattungsstellung. Durch Schwellkörper (a, b) ist es zu einem festen Stab erhärtet, der in die Scheide (»Vagina«) der Frau eingeführt werden kann. Die Hoden (B) befinden sich im Hodensack, die von ihnen gebildeten Samen (»Spermien«) nehmen ihren Weg durch den Samenleiter (c) – einen eher erstaunlichen Weg. Der Samenleiter führt zum Schambein (F) hoch, umrundet dieses, umrundet die Blase (C), kreuzt den Nierengang (d) und mündet (im Inneren der Prostata E) bei »x« in den Harnleiter (e), durch den die Samen beim »Orgasmus« über den Penis in die Vagina ausgestoßen werden (»Ejakulation«). Warum dieser Umweg? Wäre der Mensch eine gezielte Konstruktion, dann würde dieser Gang weit einfacher und zweckmäßiger von Punkt y zu Punkt x führen.

A zeigt die Lage der Niere. Der von ihr abgeschiedene Harn fließt durch den Nierengang (d) in die Blase (C) und von dort durch den Harnleiter (e) in das Glied (D), dem somit eine doppelte Funktion zukommt: Ausscheidung von Harn und Abscheidung von Samen. Daß diese Funktionen einander nicht stören, wird innerhalb der Prostata (E) durch Ringmuskeln unterbunden, die vom Nervensystem entsprechende Befehle erhalten. Entweder wird Harn abgeschieden, oder Samen werden ausgestoßen. Die Erklärung für den kuriosen Umweg des Samenleiters ergibt sich aus dem Entstehungsweg des Menschen und aller Landwirbeltiere aus Fischvorfahren. Bei diesen entstanden die Keimdrüsen in der Leibeshöhlenwand nahe der Urniere (Tafel 7, A), und diese Lage blieb auch bei den Amphibien und Reptilien beibehalten, wie etwa die Echse (Abb. 2) zeigt. Spermien und Harn werden hier durch gesonderte Gänge (c, d) in die »Kloake« des Enddarmes (f) geleitet. Auch beim sechs Wochen alten menschlichen Embryo (Abb. 3) ist noch eine solche Kloake ausgebildet, und erst im weiteren Entwicklungsverlauf kommt es zur Trennung zwischen den Ausmündungen (1, e, f). Gleichzeitig verlagern sich die Hoden unter die Nieren (B′), und vier bis acht Wochen vor Geburt des Kindes kommt es zum »Descensus Testiculorum« (Pfeil »z«). Die Hoden wandern abwärts, verlassen die Leibeshöhle, gelangen in den außerhalb des Körpers gelegenen Hodensack. So erklärt sich der groteske Umweg des Samenleiters rings um das Schambein und die Blase. Ebenso wie die Kiemenspalten, der Schwanzfortsatz und die Kloake beim Embryo (3 g, h, f) bekundet auch er, daß der Mensch in seiner heutigen Gestalt keineswegs eine zielhafte Konstruktion ist, sondern sein Körperbau sich aus dem historischen Weg seiner Stammesentwicklung erklärt. Ein Vorteil der Verlagerung, die auch bei anderen Säugetieren stattfindet, ist bis heute nicht nachgewiesen. Nachteile dagegen schon. Durch die äußere Lage sind die empfindlichen Hoden gefährdet – wie jeder merkt, wenn ihn ein Schlag an dieser Stelle trifft. Außerdem entsteht durch den Descensus Testiculorum der Leistenkanal: beim Mann eine ausgeprägte Schwachstelle, wie jeder weiß, der sich einen Leistenbruch zuzieht.

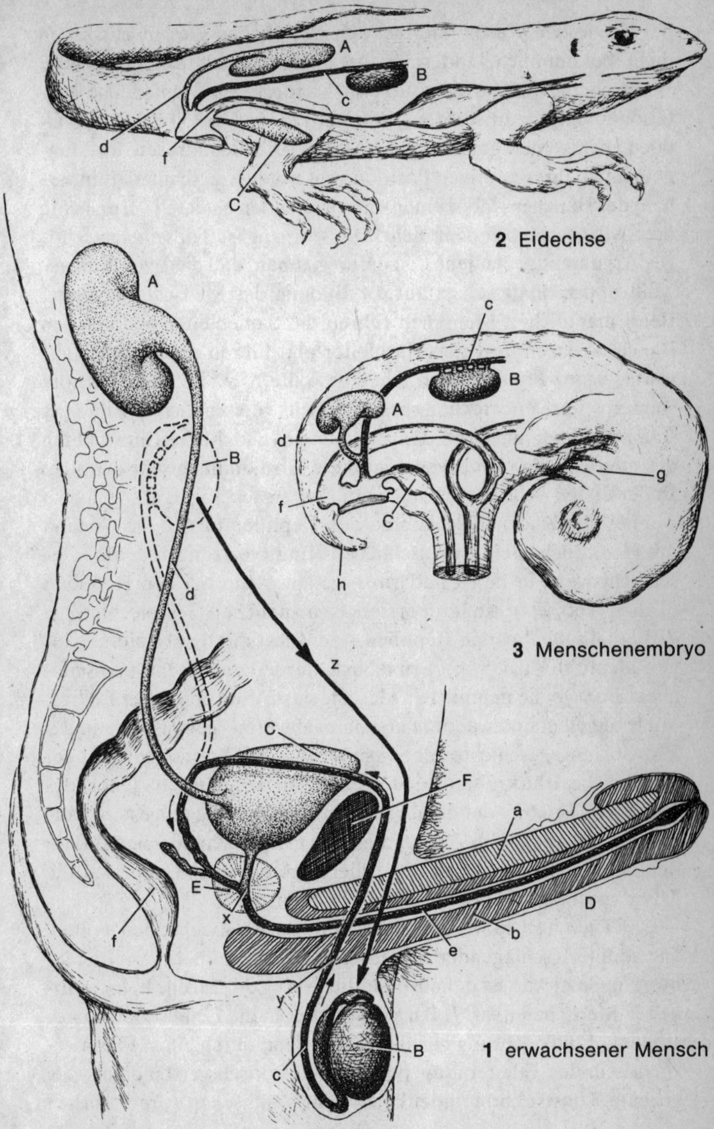

2 Eidechse

3 Menschenembryo

1 erwachsener Mensch

TAFEL 8

perwärme der Warmblüter sei den männlichen Geschlechtszellen nicht bekömmlich, andere hielten Platzmangel für den Grund. Wahrscheinlich muß diese Abwärtswanderung mit unter jene Mutationen eingereiht werden, die zwar keinen Vorteil brachten, jedoch auch keinen gewichtigen Nachteil. Die Keimdrüsen des Mannes sind in ihrer heutigen Position weit weniger geschützt als innerhalb des Bauches – aber einen entscheidenden Nachteil verursachte dies, wie gesagt, offenbar nicht. Der Vorgang ist indes ein gewichtiges Argument gegen jene, die daran glauben, daß die Evolution gewollt und zielhaft sei, ja auf die Bildung des Menschen abzielte. Beim männlichen Menschen führen die Samenleiter hoch in den Bauch, kreuzen dort den Harnleiter und führen dann wieder abwärts – ganz offensichtlich keine gewollte, gezielte Konstruktion, sondern nur entwicklungsgeschichtlich verständlich. Oder wir stammen doch nicht von den Lurchen ab? Doch: die Entwicklung des menschlichen Embryos zeigt diese Abstammung sehr deutlich. In der ersten Woche wird noch ein Dottersack angelegt – genauso wie bei den Knorpelfischen und den Reptilien (Taf. 6, a). Sodann münden auch beim menschlichen Embryo zunächst die Geschlechtswege in den Enddarm – genauso wie bei den Reptilien (Taf. 8, Abb. 2, f). Außerdem sind die männlichen Geschlechtswege – ebenfalls wie bei den Reptilien – zunächst mit den Urnierengängen identisch (Taf. 8, c). Schließlich werden auch beim menschlichen Embryo die männlichen Geschlechtsdrüsen erst in der Leibeshöhle angelegt und wandern erst dann abwärts – genauso wie in der Entwicklungsgeschichte der Säuger (Taf. 8, B). Ebenso gewinnt der mütterliche Blutkreislauf erst allmählich Anschluß an jenen des Embryos (Taf. 6) – der dann nach der Geburt völlig umgestellt werden muß (Taf. 2, Abb. 3). All dies und manches mehr zeigt auf das deutlichste unsere Herkunft – allerdings nur jenen, die sich die Mühe machen, sich dafür zu interessieren.

Das Thema ist so wesentlich, daß wir noch dabei bleiben wollen. Ein geradezu schlagender Beweis dafür, daß hier keine gezielte Planung im Spiel war, ist der absonderliche Weg der Eizelle beim weiblichen Menschen (Taf. 7, B). Sie wird frei in die Leibeshöhle abgestoßen – Follikelsprung genannt – und dann durch einen Flimmertrichter in den Eileiter aufgenommen. Historisch verständlich – als gezielte Konstruktion undenkbar. Weit praktischer wäre natürlich die direkte Verbindung der weiblichen Geschlechtsdrüsen mit dem Eileiter. Ebenso überflüssig – und sicher der Frau nicht dienlich – ist die periodische Abstoßung der Gebärmutterschleimhaut: Menstruation genannt. Bei zielhafter Planung wäre das leicht zu vermeiden gewesen. Die Entstehung des Jungfernhäutchens, Hymen genannt, könnte im Sinne einer religiösen Moralethik als gewollt gedeutet werden. Tatsache ist jedoch, daß diese Bildung schon bei den Affen entstand. Und es dürfte keinen Affen geben, der seiner Tochter wegen unehelicher Entjungferung einen Vorwurf macht.

Ja, die gesamte Einrichtung der Zweigeschlechtigkeit zeigt auf das deutlichste, daß hier keine zielhafte Planung vorliegt. Dann wäre dieser enorme Aufwand, den die Verschmelzung von Keimzellen verursacht, nämlich total überflüssig gewesen. Hätte eine richtunggebende Kraft die Evolution bis hinauf zum Menschen vorangetrieben, dann wäre dieser Mechanismus durchaus überflüssig gewesen. Er schafft ja nichts anderes als gesteigerte Variabilität – größeres Auslesematerial, wie der Biologe sagt. Bei Vorhandensein einer richtunggebenden Kraft wäre die Entwicklung in keiner Weise auf den umständlichen Vorgang der Auslese angewiesen gewesen. Die Höherentwicklung hätte weit eleganter, direkter, klarer und zielführender stattfinden können. Auch ohne Menstruation und Hymen, auch ohne die so umwegige Blutverbindung mit dem Embryo hätte das Menschenkind heranwachsen können. Den Umweg des männlichen Samenleiters und der weiblichen Eizellen über die Leibeshöhle wäre einem zielhaft planenden Konstrukteur, der über Zellen beliebig verfügen kann, auch nicht im entferntesten in den Sinn gekommen.

Dritte Sternstunde auf dem Entwicklungsweg der Sexualorgane also: die Entstehung von Penis und Vagina vor 340 bis 300 Millionen Jahren. Die männlichen Geschlechtszellen werden nun genau dorthin gebracht, wo sie hingehören: in die Scheide, in den Eileiter des weiblichen Partners. Freilich: welchen Partners? Das ist die nächste Frage. Hier war noch die Möglichkeit zu einer weiteren Verbesserung gegeben. Wenn sich die leistungsfähigsten Männchen und Weibchen fortpflanzten, dann war das bestimmt ein Vorteil, wirkte sich in der jeweiligen Generationsfolge evolutionsfördernd aus. Wie aber kann es zu solcher Auswahl kommen? Erste Möglichkeit: die Männchen kämpfen um die Weibchen, wobei die stärksten, geschicktesten sich durchsetzen. Dies ist bei sehr vielen Tierarten verwirklicht. Die zweite Möglichkeit ist ein weit subtilerer Mechanismus.

Ansätze zu dieser Entwicklung sind ebenfalls in fast allen Tiergruppen nachweisbar. Wenn zur Paarung der Artgenosse und Geschlechtspartner erkannt werden muß, dann ist eine entsprechende Steuerung für angeborenes Erkennen notwendig. Artgenossen und Geschlechtspartner werden an bestimmten äußeren Merkmalen erkannt. Dieser Mechanismus gleicht einem Filter. Er läßt nur bestimmte Reize – Schlüsselreize – durch. Nicht anders als bei der Beute. Auch diese wird an bestimmten Schlüsselreizen erkannt. Die Schlüsselreize des Geschlechtspartners können sich nun recht leicht mit solchen verbinden, die besondere Eignung anzeigen: besondere Kraft, besonders leistungsfähige Abgestimmtheit der Organe, besonders leistungsfähige Integration. Also: leistungsanzeigende Kraft und Harmonie. Wenn sich besonders bei den Männchen eigene Merkmale ausbildeten, welche die Weibchen offensichtlich in erhöhte Paarungsbereitschaft versetzen, dann ist dies ein deutliches Zeichen dafür, daß ein solcher weiterer evolutionsfördernder Mechanismus entstand. Freilich sind dann auch Fehlentwicklungen möglich. Schon Darwin wies auf diesen kuriosen Vorgang hin. Er nannte ihn »geschlechtliche Zuchtwahl«. Ebenso wie der Mensch bei seiner »natürlichen Zuchtwahl« solche Haustiere bevorzugt zur Fortpflanzung bringt, die für ihn wünschenswerte Eigenschaften haben, so wählen die auf bestimmte Schlüsselreize ansprechenden Geschlechtspartner diese bevorzugt aus – so daß das betreffende Merkmal über das Zweckmäßige hinaus verstärkt wird. Deshalb kommt es dann besonders bei den Männchen in der Generationsfolge zur Ausbildung besonders prächtiger Farben und Formen, Duftabscheidungen und Lautäußerungen. Effizienzsteigernd sind sie längst nicht mehr, haben aber offensichtlich auch keinen wirklich schädigenden Nachteil. Die prächtigen Schwanzfedern des Pfaues zeigen uns den Endpunkt einer solchen Entwicklung. Sie sind kaum noch ein verläßlicher Hinweis auf besondere Tüchtigkeit, sondern für das Tier und seine Feindabwehr eher ein erheblicher Nachteil. Trotzdem aber behaupten sie sich – der Nachteil, den sie bieten, übersteigt nicht ein kritisches Ausmaß.

Der Schönheitssinn des Menschen hat seine Wurzel – oder eine wichtige Wurzel – im Mechanismus der Zweigeschlechtigkeit. Ursprünglich dient dieser Sinn zum Erkennen der Lebenstüchtigkeit des Geschlechtspartners. Auch beim Menschen kam es dabei zu Übersteigerungen. Durch Schminke, Puder, Augenbrauenstift, prächtige Frisur, aufwendige Kleider wird die geschlechtliche Attraktion verstärkt – ebenso auch durch Besitz, kostspieligen Schmuck, eindrucksvolle Autos oder erwünschte Geschenke. Hermann Hesse nannte sie im Steppenwolf »Liebesorgane«.

Das aber ist der noch leichter verständliche Teil auf diesem Entwicklungsweg. Ein weit schwieriger zu verstehender folgte. Bei Haustieren wurde festgestellt, daß ihre Mechanismen des angeborenen Erkennens an Unterscheidungsschärfe, an »Selektivität« verlieren. Durch die Abschirmung von natürlichen Feinden kommt es zu einem Abstumpfen ihrer Sinnesleistungen. Viel mehr Reize lösen bei ihnen angeborene Reaktionen aus als bei den wild lebenden Verwandten. Auch der Mensch schirmte sich künstlich gegen die natürlichen Gefahren ab, man spricht hier von einer »Selbst-Domestikation«. Diese dürfte erklären, wieso der ursprünglich ganz auf den Geschlechtspartner ausgerichtete Schönheitssinn bei uns auch auf künstlich hergestellte Objekte anspricht, durch die wir die Macht unseres Zellkörpers erweitern. Auch Kleider, Waffen, Häuser, ja Maschinen werden von uns als »schön« empfunden, wenn sie entsprechend geformt sind, also bestimmte Eigenschaften haben, die auf uns wirken. Das bedeutet: Ein Sinn, der zunächst nur auf den Körper und seine Harmonie ausgerichtet war, spricht im weiteren Entwicklungsverlauf auch auf künstlich geschaffene Gebilde an, die unsere Fähigkeiten und unsere Annehmlichkeit steigern. Wir genießen die uns ästhetisch ansprechende Wohnungseinrichtung, den uns schön erscheinenden Garten, das uns lustvoll erregende Bild oder Klangmuster. Vierte, höchst bedeutsame Sternstunde in der Entwicklung der Zweigeschlechtigkeit und ihrer Organe ist also die Entstehung des menschlichen Schönheitssinnes. Wann ist sie wohl anzusetzen? Schon bei Fischen sehen wir prächtige Farben, eindrucksvolle Bewegungen und Formen beim Männchen und in manchen Fällen auch beim Weibchen. Bei Insekten beobachten wir eine ganz analoge Entfaltung, ebenso bei manchen Mollusken. In unserer unmittelbaren Ahnenreihe treffen wir auf sie bei den Amphibien, den Reptilien, im besonderen Maß bei den Vögeln und bei fast allen Säugetieren. Dieser Schönheitssinn wurde beim Menschen aufgrund seiner Intelligenz, seiner technischen Machtentfaltung und der sich daraus ergebenden Lebensweise bewußt und erweitert. Somit ist die Sternstunde für diese besondere Auswirkung der sexuellen Mechanik der Zeitpunkt der Menschwerdung – also vor 4 bis 2 Millionen Jahren. Und eben in diese Periode fällt auch das Einsetzen einer weiteren Entwicklung, die schließlich zur fünften Sternstunde auf dem Entwicklungsweg der Zweigeschlechtigkeit führte, die kaum 50 Jahre zurückliegt.

Die besondere Ausbildung der Großhirnrinde führte beim Menschen zum Ichbewußtsein und zu einer ungemein gesteigerten Fähigkeit, Ursachen und Wirkungen zu verknüpfen, zu überschauen. Die Kindesentwicklung dauert allerdings ungewöhnlich lang. Entsprechend langer Brutschutz ist somit vonnöten. Wer leistet ihn? Der Urmensch lebte wie seine unmittelbaren Affenvorfahren in Rudeln, in Gruppen. Diese Gruppen schützten das Kind, doch wirklich betreute es die Mutter. Eine starke instinktive Bindung zu ihrem Sprößling hatte nur sie. Der Schutz des Jungen hält sie am Ort fest, vermindert ihre Fähigkeit zur Nahrungsgewinnung erheblich. Entscheidend wichtig wurde beim Urmenschen somit für die Frau, daß sie den Vater ihrer Kinder als Ernährer und Beschützer ihrer selbst und der Kinder an sich binden konnte. In dieser Situation – so nimmt man heute an – kam es zu einer für uns höchst bedeutsamen Funktionserweiterung. Die Sexualität, ursprünglich zu nichts anderem da, als die ständige Vermengung von Erbrezepten zu bewirken, wurde nunmehr in den Dienst einer zweiten Aufgabe gestellt. Der Vorgang der Paarung wurde in zweiter Funktion zu einem Mechanismus der Bindung: der Bindung des Mannes an die Frau. Der Paarungsvorgang vermittelt Lust, ist angenehm, wird angestrebt. Freilich bringt er auch Gefahrenmomente, geringere Umsicht, größere Anfälligkeit gegenüber den überall lauernden Raubfeinden. Nicht zuletzt darum ist er bei den Tieren auf eine ganz bestimmte Periode beschränkt – auf die Brunft, die Paarungszeit. Manche Haustiere, etwa Hühner und Schweine, sind infolge der Domestikation das ganze Jahr paarungsbereit. Auch der Mensch ist weit stärker sexuell gestimmt, als die Funktion der Vermischung von Erbrezepten es verlangt. Und zwar im Sinne einer weiteren Funktion, die über 2 Millionen Jahre lang von erheblicher Bedeutung war. Sie vermochte den Mann an die Frau zu binden – die Frau an den Mann. Die Geschlechtspartner wurden sich gegenseitig zum Lustobjekt – zum angestrebten Objekt der bewußten Glückssuche. Das ist sehr nüchtern ausgedrückt, zeigt aber deutlich auf, welches die evolutionären Wurzeln unserer übersteigerten Sexualität sein dürften. Mit der Technisierung und entsprechenden Veränderung der Gesellschaftsformen verlor dann freilich diese Bindungsfunktion an Wirksamkeit. Sex ist heute ebenso die Ursache dafür, daß ein Mann seine Frau verläßt – wie daß er bei ihr bleibt.

Die Doppelfunktion der Sexualität beim Menschen, die sich daraus ergebende gesteigerte Sexualität, hatte zunächst keinerlei negative Auswirkung. Mehr Kinder, mehr Nachkommen waren im Entwicklungsweg der Evolution stets ein Vorteil – ein Auslesevorteil gegenüber den Konkurrenten. Erst in allerletzter Zeit wurde dieser Wert in Frage gestellt, entstand die Problematik einer zu starken Vermehrung. Besonders durch die Fortschritte der Medizin wurde die Kindersterblichkeit jäh vermindert und die durchschnittliche Lebensdauer des Menschen stark heraufgesetzt. Die zweite Funktion der Sexualität, welche die gezielte Lustsuche in den Vordergrund stellt, wurde nun jäh zum Problem. Was früher höchst natürliche und harmlose Folgen hatte, wird nun plötzlich zum Überlebensproblem Nummer 1. Der Menschen werden zu viele. Diese so plötzlich akut gewordene Problematik läßt sich nur durch technische Hilfsmittel der Empfängnisverhütung lösen: Präservativ, Spirale, Pille. Oder entsprechendes Verhalten: Geschlechtsverkehr nur an empfängnisfreien Tagen. Oder durch Sterilisierung des Mannes. Die Entwicklung dieser Mittel ist die fünfte Sternstunde auf diesem gewundenen Weg. Wohl gibt es Methoden zur Einschränkung der Empfängnis schon seit mehreren tausend Jahren. Doch die gezielte Entwicklung von künstlichen Mitteln für diesen Zweck setzte in großem Maßstab erst vor 50 Jahren ein.

Damit liegt ein schwieriges Kapitel dieses Buches hinter uns. In Anbetracht seiner Schwierigkeit sei der Gedankengang kurz wiederholt. Erstens: Fortpflanzung und Zweigeschlechtigkeit haben an sich nichts miteinander zu tun – dienen höchst verschiedenen Funktionen: die Fortpflanzung der Zeugung von artgleichen Nachkommen, die Zweigeschlechtigkeit der Vermischung von Erbrezepten, zur Schaffung eines größeren Auslesematerials, eines größeren

»Gen-pools«, wie der Biologe sagt. Erste Problematik vom Beginn der Lebensentwicklung bis zu allen heutigen Lebewesen: Wie läßt sich eine solche Verschmelzung bewerkstelligen? Welche zusätzlichen Organe und Verhaltensweisen sind bei den Einzellern und ganz besonders bei den Vielzellern dazu nötig? Zweitens: Diese Entwicklung führt automatisch zur Arbeitsteilung: zur Entstehung von männlichen und weiblichen Lebewesen. Die Weibchen übernehmen die Fortpflanzungsfunktion. Die Männchen sind in der Regel für die Paarungsfunktion verantwortlich, bei vielen Tierarten dann auch für den Schutz und die Betreuung der Nachkommen. Drittens: An Land werden Organe zur direkten Übertragung der Samen in den weiblichen Körper nötig. Viertens: Die Wirkungskraft der Vermischung von Erbrezepten wird gesteigert, wenn die fähigsten, geeignetsten Erbrezepte zur Vereinigung gelangen. Dies erfordert die Entwicklung eines Sinnes, unter den Geschlechtspartnern den evolutionär Wertvollsten auszuwählen. Ein solcher Sinn bildete sich und hatte neben negativen Begleiterscheinungen beim Menschen bedeutsame kulturelle Auswirkungen. Der Mensch überträgt die Kriterien des Geschlechtspartners, seiner Organe und deren Kombination auf die Vielzahl der künstlichen Werkzeuge, mit denen er die Fähigkeit seines Zellkörpers steigert. Auch die künstlich gestaltete Umwelt versucht er bis ins Detail – wenn er es sich leisten kann – ästhetisch zu gestalten. Fünftens, schließlich, gewinnt beim Urmenschen die Sexualität – und die lustvollen Erregungszustände, die sie vermittelt – eine weitere Bedeutung. Sie wird in zweiter Funktion zum Instrument der Bindung des Mannes an die Frau. Folge: Der Mensch ist weit mehr sexuell gestimmt als für die eigentliche Funktion des Vorganges notwendig ist. Es entstehen mehr Kinder. Zunächst ist dies kein Nachteil – viele Nachkommen waren stets ein Konkurrenzvorteil. Durch die Entwicklung der Technik und Medizin wird nun aber die Geburtenzunahme bei gleichzeitiger Verminderung der Kindersterblichkeit zum ernsthaften Problem. Empfängnisverhütung wird zur aktuellen Aufgabe. Die Geburtenexplosion ist so bedrohlich, daß sie zur Selbstvernichtung der Menschheit führen kann. Also letzte Sternstunde: die Entkoppelung der beiden Funktionen der Sexualität. Lustgewinnung über Sexualität ohne Folgen und damit Beschränkung der Nachkommen: Familienplanung.

7.
Unser Darm

Für den Biologen beginnt der Darm bei der Mundöffnung und endet am After. So wollen auch wir den menschlichen Darmtrakt betrachten: Er umfaßt somit auch die Mundhöhle, die Speiseröhre und den Magen. Dem Wort »Darm« haftet in der Allgemeinvorstellung etwas Abstoßendes an. Sein Inhalt, die Ausscheidungsprodukte, der Kot, machen ihn uns ekelhaft. Als Wursthaut sind Tierdärme akzeptabel, sie sind dann gereinigt. Hier stehen wir vor einem weiteren Beispiel dafür, daß unser Ich nicht objektiv, unser Wille nicht durchaus frei ist. Der Ekel vor Kot ist uns – ebenso wie vielen Tieren – angeboren. Für unseren Organismus kommt Kot als Nahrungsmittel nicht in Betracht, im Gegenteil: Er enthält Giftstoffe, unter Umständen auch Übertragungsstadien von Parasiten. Deshalb signalisiert uns der Geruch tierischen Kots Gefahr, und subjektiv empfinden wir Ekel. Wenn Kinder diese Reaktion noch nicht zeigen, dann liegt das daran, daß manche angeborene Steuerung – ähnlich manchen Organen – erst allmählich heranreift und somit nach der Geburt noch nicht voll funktionsfähig ist. Beim erwachsenen Menschen spricht jedenfalls das Gehirn automatisch diese Warnung aus, erweckt in uns diese Reaktion der Abwendung. Manche Tiere zeigen auch die entgegengesetzte Reaktion – alle, die sich von Aas und Kot ernähren. Sie werden von dem uns ekelhaften Fäulnisgeruch angezogen. So wie uns Süßstoffe unfreiwillig anziehen, so ziehen sie Fäulnisstoffe an.

In der Einleitung dieses Buches wurde die Frage angeschnitten, wo bei der Besprechung unserer Organe wohl zu beginnen wäre, ob irgendeinem Priorität zukommt. Die Antwort war: In der Ganzheit unseres Körpers sind alle vonnöten. Manche sind weniger verletzlich oder leichter ersetzbar als andere: Im Grunde jedoch sind alle notwendig, um unsere normale Lebensfähigkeit zu gewährleisten.

Herz, Gehirn, Auge – alle haben sie eine sinnvolle Funktion in dem arbeitsteiligen System, das wir unseren Körper nennen. Und doch gibt es hier eine Priorität, die nun Erwähnung finden muß: Mehr noch als Hand, Herz, Gehirn, Auge, Ohr benötigen wir ausgerechnet den Darm. Denn seine Tätigkeit liefert unserem Körper Energie, während alle übrigen Organe Energie verbrauchen. Ohne Energie gibt es jedoch keine Bewegung, keinen chemischen Prozeß, kein Wachstum, keine Entwicklung, keine Erhaltung, keine Fortpflanzung – nichts. Vom ersten Anbeginn war der Lebensprozeß – der sich über alle Pflanzen, alle Tiere und auch über uns fortsetzt – praktisch nur möglich, weil aus irgendwelchen Quellen Energie gewonnen wurde. Natürlich waren dazu auch entsprechende Stoffe nötig. Aber ihr Erwerb kostet Energie, verbraucht Energie, entwertet Energie. Also ist Energie die Voraussetzung für alles weitere – conditio sine qua non des Lebens. In diesem Sinne haben die Organe der Energiegewinnung Priorität, also Vorrang. Aus dieser Sicht ist unser Darm dann auch keineswegs ekelhaft – im Gegenteil. Er ist ein funktionelles Zentrum unseres Körpers, ein vorrangig wichtiges Organ. Obwohl sein Inhalt übel riecht, uns unappetitlich, ekelerregend erscheint. Das Klosett, eine Einrichtung, von der man besser nicht spricht. Der Stuhl – sofern nicht ein Sessel gemeint ist – eine eher abscheuliche Angelegenheit, die eben sein muß, die aber der Kulturmensch geflissentlich ignoriert. Schon der große französische Naturforscher Cuvier nannte die Tiere »Darmwesen«. Schon er sah in den Tieren – und damit auch im menschlichen Körper – eine Organisation, deren Zentrum der Darm ist. In der großen Familie unserer Organe, die wir unseren Körper nennen – und aus der sich letztlich unser dubioses Ich aufbaut –, hat ausgerechnet dieser Darm den Vorsitz. Er liefert, was alle übrigen zu ihrem Aufbau, zu ihrer Erhaltung, zu ihrer Tätigkeit, zu ihrer allfälligen Reparatur benötigen: Energie, Kraft, die Arbeit leisten kann, ist für alle übrigen Organe Voraussetzung. Und ausgerechnet der von uns so gering eingeschätzte Darm liefert dies.

Kehren wir in unsere fernste Ahnenvergangenheit zurück: zu jenen Molekülverbänden, über die der Lebensprozeß vor etwa 4000 Millionen Jahren seinen Anfang nahm. Sie erhielten zunächst die für sie notwendige Energie gleichsam als Geschenk. In der damaligen Ursuppe der warmen Urmeere waren die von ihnen aufgenommenen Stoffe infolge von vulkanischen Eruptionen und elektrischen Entladungen ausgiebig mit Energie angereichert. Erst als diese zunächst so reichlich vorhandene Energie später rar wurde, bedurfte der Lebensstrom anderer Vermittler. Damals entstanden die Pflanzen, welche die Energie des Sonnenlichtes einfangen, sich dienstbar machen. Mit Hilfe der Energie dieser Strahlen bauen sie aus Wasser, darin gelösten Salzen und gasförmigem Kohlendioxyd Moleküle auf, in deren Gefüge dann die Energie der Lichtstrahlen wie in kleinen Käfigen gefesselt ist. Diesen Energieerwerb nennen wir »Photosynthese«. Strahlungsenergie wird dabei in chemische Bindungsenergie verwandelt. Die zunächst aufgebauten Stoffe sind die sogenannten »Kohlenhydrate«, in erster Linie ist es »Stärke«. Aber das ist nur die eine Hälfte des Geschäftes der Pflanzen. Die zweite verläuft ganz entgegengesetzt. Um Körperstruktur aufzubauen – Eiweiß und Nucleinsäuren –, öffnet die Pflanze die von ihr geschaffenen Käfige, läßt die von ihr gefesselte Energie frei und zwingt sie, andere Moleküle zu bilden. In diesen bleibt die Energie dann auch wieder gefesselt, kann durch Zertrümmerung der Moleküle aber auch wieder freigesetzt werden.

Den Aufbau organischer Substanz nennt der Wissenschaftler »Assimilation«, den Abbau »Dissimilation«. Nach gewohnter Vorstellung erscheinen uns Pflanzen und Tiere grundverschieden, in Wahrheit sind sie eng verwandt. Alle von uns als »Tiere« bezeichneten Lebewesen sind letztendlich Pflanzen, die zu einer parasitären, räuberischen Tätigkeit übergingen. Auch sie betreiben »Dissimilation«, auch sie machen Energie durch Öffnung von Käfigen frei – nur mit dem Unterschied, daß sie diese nicht selbst aufgebaut haben. Frißt ein Tier eine Pflanze, dann baut es deren Moleküle ab, ganz wie die Pflanze es mit der von ihr aufgebauten Stärke tut.

Sämtliche Tiere sind also Räuber. Und da die von ihnen aufgebaute Körperstruktur auch wieder gefesselte Energie enthält, sind auch sie selbst wieder eine mögliche Energiequelle für Räuberkollegen. Was wir beim Tier »Nahrungsaufnahme« nennen, ist die gewaltsame Aneignung von Molekülen, die dissimiliert werden können. Bei den Tieren wird dann dieser Vorgang »Verdauung« genannt. Die Besonderheit der Pflanzen ist somit die, daß sie mit Hilfe anorganischer Substanz Strahlungsenergie in Kohlehydratmoleküle einkerkern. Das vermögen die Tiere nicht. Sie vermögen bloß bereits geschaffene Käfige zu öffnen – oder in normaler Formulierung: organische Substanz zu »fressen« und zu »verdauen«. Letztlich ist das gesamte Lebensgeschehen ein Kampf um Energie. Die zur Photosynthese befähigten Pflanzen entziehen sie dem Sonnenlicht, und dann nimmt sie ihren Weg von Molekül zu Molekül, von einem Körper zum nächsten, bis sie sich allmählich verbraucht, bis sich ihre Fähigkeit, Arbeit zu leisten, erschöpft.

Besondere Energiespeicher innerhalb der einzelnen Zellen sind die ATP-Moleküle, die wie elektrische Batterien auf- und entladen werden können. Weitere Energiespeicher sind die Moleküle von Zucker und Fett. Wenn Blütenpflanzen – wie schon erwähnt – Insekten und größere Tiere zu Transportorganen ihrer Keimzellen und Samen machen, dann »entlohnen« sie diese mit Zucker, der im Nektar ihrer Blüten und im süßen Fleisch ihrer Früchte enthalten ist, sie bezahlen mit leicht aufschließbaren Energieträgern. Sowohl Pflanzen als auch Tieren gelang es darüber hinaus, auch sonstige Naturkräfte für sich arbeiten zu lassen. Die kinetische Energie von Wasser und Wind wird von vielen Arten für Transport und Nahrungserwerb nutzbar gemacht. Der Mensch gelangte über seine Intelligenz dahin, auch die im Rohöl gespeicherte Energie über Maschinen in Diener zu verwandeln, ebenso die Anziehungskraft der Erde, indem er Wasserfälle Turbinen antreiben läßt und so kinetische Energie in leicht versendbare elektrische Energie verwandelt. Heute vermögen wir bereits die gewaltigen Kräfte der atomaren Bindungsenergie freizusetzen und in Dienst zu nehmen. Der menschliche Körper, der dies über seine geistigen Leistungen bewirkt, wird indes nach wie vor über Molekülzertrümmerung angetrieben. Ob wir Kartoffeln essen oder Fleisch, daheim, in einem Gasthaus oder beim prunkvollen Festmahl: Was vor sich geht, ist immer das gleiche. Wir rauben Pflanzen, was sie gespeichert haben. Wir rauben Tieren, was sie geraubt haben. Wir rauben Energie, wir rauben Stoffe. Diese Erwerbsform, die wir mit allen Tieren teilen, nahm irgendwann vor 3000 bis 2500 Millionen Jahren ihren Anfang. Dies war die erste Sternstunde auf dem Entwicklungsweg zu unserem Darm. Damals entstanden jene Urvorfahren, die das friedliche Pflanzengeschäft hinter sich ließen, Kollegen anfielen, deren Substanz »dissimilierten« und so zu Parasiten und Räubern wurden – zu Tieren.

Die erste Methode dieses Raubes, dieser Molekülzertrümmerung, dieses »Abbaues« wollen wir beiseite lassen. Sie wird »Gärung« genannt. Noch heute sind alle Fäulnisbakterien auf dieses Geschäft spezialisiert. Die Energieausbeute ist hier um das Achtzehnfache geringer als bei der »Oxydation« – bei echter Verbrennung mit Hilfe von Sauerstoff. In der Ur-Atmosphäre fehlte zunächst der Sauerstoff. Erst durch die Tätigkeit der autotrophen Pflanzen, die Sonnenenergie einfangen, wurde Sauerstoff freigesetzt. Erst seit 3000 Millionen Jahren bildete sich allmählich rings um unseren Planeten eine Atmosphäre, die Sauerstoff enthielt. Groteske Tatsache: Die Tätigkeit der assimilierenden Pflanzen schuf erst die Voraussetzung für die Erwerbsform der sogenannten Tiere. Für den Energieerwerb über den Weg der Verbrennung ist Sauerstoff nötig. Solchen produzieren die Pflanzen im Vorgang der »Photosynthese«, atmen ihn aus – die Tiere atmen ihn ein. Ob Wurm oder Insekt, Korallenpolyp, Lanzettfischchen, Krokodil oder Mensch: Wir alle verwerten Energie, die Pflanzen vereinnahmt haben, und tun dies mit Hilfe von Sauerstoff, den wir ebenfalls ihrer Tätigkeit verdanken. Die Inbesitznahme nicht selbst aufgebauter organischer Moleküle und deren Zertrümmerung mit Hilfe von Sauerstoff ist unser Geschäft. Freilich, was wir dann mit der gewonnenen, von uns geraubten Energie anfangen, ist unsere höchst persönliche Angelegenheit. Darin unterscheiden wir uns gehörig von unseren Kollegen, den Tieren.

Dies aber ist nicht Thema des vorliegenden Kapitels. Uns interessiert die Erwerbsform und ihre Organe. Schon bei den Einzellern schieden sich, wie gesagt, »Pflanzen« und »Tiere«. Pflanzliche Einzeller verfügen über Organe, die den Erwerb von Lichtenergie bewerkstelligen: die »Plastiden«. Weitere Organe in ihrem winzigen Körper sind die »Mitochondrien«, mit denen sie dissimilieren, und die »Ribosomen«, mit denen sie körpereigenes Eiweiß aufbauen (Taf. 20). Die tierischen Einzeller verfügen über die gleichen Organe, nur fehlen ihnen die Plastiden – und mit den Mitochondrien zertrümmern sie nicht selbstaufgebaute, sondern geraubte Moleküle. Deshalb ist es nicht verwunderlich, wenn noch heute manche Einzeller sowohl »Pflanze« als auch »Tier« sind. Ein Beispiel dafür ist der häufig in Tümpeln anzutreffende Einzeller *Euglena viridis*. Solange er Sonnenstrahlen versklaven kann, tut er es. Verhindert man diese Tätigkeit – indem man dieses Lebewesen in Dunkelheit hält –, dann bildet er seine lichtunterwerfenden Organe, die Plastiden, zurück und wird zum Tier. Mit seiner Geißel schwimmt er umher, nimmt im Wasser gelöste Eiweißstoffe auf – die Reste zerfallener Lebewesen –, verleibt sie sich ein, verdaut sie, zertrümmert ihre Moleküle in seinen Mitochondrien, setzt so die darin gefesselte Energie frei ...

Als vor 1900 bis 1700 Millionen Jahren Einzeller die ersten Kolonien bildeten und so die Evolution der vielzelligen Lebewesen einsetzte, wurde die Scheidung in Pflanzen und Tiere noch stärker ausgeprägt. Bei den vielzelligen Pflanzen entstanden plattenartige Zellgewebe, in denen die Plastiden dem Licht entgegengehalten werden – die von uns als »Blätter« bezeichneten Strukturen. Gestützt werden sie durch ebenfalls vielzellige Stiele, und auf dem Boden verankert werden sie durch die vielzelligen Wurzeln. Bei der Landeroberung, als plötzlich das umgebende Wasser wegfiel, wurden die Wurzeln dann zusätzlich zu Organen der Wassergewinnung aus dem Boden.

Auch bei den vielzelligen Tieren erklärt sich die Grundgestalt des Körpers aus der Art ihres Energieerwerbes. Die Ausrichtung auf Raub führte auch hier zur Bildung vielzelliger Hilfsorgane. In erster Linie war für sie eine Mundöffnung wichtig, um Beute zu packen und sich einzuverleiben, sodann Sinnesorgane, um solche Beute in der Umgebung zu orten, und Fortbewegungsorgane, um Körper und Maul zu dieser Beute hinzuführen. Zum Hilfsorgan der Verdauung wurde hier der ebenfalls vielzellige Darm. Dieses Organ zerlegt die Nahrung so weit, daß sie von den einzelnen Zellen der Kolonie durch die Zellwand hindurch aufgenommen werden kann. Der Darm übernimmt somit nicht die Zertrümmerung der Moleküle, sondern diese findet weiterhin in jeder einzelnen Zelle statt. Auch der Aufbau von Eiweiß ging nicht auf ein vielzelliges Organ über, sondern wird weiterhin – wie bei allen Pflanzen – von den Ribosomen geleistet. Schließlich bildet auch jede tierische Zelle ihre eigenen ATP-Batterien, die von den Mitochondrien aufgeladen werden und die benötigte Energie zu allen Verbrauchsstellen innerhalb der Zelle transportieren (Taf. 20).

Betrachtet man diese Situation nüchtern, dann steht man vor einer Konstruktionsschwäche von geradezu gigantischem Ausmaß.

Man stelle sich einen Betrieb vor, bei dem – eng gedrängt in benachbarten Räumen – nicht weniger als 60 000 Milliarden völlig gleichartiger Werkstätten eingerichtet sind. So aber stellt sich unser eigener Körper dar. Jede Zelle hat ihre eigene Zentralsteuerung, das Erbrezept, ihre eigenen Molekülzertrümmerer, ihre eigenen Organe zum Eiweißaufbau und ihre eigenen Transportbatterien. Sogar diese sind streng an die Zelle gebunden, können nicht etwa von einer zur anderen überwechseln. Im vielzelligen Körper, auch in unserem, gibt es weder ein Verteilersystem für ATP noch ein Zentralorgan zur Herstellung dieser Batterien. Bis zum heutigen Tag überbietet man sich in Bewunderung unserer Zellen und ihrer Leistungen. Sie sind in der Tat höchst perfekt. Der vielzellige Körper ist es dagegen keineswegs, und es stellt sich die Frage, warum es hier zu keiner Funktionszusammenlegung kam. Warum Milliarden von molekülabbauenden Organen statt einer größeren darauf spezialisierten Einheit? Warum Milliarden von Organen des Molekülaufbaues, warum noch um ein vielfaches mehr Transportbatterien, die nicht einmal von einem Raum die benachbarten beliefern können? Beharrt man bei der Vorstellung eines zielhaft wirkenden Schöpfers, dann ist diese gigantische Vielgeleisigkeit schlechthin unbegreiflich. Aus Sicht der evolutionären Entwicklung dagegen erklärt sie sich leicht. Über Mutation, sexuelle Vermengung von Erbrezepten und Selektion war bei manchen Funktionen die Zusammenlegung in eine vielzellige Großwerkstatt durchaus möglich. Etwa beim Nervensystem, von dem wir im nächsten Kapitel sprechen. Bei anderen war es dagegen über diese Mechanismen nicht möglich. Ob vorteilhaft oder nicht: Alle drei Hauptfunktionen – Energieerwerb, Strukturaufbau und Fortpflanzung – verblieben bei sämtlichen Vielzellern, Pflanzen, Tieren und Menschen, in der Kompetenz der Zelle.

Ja, noch mehr. Man kann sich ernsthaft fragen, inwiefern der Gesamtkörper der Vielzeller – Heuschrecke, Tanne, Mensch – nicht nur Hilfsorgan der Einzelzelle ist. Man muß bedenken, daß die Einzeller vielen Gefahren gegenüberstanden, die Chance für ihr individuelles Leben und ihre Vermehrung war gering. Im vielzelligen Verband haben sich diese Chancen erheblich gesteigert – ähnlich wie die Überlebenschancen des Einzelmenschen im Verband des organisierten Staates. Und so wie der Staat den einzelnen schützt

TAFEL 9: **Beweis für unsere Verwandtschaft mit den Seesternen, den Krebsen und den Korallenpolypen**

Abbildungen: **1** Eizelle, **2–4** erste Zellteilungen bis zum »Blastula«-Stadium, **5** die Hohlkugel »Blastula« im Schnitt, **6** und **7** Einstülpung des Urdarmes (»Gastrulation«), **8** Durchbruch des Afters bei den Vordermündern (»Protostomier«), **9** Durchbruch der sekundären Mundöffnung bei den Zweitmündern (»Deuterostomier«). a = Urdarm, b = Urmund, c = After, d = sekundäre Mundöffnung, e = sekundärer After. x wird im Text erklärt. Pfeile zeigen die Richtung des Nahrungsstromes. Gestrichelter Pfeil: ursprünglicher Abscheidungsweg.

Die jahrtausendalte Überzeugung, daß der Mensch eine von den Tieren durchaus getrennte Schöpfung sei, wird durch die ersten Entwicklungsstadien der Embryonen aller vielzelligen Tiere und des Menschen auf das eindeutigste widerlegt. Sie alle entstehen aus einer einzelnen Zelle: der »Eizelle« (Abb. 1). Diese teilt sich zuerst in zwei, dann in vier Zellen, dann in 8, 16, 32 Zellen usw. So entsteht eine Hohlkugel, die »Blastula« (4). Selbst dieses einfache Entwicklungsstadium, zu dem die ersten Vielzeller vor ca. 1800 Millionen Jahren gelangten, erwies sich als lebensfähig, konnte sich trotz der anwachsenden Konkurrenz bis heute behaupten (Beispiel: die im Süßwasser verbreitete, mikroskopisch kleine Gitterkugel *Volvox*). Wie uns die Keimesentwicklung höherentwickelter Tiere zeigt, kam es bei weiterem Anwachsen der Zellkolonien zu einer Einstülpung der Blastula (6, 7). So entstand ein nach außen hin offener Hohlraum: der »Urdarm« (a) mit einer Öffnung, dem »Urmund« (b). Die Vielzahl der heute lebenden Hohltiere – Polypen und Medusen – beweist uns, daß auch diese einfachste Organisationsstufe lebensfähig ist. Bei den Polypen (besonders verbreitet sind die Korallenpolypen) haftet die Zellkolonie mit dem dem Urmund entgegengesetzten Pol (8, x) an einer Unterlage fest, bildet rings um den Urmund (b) bewegliche Fangarme und befördert mit diesen vorbeitreibende Kleinlebewesen in den Urdarm, wo die Zellen dann die Beute verdauen. Die Abfälle werden durch den Urmund abgeschieden (gestrichelter Pfeil). Den Weg der Weiterentwicklung zeigen uns ebenfalls die frühen Entwicklungsstadien bei den Embryonen höher entwickelter Tiere. Auf zwei verschiedenen Wegen kam es zur Ausbildung eines durchgehenden Verdauungskanales mit After. Bei der einen Gruppe blieb der Urmund die Mundöffnung, und eine zweite neue Öffnung wurde zum After (8, c) – man nennt sie »Vordermünder« (Protostomier). Bei den anderen (9) kam es zu einer Umpolung des Speiseweges (Pfeil). Hier wurde die neugebildete Öffnung (d) zum Mund, der Urmund (b) wurde zum After (e) – man nennt sie deshalb »Zweitmünder« (Deuterostomier). Nachkommen dieser zweiten Gruppe sind alle heute lebenden Stachelhäuter (Seesterne, Seeigel, Seewalzen etc.) sowie sämtliche Wirbeltiere einschließlich des Menschen (Tafel 5). Bei ihnen allen zeigt die Keimesentwicklung immer noch die vor ca. 1200 Millionen Jahren erfolgte »rückwärtige« Mundbildung. Nachkommen der Vordermünder (8) sind alle übrigen höheren Vielzeller: Würmer, Mollusken, Krebse, Insekten, Spinnen (Tafel 5). So beweist die Entwicklung des menschlichen Keimes noch heute, daß der Mensch sowohl mit den Stachelhäutern als auch mit den Krebsen und Korallenpolypen verwandt ist und erstere uns etwas näher stehen.

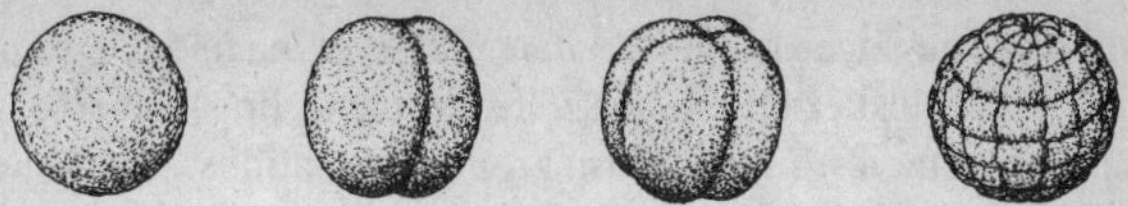

1 Eizelle 2 3 4

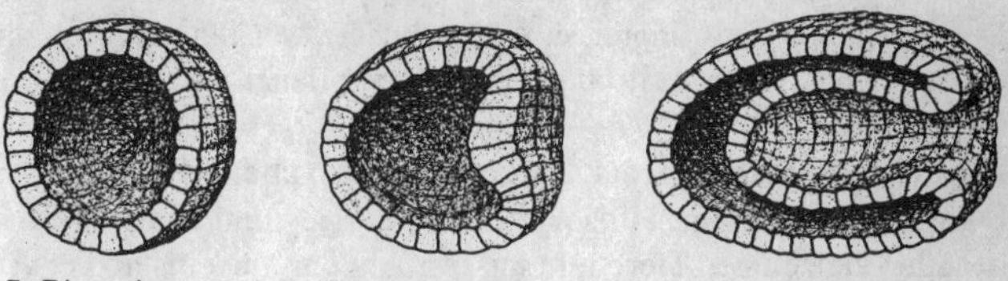

5 Blastula 6 7 Gastrula

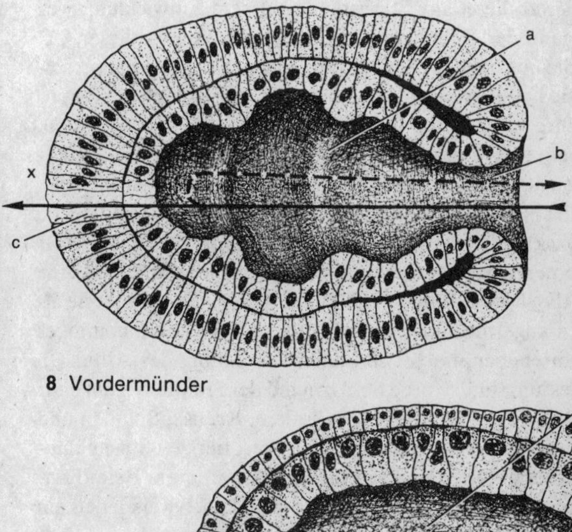

8 Vordermünder

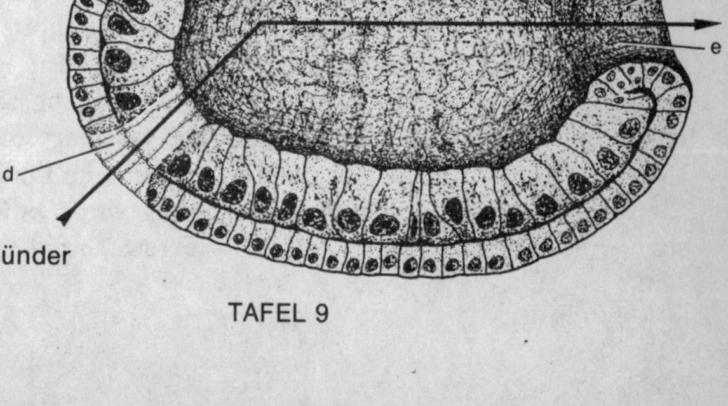

9 Zweitmünder

TAFEL 9

und ihm mannigfache Möglichkeiten gibt, ist es auch im vielzelligen Körper. Ob Muskelzelle, Darmzelle, Nervenzelle – sie sind weit besser geschützt als Einzeller. Im großen Verband ist ihre Lebensdauer durchschnittlich länger, sie sind hier weit besser gegen Gefahren abgeschirmt: Für die Spezialleistungen, die sie – ähnlich einer Berufstätigkeit – erbringen, sind sie gesichert, werden gewartet, die Gemeinschaft kann weit länger bestehen, pflanzt sich weit besser fort.

Aber zurück zum Thema. Zurück zu dem so übel beleumundeten Darm, dem zentralen Hilfsorgan des Energie- und Stofferwerbes bei allen vielzelligen Tieren. In unserer Ahnenreihe entstand er vor 1800 bis 1600 Millionen Jahren bei den Hohltieren, den »Coelenteraten«. Dies war die zweite Sternstunde auf dem Entwicklungsweg unserer Organe der Energiegewinnung. Nachkommen dieser Urvorfahren, die uns noch bis heute die damalige Körpersituation zeigen – lebende Fossilien also –, sind die so erfolgreichen Korallenpolypen und ihre zahlreichen im Süßwasser lebenden Verwandten. Diese Tiere sind im Prinzip nichts anderes als ein am Boden festhaftender Schlauch, dessen obere Öffnung mit Fangarmen versehen ist. Selbst diesen ursprünglichsten Zustand rekapituliert noch heute die Keimesentwicklung der Amphibien. Längst bevor das entsteht, was wir Embryo nennen, bildet sich aus der Keimzelle zuallererst eine Hohlkugel, die sich einstülpt (Taf. 9). Der Biologe bezeichnet sie als »Gastrula«. Fangarme bildet sie nicht mehr aus, vielmehr kommt es zu der beschriebenen, höchst seltsamen Umpolung des Afters. In einer Entwicklungslinie wurde der Urmund der Hohltiere zum endgültigen Mund – zum Maul aller Mollusken, Krebse, Spinnen und Insekten. In der anderen wurde er zum After: bei den Stachelhäutern, den Eichelwürmern und sämtlichen Wirbeltieren. Beim Lanzettfischchen, das schon mehr als ein Wurm und noch weniger als ein Fisch ist – und aufgrund zahlreicher Merkmale in die enge Verwandtschaft unserer unmittelbaren Vorfahren gehört –, ist der Darm noch ein einfach durchgehender Schlauch (Taf. 10). Er beginnt mit einer von Reusen umgebenen Mundöffnung, setzt sich in einem mit zahlreichen Kiemenspalten und Wimpernzellen ausgestatteten Darm fort und endet beim After, der beim Embryo dieses Tieres immer noch zunächst als Mund angelegt wird. Die Zellen dieses Darmes scheiden allerlei Stoffe ab – Sekrete, Enzyme genannt –, welche bei der Vorzertrümmerung des über das Maul Erworbenen mithelfen. Noch ein weiteres vielzelliges Hilfsorgan der Verdauung hat sich bereits gebildet: ein Blindsack, der seine Sekrete in den Darm entleert. Er ist ein Vorgänger des höher differenzierten chemischen Betriebes, den wir dann bei den echten Fischen und ihren Nachkommen als Leber bezeichnen. In der Parallelentwicklung jener Kollegen, die ihren Urmund beibehielten – der Protostomier, der »Vordermünder« –, sind solche Organe nicht entstanden. Was dort vielfach als »Leber« bezeichnet wird, ist ein stark verzweigter Mitteldarm, der nicht nur verdaut, sondern auch Nahrung aufnimmt und weitergibt. Dagegen kommt es in beiden Entwicklungslinien gleichermaßen zu einer Arbeitsteilung – der Fließbandfertigung in industriellen Unternehmen vergleichbar. Je nach der »Nahrung« sind diese oder jene Stoffe oder Vorrichtungen nötig, um sie zu zerkleinern, in ihre Molekülbausteine aufzuspalten und wasserlöslich zu machen, so daß sie die Zellwand passieren und in die Darmzellen gelangen können, von wo sie in die Nachbarzellen, in die Leibesflüssigkeit oder in den organisierten Nahrungsverteiler, den Blutkreislauf, gelangen.

Dritte Sternstunde – vor 480 bis 440 Millionen Jahren – ist die Entstehung unseres Magens. Es kommt zur Differenzierung unseres Darmschlauches in eine Reihe hochspezialisierter Abschnitte: die Mundhöhle, die Speiseröhre, den Magen, den Dünndarm und den Dickdarm. An jedem dieser Orte – genauso wie am Fließband – wird spezialisierte Leistung erbracht. Stück für Stück wird die Nahrung zerkleinert, aufgespalten, in wasserlösliche Teile überführt, die dann in weiteren spezialisierten Abschnitten aufgenommen werden, während das Unbrauchbare weiterwandert und schließlich durch den After ausgeschieden wird. In unserer Mundhöhle wird zunächst durch Zähne, Zunge und Gaumen die Nahrung zerkleinert und durch verschiedene Drüsen – Ohrspeicheldrüse, Zungendrüsen und andere – die Vorverdauung eingeleitet. Die Nahrung gelangt dann – über die höchst unpraktische und problematische Kreuzung mit dem Luftweg, über die wir noch sprechen werden – in die Speiseröhre, die keine andere Aufgabe hat, als die so bearbeitete und vorbereitete Beute in den Magen zu befördern. Dieser hat zweierlei Funktionen: Erstens ist er ein Nahrungsspeicher. Die günstige Gelegenheit eines Nahrungserwerbes muß wahrgenommen werden, selbst wenn die Beute nicht augenblicklich verdaut werden kann. Manche unserer Reptilverwandten – die Schlangen etwa – können Tiere verschlucken, die größer sind als sie selbst, und leben von diesen dann monatelang. Der Blutegel kann das Fünffache seines Eigengewichtes an Blut einsaugen und ist dann für neun Monate mit Nahrung eingedeckt. Die zweite Aufgabe des Magens ist ein chemischer Großeinsatz. Er muß nun alle noch nicht verflüssigte Nahrung in Teile zerlegen. Zahlreiche Drüsen in der Magenwand schießen ihre Produkte auf die Nahrung ab – darunter auch Salzsäure, die mitaufgenommene Bakterien abtötet. Dabei entsteht das Problem, wie diese Säure daran gehindert wird, die Magenwand selbst zu verdauen. Bei den Säugetieren und somit auch bei uns leistet die Magenschleimhaut diesen Dienst: Sie sondert, in Schleim verpackt, schützende Stoffe ab. Bei Magenoperationen wird darum ein Teil des Abschnittes, wo die Verdauungsdrüsen sitzen, entfernt – sonst gelingt zwar die Operation, aber der Magen würde sich dann selbst verdauen.

Ein Blick auf unsere nähere und fernere Tierverwandtschaft zeigt, daß Magenbildungen – je nach der Art der Nahrung – mannigfache Abwandlungen erfuhren. Bei Vögeln und Krokodilen, die mit ihrem Freßwerkzeug zwar gut packen und abbeißen, aber nicht zerkleinern können, finden wir muskulöse Kaumägen, in die häufig auch Steinchen aufgenommen werden. Zwischen diesen wird die Nahrung zermahlen. Hier werden wichtige Organteile – eben die Steine – nicht selbst gebildet, sondern bereits fertig aus der Umwelt dem Körper eingefügt. Genaugenommen verwandeln sie sich so in lebensdienliche Struktur. Sie leisten einen ähnlichen Dienst wie die Chitinzähne im Magen der Insekten. Seesterne legen sich über Muscheln, saugen sich an ihnen fest, zwingen durch gleichmäßigen Zug ihre Schalen auseinander. Dann stülpen sie ihren Darm aus und verdauen das Muscheltier in seiner Schale. Auch Raubschnecken tun dies, indem sie in den Muschelpanzer ein Loch bohren, giftige und verdauende Sekrete einspritzen und dann die verflüssigte Nahrung einsaugen. Sie verwandeln so die Muschelschale in einen ihnen dienlichen Kochtopf. Spinnen verfahren nicht anders. Die von ihnen gefangenen Insekten haben wie alle Gliedertiere einen harten Außenpanzer. In diesen spritzt die Spinne Gift und Verdauungssäfte und saugt dann den Inhalt aus.

Die Weiterbewegung der Nahrung im Darmtrakt erfolgt auf die gleiche Art wie jene des Blutes in den zum Herz zurückführenden Venen: durch rhythmische Zusammenziehung der Schläuche. Durch Nervenimpulse werden die Muskeln so aktiviert, daß sie sich in fortlaufender Welle zusammenziehen – man nennt dies »Peristaltik«. Befinden wir uns im Klosett, und bemühen wir uns um Abscheidung aus dem Darm, dann kann unser Wille durch Pressen nur beschränkt die gewünschte Wirkung erzielen. Wir müssen auf die Eigentätigkeit des Darmes – seine Peristaltik – warten. In Tausenden von Kanälen, ohne daß wir es wissen oder ahnen, erfolgen solche koordinierte Bewegungen – fernab von den unmittelbaren Sorgen unseres Ich. Am Übergang vom Magen in den Dünndarm befindet sich ein ringartiger Abschließmuskel: der Pförtner. Automatisch wird durch ihn verarbeiteter Speisebrei in kleinen Portionen in den Dünndarm verfrachtet. Zuerst in den sogenannten Zwölffingerdarm. Hier münden – unter anderem – zwei besonders potente Verdauungsdrüsen: die Leber, deren Galle die Fette in kleine Tröpfchen zerlegt, und die Bauchspeicheldrüse, welche Eiweiß und Fette spaltende Stoffe absondert. In den weiteren Bereichen des Dünndarmes münden andere Drüsen: Das Zerkleinerungswerk der Nahrung wird Stück für Stück fortgesetzt. Manche Stoffe – Wasser, Salze, Vitamine, Spurenelemente – werden bereits über die Magenwand dem Blutkreislauf zugeführt, auch Alkohol – deshalb wirkt er so schnell. Das meiste jedoch muß erst in entsprechenden Arbeitsgängen zerlegt werden und wird dann im Dünndarm, dessen Oberfläche durch Zottenbildung noch um ein Vielfaches vergrößert ist, aufgenommen, »resorbiert«. Zu einem Hilfsorgan der Fettübernahme wurde bei den Säugetieren – und so auch bei uns – das Lymphsystem. An sich ein Hilfsorgan der Abscheidung, der Dränage und Desinfektion, stellt es sich hier in den Dienst der Nahrungsaufnahme und führt die in seine molekularen Bestandteile zerlegten Fette dem Blutstrom zu. Dann gelangen wir zu einem Blindsack, der gleich anschließend besprochen wird, und zu einem weiteren Tor. Es führt die Bezeichnung »Bauhinsche Klappe«. Bis zu diesem Punkt wird die Nahrung also zerkleinert und verdünnt, um sie wasserlöslich zu machen, so daß sie über die Zellwände in die Zellen gelangen und über die Blutflüssigkeit weitertransportiert werden kann. Dazu ist Wasser nötig – auf trockenem Landraum zumeist ein

Mangelstoff. Demgemäß dient der letzte Darmabschnitt – bei allen höheren Landtieren – der Wasserrücknahme. Was sich als nicht verwertbar erwies, wird nun rücksichtslos eingedickt. Während die Salzsäure im Magen desinfizierend wirkt, wird hier, im letzten Darmabschnitt, den Fäulnisbakterien freies Feld gelassen. Durch Vergärung machen sie noch diesen und jenen Abfall verdaubar – er wird ebenfalls durch die Wand des Dickdarmes aufgenommen. Dann gelangen wir an einen doppelten Muskelring: Der äußere ist unserem Willen unterworfen, der innere jedoch nicht. Zusammen bilden sie die Ausscheidungsöffnung, den After. Befinden wir uns auf dem Klosett, dann können wir mit dem äußeren Muskelring den Abscheidungsvorgang unterstützen – mit dem inneren und den Darmmuskeln jedoch nicht. Hier müssen wir geduldig warten, bis diese dazu bereit sind.

Dritte Sternstunde vor 480 bis 440 Millionen Jahren ist also der Beginn einer Differenzierung des Darmes: die Entstehung immer mehr spezialisierter Abschnitte, welche die aufgenommene Nahrung immer effizienter bearbeiten. Bei diesem Vorgang, das ist wichtig, wird zwar Wärme gewonnen, jedoch keine Energie, die vom Körper in Arbeit umgesetzt werden kann. Ja, bei schwer verdaulicher Nahrung kann sogar mehr arbeitsfähige Energie verbraucht werden, als die Gesamtanstrengung einbringt. Manche der heutigen Diäten, die über Zuvielessen Abnehmen erreichen, stützen sich darauf. Der Darm ist, wie gesagt, nur ein vielzelliges Hilfsorgan und Vermittler. Die eigentlichen Zertrümmerungsanlagen, die Energie einbringen – in gewissem Sinne dem Atomreaktor vergleichbar –, befinden sich innerhalb der Zellen, haben diese nie verlassen. Weit mehr als das »Ich« Mensch glaubt, ist es ein Staat von ganz anderen Ichs, von denen es nichts weiß. Ein unsympathischer Gedanke, gewiß – doch anderseits eine unbestreitbare Tatsache, mit der wir uns auseinandersetzen sollten, ja müssen, sofern wir Wert darauf legen, nicht in den Tag hineinzuleben, sondern uns als das sehen wollen, was wir sind.

Die vierte Sternstunde ist eine für uns negative. Hinter der Bauhinschen Klappe befindet sich ein Blindsack, der unsere besondere Aufmerksamkeit verdient. Nicht zuletzt deshalb, weil der wurmartige Fortsatz dieses Sackes schon manchen Todesfall verursacht hat, weil er ein Organ darstellt, das dem Menschen – obwohl unser Körper es bildet – eher schadet. Es ist der sogenannte »Blinddarm« – ein etwas unglücklicher Pinselstrich des Schöpfers, wenn wir an eine gewollte, bewußte, gezielte Erschaffung des Menschen glauben. Die Geschichte dieses kuriosen Organes nimmt weit in unserer entwicklungsgeschichtlichen Vergangenheit ihren Anfang. Und zwar bei der Problematik, wie gefressene Pflanzenteile verdaut werden können. Im Gegensatz zu den Zellen, welche Tierkörper aufbauen, sind jene, die Pflanzenkörper aufbauen, nicht nur von einer dünnen Membran, sondern von einer recht widerstandsfähigen Zellulosehülle umschlossen. Bei den Pflanzen kommt es weniger auf Beweglichkeit als auf Stabilität an – sie müssen ja den Sonnenstrahlen nicht nachlaufen, sondern bloß entgegenwachsen, demgemäß bilden hier die Zellen weit festere Bausteine. Besonders wichtig ist das an Land, wo Stiele und Stämme der Schwerkraft entgegen gebildet werden müssen, um gegenüber den Pflanzenkonkurrenten die eigenen Blätter noch höher vom Boden wegzuheben, noch näher ans Licht zu bringen, an die Energiequelle, an die wichtigste Nahrung. Beim Verspeisen von Pflanzenzellen stellt sich somit das Problem: Wie lassen sich diese Wände verdauen und verwerten, wie kann man an das, was sie umschließen, herankommen? Sehr frühzeitig spezialisierten sich Bakterien und höherentwickelte Einzeller auf dieses Geschäft. Vielzeller, die sich von Pflanzen ernähren, machen sich dies zunutze. Statt Drüsen hervorzubringen, die gleiches vermögen, gelangen sie über schon bestehende Einheiten zum gleichen Ziel. So wie Vögel und Krokodile sich Steine einverleiben und als Hilfsorgane der Verdauung verwenden, und so wie die Spinne den Panzer des erbeuteten Insektes in einen ihr dienlichen Kochtopf verwandelt – so gelangten viele Pflanzenfresser dahin, sich der auf Zellulosespaltung spezialisierten Bakterien und Einzeller zu bedienen. Diese arbeiten über Gärung, gewinnen also nur einen kleinen Teil der in ihrer Nahrung enthaltenen Energie. Sie werden gleichsam als Rammbock vorausgeschickt. Mögen sie ihr Geschäft betreiben und sich dabei sättigen: Was übrig bleibt, enthält noch genug Energie. Ja, sogar noch mehr. Also haben viele Tiere in ihrem Darmtrakt Abschnitte entwickelt, wo Bakterien und Einzeller nicht nur geduldet werden, sondern ihre Tätigkeit aktiv gefördert wird. Dies geht so weit, daß bei zahlreichen Insekten besondere Vorrichtungen ausgebildet sind, um diese winzigen »Verdauungshelfer« bei der Fortpflanzung auf die Nachkommen zu übertragen. Dafür wurden besondere Spritzorgane und Verhaltenssteuerungen entwickelt. Die Termiten können zum Beispiel das Holz, von dem sie sich ernähren, gar nicht selbst aufschließen. Desinfiziert man den Darm einer Termite, tötet man also alle darin enthaltenen Bakterien und Einzeller ab, dann frißt die Termite – angeborenen Steuerungen folgend – weiter emsig Holz, verhungert jedoch. Denn selbst vermag sie ihre Nahrung nicht zu verwerten, sie kann die Holzmoleküle nicht aufschließen und an die in ihnen enthaltene Energie gelangen. In unserer Ahnenverwandtschaft spezialisierten sich viele Tierarten auf das Fressen von Pflanzen, in ihrem Darmtrakt bildeten sich Blindsäcke, in denen zellulosespaltende Bakterien und Einzeller gleichsam gezüchtet werden. Nachkommen zeigen es uns noch heute. Es sind Gärkammern, in denen die Bakterien und Einzeller nach freiem Belieben schalten und walten können: Auf das freundlichste wird ihnen dort Nahrung zugeführt, sie leben dort in Saus und Braus. Selbstlos ist indes dieser Vorgang nicht. Was diese Gesellschaft übrigläßt, ist zu wohlverdaubarer Nahrung geworden. Ein Geschäft also zum beiderseitigen Vorteil – eine Symbiose. Jeder Teil profitiert davon. Bei den Wiederkäuern – den Giraffen, Antilopen, Gazellen, aber auch bei unseren Hirschen und Rindern – hat sich dieser auf Anstellung von anderen Lebewesen beruhende Betrieb fabrikartig erweitert. Nach dem ersten Kauen gelangt die Nahrung in einen Magenabschnitt, von dort in einen zweiten – und wird dann wieder in die Mundhöhle hinaufbefördert: zum Wiederkäuen. Anschließend wird sie ein zweites Mal geschluckt und gelangt in einen dritten Abschnitt. In allen diesen drei Vormägen wird die Nahrung durch Reibbewegungen zerkleinert und sind Verdauungshelfer eifrig am Werk. Erst im vierten Magen setzt dann die eigentliche Verdauung ein. Bei Vorfahren des Menschen – in der Säugetierreihe – wurde am Übergang zwischen Dünndarm und Dickdarm, also hinter der Bauhinschen Klappe, ein Blindsack als Unterkunft für Verdauungshelfer angelegt. Dies ist die vierte Sternstunde in der Entwicklung unserer Verdauungsorgane – vor 160 bis 120 Millionen Jahren. Bei Pflanzenfressern entwickelte sich dieser Blindsack besonders groß – bei Fleischfressern ist er klein und wird vielfach rückgebildet. Auch bei den allesfressenden Affen und uns ist dies so. Was sich beim Menschen entzündet, ist nicht eigentlich der Blinddarm, sondern sein Wurmfortsatz. Im komplexen Getriebe unseres Körpers ist auch diese in Reduktion befindliche Bildung nicht total funktionslos. Da solche Gärkammern giftige Fäulnisstoffe enthalten, werden sie von Polizeiorganen, die im Lymphgefäßsystem patrouillieren – den amöbenartig sich bewegenden Lymphocyten – bewacht. So wurde auch der Blinddarmfortsatz ein Ort innerer Kontrolle, und wenn man ihn bei kleinen Kindern grundlos wegschneidet, hat dies auch Nachteile. Nur wenn er sich entzündet, muß er entfernt werden. Sonst ist es um die ganze Zellgemeinschaft – um uns selbst – geschehen.

Und die fünfte Sternstunde – gibt es auch in diesem Entwicklungsweg eine solche? Im Rahmen der Entwicklung unseres Zellkörpers wohl nicht. In unserer weiteren Entwicklung dagegen schon. Man denke an die Raubschnecke, welche die fremde Muschelschale dazu benützt, den Inhalt darin verdaubar zu machen. Man denke an die Kreuzspinne, welche die gefangene Fliege mit Fäden umhüllt – und sie als Topf verwendet, der bei anfallendem Nahrungsbedarf zum Teil oder zur Gänze ausgetrunken wird. Und dann denke man an die Töpfe, die der Mensch – kraft seiner Intelligenz – aus Lehm formte und brannte, die er auf künstlich entfachtes Feuer stellt, in denen er Speisen kocht. Durch diese Erhitzung werden die Zellulosewände der Pflanzenzellen ebenso wie durch Bakterien und Einzeller verdaubar gemacht – ihr Inhalt, das Protoplasma der Pflanzenzelle, wird über diesen Vorgang zugänglich. Bei der normalen Nahrungsaufnahme setzt die Vorverdauung in der Mundhöhle ein. Über den Trick mit Flamme und Töpfen beginnt die Vorverdauung entsprechend früher. Und was die Enzyme des Mundraumes, des Magens, der Galle und der Bauchspeicheldrüse nicht vermögen: das vermag das kochende Wasser.

Die fünfte Sternstunde in der Entwicklung der menschlichen Verdauung liegt 2 bis 1,8 Millionen Jahre zurück. Damals begann der Mensch seinen Körper durch zusätzlich gebildete Einheiten zu erweitern – Faustkeil, Speer, Messer, Topf, Herd, Haus und sonstiges. Damals gelang ihm die Zähmung und Dienstbarmachung des Feuers, die Erfindung des Herdes. Man wird hier einwenden: Diese Entwicklung läßt sich mit Mitochondrien, Darm und Magen nicht in eine Reihe stellen. Denn der Herd sei aus toter »anorganischer« Struktur, Mitochondrien und Darm und Magen und Dünndarmzotten dagegen aus lebender Materie aufgebaut. Doch wo liegt der Unterschied? Denken wir an die Steine, die Vögel und Krokodile schlucken und zu Werkzeugen ihrer Verdauung machen. Freilich: Sie liegen nun innerhalb des Körpers. Doch wie ist es bei der angebohrten Muschel, bei dem von der Spinne erbeuteten Insekt? Ihre Schale, ihr Panzer werden zum Kochtopf, sind nicht selbst geschaffen, befinden sich nicht innerhalb des eigenen Körpers. Auch an die Nahrungshelfer ist hier zu denken: Sie befinden sich im eigenen Körper, sind aber von diesem keineswegs hergestellt, sondern für die benötigte Nutzleistung gewonnen. Der langen Rede kurzer Sinn: Was zählt, ist nicht das äußere Bild, sondern das Ergebnis, die Nützlichkeit, die Fähigkeit zur Funktion. Ob im Körper befindlich oder nicht, ob aus organischem Material geformt oder nicht: Der Herd ist ein Hilfsorgan der Verdauung. Und letztlich werden auch alle Pflanzenzellen aus anorganischen Bausteinen gebildet.

Aber die Entwicklung geht noch weiter. Ichbewußt, wie der Mensch wurde, interessiert ihn alles, was ihm Lustgefühle, was ihm Annehmlichkeit, was ihm Glücksempfinden verschafft. Dies züchtet er eifrig, danach sucht er, in diese Richtung entfaltet er seinen Intellekt. Was die Nahrung betrifft, so stillt sie nicht nur den Hunger, sondern schmeckt in der Regel auch gut und kann, wenn man sie würzt und entsprechend zubereitet, noch besser schmecken, noch stärkere Lustgefühle, Annehmlichkeit, Glücksgefühle einbringen. So entstand die Gastronomie, einer der blühendsten Wirtschaftszweige in der menschlichen Entwicklung: Köche, Kochbücher, Restaurants, Feinschmeckerei. Das Resultat: Der Mensch ißt weit mehr, als er benötigt. Und aufgrund angeborener Steuerungen setzt der Körper dies in Reservestoffe um, die in Form von Fett unter der Haut und an weiteren Stellen angesiedelt werden. Daraus entstand die Problematik, wie kann man viel essen, ohne fett zu werden? Die alten Römer steckten sich nach der Mahlzeit eine Pfauenfeder in den Rachen, weckten so den Brechreflex und spien das Gegessene wieder aus. In unserer Zeit geht man dazu über, Diät zu halten. Man errechnet Kalorien, schreibt sich ein Eßprogramm vor. Diätbücher sind heute ebenso gefragt wie Kochbücher oder erlesene Restaurants. In einem weiteren Punkt war die moderne Forschung von Nutzen. Durch das Kochen von Pflanzen werden die in ihnen enthaltenen Vitamine zerstört, deren wir dringend bedürfen. Also empfahl man Rohkost, rohes Obst, rohes Gemüse.

Ebenso wie es zum Ziel wurde, die Sexualität von unerwünschter Schwangerschaft zu trennen, bemüht man sich nun darum, die unliebsamen Folgen des guten Essens zu vermeiden. »Auch unser edles Sauerkraut, wir wollens nicht vergessen ...«, schrieb Uhland. »Im Essen bist Du schnell, im Gehen bist Du faul ...«, vermerkte Lessing. Und Calderon schrieb: »Das Essen ist für mich gemacht, das Trinken ist für mich erdacht, für mich wird Küch' und Keller bestellt, zum Essen und Trinken kam ich zur Welt!« Naturwissenschaftlich ist dies durchaus für uns und unsere gesamte tierische Verwandtschaft vertretbar. Wie auch immer ein Tier aussieht, es ist so beschaffen, daß es Nahrung – in welcher Gestalt auch immer – zu erwerben vermag. Alles weitere wird aus dieser Nahrung bezahlt, finanziert, beglichen. Man vergesse nicht: Ohne arbeitsfähige Energie gibt es keinerlei Strukturaufbau, keinerlei Bewegung und Vorgang, keinerlei Entfaltung, Wachstum und Vermehrung – schlechthin nichts. Deshalb ist die Nahrungsaufnahme, so untergeordnet sie dem Kultivierten erscheinen mag, unsere zentrale Funktion. Alle übrigen gruppieren sich rings um sie, nicht um das Gehirn, nicht um den Geist, nicht um die Gefühle. Das Fundament, auf dem unser Ich ruht, ist die Nahrung. Wer verhungert oder verdurstet, dessen Ich erlischt.

8.
Das Gehirn und das Ich

Mit einiger Verspätung kommen wir nun zu jenem Organ, das man üblicherweise als das wichtigste ansieht, weil wir ihm unsere Fähigkeit des Denkens verdanken, unsere Erkenntnis, unser Ich-Bewußtsein, unsere Fähigkeit zur logischen Schlußfolgerung, unseren praktischen Kontakt mit der Welt, in die wir nun einmal gesetzt sind, aus welchem Grunde, aus welcher Konstellation von Umständen auch immer. Dieses unser stolzestes Organ nach der Hand, dem Herz, unserem geschwätzigen und sinnlichen Mund, unserem Auge und den komplizierten Organen der Fortpflanzung, der Sexualität zu besprechen, mag vielen als Sakrileg erscheinen. Mancher Philosoph ging so weit, in unserem Gehirn, in unserer Fähigkeit des Denkens, überhaupt die einzig erweisbare Realität zu sehen. Es ist wohl unbestritten Sitz unseres »Ich« – von dem der Christ glaubt, daß es über den Tod hinweg existent bleibt, von dem der Buddhist annimmt, daß es von einem Körper in einen anderen weiterwandert, auch von einem Menschen in ein Tier oder von einem Tier in einen Menschen. Vom Geist behauptete Vergil, daß er »die Materie bewegt«, und Friedrich Schiller meinte, daß er »sich den Körper baut«. Der Philosoph, Mathematiker und Physiker Pascal empfand das Ich dagegen als »hassenswert«, Nietzsche nannte es einen Hund, der ihm überall folge, wohin er auch gehe. Shakespeare läßt im »Othello« Jago sagen »Ich bin nicht, was ich bin«, und in der lange vor Christus entstandenen Brihadaránjaka-Upanischad erfahren wir, dieses Ich sei Fürst des Alls, König der Geschöpfe, Schirmherr der Wesen, »ein Damm, der die Weiten voneinander trennt, auf daß sie nicht ineinander verfließen«.

Wir befassen uns nun also mit einem heiklen Thema. Können wir auch den Geist, können wir auch das Ich in die Schablone einer zeitlichen Entstehungsgeschichte pressen? Der Autor dieses Buches ist der Ansicht, daß dies sehr wohl möglich ist. Gleichzeitig ist er jedoch auch der Meinung, daß Überzeugungen, die der modernen Naturwissenschaft diametral entgegenstehen – die im Ich und der Seele etwas total anderes, Unkörperliches, aus anderen Dimensionen zu uns Herübergelangendes sehen –, nicht im eigentlichen Sinn durch Gegenbeweise widerlegbar sind, daß sie durchaus ihre Berechtigung haben und durch die nun folgenden Ausführungen in keiner Weise betroffen oder verletzt werden sollen.

Wir sehen im Menschen ein materielles Gefüge besonderer Art, das nur aus dem langen Weg seines Zustandekommens erklärbar ist. Wir glauben nicht – und viele Argumente sprechen dafür –, daß dieser Mensch gewolltes Ziel ist, spezieller Augapfel überirdischen Interesses, Antwort auf die Frage nach dem Warum der kaum zu bestreitenden Evolution. Wir sehen im Menschen ein höchst bemerkenswertes Phänomen – allerdings ist es im Grunde nicht rätselhafter und bemerkenswerter als alles übrige, das uns umgibt, als das Zwillingspaar Energie-Materie, das sich in so erstaunlich vielen Gestalten manifestiert. Wir versuchen dieses Phänomen Mensch, uns selbst also, auf dem Weg unseres entwicklungsgeschichtlichen Werdens besser zu verstehen, um für unser praktisches alltägliches Leben Nutzen daraus zu ziehen. Im Atomzeitalter sind wir an einen Punkt gelangt, an dem es wichtig und wesentlich wird, daß wir uns selbst nüchtern betrachten. Nicht um uns zu entwerten, sondern um uns realistisch einzuschätzen. Um nicht wie Ikarus mit Wachsflügeln in Himmelshöhen zu fliegen, um dann im Hitzefeld der Realität jäh abzustürzen und anstelle eines erhofften Noch-Mehr ein höchst reales Weit-Weniger oder Gar-Nichts zu erlangen.

Wenn wir unser Denkorgan erst so spät besprechen, dann liegt das auch daran, daß es ein sehr junges Organ ist, das entwicklungsgeschichtlich erst vor kurzer Zeit entstand und sich der Familie der übrigen Organe einfügte. Ähnlich dem Herzen ist es nur Bestandteil eines viel größeren Systems, das sich, fast ebensosehr wie der Blutkreislauf, im ganzen Körper verästelt und verzweigt, in fast jedem Winkel des Zellgebäudes Mensch präsent und tätig ist. Dieses System – das Zentralnervensystem – charakterisiert die Tiere. Pflanzen bedürfen dieses Signalsystems nicht. Ruhig am Ort verharrend, vermögen sie Energie und Stoffe zu gewinnen. Zwar führen auch ein Halm, ein Baum, eine Blüte Bewegungen aus – doch diese sind langsam, erfolgen nach dem Rezept der Wachstumsbewegungen oder über Veränderungen im inneren Druck. Das Tier dagegen ist darauf angewiesen, Beute aufzuspüren, sie zu überwältigen. Im Wasserraum gibt es auch ortsgebundene Tiere, welche sich Wasserströmungen zunutze machen, die ihnen die Nahrung direkt vors Maul spülen. Schwämme saugen sie dann einfach in ihr Kanalsystem – doch bereits Polypen und Medusen müssen zupacken, überwältigen. Dazu aber ist eine Telefonverbindung zwischen Sinnesorganen und Fangorganen notwendig. Und noch weit notwendiger sind solche Verbindungen für alle sich bewegenden Tiere. Denken wir an die sechs Beine eines Käfers: Es müssen sehr viele koordinierte Befehle an die zahlreichen Muskeln dieser Beine gelangen, um eine für Nahrungserwerb, Flucht oder Paarung geeignete Bewegungsweise zu gewährleisten.

Es geht also darum, Umweltreize zu beantworten – auf sie entsprechend zu reagieren. Das Prinzip, nach dem sich solche Reaktionen vollziehen, ist überall das gleiche und knüpft an Vorgänge an, die auch im anorganischen Bereich gang und gäbe sind. Erschüttere ich Nitroglycerin, dann gibt es eine Explosion. Bringe ich an Knallgas einen Funken heran, dann explodiert es. Ein ganz bestimmter Umweltreiz – eine Erschütterung, ein Funken – lösen eine chemische Reaktion aus, bei der Energie freigesetzt wird. Ein Spannungspotential war vorhanden, das dann zusammenbricht, zu einem Gleichgewichtszustand führt, wobei arbeitsfähige Energie frei wird. Genau nach diesem Prinzip verfährt die Zelle, freilich mit dem Unterschied, daß sie selbst solche Ungleichgewichte schafft, also Spannungspotentiale aufbaut. Diese sind so geartet, daß sie auf ganz bestimmte Reize ansprechen – worauf die Reaktion im Bruchteil einer Sekunde erfolgt. Würde die Zelle erst nach Eintreffen des Reizes Energie mobilisieren, dann käme die Reaktion oft zu spät. So aber verfügt sie gleichsam über geöffnete Fallen, die jederzeit bereit sind, blitzartig zuzuschnappen. Anschließend muß die Falle wieder geöffnet, also das Spannungspotential wieder aufgebaut werden. Während die Reizbeantwortung in zwei zehntausendstel Sekunden erfolgt, nimmt die Refraktärperiode zehn- bis hundertmal mehr Zeit in Anspruch.

Aus der Sicht unseres vielzelligen Körpers und seiner Entstehung kam es zur ersten Sternstunde in dieser Entwicklung, als sich im

Zellverband einfacher Hohltiere – vor 1500 bis 1300 Millionen Jahren – die ersten Zellen auf den Dienst einer inneren Telefonleitung spezialisierten. Während Metalldrähte aus einem Stück gewalzt oder gezogen werden, entstehen die inneren Telefonleitungen der vielzelligen Tiere sozusagen von der Mitte her: Indem die Zelle auf der einen Seite – wie Scheinfüßchen von Amöben – dünne, auf Reizempfang ausgerichtete Fortsätze bildet, die »Dendriten«, und auf der anderen Seite einen meist längeren ableitenden Fortsatz, der die Botschaft weiterleitet. Dieser, der »Neurit«, wird dann in weiterer Entwicklung von anderen Zellen umschlossen und so mit einer isolierenden Hülle versehen. Er mag zu einer Muskelzelle führen, zu einer Drüsenzelle oder zu einer anderen Nervenzelle, die dann das Signal übernimmt, verarbeitet, weitergibt. Aber damit ist bereits eine Vernetzung entstanden, die dann im weiteren Verlauf zur Ausbildung von Schaltzentralen und schließlich zur Konzentration in einer immer größeren Oberschaltstelle, dem Gehirn, führt.

Einfachste, nur lose verknüpfte Nervenfasern zeigen uns noch heute die Nachkommen alleraltester Vorfahren: die Korallenpolypen und Medusen. Erstere sitzen am Grund fest und benötigen noch keine koordinierenden Schaltstellen, um mit ihren Armen vorbeitreibende, sie berührende Kleinlebewesen zu erfassen und in die Öffnung ihres Darmes, den Urmund, zu befördern. Bei den Medusen finden wir jedoch bereits einen ausgeprägten Nervenring am Schirmrand, der sich rhythmisch zusammenziehen muß, um die Fortbewegung zu bewirken. Zweite Sternstunde in der Höherentwicklung des Nervensystems – vor 900 bis 700 Millionen Jahren – war dann das Zusammentreten der zunächst diffusen Nervennetze zu vielzelligen Nervenknoten, den Ganglien. Sowohl in der Entwicklungslinie jener Tiere, die den Urmund beibehielten, als auch in der jener anderen, bei denen der Mund zum After wurde – von denen die Wirbeltiere und wir abstammen –, kam es zu einer solchen Bildung lokaler Befehlsstellen. Allerdings mit einem aufschlußreichen Unterschied: Bei den Urmündern – aus denen sich Würmer, Mollusken, Krebse, Insekten und Spinnen entwickelten – sind die Ganglien in zwei Reihen an der Bauchseite angeordnet. Noch heute lebende Würmer zeigen uns den Grund dafür. Diese Tiere bildeten Segmente mit kleinen Füßchen. Die sie steuernden Kleinzentralen entstanden deshalb nahe am Ort ihres Bedarfes – eben bei diesen Füßen. Rechts eine Reihe, links eine Reihe, dazwischen Querverbindungen – so kam es zu dem, was der Biologe »Strickleiter-Nervensystem« nennt. Freilich, am Vorderende mußten sich die Ganglienknoten oberhalb des Maules bilden, denn dort war der für Sinnesorgane günstigste Platz. Deshalb führt die Strickleiter am vorderen Ende zu beiden Seiten des Darmrohres hoch und endet in den Ganglien oberhalb des Mundes, also auf dem Rücken. Diese grundsätzliche Anordnung zeigen noch heute alle Mollusken und alle Gliedertiere. Im Rahmen ihrer Höherentwicklung vereinigten sich dann manche dieser Ganglien, so daß schließlich, besonders bei den Tintenfischen und den Spinnen, die Hauptmasse der Nervenknoten am Vorderende, teils über, teils unter der Mundhöhle angeordnet ist. Aus unserer eigenen Abstammungslinie blieben keine Nachkommen jener ersten sich bewegenden Zweitmünder erhalten. Immerhin zeigt uns das Lanzettfischchen sehr gut, was geschah (Taf. 10). Hier konzentrierten sich die Ganglienzellen auf dem Rücken, also oberhalb des Darmrohres, was wohl als Hinweis dafür gewertet werden kann, daß sich diese Tiere auf eine schwimmende und nicht kriechende Fortbewegungsweise spezialisierten. Auch bei ihnen, wie bei jedem sich in eine bestimmte Richtung bewegenden Tier, lag der für die Sinnesorgane – besonders Augen und Geruchsorgane – günstigste Platz am Vorderende oberhalb der Mundöffnung. Bei schwimmender Fortbewegung konnten sich die die Muskelsegmente steuernden Nervenzellen ebenfalls oberhalb des Darmes anordnen. Sie vereinigten sich zu einem geschlossenen Rohr, das beim Lanzettfischchen oberhalb der elastischen Chorda liegt (Taf. 10, Abb. 1, c). Bei den Fischen und Landwirbeltieren wurde dieser Stab dann durch die Wirbelsäule ersetzt: Die einzelnen Wirbel umschließen im oberen Abschnitt das Rückenmark, und bei jedem Wirbel nehmen paarige Nervenstränge ihren Ausgang. Die Entwicklung war hier somit nicht durch die Verbindung der Bauchganglien mit den über dem Mund liegenden Kopfganglien belastet. Das Rückenmark konnte sich am Vorderende – oberhalb des Maules – entsprechend erweitern und sich in einzelne, spezialisierte Gehirnabschnitte differenzieren.

Nach der Art, wie sich in der Embryonalentwicklung der heutigen Wirbeltiere das Gehirn ausbildet, vermuten manche Forscher, daß es zunächst aus zwei Abschnitten bestand, andere Wissenschaftler nehmen an, daß es sich in drei Abschnitte gliederte. Wie dem auch sei: Im weiteren Entwicklungsverlauf kam es zur Ausbildung von fünf Abschnitten, die bei sämtlichen heute lebenden Wirbeltieren – von den Knorpelfischen bis zu den Säugetieren – nachweisbar sind (Taf. 10, Abb. 2–6). Der vorderste, das Vorderhirn, spezialisierte sich auf die Verarbeitung der Geruchsmeldungen – und diese Funktion verblieb bis zu den Säugetieren in seiner Kompetenz. Demnach finden wir das Vorderhirn bei den Haien, die auf Geruchswahrnehmung spezialisierte »Nasentiere« sind, besonders stark entwickelt. Der obere Teil, das »Dach«, wurde später zum Sitz der geistigen Leistungen – beim Menschen zu der so enorm vergrößerten Großhirnrinde. Im zweiten Abschnitt, dem Zwischenhirn, münden die Sehnerven, und durch obere Ausstülpung entstand das Scheitelauge, das sich später in eine Hormondrüse verwandelte. Von besonderer Bedeutung ist der untere Abschnitt; hier entstanden Befehlsstellen der Verhaltenssteuerung und innerer autonomer Leistungen. Als nächstes folgt das Mittelhirn: ursprüngliche Hauptschaltstelle für die Verknüpfung optischer und akustischer Sinnesmeldungen mit Muskeltätigkeit. Abschnitt vier und fünf sind dann das verlängerte Rückenmark, Nachhirn genannt, und das aus seiner Oberseite hervorgegangene Kleinhirn. Letzteres ist zuständig für die Steuerung koordinierter Bewegungen – und demgemäß bei Fischen, Säugetieren und Vögeln besonders stark ausgebildet. Das verlängerte Mark übernahm die Anweisungen an die inneren Organe: die Darmtätigkeit, den Blutkreislauf, die Atmung, die Nierentätigkeit und vieles andere.

In dieser gewaltigen Entwicklung einer Differenzierung in einzelne Abschnitte nach Sternstunden zu suchen, ist nicht zweckmäßig, weil hier das äußere Erscheinungsbild nur beschränkt ausschlaggebend ist. Im Gegensatz zur Differenzierung unseres Blutkreislaufes und des Darmtraktes lassen sich die Befehlszentren innerhalb des Nervensystems nicht mit Organen wie Herz, Magen, Leber und Dickdarm vergleichen. Ganz ähnlich wie in einem Betrieb diese oder jene Leitungsfunktion sehr wohl von einem Zimmer in ein anderes, von einem Gebäude in ein ganz anderes überwechseln kann, so auch hier. Wir werden dem evolutionären Fortschritt eher gerecht, wenn wir beim Zentralnervensystem nicht nach Orten abgrenzen, von denen aus die Steuerungen erfolgen, sondern nach den Aufgabengebieten, die zu steuern sind. Verfahren wir so, dann ist zunächst das »vegetative Nervensystem« abzugrenzen, das den inneren Betrieb über Reflexe lenkt. Man nennt es auch »autonomes Nervensystem«, weil es automatisch arbeitet – und auch beim Menschen nicht dem bewußten Willen unseres Ich unterliegt (Taf. 18, h). Die Tätigkeit unseres Darmes, die Steuerung unseres Blutdrukkes, unseres Stoffwechsels und unzähliger anderer Funktionen erfolgen außerhalb unseres Bewußtseins »ganz von selbst«. Im Prinzip ist die Art dieser Steuerung einfach. Ganglien, die entwicklungsgeschichtlich zu den ältesten gehören und über den ganzen Körper verstreut sind – man faßt sie unter der Bezeichnung »sympathisches und parasympathisches Nervensystem« zusammen –, teilen sich die Arbeit derart, daß die eine Gruppe erhöhte Leistung befiehlt, die andere verminderte Leistung. Über Rückmeldungen erhalten diese Ganglien Mitteilung über die jeweilige Situation und lassen demgemäß die Zügel locker oder ziehen sie bremsend an. Nach heutiger Schätzung sind im menschlichen Körper mehr als 20 000 Reflexbahnen unaufhörlich tätig, um den laufenden Betrieb in Ordnung zu halten. Meldungen innerer Sinnesorgane gelangen an verarbeitende Zentren, und von dort aus werden dann über weitere Nervenbahnen entsprechende Befehle erteilt. Die Generaldirektion dieser inneren Betriebsführung liegt beim Menschen im »Hypothalamus«, einem Abschnitt unseres Zwischenhirnes (Taf. 18, k).

Beurteilen wir das tierische Nervensystem von der Leistung her, dann sind von jenen Zentren, die den inneren Betrieb ordnen und koordinieren, jene anderen abzutrennen, die für das Verhalten des Tieres in seiner Umwelt verantwortlich sind, also für Nahrungssuche, Feindabwehr, Sexualverhalten etc. Unter diesem Aspekt kam es zu einer weiteren Sternstunde, als unsere Vorfahren auf Umweltreize nicht bloß mit ähnlichen Reflexen reagierten, mit denen sie auch die inneren Körperleistungen ordnen, sondern aufgrund angeborener Rezepte differenziertes Verhalten entwickelten. Verbrenne ich mir den Finger und zucke ich mit der Hand zurück, dann ist das ein Reflex – eine Nervenleistung, die über eine verhältnismäßig einfache Verknüpfung von Nervenimpulsen vonstatten geht. Stellt die Kreuzspinne – ohne dies je gelernt zu haben – ihr kunstvolles Netz her, dann ist ihr offensichtlich ein höchst komplexes Rezept

TAFEL 10: **Der Entwicklungsweg des Organkomplexes, dem wir unser »Ich« und unsere »Seele« verdanken**

Abbildungen: **1** Lanzettfischchen, **2** schematischer Längsschnitt durch das Gehirn des Haies, **3** der Eidechse, **4** eines niederen Säugers (Beuteltier), **5** eines höheren Säugers (Pferd), **6** Längsschnitt durch das Gehirn des Menschen. a = Kiemendarm, b = Chorda, c = Neuralrohr, d = bläschenartige Erweiterung, e = Rückenmark, f = Nachhirn, g = Kleinhirn, h = Mittelhirn, j = Zwischenhirn, k = Epiphyse, l = Hypophyse, m = Vorderhirn (Großhirn), n = Großhirnventrikel, o = Balken. x, y werden im Text erklärt. Die Hirnabschnitte sind durch verschiedene Musterungen gekennzeichnet.

Das Lanzettfischchen (Abb. 1) zeigt uns noch heute die allererste Entwicklungsstufe jenes Organsystems, dem der Mensch seine Denkfähigkeit, sein Bewußtsein und seine Gefühlswelt verdankt. Die Steuerung der Körperbewegungen wird bei diesem Urchordaten (vgl. Tafel 5), der sich seit 700 Millionen Jahren kaum wesentlich verändert hat, durch Nervenzellen geleistet, die oberhalb der stabförmigen Chorda (b) ein längslaufendes Rohr, das »Neuralrohr« (c) bilden. Einfachste Sinneszellen der Licht-, Tast- und Geruchswahrnehmung geben an diese Zentrale ihre Information; hier erfolgt die Koordination der Befehle, welche das artgemäße Verhalten des Lanzettfischchens steuern. Am Vorderende des Tieres, das noch keinen »Kopf« besitzt, erweitert sich das Neuralrohr durch Wandverdünnung zu einem Bläschen (d). Bei den Nachkommen der Urchordaten – bei den Wirbeltieren, zu denen auch der Mensch gehört – setzte hier die Ausbildung differenzierter Nervenzentren ein. So entstand das »Gehirn«, das bei allen höheren Wirbeltieren eine Unterteilung in fünf Hauptbefehlsstellen erkennen läßt (Abb. 2–6). Auf das zum »Rückenmark« (e) weiterentwickelte Neuralrohr folgt das »Nachhirn« (f), dessen Dach sich zum »Kleinhirn« (g) differenzierte, sodann das »Mittelhirn« (h), das oben die Epiphyse (j) und unten die Hypophyse (k) ausbildet, und schließlich das »Vorderhirn« (m), das sich bei den Säugetieren deutlich vergrößert, so zum »Großhirn« wird, dessen Außenschicht, die »Rinde«, sich faltet, und das beim Menschen die übrigen Gehirnteile in seinem Volumen weit überflügelt. Ebenso wie das Rückenmark bleibt auch das Gehirn immer noch ein Rohr, das sich im Bereich des Vorderhirnes in zwei rechts und links gelegene Höhlungen, seine »Ventrikel« (n, punktiert gezeichnet) aufgabelt. Beim Menschen entwickelte sich die Großhirnrinde so sehr, daß es genauer anatomischer Kenntnisse bedarf, um auch hier noch die Hauptabschnitte – Hinterhirn, Kleinhirn, Mittelhirn, Zwischenhirn und Vorderhirn (Großhirn) – zu unterscheiden. Abb. 6 zeigt die rechte Hälfte des Großhirnes (m) bei medianem Längsschnitt in normaler Ansicht. Der Schnitt führt durch den »Balken« (o), der die beiden stark gefalteten Hälften miteinander verbindet. Der darunter liegende Hohlraum (x) entsteht dadurch, daß sich die beiden Großhirnteile über sämtliche übrigen Hirnabschnitte ausdehnen. Er mündet oberhalb des Kleinhirnes (y).

Die Betrachtung dieser überdimensionalen Steuerungszentrale des Menschen verdient unser besonderes Interesse. Denn eben dieses »Interesse« – unsere Fähigkeit intelligenten Überlegens und gezielten Forschens – verdanken wir jenem so besonders entwickelten Organkomplex. Der »göttliche Funken« menschlichen Bewußtseins und menschlicher Einsicht – also unser »Ich« – und ebenso die Gesamtheit unserer Gefühle, die wir als »Seele« zusammenfassen – entsteht in dieser gewaltigen Zentrale »Großhirnrinde«, die beim

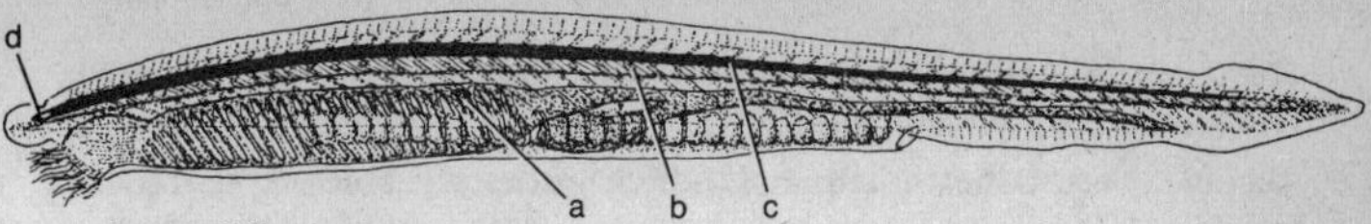

1 Lanzettfischchen

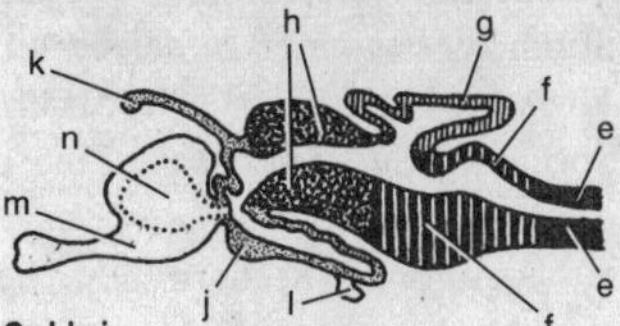

2 Hai

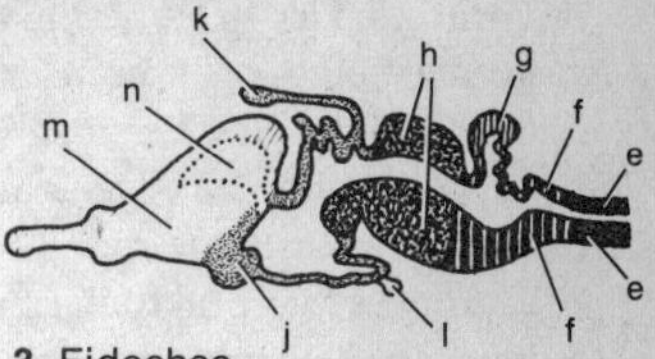

3 Eidechse

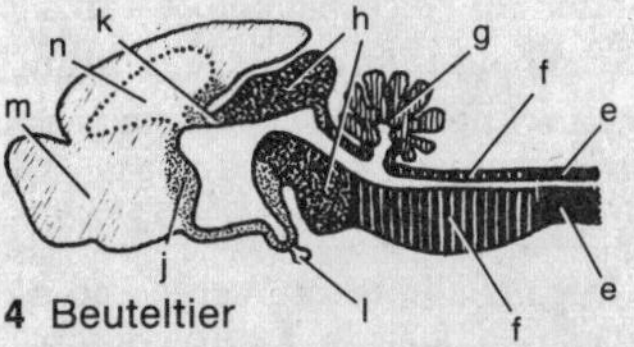

4 Beuteltier

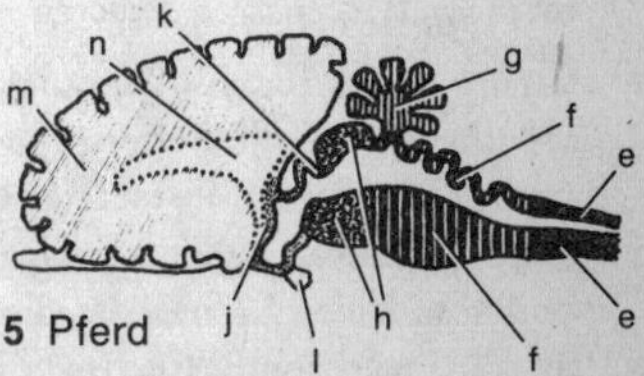

5 Pferd

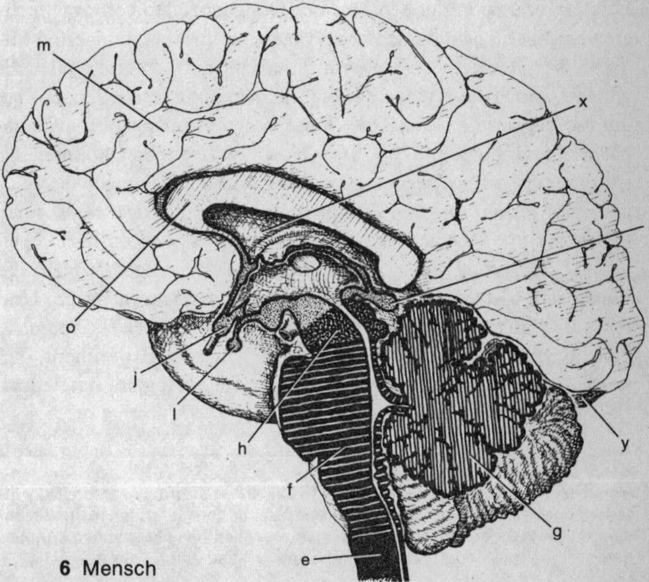

6 Mensch

TAFEL 10

für Einzelhandlungen angeboren: eine grundsätzlich höher einzustufende Fähigkeit. Daß ein Tier seinen Geschlechtspartner erkennt, scheint eher selbstverständlich – doch wie spielt es sich praktisch ab? Aus der Unzahl von Sinnesmeldungen aus der Umwelt muß dieses Tier ganz bestimmte auszusondern vermögen – eben jene, die den Artgenossen und Geschlechtspartner signalisieren. Auch hier liegt eine Leistung vor, die weit komplizierter ist als ein einfacher Reflex. Im allgemeinen Sprachgebrauch nennt man diese Leistungen »Instinkte«.

Worum es hier praktisch geht, sind angeborene Steuerungen. Sie müssen vom Erbrezept ebenso aufgebaut werden wie etwa die Struktur des Herzens, der Augen oder der Nervenzellen. Zwar sind sie um ein vielfaches kleiner, jedoch ebenso funktionelle, leistungerbringende Einheiten und in diesem Sinne ebenso »Organe« wie unsere Hand oder unsere Nieren. In Gestalt des Erbrezeptes lernten wir bereits ein Organ kennen, das im Kern der Zellen beheimatet ist und somit weit kleiner als diese. In ganz ähnlicher Weise sind die Steuerungsrezepte für Instinktverhalten auch submikroskopisch klein, irgendwo in der Struktur der Ganglienzellen verborgen. Bis zum heutigen Tag hat noch kein Forscher, selbst mit den besten Mikroskopen, eine solche Steuerungsstruktur betrachten können. Es gibt sie jedoch ohne jeden Zweifel. Ja man kann feststellen, daß sie ebenso heranreifen – sich also beim Jungtier entwickeln – wie die größeren Organe, die wir weit besser untersuchen können. So glaubte man früher, daß Jungvögel die Grundbewegungen des Fliegens erst lernen müssen. Der eben geschlüpfte Vogel hüpft noch hilflos herum. Man gewinnt also den Eindruck, daß er das Fliegen lernt. Dies stimmt jedoch nicht. Man fesselte jungen Vögeln die Flügel und löste diese Fesseln erst, als sie erwachsen waren. Und siehe da: Sie konnten fliegen! Da sie gefesselt waren, konnten sie diese Fertigkeit nicht erlernt haben. So zeigt das Experiment, daß sie über ein angeborenes Bewegungsrezept verfügten, das jedoch

---

Menschen aus nicht weniger als 10 bis 15 Milliarden Schaltelementen (Nervenzellen) besteht, im Zusammenwirken mit den übrigen Gehirnteilen, insbesonders mit dem Zwischenhirn, wo die unseren Willen beeinflussenden angeborenen Verhaltenssteuerungen ihren Hauptsitz haben (vgl. Tafel 18).

beim Schlüpfen noch nicht voll entwickelt war, sondern erst nach einiger Zeit, ebenso wie andere Organe, heranreifte.

Als dritte Sternstunde in der Entwicklung des Nervensystems kann man also die Ausbildung von Instinktsteuerungen bezeichnen, welche die Leistungskraft einfacher Reflexe grundsätzlich übersteigen. Wann kam es wohl zu dieser Sternstunde? Das Lanzettfischchen verfügt bereits über solche Instinkte: Kommt man ihm zu nahe, dann verläßt es seinen Standort, schwimmt ein Stück über den Sand und wühlt sich dann – und dies erfordert eine sehr komplizierte Koordination einzelner Muskelbewegungen – mit dem Schwanz voran wieder in den Sand ein. Die Sternstunde für das Entstehen von Instinktsteuerungen in unserer Ahnenlinie – ebenso wie in jener Parallelentwicklung, die zu den Mollusken und Insekten führte – dürfte etwa vor 700 bis 600 Millionen Jahren anzusetzen sein – sehr bald also nach der Entstehung der ersten Ganglien, der ersten Arbeitsgemeinschaften von Nervenzellen.

In den letzten Jahrzehnten erkannte man, daß beim Instinktverhalten drei Leistungen zu unterscheiden sind. Angeborenes Verhalten setzt sich zusammen aus: angeborener Bewegung, angeborenem Erkennen und angeborenem Trieb. Es genügt nämlich nicht, daß ein Tier eine bestimmte Bewegungsfolge auszuführen vermag, sondern es ist auch entscheidend, daß es diese zur rechten Zeit ausführt. Wenn es etwa darum geht, einem Feind zu entfliehen, dann sind angeborene Bewegungen des Beuteerwerbes oder des Sexualverhaltens sinnlos. Das Tier muß also in der Lage sein, Feinde, Beute oder Geschlechtspartner an ganz bestimmten Merkmalen zu erkennen, um dann sinnvoll – also lebenserhaltend – reagieren zu können. Damit aber nicht genug. Zeigt sich keine Beute, dann kann das Tier nicht einfach warten, bis eine solche in seinen Gesichtskreis kommt, sonst verhungert es nämlich. Es muß vielmehr nach einer solchen suchen. Oder genauer: Es muß nach jenen Reizen suchen, an denen es die Beute erkennt. Ein solcher Impuls ist keineswegs selbstverständlich. Auch dafür ist eine angeborene Steuerung notwendig. Wir nennen sie Trieb. Instinktverhalten setzt sich somit aus drei Hauptkomponenten zusammen. Erstens aus einem ganz bestimmten Steuerungsrezept für Bewegungen – man nennt dies eine »Erbkoordination«. Zweitens aus einem Steuerungsrezept dafür, in welcher Umweltsituation, also beim Eintreffen welcher Sinnesreize eben diese Bewegungsfolge auszuführen ist. Man spricht hier von einem »Reizfilter«, von einem »angeborenen auslösenden Mechanismus« – oder in Abkürzung von einem »AAM«. Und drittens ist für jedes Instinktverhalten auch ein angeborener Impuls notwendig, nach ebensolchen Reizen zu suchen, sofern sich diese nicht von selbst einstellen. Diesen Impuls nennen wir »angeborene Motivation« oder schlicht »Trieb«. Beispiele für solche Triebe sind jedermann bekannt. Fehlt es uns an Nahrung, dann zeigt unser Körper den angeborenen Impuls, nach solcher zu suchen – wir nennen diesen Trieb »Hunger«. Fehlt es uns an einem Geschlechtspartner, dann meldet sich der »Sexualtrieb« und setzt unseren Körper und Geist suchend in Bewegung. Wie aus jedem Lehrbuch der Verhaltensforschung zu ersehen ist, gibt es noch weitere angeborene Phänomene, die im Gesamtgefüge des Instinktverhaltens von Bedeutung sind. Hier brauchen wir darauf nicht näher einzugehen, sondern stellen bloß fest, daß eine höhere Leistung des Nervensystems vorliegt, die nicht nur darin besteht, durch entsprechende Verknüpfung von Nervenzellen entsprechende Reiz- oder Befehlsübermittlungen zu bewirken, sondern nach angeborenem Steuerungsrezept differenzierte, lebensfördernde Handlungen oder Reaktionen auszuführen.

Ein Detail muß allerdings noch erwähnt werden, weil es für die Beurteilung unseres sogenannten »Ich« von ganz entscheidender Bedeutung ist. Es betrifft den angeborenen Trieb. Offensichtlich bewirkt er ein Hinstreben zu bestimmten Reizsituationen und ein ebenso triebhaftes Wegstreben von anderen. Das Nervensystem muß also irgendwie dem Körper die eine Reizsituation erstrebenswert erscheinen lassen – ihn zu dieser gleichsam hinlocken, eine andere ablehnenswert – ihn also von dieser sich abwenden lassen. Da wir mit Tieren nicht sprechen können, wissen wir nicht, was sie empfinden. Bei uns selbst wissen wir indes sehr genau, daß sich Triebhandlungen mit Lustgefühlen verbinden, wenn sie ausgeübt werden – und mit Unlustgefühlen, wenn sie nicht realisierbar sind. Fehlt es uns an Nahrung, dann steigert sich unsere unlustvolle Erregung. Bedroht uns Gefahr und gelangen wir in Sicherheit, dann atmen wir auf, sind lustvoll erleichtert. Versagt sich uns der Partner bei unserem Liebesbemühen, dann sind wir unglücklich. Die Beobachtung der uns nächstverwandten Säugetiere legt nahe, daß bei ihnen ein ähnlicher Mechanismus am Werk ist. In der Biologie geht man ganz allgemein davon aus, daß das Triebverhalten nach dem Lust-Unlust-Prinzip gesteuert wird. Kann Trieben entsprochen werden, rollen also Instinkthandlungen ab, dann verbinden sich damit positive Innenerlebnisse, gelangen sie nicht an ihr programmiertes Ziel, kann ihnen nicht entsprochen werden, dann kommt es zu Innenerlebnissen mit deutlich qualvollen Erregungen. Beim Menschen ist erwiesen, daß ein Abschnitt des Zwischenhirns, der Thalamus, für solche Zuordnung von Lust- und Unlustgefühlen verantwortlich ist. Bei Tieren konnte durch künstliche Gehirnreizungen erforscht werden, daß die angeborenen Rezepte ihres Instinktverhaltens in den entwicklungsgeschichtlich ältesten Gehirnabschnitten liegen. So läßt sich bei einem Hahn durch Reizung der entsprechenden Stelle erzielen, daß er sich erhebt und kräht, bei Reizung einer anderen Stelle, daß er einem Raubfeind gegenüberzustehen glaubt und sich entsprechend verteidigt, bei Reizung einer dritten, daß sich seine sexuelle Gestimmtheit verstärkt.

Rekapitulieren wir hier den bisherigen Weg unserer Betrachtung. Erste Sternstunde: Im vielzelligen Körper spezialisieren sich Zellen auf die Aufgabe einer Signalübermittlung. Sie bilden auf der einen Seite Fortsätze, die Reize aufnehmen – meist von Sinneszellen – und auf der anderen Seite weitere, meist längere, über die der Reiz dann weitergeleitet wird: zu einem Muskel, einer Drüse oder einer anderen Nervenzelle. Zweite Sternstunde: Solche Nervenzellen verbinden sich zu Ganglien, die zahlreiche Reize verarbeiten und die Befehlsgebung an die Organe übernehmen. Über rücklaufende Signale empfangen diese Kontrollmeldungen und halten durch Verstärkung oder Abschwächung ihrer Signale die innere Ordnung aufrecht. Dritte Sternstunde: Das Erbrezept baut nicht nur solche Nervenzellen und auf bestimmte Aufgaben spezialisierte Ganglien auf, sondern bewirkt außerdem die Bildung angeborener Steuerungsrezepte für das Verhalten gegenüber der Umwelt. Sie steuern koordinierte Aktionen und Reaktionen, bestimmen darüber, auf welche Reizkombination reagiert wird, versetzen das Tier in triebhafte Erregungszustände, nach eben solchen Reizsituationen zu suchen und dann ein entsprechendes Verhalten abrollen zu lassen. Gelingt dies, dann wird das Tier durch positiv getönte Innenerlebnisse gleichsam belohnt, gelingt es ihm nicht, dann treten unlustvolle Erregungen auf, die es um so mehr anspornen, doch noch das Triebziel zu erreichen. Fast alle tierischen Handlungen werden durch solche Steuerungsmechanismen gelenkt. Nicht selten kommt es vor, daß verschiedene Triebe miteinander kollidieren, daß sie einander verstärken oder sich abschwächen. Sitz all dieser Instinktsteuerungen sind die entwicklungsgeschichtlich ältesten Gehirnabschnitte, das sogenannte »Stammhirn«. Ähnlich dem Erbrezept, das sie aufbaut, sind sie Schaltelemente von molekularer Dimension, also submikroskopisch klein.

Zur vierten Sternstunde in dieser Entwicklung kam es, als das Nervensystem die Fähigkeit entwickelte, solche angeborenen Steuerungen aufgrund individueller Erfahrungen abzuändern, zu differenzieren, zu verfeinern. Eine junge Kröte schnappt beispielsweise nach jedem kleinen vorbeifliegenden Objekt. Dies ist angeborenes Verhalten – Instinktverhalten also –, das automatisch abrollt. Schnappt die Kröte dabei ein stechendes Insekt, dann assoziiert sich der Sinneseindruck eben dieses Insektes mit ihrem Verhalten – und sie vermeidet in Zukunft, nach solchen Insekten zu schnappen. Sie hat also »gelernt«. Dies ist ein ganz entscheidender Fortschritt. Gelangt ein Tier zu dieser Fähigkeit, dann agiert es nicht mehr wie ein Automat, sondern kann sich den Gegebenheiten seiner Umwelt individuell anpassen.

Zu dieser Sternstunde dürfte es in unserer Ahnenreihe recht bald nach der dritten gekommen sein – vor ungefähr 600 bis 500 Millionen Jahren. Die Fähigkeit zu lernen ist bereits bei sehr nieder organisierten Tieren nachweisbar. Sie stützt sich auf eine Leistung, die wir Erinnerung nennen – eine Fähigkeit, die sich in der Wirbeltierreihe deutlich steigerte. Diese Fähigkeit ist ursprünglich nicht an einen bestimmten Gehirnteil gebunden: Dann jedoch entwickelte sich am »Dach« des vordersten Gehirnabschnittes, des Riechhirnes, ein sich vergrößernder Abschnitt, der vorrangig diese Funktion übernahm. Schon bei Amphibien und Reptilien zeigt er ein stärker anwachsendes Volumen als bei den Fischen, die weitaus stärkste Ausprägung erreichte er jedoch bei den Säugetieren (Taf. 10). Man bezeichnet diese deshalb als »Lerntiere«. Die Jungen sind hier – wie schon besprochen – nach der Geburt keineswegs voll erwerbs- und verteidigungsfähig, sondern bedürfen der Fürsorge durch die Eltern oder durch das Rudel. Ein angeborener Trieb drängt sie, sich aktiv mit der Umwelt auseinanderzusetzen, alle Gegenstände der Umwelt zu erkunden, auf ihre Eigenschaften zu prüfen und das eigene Bewegungskönnen zu erproben. So bauen sie in einem eher mühsamen Vorgang individuelle Steuerungen in ihrem Gehirn auf, welche die angeborenen ergänzen, erweitern – oder schließlich an deren Stelle treten. Dieser Vorgang geht mit einer Rückbildung mancher Instinktsteuerungen Hand in Hand. Besonders betroffen sind dabei die angeborenen Bewegungssteuerungen, die Erbkoordinationen. Blieben sie starr festgelegt – wie bei einem Insekt –, dann könnten sich individuelle Lernvorgänge nur sehr beschränkt entfalten. Daß diese Steuerungen in ihrer Struktur jedoch den angeborenen sehr ähnlich sind – wahrscheinlich sogar in den gleichen Bezirken beheimatet –, darf angenommen werden. Erfahrungen aus dem menschlichen Erleben, auf das wir nun wieder vorgreifen, sprechen dafür. Über Lernvorgänge entstehen nämlich Mechanismen, die den Instinkten auffallend ähnlich, ja eng verwandt sind. So sind uns etwa Gewohnheiten nicht angeboren, sondern anerzogen, oder wir erwerben sie individuell. Haben sie sich jedoch einmal verankert, dann beeinflussen sie unser Tun ähnlich wie Triebe. Haben wir uns etwa daran gewöhnt, zu einer bestimmten Zeit etwas Bestimmtes zu tun – etwa in der Kneipe am Eck einen Aperitif zu trinken –, dann stellt sich, wenn die betreffende Zeit heranrückt, ein Drang zu diesem Tun ein, der durchaus triebhaften Charakter hat. Werden wir durch die Umstände abgehalten, der Gewohnheit zu folgen, dann verursacht uns dies Unlust, ja ärgerliche Erregung. Der Anblick des betreffenden Ortes – etwa der Kneipe – weckt ebenso in uns den Wunsch, sie zu besuchen, wie etwa Dunkelheit angeborenermaßen Vorsicht oder Angst erweckt. Und sogar der Ablauf der gewohnten Handlung gewinnt gleichsam eine uns vorgeschriebene Automatik.

Die Fähigkeit des Lernens führt also dazu, daß nicht nur organhaft angelegte Steuerungen abgeändert oder erweitert werden, sondern auch total neue entstehen. Je mehr die aus Nervenzellen bestehende Fabrik »Gehirn« in der Lage ist, nicht nur Erinnerungen und Erfahrungen zu speichern, sondern auch diesen Wissensschatz zur Bewältigung sich einstellender Probleme einzusetzen, um so größer wird jene Qualität, die wir als Intelligenz bezeichnen. Sie ist durch Experimente feststellbar, meßbar. Setzt man etwa ein Huhn vor einen Drahtzaun von einigen Metern Länge, hinter dem sich Futter befindet, dann läuft das Huhn aufgeregt hin und her – gleichsam magisch vom Futter angezogen – und versucht immer wieder vergeblich, es durch das Maschengeflecht hindurch zu erreichen. Auf die Lösung, um den Zaun herumzulaufen, kommt das Tier nicht, dazu reicht seine Kombinationsfähigkeit nicht aus. Anders bei einem Hund. Auch er läuft zunächst aufgeregt hin und her und versucht durch das Gitter hindurch an das Futter zu gelangen, doch alsbald sehen wir ihn den Zaun entlanglaufen, sein Ende oder eine Öffnung finden – und so an das Futter gelangen. Auf dem bloßen Speichern von Erfahrungen baut sich somit die nächsthöhere Fähigkeit auf, diese zu verarbeiten und zu entsprechenden Schlußfolgerungen zu gelangen.

Beim Menschen setzte sich diese Entwicklung in höchst entscheidender Weise noch weiter fort. Beim Urmenschen, im Übergangsfeld zwischen den Affen und uns, kam es vor 4 bis 2 Millionen Jahren zu einer weiteren Sternstunde in der Höherentwicklung des Nervensystems. Während wir uns bei der dritten und vierten Sternstunde – der Entstehung von Instinktverhalten und Lernverhalten – mehr an die Funktion halten mußten, weil die sie ausübenden Organe für uns unsichtbar klein sind, gelangen wir nun wieder zu einer auch optisch nachweisbaren Strukturveränderung: nämlich einer extremen Vergrößerung des Vorderhirnes, das wegen der besonderen Ausbildung seines Daches bereits in der aufsteigenden Wirbeltierreihe zum »Großhirn« wird. Beim Menschen erreicht der äußere Teil dieser Wucherung – die Großhirnrinde – eine solche Dimension, daß ihr Volumen jenes aller übrigen Gehirnteile zusammengenommen bei weitem übersteigt. Man schätzt die Zahl der Nervenzellen, die an seiner Bildung beteiligt sind, auf 10–15 Milliarden. Diese immense Vermehrung setzte eine entsprechende Oberflächenvergrößerung voraus, woraus sich die Faltung dieses Gehirnteiles erklärt.

Die beim Menschen so extreme Erweiterung jenes Gehirnteiles, der für Lernvorgänge und Assoziationsbildung zuständig ist, setzte eine entsprechende Vergrößerung der das Gehirn umschließenden und schützenden Kopfkapsel voraus. Daß eine solche Vergrößerung überhaupt möglich war, dürfte mit der entscheidend wichtigen Veränderung in der Lebensweise unserer Affenahnen zusammenhängen. Wie man heute annimmt, stammen wir von Affenarten ab, die sich aufgrund klimatischer Veränderungen und Versteppung einstiger Urwaldgebiete aus der kletternden Lebensweise in den Bäumen lösten und zu räuberischen Affen wurden, die in der Savanne jagten. Dabei kam es zur Aufrichtung des Körpers, zum zweibeinigen Gang. Diese Raubaffen sammelten Kleingetier, jagten aber auch nach Antilopen und anderen großen Säugern. Aufrecht stehend, konnten sie besser über das hohe Gras spähen, auf den rückwärtigen Beinen laufend, konnten sie ihre Beute besser verfolgen. Die Vorderbeine, schon bei den Affen zu Armen mit Händen geworden, waren nun frei, Waffen zu führen, Steine oder Speere zu schleudern. Als Nebenerscheinung dieses Vorganges verloren jetzt aber die bisher starken Tragmuskeln des Kopfes an Bedeutung. Beim aufrechten Gang wird das Gewicht des Kopfes von der Wirbelsäule getragen: Diese Muskeln konnten schwächer ausgebildet werden, während einer gleichzeitigen Vergrößerung des Schädels nichts im Wege stand. Da jedoch anderseits eine Vergrößerung des Intelligenzapparates »Großhirnrinde« deutliche Vorteile brachte, also den Auslesewert erhöhte, setzten sich Mutationen, die zu einer Kopfvergrößerung führten, ganz automatisch durch. Die Menschwerdung gründet sich somit – naturwissenschaftlich gesehen – auf zwei wichtige Komponenten, die kaum als Ausdruck planenden und zielhaften Willens angesehen werden können. Erstens auf die kletternde Lebensweise unserer Vorfahren, der wir die besondere Ausbildung unserer Hände verdanken, zweitens auf den aufrechten Gang der in die Steppe übersiedelnden Raubaffen, welcher eine Vergrößerung des Gehirnschädels begünstigte. Bei den vom Menschen geschaffenen Elektronengehirnen, den Computern, hat sich gezeigt, daß eine Erweiterung ihrer Fähigkeiten eine Vermehrung der Schaltelemente voraussetzt, aus denen sie bestehen. Quantität fördert in diesem Fall Qualität im Sinne gesteigerter Leistung. Wenn die so hoch entwickelten Insekten in ihren Lernleistungen so sehr hinter den Wirbeltieren zurückblieben, dann liegt das sicher nicht zuletzt an der durch den Außenpanzer beschränkten Körpergröße und die dadurch wieder bedingte Höchstzahl an Ganglien, die sich darin entfalten können. Und hätten wir nicht unsere Hände, dann hätte sich die gesteigerte Intelligenz nur sehr beschränkt zu unseren Gunsten auswirken können.

Die fünfte Sternstunde war somit jener schicksalhafte Augenblick, da unsere Vorfahren – vor 4 bis 2 Millionen Jahren – zum Ich-Bewußtsein gelangten, zur Fähigkeit, über sich selbst nachzudenken, zum vieldiskutierten »Bewußtsein« schlechthin. Man hat in diesem Bewußtsein etwas gesehen, das von den materiellen Erscheinungen grundsätzlich zu unterscheiden sei: Grundlage für eine prinzipielle Trennung des Geistigen vom Körperlichen, des Leibes von einer davon unabhängigen Seele. Ohne jeden Zweifel ergab sich hier eine Leistungssteigerung von überragender Bedeutung, die den Lebensträger Mensch schlagartig über die bisherige Entwicklung hinausragen ließ. Die Annahme eines außerirdischen, übersinnlichen Einflusses zur Erklärung der besonderen Eigenschaft »Ich-Bewußtsein« ist jedoch keineswegs vonnöten. Was sich vielmehr beim Menschen abspielte, ist einfach dies, daß der innere Projektionsschirm der Erinnerungen und Vorstellungen ein solches Maß an Kombinationsfähigkeit erreichte, daß es uns möglich wurde, praktisch jeden Erfahrungsinhalt beliebig mit jedem anderen zu verknüpfen, im Gehirn selbst Pläne zu bilden, Traumschlösser zu bauen und schließlich uns selbst in dieses Kombinationsspiel mitaufzunehmen. Wissenschaftlich ausgedrückt, gelangte der Mensch dazu, sich selbst »zu objektivieren«. So wie den Baum, den er sah, den Kampf, den er erlebte, den Geschmack, den er genoß, vermag er nun auch die eigene Person zum Gegenstand seines Gedankenspieles zu machen. So wie uns bei vielen Organen die Embryonalentwicklung zeigt, wie sie entwicklungsgeschichtlich entstanden und ihre Fähigkeiten erlangten, so läßt sich auch die Entwicklung des Bewußtseins am Kind verfolgen. Wie Psychologen eingehend untersuchten, erlebt es sich zunächst noch eins mit seiner Umgebung. Erst mit Eintreten des »Trotzalters« – meist im dritten Lebensjahr – übt das Kind, sich von den anderen abzugrenzen und zu behaupten, gelangt zum Wort »ich«. Später, in der Pubertät, verstärkt sich dann noch die reflektierende Auseinandersetzung mit der eigenen Person, das Selbstgefühl. Damit wird eine Intelligenzstufe erreicht, die außerordentlich große neue Möglichkeiten eröffnet. Daß sich der Mensch jahrtausendelang als etwas von den Pflanzen und Tieren so total Getrenntes betrachtete, beruht auf dieser Fähigkeit, die ihn so immens überlegen werden ließ. Nur aufgrund seines Ich-Bewußtseins konnte der Mensch die Möglichkeiten seines Zellkörpers durch künstlich gebildete Einheiten – Werkzeuge, Maschinen, Organisationen, zusätzliche Organe, wie immer wir sie nennen wollen – fast grenzenlos steigern. Nur aufgrund seines Ich-Bewußtseins wurde er unangefochtener Herrscher auf diesem Planeten.

Negative Begleiterscheinungen blieben indes nicht aus. Ebenso wie viele Köche den Brei verderben, so erschweren viele verschiedene Steuerungen das Verhalten. Schon bei den Lerntieren kommt es nicht selten zu Konflikten zwischen individuell erworbener Verhaltenssteuerung und den vom Erbrezept aufgebauten Steuerungsmechanismen der Instinkte. Beim Menschen kollidiert noch weit mehr. Ich-Bewußtsein und Intelligenz eröffnen die Möglichkeit zu vernünftigem Handeln – dieses kollidiert jedoch mit Willensäußerungen, welche angeborene Instinktrelikte nahelegen; hinzu kommen über Lernen gebildete Gewohnheiten. »Zwei Seelen, wohnen, ach! in meiner Brust«, schrieb Goethe – doch tatsächlich sind es weit mehr. Zunächst wird unser sogenanntes Ich bereits durch das vegetative Nervensystem beeinflußt, dessen Wirksamkeit sich fast völlig unserer Kontrolle entzieht. Ist unser Blutdruck, unsere Magentätigkeit nicht in Ordnung, dann fühlen wir uns anders, verhalten wir uns anders – treffen unter Umständen Entscheidungen, die uns später in Erstaunen setzen. Wir waren eben in schlechter Stimmung, entschuldigen wir uns dann. Schon manche weitreichende und folgenschwere Entscheidung von Staatslenkern, Feldherren oder Politikern kam wohl so zustande. Jeder weiß aus eigenem Erleben, wie stark uns unsere Triebe beeinflussen. Sie können uns derart verändern, daß wir nicht mehr eigentlich wir selbst sind. Ebenso dürften bei uns angeborene Reaktionsnormen eine weit größere Rolle spielen, als wir uns zugestehen wollen – besonders etwa im ethischen und ästhetischen Bereich. Imponierverhalten wird in uns ausgelöst, Geschlechtstrieb, der Trieb nach Sicherheit, nach Besitz, nach Aufgehen in einer größeren Gemeinschaft und vieles andere mehr. Und dazu kommen, wie gesagt, noch die selbstgeschmiedeten Fesseln unserer Gewohnheiten – sie dominieren um so stärker, je älter wir werden (vgl. Taf. 18).

Und dazu kommt noch ein weiterer, besonders wesentlicher Einfluß auf unser Ich. Er ist so folgenschwer, daß der Beginn dieser Entwicklung als eine sechste Sternstunde bezeichnet werden muß. Sie liegt nur 30 000 bis 20 000 Jahre zurück und gründet sich auf die Fähigkeit sprachlicher Verständigung und die daraus erwachsende Gemeinschaftsbildung und Arbeitsteilung. Auch hier geht es um Leistungen der besonders entwickelten Großhirnrinde. Während ursprünglich individuell gewonnene Erfahrungen und Fertigkeiten mit dem Tode wieder erloschen, konnten sie nun an andere weitergegeben werden. Nachfolgende Generationen bauten in zunehmendem Maß auf ihnen weiter auf. In organisierten Verbänden entstanden Sitten, Brauchtum, Religionen, Ideologien. Das individuelle Ich geriet so in das Wirkungsgeflecht eines übergeordneten »Wir« – oder genauer: zahlreicher übergeordneter »Wir«. Der Einfluß von Gemeinschaften auf den einzelnen – entweder direkt oder indirekt über Erziehung – erwies sich als überaus stark. Im heutigen Leben wird unser Ich nicht nur vom Staat beeinflußt, nicht nur von der Familie oder Sippe, sondern auch vom Kollektiv, das die jeweilige Berufsausübung bestimmt, von der mannigfachen Werbung, die Wünsche in uns zu wecken versucht, von politischer Propaganda, ja vom Sportverein, vom Kegelklub, dem wir angehören. Kaum ein Organ unseres Körpers beeinflußt nicht unser Ich. Dazu kommen die angeborenen und erworbenen Steuerungen und die Über-Ich, die »Wir«, in denen wir Teile, ja manchmal willenlose Rädchen werden.

Es fehlt nicht an Lehren, wie der einzelne all diesen Einflüssen entgegenwirken kann – wie er am besten zu einer klaren, individuellen Lebensausrichtung gelangt. Der wichtigste Beitrag fehlt jedoch: die Aufklärung während der Erziehung, in der Schule, woraus sich unser Ich überhaupt zusammensetzt, welches seine Geschichte ist, welchen Problemen es gegenübersteht, eine wie veränderliche und beeinflußbare Bewertungsstruktur es darstellt. Durch die Gemeinschaftsbildung und die ständig anwachsende Entstehung sehr machtvoller und überzeugender überindividueller »Wir« wird diese Selbsteinschätzung noch wesentlich erschwert.

Fazit: Gegen die Überzeugung, die Entfaltung des Lebens wurde mit der Absicht inszeniert, um den ichbewußten, erkennenden Menschen zu erzeugen, spricht vieles. Nervenzellen und Nervensystem waren zunächst reine Koordinationsorgane, Hilfseinheiten für die Hauptfunktionen. Erst beim Menschen – also überaus spät in der Gesamtentwicklung – wurde das Gehirn durch die besondere Entwicklung der Großhirnrinde zur dominanten Leitungsstelle. Nach wie vor dient es den Hauptfunktionen – Nahrungserwerb,

Feindabwehr, Fortpflanzung –, doch über die Intelligenz und das Ich-Bewußtsein kam es zu der gravierenden Vorstellung, ja zur Überzeugung, die Gehirnleistungen seien nicht für die Hauptfunktionen da – sondern diese für das »Ich«. Dies aber führte zu einer sehr bedenklichen Überheblichkeit, zu einem stolzen Außerachtlassen der so verschieden entstandenen Steuerungen, die dieses Ich aufbauen und unsere Willenshandlungen machtvoll beeinflussen. Wenn man schließlich sogar zu der Ansicht gelangte, dieses Ich überlebe die Zellen, die es bilden, dann ist das zwar nicht gegenbeweisbar, aber doch sehr unwahrscheinlich. Wird unser Gehirn verletzt, dann erlischt unser Bewußtsein – ja selbst, wenn sich unsere Ganglien im Schlaf ausruhen, erlischt es. Wenn man der Ansicht ist, daß mit dem Geist etwas total Neues, anderes in die Welt gekommen sei, das mit der Materie nichts zu tun habe, dann widerspricht dies dem klaren Entwicklungsweg, über den diese besondere Fähigkeit zur Beurteilung der Welt entstanden ist. Und hängt man gar der Überzeugung an, daß aller Materie Geist innewohne, dann spricht ebenfalls wenig dafür, da sich genau verfolgen läßt, wie diese Zellleistung Stück für Stück entstand.

Irgendeinen Bruch oder Sprung gibt es in dieser Entwicklung nicht. Allerdings wurde kaum irgendwann eine ähnliche Vielheit von Phänomenen unter ein und demselben Wort zusammengefaßt, wie im Fall des Wortes »Ich«. Wenn Pascal erklärt »Das Ich ist hassenswert«, dann spricht daraus wohl das Unbehagen, eine so quecksilbrige Vielheit als Einheit betrachten zu sollen. Wenn Shakespeare Jago sagen läßt »Ich bin nicht, was ich bin«, ist letztendlich sicher dasselbe gemeint. Das Ich ist in der Tat »der Fürst im All, der König der Geschöpfe, der Schirmherr der Wesen«, wie in der Brihadaránjaka-Upanischad zu lesen steht. Es ist wirklich »ein Damm, der die Weiten voneinander trennt, auf daß sie nicht ineinander verfließen«. Aber all dies ist es nicht als Ergebnis eines Geschenkes seitens einer höheren Macht, sondern als Ergebnis eines höchst vielfältigen und verworrenen Entwicklungsgeschehens, in dem sich höhere Leistungskraft durchsetzte, indem weniger Leistungsfähiges auf der Strecke blieb. Seine Macht erwies sich als immens, so unausgegoren, debil, konflikterfüllt und verworren es im einzelnen auch ist.

Die Evolution des Planeten Erde

TAFEL 11: **Überblick über die Entstehung unserer Heimat »Erde« und der zu uns führenden Lebensentfaltung**

Abbildung: A = Größe des Erdballs, B = seine Temperatur, C = die Innentemperatur, D = die Außentemperatur, E–J = die wichtigsten Stationen in der Entwicklung unserer Umwelt. 1–6 = erste Fossilspuren der Etappen der Lebensentwicklung. a – e = wichtigste Stationen der Lebensentwicklung gemäß heutiger Deduktion. K, L = Sauerstoffgehalt in der Atmosphäre und im Meer. M = die in diesem Buch dargelegten »Sternstunden der Lebensentwicklung«. N = die in der Geologie gebräuchlichen Bezeichnungen der Hauptabschnitte in den letzten 600 Millionen Jahren.

Über die Entstehung des Erdballes wurden zahlreiche Hypothesen aufgestellt. Nach heutigem Forschungsstand wird angenommen, daß der Planet »Erde« – ebenso wie die »Sonne« und die übrigen Planeten – sich aus Gaswolken und kosmischem Staub bildete, die durch Gravitationskraft allmählich zusammengezogen und zu einem festen Körper komprimiert wurden (A). Der Stern, auf dem wir leben, war somit zunächst »kalt«, hatte Weltraumtemperatur von –273° Celsius. Erst durch die Verdichtung kam es zu einer Erwärmung (B), die zu einer Innentemperatur von ca. 6000° Celsius führte (C), während sich die Außenhaut allmählich auf den heutigen Durchschnittswert von ca. 30° Celsius abkühlte (D). Wie älteste Gesteine beweisen, war vor 4500 Millionen Jahren die Bildung der festen Erdkruste abgeschlossen (E). Durch Vulkanausbrüche kam es zur Abscheidung der aus Wasserdampf, Stickstoff, Kohlendioxyd, Methan, Ammoniak und anderen Gasen bestehenden Uratmosphäre (F). Aufgrund der zunehmenden Abkühlung schlug sich dann der Wasserdampf in jahrtausendelangen Regen nieder, die zunächst immer wieder verdampften, bis vor ca. 4000 Millionen Jahren die Bildung der Urmeere abgeschlossen war (G). Die starke Ultraviolett-Strahlung der Sonne bewirkte in den obersten Wasserschichten die Bildung von Großmolekülen aus Aminosäuren und Nucleotiden, die schon früher entstanden waren, über sie nahm der Prozeß »Leben« seinen Anfang. Durch »Photodissoziation« bildete sich dann über den Meeren eine Ozonschicht, welche die UV-Strahlung teilweise abschirmte (Urey-Effekt). Mit dem Entstehen der ersten photosynthetisierenden Algen (S. 139) kam es zur Bildung von freiem Sauerstoff, der aus dem Meer auch in den Luftraum diffundierte (J). Während der Anstieg des Sauerstoffgehaltes in der Atmosphäre (K) durch geologische Funde ziemlich genau erschlossen werden kann, ist jener in den oberen Wasserschichten, der sicher weit eher anstieg, einstweilen noch hypothetisch (L). Erst mit dem Auftreten der Landpflanzen begann der Sauerstoffgehalt der Atmosphäre auf den heutigen Wert anzusteigen.

Die ältesten bisher entdeckten Fossilien von Lebenskörpern sind Bakterien im Gestein der südafrikanischen Onverwacht-Gruppe (1). Die ältesten photosynthetisierenden Algen wurden in Gesteinen der Bulawayo-Gruppe gefunden (2), fadenförmige Blau-grün-Algen (Vorstufen der Vielzeller) im Pogama-Quarzit (3), die ersten kernhaltigen Algen in der Gunt Flint Formation von Ontario (4), die ersten tierischen Vielzeller (Medusen, Würmer, Früharthropoden u. a.) in der südaustralischen Ediacara-Formation (5), die ersten Landwirbeltiere vor etwa 350 Millionen Jahren an verschiedenen Orten (6). Wie jedoch aus anderen Forschungsergebnissen abgeleitet werden kann, entstanden die den Lebensprozeß einleitenden Strukturen bereits vor ca. 4000 Millionen Jahren (a), die ersten Lichtenergie erwerbenden Pflanzen vor ca. 3400 Millionen Jah-

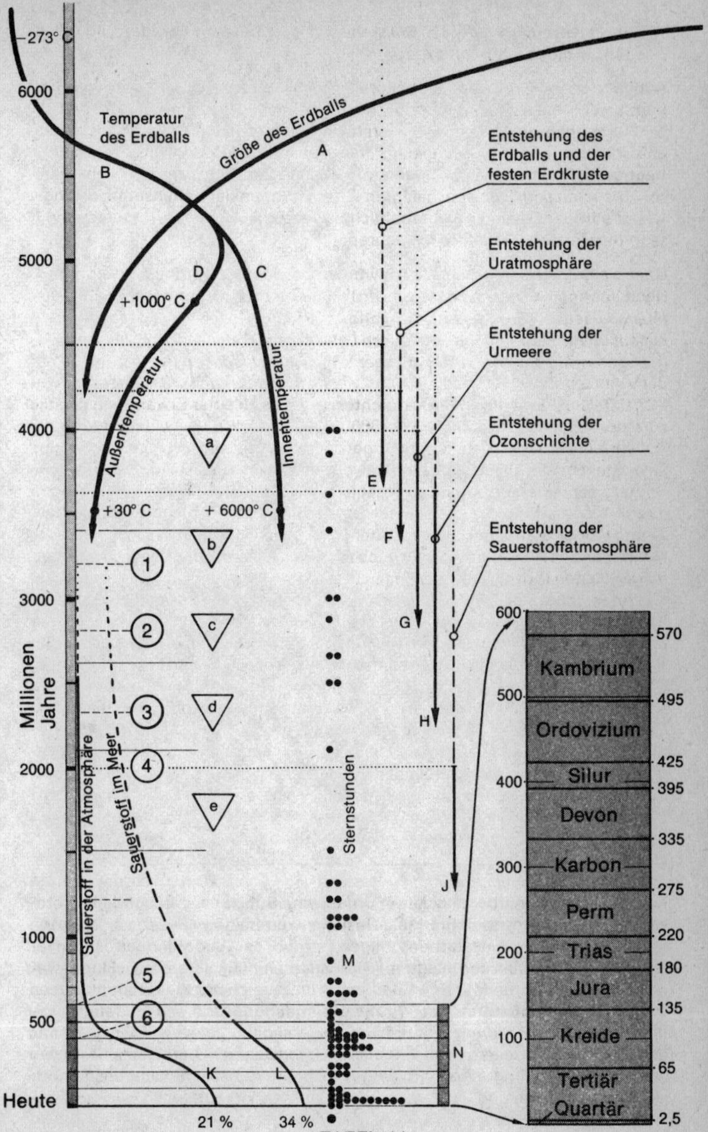

-273° C
6000
5000
4000
3000
2000
1000
500
Heute
Millionen Jahre
Temperatur des Erdballs
Größe des Erdballs
A
B
C
D
+1000° C
Außentemperatur
Innentemperatur
+30° C
+ 6000° C
a
b
c
d
e
1
2
3
4
5
6
Sauerstoff in der Atmosphäre
Sauerstoff im Meer
K
L
21 %
34 %
Sternstunden
M
N
E
F
G
H
J
Entstehung des Erdballs und der festen Erdkruste
Entstehung der Uratmosphäre
Entstehung der Urmeere
Entstehung der Ozonschichte
Entstehung der Sauerstoffatmosphäre
600
500
400
300
200
100
570
Kambrium
495
Ordovizium
425
Silur
395
Devon
335
Karbon
275
Perm
220
Trias
180
Jura
135
Kreide
65
Tertiär
Quartär
2,5

TAFEL 11

ren (b), die ersten über Oxydation organische Substanz abbauenden »Tiere« vor ca. 2900 Millionen Jahren (c), die ersten kernhaltigen Zellen vor 2400 Millionen Jahren (d), die ersten vielzelligen Tiere vor ca. 1800 Millionen Jahren (e). Die in diesem Buch dargelegten »Sternstunden« auf dem Entwicklungsweg unserer Ahnenreihe (M) zeigen Ballungen im Bereich der Vielzellerentfaltung, der Wirbeltierentfaltung, der Warmblüterentfaltung und seit Entfaltung der menschlichen Intelligenz. Die letzten 600 Millionen Jahre wurden aufgrund von Fossilfunden in Perioden eingeteilt (N), von denen nähere Einzelheiten der klimatischen Bedingungen und der für sie charakteristischen Lebensgemeinschaften bekannt sind.

9.
Organe der Berührung

Die wenigsten Konzertbesucher dürften sich darüber im klaren sein, aus welch merkwürdigen Elementen das Organ besteht, dem sie ihren Kunstgenuß verdanken. Einige dieser Bausteine dienten unseren Fischvorfahren zunächst als Stützeinheiten der Kiemen und wurden später zu Stützeinheiten des Maules, halfen beim Festhalten und Zerkleinern von Nahrung mit. Ebenso dürfte der Musikliebhaber erstaunt sein, wenn unser so hochentwickeltes Hörvermögen gemeinsam mit unserer Fähigkeit, die Erdschwerkraft wahrzunehmen, kalt und warm zu unterscheiden, unseren Blutdruck konstant zu halten und Schmerz zu empfinden, abgehandelt wird. Eine Ohrfeige erscheint uns als etwas grundsätzlich anderes als eine Symphonie, die Empfindung, sich zu drehen, als kaum vergleichbar mit jener, daß uns an den Füßen friert. Und doch ist es berechtigt, alle diese Phänomene vergleichend zu betrachten. Denn stets geht es letztlich darum, daß unser Körper die Berührung anderer Materie wahrnimmt. Unser Tastsinn umfaßt die Berührung durch Körper, Flüssigkeiten oder Gase. Unser Gehör besitzt die Fähigkeit, die Schwingungen von Materieteilchen, etwa jene der Luft, wahrzunehmen – wir nennen sie »Schall«. Hitze – von uns als etwas total anderes empfunden – ist, wie man erst seit 1841 weiß, auch bloß Schwingung von Materie, allerdings der allerkleinsten Einheiten, der Atome und Moleküle, und eine weitaus schnellere als der Schall. Beschädigende Einwirkungen anderer Körper empfinden wir als Schmerz. Und unser Wissen um oben und unten betrifft unsere höchst persönliche Auseinandersetzung mit dem Planeten Erde, der gegen uns drückt und gegen den wir drücken.

Wenn unsere Körperhülle mit einem Sack verglichen wurde, in deren Inneres nur durch beschränkte Löcher Nachrichten von außen gelangen, dann sind die Löcher, von denen wir jetzt sprechen, viel zahlreicher und größer als jene, durch die wir die Umwelt sehen und riechen. Aus dem verfügbaren Frequenzbereich der elektromagnetischen Wellen vermögen wir mit unseren Augen nicht mehr als 0,000000000003 Prozent wahrzunehmen. Und unsere Fähigkeit, chemische Eigenschaften über unseren Geschmacks- und Geruchssinn wahrzunehmen, dürfte sich auf einen noch geringeren Prozentsatz beschränken. Dagegen nehmen wir Berührungen von derben Schlägen bis zu feinsten Schwingungen wahr: In diesem Bereich hat der »Sack« überall »Löcher«. Es sind Tausende, ja Millionen solcher »Löcher«. Hier Sternstunden der Entwicklung herauszugreifen – also den Augenblick der Entstehung besonders wichtiger »Löcher« – ist nicht ganz einfach. Wir wollen dabei so verfahren, daß wir jedem der mechanischen Hauptsinne nur eben eine zuweisen.

Der älteste dieser Sinne ist ohne Zweifel der Tastsinn. Seine Entstehung dürfte mit jener der ersten räuberischen Organismen zusammenfallen oder ihr bald gefolgt sein, denn für Beutefang und Abwehr war er geradezu Voraussetzung. Jedenfalls ist anzunehmen, daß diese Sternstunde längst vor der Ausbildung echter, also mit einem Zellkern versehener Zellen liegt, somit vor etwa 3500 bis 3000 Millionen Jahren. Wie empfindlich die Grundsubstanz der Zelle – das Protoplasma – auf Berührungen reagiert, zeigen uns unter den heute lebenden Einzellern besonders die Amöben (Taf. 19, Abb. 1). Bei den niederen Vielzellern spezialisierten sich dann einzelne Nervenzellen auf die Wahrnehmung von Sinnesreizen körperlicher Berührung. Noch isoliert tätige Nervenzellen, deren Fühler sich unter der Haut verzweigen oder mit einem Stiftchen über die Haut vorragen, zeigen uns bereits die Hohltiere, etwa Korallenpolypen und Medusen. Auch in der Haut höherorganisierter Wassertiere sind sie vorhanden. Bei den Knochenfischen liegen sie in Gruben sowie in weitverzweigten, nach außen hin offenen Röhrchen innerhalb der Haut. Sie ermöglichen es diesen Tieren, Wasserströmungen wahrzunehmen – ja, mit Hilfe dieses sogenannten »Seitenlinienorganes« vermögen sie sogar in die Ferne zu tasten. Die Eigenbewegungen ihres Körpers verursachen Druckschwingungen im Wasser, die von umliegenden Objekten zurückgeworfen werden, so auch in dieses Kanalsystem gelangen und dort die dicht nebeneinanderstehenden Stiftchenzellen erregen. Deshalb können Fische auch bei Nacht und in völlig trübem Wasser umherschwimmen, ohne anzustoßen, und sind dabei sogar in der Lage, Beute zu erjagen. Im Liebesspiel führen diese Tiere oft vibrierende Bewegungen mit ihren Flossen aus, die vom Partner mit eben diesem Organ wahrgenommen werden, ihn erregen und in Paarungsbereitschaft versetzen.

Bei Landtieren ist die Haut der Austrocknungsgefahr ausgesetzt. Deshalb liegen bei ihnen die druckempfindlichen Sinneszellen in tieferen Schichten. Aber auch hier finden wir das Grundprinzip der Reizaufnahme über feine Fortsätze beibehalten – zum Beispiel in Gestalt von Tasthaaren, deren Wurzeln von freien Nervenenden umsponnen sind. Sie wirken wie ein Hebel und ermöglichen auch die Wahrnehmung von Luftbewegungen. Besonders lang sind sie über dem Maul nächtlich jagender Raubtiere entwickelt. Jede Katze zeigt sie uns. Bei Fortbewegung im Dunkeln wird das Tier vor Hindernissen noch vor der Berührung mit dem Körper gewarnt. In der Haut des Menschen sowie einiger Säugetiere und Vögel haben sich höher differenzierte Sinneszellen auf die Wahrnehmung von Druck spezialisiert: die »Merkelschen Tastzellen«. Sie sind kugelig und bilden Gruppen, erregen ein Netz von Nervenfasern, auf das sie bei Berührung der Haut drücken. Darüber hinaus finden wir beim Menschen und den meisten Säugetierverwandten vielzellige Drucksinnesorgane, die in den tieferen Schichten der Unterhaut liegen: die »Meißnerschen Tastkörperchen« und die »Vater-Pacinischen Lamellenorgane«. Von der ersten Sorte haben wir über 100 000, allein an die 15 000 befinden sich auf der Innenfläche jeder Hand. Die Vater-Pacinischen Lamellenorgane sind oval, bis 4 mm lang und bis 2 mm dick, mit einer zwiebelartig geschichteten Bindegewebshülle umgeben. Sie liegen nicht nur in der Haut, sondern auch in den Muskelhüllen, in Gelenkkapseln, in den Wänden größerer Blutgefäße und im Bauchfell. Dort zeigen sie dem vegetativen Nervensystem die inneren Druckverhältnisse an. Daß auch die Knochenzellen druckempfindlich sind, geht daraus hervor, daß sich die Architektur der Knochenbälkchen nach den jeweiligen Druckverhältnissen ausrichtet. Zu Tastorganen von größerer Dimension wurden beim Tintenfisch die Fangarme, beim Menschen die Hände. Wer erblindet, wer im Dunkeln umhertappt, erlebt, wie sehr beim Menschen in der Rangordnung der Sinne neben den Augen der Tastsinn die zweitwichtigste Stellung einnimmt. Bei den meisten Säugetieren – aber auch bei niederen Tieren, besonders bei den Schnecken – wurde der Tastsinn außerdem bei der Paarung und bei der Brutpflege zu einem Auslöser positiver Erregungen. Über Streicheln, Liebkosen und beim Sexualakt werden Reize vermittelt, die, als erstrebenswert empfunden, das Triebverhalten stimulieren.

Selbst die zarteste Berührung vermittelt jedoch längst keinen so innigen Kontakt wie jenes geheimnisvolle Etwas, das wir »Wärme« nennen. Fast unwiderstehlich geht es von einem Körper in den anderen über. Man hielt früher Wärme für einen gewichtlosen Stoff, der sich über Berührung oder Strahlung in andere Körper ausbreitet. Erst 1841 gelang es dem deutschen Arzt Julius Robert Mayer, diesen merkwürdigen Stoff zu demaskieren. Er stellte fest, daß es ihn gar nicht gibt. Wärme ist vielmehr eine der zahlreichen Erscheinungsformen, in denen sich Energie manifestiert. Es ist Bewegungsenergie, also kinetische Energie – mechanische Energie. Und zwar ungeordnete, ungerichtete Bewegung der kleinsten Materieteilchen: der Atome und Moleküle. Je mehr solche Energie diesen innewohnt, um so mehr schüttelt es sie gleichsam, um so stärker vibrieren sie – stoßen, wo immer sie gegen andere Teilchen gelangen, gegen diese, geben einen Teil ihrer inneren Unruhe, ihrer Energie, an sie ab. Der große deutsche Physiker H. v. Helmholtz, ebenso wie sein nicht minder angesehener englischer Kollege J. P. Joule, kamen anschließend zu gleichen Erkenntnissen und bauten sie weiter aus, waren aber nicht bereit, die grundlegenden Erkenntnisse ihres Vorgängers zu würdigen. Erst nach 20 Jahren eines verzweifelten Kampfes wurde J. R. Mayer schließlich Anerkennung zuteil. Gesehen hatte diese Zitterbewegung allerdings bereits 1827 der Botaniker R. Brown – freilich nicht an Atomen und Molekülen. Es gibt bis zum heutigen Tag kein Mikroskop, mit dem man diese kleinsten Materieeinheiten unmittelbar betrachten könnte. Aber schon bei 100facher Vergrößerung werden bei Staubteilchen, die in einer Flüssigkeit schweben, Zitterbewegungen sichtbar. Die sie umgebenden Moleküle der Flüssigkeit übermitteln ihnen ihre Stöße. Diesen Ursprung der nach Brown benannten Bewegung erkannten jedoch erst 1905 Einstein und W. Smoluchowski. Sie sahen in ihr einen unmittelbaren Beweis für den energetischen Ursprung der Wärme – ja einen Beweis für die Realität der Atome selbst. Wärmeenergie hat insofern eine Schlüsselstellung, als sich bei Auseinandersetzung verschiedener Energieformen stets ein Teil von ihnen in Wärme – also regellose und ungerichtete Teilchenbewegung – verwandelt. Daraus schloß der deutsche Physiker Walther Nernst, früher oder später müßte alle arbeitsfähige Energie in Wärme übergehen, und die Temperaturunterschiede würden sich ausgleichen. Er sprach vom »Wärmetod des Universums«.

Unserem Gehirn ist – besonders in Hinblick auf Raum und Zeit – weder Endlichkeit noch Unendlichkeit vorstellbar. Ein Anfang der Zeit erscheint uns absurd. Unser Gehirn fragt: Wieso? Vor diesem Beginn muß es ja auch schon etwas gegeben haben! In analoger Weise kann sich auch der Laie nicht vorstellen, daß es eine niederste Temperatur geben sollte. Unwillkürlich fragt auch hier das Gehirn: Wieso? Kühle ich etwas mit noch besseren technischen Mitteln noch mehr ab, dann muß es doch noch kälter werden! Tatsächlich gibt es jedoch einen absoluten Nullpunkt: Er liegt bei minus 273,16 Grad Celsius. Erst durch die Erkenntnis, daß Wärme Bewegung ist, wurde er begreifbar. Abkühlen bedeutet, daß die Atome und Moleküle weniger zittern. Bei minus 273,16 Grad erlischt ihre Bewegung zur Gänze. Deshalb kann es nicht noch kälter werden. Denn noch ruhiger sein als total stillstehen können diese kleinsten Teilchen nicht.

Zu den Sinnen, die auf Berührung durch andere Materie ansprechen – zu den »mechanischen Sinnen«, wie man sie zusammenfassend nennt – gehört somit auch ohne Zweifel die Fähigkeit zur Temperaturwahrnehmung. Wir empfinden in diesem Fall das Zittern der kleinsten Einheiten der uns berührenden Materie, und dieses Zittern überträgt sich auf die kleinsten Einheiten, aus denen wir selbst bestehen. Zittern sie stärker, dann überträgt sich dies auch auf die unseren – und uns wird wärmer. Zittern sie weniger, dann überträgt sich das ebenfalls auf die unseren – und uns wird kälter. Wann aber entstand in der langen Kette unserer Wirbeltier-Ahnen, unserer Einzeller-Ahnen, unserer Vor-Zeller-Ahnen die Fähigkeit, solchen fremden Einfluß wahrzunehmen? Antwort: sicherlich sehr früh. Bei heute lebenden Einzellern kann man deutlich sehen, wie sie bei gegebenem Temperaturgefälle aktiv den für sie günstigsten Bereich aufsuchen. Das Protoplasma der Zelle reagiert direkt auf Temperaturschwankungen. Wird es um zehn Grad wärmer, dann verdoppelt sich – gemäß der Van-t'Hoffschen Regel – die Ablaufgeschwindigkeit chemischer Prozesse. Kein Wunder also, daß die Zelle Temperaturschwankungen von innen her wahrnimmt. Auf dieser Basis haben auch alle Pflanzen einen Temperatursinn. Bei höherorganisierten vielzelligen Tieren spezialisierten sich dann bestimmte Nervenzellen auf dieses Amt. Ähnlich wie ihre auf Druckempfindung ausgerichteten Kollegen nehmen auch sie diese Reize mit frei endenden Nervenfühlern wahr und leiten sie direkt oder über vermittelnde Ganglien zum Rückenmark und zum Gehirn. Vielzellige Organe der Temperaturwahrnehmung finden wir bei der Grubenotter. Manche Insekten haben Organe der Temperaturwahrnehmung an ihren Fühlern, andere an ihren Mundtastern, wieder andere an ihren Beinen. Zu besonderer Wichtigkeit gelangte die Unterscheidung von Kalt und Warm in unserer eigenen Ahnenreihe, als sich aus den wechselwarmen Reptilvorfahren die warmblütigen Säugetiere entwickelten. Denn für die Aufrechterhaltung einer gleichmäßigen Körpertemperatur sind innere, die Temperatur kontrollierende Reizfühler ebenso wie auch äußere Sinnesorgane der Temperaturwahrnehmung Voraussetzung. Es entwickelten sich zwei verschieden strukturierte Typen von in der Haut liegenden Nervenverzweigungen: die »Ruffinschen Nervenknäuel«, die Wärme signalisieren, und die »Krauseschen Endkolben«, die Kälte anzeigen. Von den letzteren haben wir in unserer Haut achtmal so viele. Da die Fähigkeit aller dieser Nervenstrukturen, Temperaturunterschiede wahrzunehmen, letztendlich auf der Sinneswahrnehmung des Protoplasmas selbst beruht, liegt die eigentliche Sternstunde in der Entwicklung dieses mechanischen Sinnes innerhalb der Periode, in der differenziertes Protoplasma entstand. Die ersten kernhaltigen Zellen, die wir aus fossilen Abdrücken kennen, lebten vor ungefähr 2000 Millionen Jahren. Demnach liegt diese Sternstunde noch ein gutes Stück vor diesem Zeitpunkt: vor etwa 3000 bis 2500 Millionen Jahren.

Ein weiterer mechanischer Sinn, dessen Meldungen das Gehirn nicht wirklich objektiv interpretiert, ist unsere Wahrnehmung der Schwerkraft. Wenn die Erkenntnis von Galilei, daß sich die Erde um die Sonne bewegt, so vehement bekämpft wurde, dann liegt das wohl nicht zuletzt daran, daß unser Gehirn einfach nicht fähig ist, sich vorzustellen, daß wir auf einer großen Kugel mit den Köpfen in alle Richtungen leben. Heute weiß jedes Schulkind, daß die Erde rund ist – doch wirklich vorstellen, daß man sich selbst nicht »oben« befindet, kann sich das wohl niemand. Längst haben wir im Fernsehen die Aktionen der Kosmonauten im schwerelosen Raum mitangesehen. Doch die Vorstellung, daß auf der entgegengesetzten Seite der Erde – etwa in Australien – die Leute an ihren Schreibtischen kopfabwärts sitzen oder auf ihren Tennisplätzen kopfabwärts den Ball hin und her schlagen, ist uns praktisch kaum möglich. Tatsache ist trotzdem: Im Weltenraum gibt es kein absolutes Oben und Unten. Tatsache ist ferner: Unsere Sinnesorgane lassen uns – selbst gegen besseres Wissen – glauben, daß es doch so ist. Subjektiv empfinden wir nicht, daß uns eine große Kugel anzieht, sondern daß Gegenstände verschieden »schwer« sind. Wir teilen ihnen eine Eigenschaft zu, die sie, wie sich im Weltenraum nur zu deutlich zeigt, im Grunde nicht haben. Mit Gewicht assoziieren wir nicht die Massenanziehung eines Körpers auf den anderen, sondern seine Fähigkeit und Wucht zu »fallen«. Unten ist für uns »unten« schlechthin – und nicht der Mittelpunkt des Erdballs, der uns kraft seiner weit größeren Masse weit mehr anzieht als wir ihn. Denn in der Tat ziehen auch wir die Erde an.

Wie sehen nun die Organe aus, die uns die Richtung der Erdanziehung anzeigen, wann kamen die ersten zustande und was haben sie mit Berührungsreizen zu tun? Stehen wir aufrecht, dann drücken unsere Sohlen gegen den Boden. Das ist ein Berührungsreiz. Doch wenn ein schwimmender Fisch oder ein fliegender Vogel – und auch wir in beliebiger Lage – deutlich empfinden, wo oben und unten ist, wo also der Mittelpunkt der Erde liegt, dann fragt sich, was das mit Berührungsreizen zu tun hat.

Die Antwort ergibt sich von selbst, wenn man überlegt, wie überhaupt ein Organ gestaltet sein kann, ja sein muß, um die Richtung der Erdschwerkraft anzuzeigen. Würde einem Konstrukteur die Aufgabe gestellt, aus den verschiedenen Zelltypen ein für diesen Zweck geeignetes Sinnesorgan zu entwerfen, dann würde er wohl schnell herausfinden, daß sich ein solches verhältnismäßig einfach anfertigen läßt. Und zwar in Gestalt einer mit Sinneszellen austapezierten Blase, in der sich eine kleine Kugel befindet. Je nachdem, gegen welche Seite diese drückt, dort ist »unten«. Dort ist das Zentrum, von dem die Erdschwerkraft wirkt: der Erdmittelpunkt. Ist eine solche Blase in einen Körper eingebaut – gleichgültig an welcher Stelle – und dreht sich dieser Körper, dann verändert die Kugel entsprechend ihre Lage, und die jeweils gereizten Sinneszellen der Blasenwand können dem Gehirn die jeweilige Stellung und Veränderung signalisieren.

Genau zu dieser einfachen Lösung gelangten auch Tiere in den verschiedensten Entwicklungslinien. Über Mutationen konnte es unschwer zu solchen Anordnungen von Nervenzellen kommen, ebenso zur Abscheidung des notwendigen Kügelchens – ob von regelmäßiger Gestalt oder nicht, ob aus diesem oder jenem Material, ob in Einzahl oder in Gestalt mehrerer Körnchen, ob frei auf den Sinneshärchen ruhend oder mit diesen verwachsen. Schon bei Medusen finden wir solche Organe des »Schweresinnes« – oder korrekter des »Gravitationssinnes«. Bei Rippenquallen ist das Kügelchen, der »Statolith«, innerhalb der Blase an vier Bündeln von Sinneshärchen aufgehängt. Bei den Schwimmschnecken liegen sie frei, sind relativ groß und regelmäßig geformt. Bei den Fischen sind sie flach und zeigen jährlich Zuwachsringe wie der Stamm eines Baumes. Meist sind zwei solche Bläschen mit Statolithen vorhanden. Bei der Kammuschel führten Mutationen dazu, daß sie im linken Bläschen einen großen, im rechten einen kleinen Statolithen bildet. Ein bewußter Konstrukteur hätte wohl kaum so eigenwillig gehandelt. Doch ein Nachteil verband sich offenbar nicht mit dieser Sonderbildung, also erhielt sie sich. Bei den auf dem Meeresboden festsitzenden Ascidien, die in unsere nähere Ahnenverwandtschaft gehören, zeigt die freischwimmende Larve noch ein Schweresinnesorgan, das sie dann beim Festsetzen auf dem Boden, ebenso wie Auge, Schwanz und Chorda, zurückbildet. Bei den Schnecken befindet sich das Gleichgewichtsbläschen – die »Statocyste« – im Fuß, bei den Tintenfischen im Kopf. Bei manchen Krebsen liegt es im Grundglied des ersten Fühlers, bei anderen im Schwanzfächer. Während Lichtsinnesorgane, also Augen, meist in der Nähe des Maules ausgebildet sein müssen, um ihre Funktion erbringen zu können, haben wir es hier mit einem Organ zu tun, das völlig lagevariabel ist. Die Schwerkraft wirkt überall im Körper, also kann es von jedem Punkt aus seine Meldungen an das Gehirn senden. Bei manchen kriechenden Tieren ist es nicht ausgebildet: Für sie ist nur jene Oberfläche wesentlich, der sie anhaften. Interessant ist, daß den Insekten Gleichgewichtsorgane fehlen. Sie nehmen mit den Beinen beim Aufsetzen das Gewicht wahr, außerdem sind ihre Flügel so hoch am Körper eingelenkt, daß sich der Schwerpunkt unter der Ansatzstelle befindet und so auch von den Flügeln her Rückmeldungen an das Gehirn gelangen.

In unserer Ahnenlinie sind die Gleichgewichtsbläschen stets paarig angelegt und befinden sich im Kopf. Schon bei den Fischvorfahren bildete sich durch eine Erweiterung ein zusätzliches Organ, welches die Wahrnehmung von Lageveränderungen noch verbessert. Es sind drei halbkreisförmige Bogengänge, so angeordnet, daß sie nach »oben«, rechts und links verlaufen. Führt der Kopf Drehbewegungen aus, dann bleibt die in den Gängen befindliche Flüssigkeit – sofern die Drehung in ihrer Richtung erfolgt – aufgrund der Trägheit zurück, reizt dabei die Härchen von Sinneszellen in den Gängen und zeigt so dem Gehirn die Drehbewegungen an. Diese Verbesserung, die dann bis zum Menschen kaum verändert erhalten blieb, darf als Sternstunde auf dem Entwicklungsweg unseres Gleichgewichtsorganes angesehen werden. Zu ihr kam es in der Frühzeit der Fischentwicklung vor 480 bis 450 Millionen Jahren. Während bei den Haien die Ohrsteinchen innerhalb der Säckchen noch frei beweglich sind, wurden sie beim Menschen kleiner und zahlreicher und sind – ähnlich wie bei den Rippenquallen – mit den Sinneshärchen fest verklebt. Liegen wir auf dem Rücken oder fliegt ein Pilot im Rückenflug, dann hängen die Ohrsteinchen abwärts, drücken also nicht auf die unteren Sinneshärchen, sondern ziehen an den oberen. Die von Gleichgewichtsorganen aufgenommenen Reize gelangen über das Nachhirn zum Kleinhirn, das sich auf Verarbeitung dieser Meldungen und auf ihre Umsetzung in zweckorientierte Körperbewegungen spezialisierte. Aufgrund ihrer Lebensweise ist das Gleichgewichtssorgan bei den Vögeln besonders ausgebildet. Daß bei allen Augentieren – und so auch bei uns – die Meldungen der Augen bei der Orientierung im Raum wesentlich mitbeteiligt sind, versteht sich von selbst.

Noch eine Kuriosität sei hier erwähnt. Bei den zehnfüßigen Krebsen ist das Bläschen des Gleichgewichtsorgans nicht geschlossen, sondern steht durch einen Gang mit der Außenwelt in Verbindung. Diese Krebse bilden keine Statoliten, sondern das Tier stopft Sandkörner oder Steinchen aus seiner Umgebung in diesen Kanal. An die Stelle von selbstgebildeten Gehörsteinchen tritt hier – über die Entstehung eines angeborenen Verhaltens – der Erwerb geeigneten Umweltmaterials, das unmittelbar zum Bestandteil eines Organes gemacht wird. Häuten sich diese Krebse, dann wird auch die Innenauskleidung der Röhre und des Bläschens abgestoßen – und damit auch die darin enthaltenen Steinchen. Also muß der Krebs danach wieder neue hineinbefördern. Setzt man ihn in ein Aquarium, in dem er nur Metallteilchen findet, dann stopft er sich diese in sein Gleichgewichtsorgan. Bringt man nun einen starken Magnet in die Nähe seines Kopfes, dann werden die Metallteilchen angezogen – und die im Bläschen gereizten Sinneszellen zeigen dem Gehirn des Krebses ein falsches »Oben« und »Unten« an. Er legt sich auf die Seite, seine Beine greifen in die Luft, er fällt auf den Rücken. Die Studenten, denen man das vorführt, lachen – und denken kaum daran, daß wir uns nicht viel »klüger« verhalten. Wir verfügen über ein Riesenhirn, das uns höchste Intelligenzleistungen ermöglicht, und doch lassen wir uns ebenso täuschen wie der Krebs. Was für ihn der Magnet, das ist für uns die Erdkugel. Sie macht uns – trotz Intelligenz und Wissen – an ein nicht vorhandenes »Oben« glauben.

Der vierte mechanische Sinn, der Berührungen von außen anzeigt, ist für die menschliche Entfaltung der wichtigste. Ohne ihn hätte sich unsere sprachliche Verständigung nie entwickeln können und damit eine wesentliche Grundlage für unsere eminente Evolution. Und ohne ihn wäre es nie zur Entfaltung unserer vielleicht edelsten Kunstform gekommen: der Musik. Nach dem Tastsinn, der zu einem Bruder des Augensinnes wurde; nach dem Temperatursinn, der uns die allerfeinsten Schwingungen der Materieteilchen offenbart; nach dem Sinn zur Wahrnehmung der Erdschwerkraft und unserer Bewegung im Raum, der uns die eigene Lage zum Planeten Erde anzeigt, kommen wir nun zum Hörsinn, über den Nachrichten aus weit größerer Ferne zu uns gelangen. Sie erreichen uns über Schwingungen, die dadurch entstehen, daß ein Materieteilchen gegen andere stößt – und diese den Stoß an die nächstfolgenden weitergeben. Im luftleeren Raum, genauer im materiearmen Raum, gibt es keinen Schall. Auf der Oberfläche des Mondes, der keine Lufthülle hat, sind weder Gespräche noch Musikgenuß möglich. Im Wasser pflanzt sich Schall wesentlich schneller fort als in der Luft, jedoch erfordert hier Schallerzeugung entsprechend mehr Energie. In Gestein pflanzt sich Schall ebenfalls fort, kann sich aber nicht so weit und so regelmäßig ausbreiten. Es geht hier also um Schwingungen, die sich weit schneller verbreiten als die submikroskopischen Vibrationen der Wärme. Vor allem aber zeichnen sie sich durch große Regelmäßigkeit aus. Sie werden an den Eigenschaften ihrer Wellen gemessen: Das menschliche Ohr kann jene im Bereich zwischen 16 bis 20 000 Hertz wahrnehmen – das heißt solche, bei denen sechzehn bis zwanzigtausend Stöße je Sekunde erfolgen. Langsame Schwingungen empfinden wir als »tief«, schnelle als »hoch«. Die noch langsameren, die wir nicht hören, nennen wir »Infraschall«, die für unser Ohr zu schnellen »Ultraschall«. So wie wir die für unser Auge zu kurzen Lichtschwingungen »ultraviolett« nennen und die für uns zu langen »infrarot«. Worum es hier wie dort geht, ist die Begrenzung der Löcher in dem schon erwähnten Sack, dem wir gleichen. Bei unserer Schallwahrnehmung spielt neben der Zahl von Stößen je Sekunde auch die Kraft, mit denen sie erfolgen, eine Rolle. Man mißt sie in »Dezibel«. Hat ein Schall eine für uns hörbare Frequenz, ist er jedoch zu schwach, dann gelangt er nicht durch das Loch unserer Hörwahrnehmung. Ist er stark, jedoch außerhalb unserer Gehörgrenze, dann gelangt er ebenfalls nicht herein.

Wie und wo gelangt nun Schall in den Wahrnehmungsapparat von Lebewesen? Bei unseren frühen Fischvorfahren – ebenso wie bei anderen vielzelligen Tieren – wurden manche Schallwellen auch mit dem Gleichgewichtsorgan aufgenommen. Bei den heutigen Fischen ist dies noch immer der Fall. Die auf Sinneshärchen ruhende Kugel kann auch Vibrationen anzeigen. So kommt es, daß dieses Organ sich erweiterte, gleichsam eine neue Betriebsstätte errichtete. Neben dem Bläschen mit den Gehörsteinen und den Bogengängen entwickelten sich weitere, mit Sinnesepithel ausgekleidete Räumlichkeiten, die am Ende so kompliziert wurden, daß man den ganzen Komplex als »Labyrinth« bezeichnet (Taf. 12, Abb. 1). Jeder von uns hat zwei solcher Labyrinthe rechts und links in seinem Kopf. Ursprünglich waren diese Gleichgewichtsorgane – im Gegensatz zu jenen der zehnfüßigen Krebse – von der Außenwelt abgetrennt. Nur Gewebe und Knochen durchquerend, konnten Vibrationen und Schallwellen dorthin gelangen. Aus der rückgebildeten ersten Kiemenspalte jedoch entstand sehr bald eine Verbindung zur Außenwelt. Dies geschah wohlgemerkt noch im Wasserraum, längst ehe die ersten Fische das Land eroberten. Warum wurde wohl diese

TAFEL 12: **Wie aus einem Gleichgewichtsorgan einer Kieme und einem Unterschenkel Gehörorgane wurden**

Abbildungen: **1** Ohr und Labyrinth des Menschen, **2** Basilarmembran der Gehörschnecke (schematisch), **3** Hörorgan der Laubheuschrecke. a = äußerer Gehörgang, b = Trommelfell, c = Mittelohr, d = Hammer, e = Amboß, f = Steigbügel und ovales Fenster, g = rundes Fenster, h = Bogengänge, j = Sacculus, k = Schnecke, l = Gehörsnerven, m = Eustachische Röhre, n = Basilarmembran, o = Knochen, p = Chitinpanzer, r = Hauteinstülpung, deren Chitinwand zum Trommelfell wurde, s = erweitertes Tracheenrohr (plastisch gezeichnet), t = darauf liegende Sinneszellen.

Der Mensch ist keineswegs Ergebnis einer zielhaften Konstruktion – ebensowenig wie die übrigen Lebewesen. Nichts beweist dies anschaulicher als die Tatsache, daß lebenswichtige Organe über die merkwürdigsten Umwege zustande kamen. Der Prozeß »Leben« kann sich nur über Strukturen fortsetzen, die Energie und Stoffe erwerben und damit weitere Lebensstruktur aufbauen (S. 264). Damit wird festgelegt, wie die Organe der Lebenskörper beschaffen sein müssen. Was immer sich bei diesem Entwicklungsweg als »Baumaterial« eignet, ist dem »Konstrukteur der Lebewesen« – dessen Namen »Notwendigkeit« ist – gleichermaßen willkommen.

Um Beute zu erwerben (Energie und Stoffe), benötigen die Tiere Sinnesorgane. Das Licht wird zum Diener gemacht (Tafel 4), ebenso auch Schallwellen. Der Gehörapparat der Wirbeltiere kam über grotesk anmutende Irrwege zustande. Die Entwicklung begann vor etwa 430 Millionen Jahren, als sich bei zunächst kieferlosen Fischen (»Agnathen«) die vorderste Knorpelspange ihrer Kiemen in einen Kiefer verwandelte. Es kam zur Ausbildung eines »Primär-Kiefergelenkes«, und die funktionslos gewordene erste Kiemenspalte wurde zum »Spritzloch«, das uns noch heute jeder Hai und Rochen zeigt. Als nächste Etappe dieses Irrweges kam es zur Ausbildung von knöchernen Kiefern mit einem zweiten Kiefergelenk. Das Primär-Kiefergelenk wurde arbeitslos und rückgebildet – Teile der Reste wurden im weiteren Verlauf zu den Gehörknöchelchen: Hammer, Amboß und Steigbügel (d, e, f), denen der Musikliebende seinen Kunstgenuß verdankt. Das Spritzloch wurde zum Gehörgang, später zum Mittelohr und zur Eustachischen Röhre (c, m). Bei der Landeroberung wurde dieser Gang nach außen hin durch eine Haut abgeschlossen – aus ihr wurde das Trommelfell (b). Und ein Teil des Gleichgewichtsorganes erweiterte sich zur Gehörschnecke (k), wurde zum Organ der Klanganalyse (2). Diese Umbildungen führen uns noch heute andeutungsweise die Embryonen aller Wirbeltiere vor Augen – auch der menschliche Embryo (S. 196–198).

Bei der Laubheuschrecke (3) wurden Einbuchtungen des mit Chitin gepanzerten Unterschenkels zum Trommelfell, das Schallwellen aufnimmt. Er liegt einer erweiterten Trachee an – einem Atemorgan also –, auf der sich eine Gehörleiste mit Sinneszellen (t) bildete, die über verschieden lange Fasern – ähnlich wie in der Basilarmembran der Gehörsschnecke (2, n) – Töne verschiedener Höhe zu unterscheiden vermag. Auch hier war das »Baumaterial« nebensächlich. Auch hier diktierte die benötigte Funktion – also Notwendigkeit – den Weg, den die Differenzierung der beteiligten Zellen nehmen mußte.

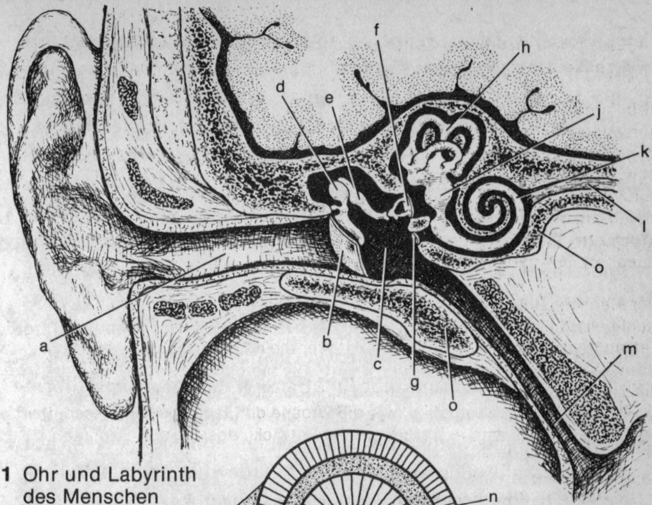

1 Ohr und Labyrinth des Menschen

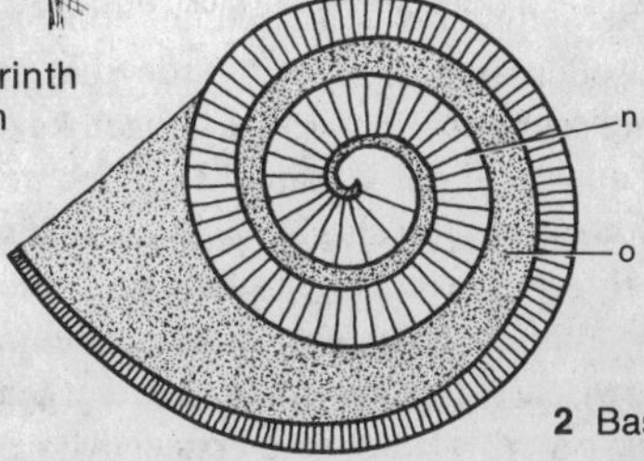

2 Basilarmembran

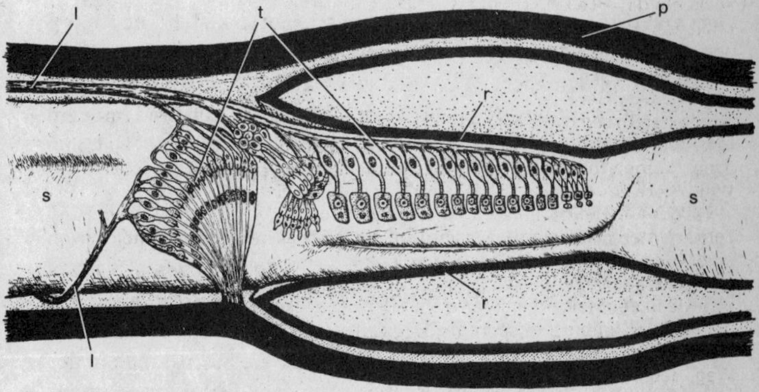

3 Hörorgan der Laubheuschrecke

TAFEL 12

Kiemenspalte arbeitslos und für andere Aufgaben verfügbar? Antwort: Weil der vorderste Kiemenbogen inzwischen zum stützenden Rand der Mundöffnung geworden war: zum Kiefer. Die obere Hälfte zum Oberkiefer, die untere Hälfte zum Unterkiefer. Und dazwischen bildete sich ein Gelenk, »primäres Kiefergelenk« genannt. Aus dem vordersten Kiemenbogen wurde also ein gelenkiger Kieferrand, aus der ersten Kiemenspalte ein enger Verbindungsgang zur Mundhöhle, das sogenannte »Spritzloch«. Bei den Haien finden wir noch heute diese Konstellation. Sie präsentieren uns gleichsam, wie es bei unseren Urvorfahren aussah.

Der nächste Schritt war dann die Eroberung des Landes. Hier wurde das Spritzloch ebenso unzweckmäßig wie die Kiemen. Während jedoch die letzteren völlig funktionslos und darum nun allmählich rückgebildet wurden, verschloß eine Haut das Spritzloch und gewann dabei eine weitere bedeutsame Funktion. Sie erwies sich als geeignet, Schallwellen aufzunehmen, wurde zum Trommelfell. So wie eine Trommel sehr gut Geräusche erzeugen kann, so kann eine gespannte Haut auch sehr gut Geräusche aufnehmen und übertragen. Im Labyrinth entstanden also Räume, die sich auf Schallwahrnehmung spezialisierten – und gleichzeitig entstand bei den landerobernden Wirbeltieren eine für Schallwahrnehmung geeignete Außenhaut. Dazwischen lag das primäre Kiefergelenk. Und jetzt kommt eine höchst merkwürdige und erstaunliche Entwicklung.

Die primären Kiefer, die aus Knorpel bestanden, wurden allmählich von Knochen überlagert, und es entstehen so knöcherne Kiefer, die alle Säugetiere und so auch wir noch haben. Sogar ein neues Kiefergelenk bildete sich. Was aber geschah mit den Kiemenbögen, welche die funktionslos gewordenen Kiemen stützten, und mit dem »primären Kiefergelenk«, das nun auch arbeitslos wurde? Nachdem der erste Kiemenbogen sich so wandlungsfähig erwiesen hatte, folgte der zweite in ähnlicher Weise. Der untere Teil wurde zu einem Skelettelement der Zunge, der obere wurde zu einem kleinen Knochen, der das Trommelfell mit dem bis dahin abgeschlossenen Labyrinth verbindet und so die vom Trommelfell aufgenommenen Schallwellen auf dessen Flüssigkeit überträgt. Diese ebenso erstaunliche wie denkwürdige Entwicklung ist die Sternstunde in der Entwicklung unseres Gehörorganes. Aus dem Teil eines Kiemenbogens wurde ein Schallüberträger vom Trommelfell zum Labyrinth. Dieses erste Gehörknöchelchen wird »Columella« genannt. Es sieht wie eine kleine Säule aus. Seine Entstehung – vierte Sternstunde also in der Entwicklung unserer mechanischen Sinne – liegt 380 bis 340 Millionen Jahre zurück.

Die weitere Entwicklung ist nicht weniger erstaunlich, jedoch schon leichter darzustellen. Während bei allen Amphibien und Reptilien das Trommelfell noch an der Außenwand des Körpers liegt, rückte es bei unseren Säugetiervorfahren weiter ins Innere, wo es besser geschützt ist, so daß ein äußerer Gehörgang entstand. Im Labyrinth vergrößerte sich die für Schallwahrnehmung zuständige Räumlichkeit, die »Lagena«, zu einem langen Rohr, das dann bei unseren Säugetiervorfahren noch länger wurde und sich schneckenhaft einrollte (Taf. 12, Abb. 1 und 2). Darin entwickelte sich eine Membrane, die aus verschieden langen Fasern besteht und durch Schallwellen verschiedener Frequenz in Schwingung versetzt wird. Auf ihr sitzen Sinneszellen, darüber eine weitere Membrane, die sie berührt. Wo immer die untere Membrane schwingt, dort stoßen die darauf befindlichen Sinneszellen mit ihren feinen Stiftchen gegen die obere Membrane, werden gereizt und senden ihre Meldung ans Gehirn. So wird – sehr vereinfacht dargestellt – die Fülle der Schallwellen in ihre einzelnen Bestandteile zerlegt, analysiert. Die verschieden langen Fasern der schneckenhaft hochführenden Membrane schwingen wie die Saiten eines eigenwillig geformten Klaviers und erregen dadurch verschiedene Sinneszellen: So gelangt eine differenzierte Aufschlüsselung der wahrgenommenen Töne ins Gehirn. Und zwar zu besonders auf Tonanalyse spezialisierten Zentren der Großhirnrinde.

Pointe: Die erstaunliche Umkonstruktion ging noch ein Stück weiter. Wie gesagt, bildete sich das ursprüngliche Kiefergelenk – das arbeitslos gewordene »primäre Kiefergelenk«, das uns noch heute die Haie zeigen – allmählich zurück. Aus dem unteren Teil dieses Gelenkes wurde jedoch ein weiteres Gehörknöchelchen: der Hammer. Aus dem oberen wurde ein drittes: der Amboß. Auch die Columella erlebte noch einen Formwechsel. Sie wurde zum Steigbügel, der die Verbindung zum Labyrinth herstellt. Auf diese Weise entstand eine Kette von drei Knöchelchen – es sind die kleinsten in unserem Körper –, durch welche die Töne noch besser in den schallwahrnehmenden Abschnitt des Labyrinths übertragen werden als durch die ursprüngliche Columella. Die Kette der Gehörknöchelchen verbessert die Schallübertragung von der Luft auf die Flüssigkeit im Labyrinth um ein Vielfaches, wodurch er im Innenohr besser aufgeschlüsselt werden kann. Schließlich bildete sich außen noch die Ohrmuschel, welche die Schallwellen wie ein Trichter in das Loch leitet. Bei unseren Vorfahren war sie noch beweglich, bei uns ist sie es nicht mehr.

Es ist kaum anzunehmen, daß eine planende Entwicklung auf die Bildung dieses Gehörorganes hinzielte. Vielmehr entstand es durch Erweiterung eines anderen – des Schweresinnesorganes – und durch Einbeziehung von überflüssig gewordenen Teilen des ursprünglichen Atmungsorgans. Die funktionslos gewordene erste Kiemenspalte wurde nutzbar gemacht, und der erste Kiemenbogen, der sich zunächst zum Kiefer entwickelt hatte, lieferte in Rückbildung seines Gelenkes zwei unserer Gehörknöchelchen. Das dritte lieferte schon vorher der überflüssig gewordene zweite Kiemenbogen. Wer dies nicht glaubt, wer dies alles für eine Phantasie hält, nehme jedes beliebige Lehrbuch der Zoologie zur Hand. Oder besser, er informiere sich über die Embryonalentwicklung beim Menschen und bei unseren Säugetierverwandten, in der diese Entwicklung noch heute ihre Spuren hinterlassen hat, in der sie noch heute nachvollzogen wird. Wer – wie einige Forscher es noch heute tun – den zielhaften Schöpfungsweg zum Menschen retten will, muß die Verwandlung des primären Kiefergelenkes in Gehörknöchelchen als weise und folgerichtige Konstruktionsschritte erklären, der muß vertreten, daß sich die ursprünglichen Kiefer samt Gelenk rückbildeten, um ein Gehörorgan zu bilden – und nur deshalb ein zweiter Kiefer entstehen mußte. Dies aber ist, gelinde gesagt, absurd.

Bei den ins Meer zurückkehrenden Lungenfischen, die ihre Lunge in eine Schwimmblase verwandelten – den heutigen Knochenfischen –, kam es zu einer wieder anderen, ebenfalls kuriosen Art der Schallaufnahme. In zweiter Funktion wurde bei ihnen eben diese Schwimmblase, ein Organ zur Regelung des Auftriebes, das aus einem Atemorgan hervorging (S. 27) zum Trommelfell, das Schallwellen aufnimmt. Auch hier bildeten sich Knöchelchen – »Weberscher Apparat« genannt –, welche diese Schwingungen auf Umwegen in die auf Gehörwahrnehmung spezialisierte Unterabteilung des Gleichgewichtsorganes übertragen.

Bei den Laubheuschrecken entstand ein Hörorgan im Hohlraum ihrer Vorderbeine. Auch hier nimmt eine Membrane die Schallwellen auf und leitet sie Sinneszellen mit kleinen Stiftchen zu, die, ganz ähnlich wie bei der »Schnecke« in unserem Ohr, über verschieden lange Fasern gereizt werden (Taf. 12, Abb. 3).

Damit sind wir aber noch keineswegs an das Ende der Besprechung unserer mechanischen Sinne gelangt, die uns über dieses oder jenes »Loch« dienliche Information aus der Außenwelt zuführen. Noch ein fünfter Sinn, der uns nicht minder wichtige Dienste leistet, ist zu behandeln. Treffen mechanische Einwirkungen unseren Körper allzu heftig, führen sie zu einer Beschädigung der Zellstruktur, dann reagieren wir wiederum anders – dann empfinden wir »Schmerz«. Wo nahm dieser Sinn seinen Anfang?

Bei verletzten Einzellern erkennen wir heftige Reaktionen, doch ob sie Schmerz empfinden, wissen wir nicht. Wir können nicht mit ihnen sprechen, nicht mit ihnen »korrespondieren«. Immerhin aber wurde bei der Untersuchung höherer Tiere festgestellt, daß Schmerzempfindung durch Stoffe ausgelöst wird, die bei Verletzung innerhalb der Zellen freigesetzt werden. Als Geburtsstunde des Schmerzsinnes dürfen wir somit jenen Zeitpunkt ansehen, da Sinneszellen mit freien Nervenenden sich auf die Wahrnehmung solcher Stoffe spezialisierten. Daß Nerven nicht etwa grundsätzlich schmerzempfindlich sind, zeigt auf das deutlichste das menschliche Gehirn, die weitaus größte Ansammlung von Nervenzellen überhaupt. Operative Eingriffe können hier ohne Narkose vorgenommen werden, weil nur die umgebenden Häute, nicht jedoch die Nervenstruktur selbst schmerzempfindlich ist. Bei Tieren mit starrem Außenpanzer hat Schmerzempfindung kaum einen biologischen Wert – demnach bildete sich auch keine solche aus. Besonders deutlich zeigen das die Insekten, wie aus einem oft wiederholten, brutalen Experiment hervorgeht: Schneidet man einer trinkenden Biene vorsichtig mit einer Schere den Hinterleib ab, dann bemerkt sie dies nicht, sondern trinkt weiter. Das Getrunkene fließt dann an der Schnittstelle heraus. Je mehr ungepanzerte und demnach verletzbare Teile ein Tier hat, um so wichtiger wird für dieses die Schmerzwahrnehmung, die dann reflexhaft Flucht, Abwehrverhalten oder Gegenangriff auslösen kann. Ganz besonders gilt das für den Menschen, der nicht wie seine Säugetierverwandten durch ein Fell, also durch einen Haarpanzer geschützt ist. In unserer Haut befinden sich auf dem Quadratzentimeter ungefähr 170 Schmerzpunkte gegenüber nur 22 Druckpunkten. Weitere schmerzwahrnehmende Sinneszellen sind im Körperinneren verteilt. Bei Prellungen und Quetschungen machen sich jene in den Muskeln deutlich bemerkbar. Bei manchen unserer inneren Organe gibt es Bezirke – etwa die Knochenhaut –, die besonders auf Schmerzempfindung spezialisiert sind.

Auch die seelischen Schmerzen sind ein Phänomen des Nervensystems. Sie entstehen – zumindest bei den höherentwickelten Wirbeltieren – im Gefolge von Trieben, wenn diese nicht ausgelebt werden können. Daß diese negativen Innenerlebnisse sich bis zum deutlichen Schmerzerlebnis steigern können, zeigen die geistig höchstentwickelten Säugetiere auf das deutlichste. Daß etwa ein Hund oder ein Affe seelischen Schmerz empfinden kann, dürfte kaum anzuzweifeln sein. Über welchen Mechanismus eine solche Schmerzempfindung zustande kommt, ist noch nicht bekannt. Fest steht immerhin, daß sie in einem Abschnitt des Zwischenhirnes, und zwar im Thalamus, produziert wird. Auch die mit Trieben verbundenen Lustgefühle entstehen dort. Beim Menschen wurde die bewußte Denktätigkeit zu einer vielfältigen Quelle weiterer, als seelisch bezeichneter Schmerzen und Freuden. Auch sie werden im Thalamus produziert. Sämtliche uns aus der Außenwelt und aus dem Körperinneren zukommenden Sinnesempfindungen gelangen über diese Nervenzentrale zum Großhirn und werden dabei mit Lust- oder Unlustempfindungen versehen. Die Entstehung dieser Art von Schmerzen, die sich mit unseren höchsten Gefühlen verbinden, wollen wir als fünfte und letzte Sternstunde auf dem Entwicklungsweg unserer mechanischen Sinne ansehen. Sie deckt sich mit dem Zustandekommen unseres bewußten Denkens und Schlußfolgerns – unseres Ich-Bewußtseins – und liegt somit knapp 4 bis 2 Millionen Jahre zurück. Hier kann eingewandt werden, daß diese Empfindung weit über den anderen steht und mit ihnen nicht auf die gleiche Ebene gesetzt werden dürfte. Andererseits geht es auch hier ohne Zweifel um die Auswirkung einer Berührung mit der Umweltmaterie – mit der Umweltsituation. Auch der Mitmensch ist Umwelt, auch er besteht aus Materie. Die Bewertung seines Verhaltens und seiner Reaktionen beruht zweifellos auf einer weit komplexeren Leistung als jene, die abläuft, wenn wir uns in den Finger schneiden oder einen Knochen brechen. Und doch besteht kein prinzipieller, sondern nur ein gradueller Übergang. Verlieren wir unsere Hand oder verlieren wir unseren Besitz – so und so vermindert sich unser Machtpotential, so und so wird uns Schaden zuteil. Auf beides reagieren wir in ähnlicher Weise, was sich im Sammelwort »Schmerz« sehr deutlich offenbart. Auch der Verlust des Freundes oder die Verletzung höchster Ideale verursachen Schmerz. Eine Sinnesempfindung, die über die Zwischenstation der Triebe beim bewußt denkenden Menschen zu besonderer Differenzierung gelangte.

Einzuwenden ist allerdings, daß Schmerz nicht nur durch mechanische Einwirkung ausgelöst wird, nicht nur durch Biß, Fall, Hitze oder Verlust. Auch elektrische oder chemische Einwirkungen sowie die Erkrankung von Organen verursachen Schmerz – und das führt uns bereits zum nächsten Kapitel. Indes: Da ein sehr hoher Prozentsatz aller Einwirkungen, die uns Schmerz verursachen, über mechanische Einwirkung durch fremde Materie ausgelöst wird, ist es nicht unberechtigt, auch diesen Sinn in das ungleiche Gespann der übrigen mechanischen Sinne – Druck, Temperatur, Erdanziehung und Schall – mit einzureihen.

10.
Chemische Sinne

Nicht weniger aufschlußreich für die Selbstbeurteilung unseres Ich sind die sogenannten chemischen Sinne, wozu man normalerweise nur den Geruchs- und den Geschmackssinn zählt. Genaugenommen ist jedoch die Fähigkeit von Materie, durch andere Materie nicht nur berührt und gegebenenfalls verformt, sondern im innersten Gefüge verändert zu werden, weit älter als die Entstehung des Lebens selbst. Diese Fähigkeit kommt praktisch allen Atomen und Molekülen zu. Auch jenen des Kieselsteines, eines Wassertropfens, einer Gaswolke.

Alle Materie besteht aus Atomen. Jedes solche Atom besitzt einen Kern, um den in großem Abstand mehr oder minder viele Elektronen kreisen. Man spricht von »Elektronenschalen«. Die Außenhülle jedes Atoms besteht aus elektrisch sehr aktiven Elektronenwolken. Stoßen nun zwei Atome gegeneinander, dann werden diese »Hüllen« betroffen. Sie ziehen einander an oder stoßen einander ab, sie durchdringen einander, deformieren einander. Vereinigen sich Atome bei diesem Vorgang zu größeren Einheiten – den Molekülen –, dann verschmelzen diese Elektronenhüllen zu einer neuen, das ganze Gebilde umgebenden Elektronenwolke, die nun die Oberfläche des Moleküls darstellt und ganz bestimmte elektrische Eigenschaften hat. Mit diesen Eigenschaften beschäftigt sich die Chemie, deshalb wird die Wahrnehmung solcher Eigenschaften durch Lebewesen als »chemische Sinneswahrnehmung« bezeichnet. Das ist keine sehr glückliche Bezeichnung, weil der Laie daraus nicht ersieht, worum es hier wirklich geht, nämlich um die Wirkung von Elektronenhüllen aufeinander – um die Wahrnehmung der elektrischen Eigenschaften von anderen Molekülen.

In der Tat ist der Lebensprozeß in erster Linie ein molekulares Geschehen. Betrachten wir ein Tier oder einen anderen Menschen, dann erscheinen uns die uns sichtbaren Organe als das Wesentliche – etwa die Augen, die Beine, die Mundöffnung. Die uns unsichtbaren Zellen, aus denen diese Einheiten bestehen, gelten uns als Bausteine und die Teile, aus denen die Zellen bestehen, als deren Bausteine. Das Ganze ist also das Wesentliche, die Teile sind nur seine Bausteine. Hier – wiederum – ist unser Ich in einem Vorurteil befangen, das sich aus unseren Sinneswahrnehmungen und der Art ergibt, wie der Mensch sie seit Jahrtausenden interpretiert. Denn was in Wirklichkeit im Zentrum dieses Geschehens steht, sind molekulare Abläufe. Die dabei beteiligten Moleküle sind keineswegs nur Bausteine, sondern Verursacher. Sie differenzieren sich zu immer komplexeren Gefügen, unter denen sich bestimmte erhalten und fortsetzen, andere wieder nicht. Die sich fortsetzenden nennen wir Lebewesen – und auch wir sind eine solche Struktur, die das Lebensgeschehen fortsetzt und weiterträgt. Selbst bei so gigantischen Zellstaaten, wie die höheren Pflanzen, Tiere und der Mensch es sind, finden die entscheidenden Funktionen im molekularen Bereich statt.

Schon bei der Fortpflanzung sprachen wir davon, daß das Erbrezept – auch bei uns – nach wie vor ein Molekülgefüge ist. Ebenso sind bei der Ernährung das vielzellige Maul und der vielzellige Darm bloß Hilfsstrukturen. Der wesentliche Vorgang vollzieht sich innerhalb der Zellen, innerhalb ihrer als Mitochondrien und Ribosome bezeichneten Einheiten (Taf. 20). Auch das vielzellige Auge ist nur Hilfseinrichtung dieses Vorganges, indem es die Nahrungssuche erleichtert. Das Bedeutsame, Primäre ist nicht, wie es uns scheint, das Ganze, der Gesamtkörper also, sondern eine bestimmte Anordnung von Molekülen, deren Wirken sich über immer größere Strukturen verstärkt. Der Mensch ist jedoch kein »chemischer Großbetrieb«, wie dies heute oft irreführend behauptet wird, sondern chemische Wechselwirkungen von Molekülen führen zu einem sich steigernden Prozeß, den dafür geeignete Strukturen – die Pflanzen, Tiere und Menschen – fortsetzen.

Betrachten wir aus dieser Sicht die sogenannten »chemischen Sinne«, dann kam es zu ihrer ersten Wirksamkeit, als fremde Moleküle mit ihren Elektronenwolken bei einem Lebensträger Reaktionen auslösten, die für ihn und seine Weiterentwicklung förderlich waren. Die erste Sternstunde in dieser Entwicklung muß somit sehr weit zurückverlegt werden, praktisch in den Zeitraum des Lebensbeginnes vor ungefähr 4000 Millionen Jahren. Wie man heute annimmt – und bereits experimentell nachzuvollziehen vermag –, betätigten sich die ersten Lebensträger als »Autokatalysatoren«. Als Bewirker der Vermehrung von eigener Struktur. In der damaligen Ursuppe des Meeres wirkten sie auf fremde Materie, mit der sie zusammentrafen, so ein, daß manche Moleküle sich ihnen angliederten und so ihr Gefüge vergrößerten oder ihnen zur Bildung weiterer ebensolcher Lebensträger verhalfen. Wir können dies als die ursprünglichste Form der Ernährung und Fortpflanzung bezeichnen und in der Fähigkeit, auf ganz bestimmte Moleküle zu reagieren, den ersten Ursprung eines »chemischen Sinnes« sehen. Man nennt heute den ersten Abschnitt der Lebensentwicklung »Chemische Evolution« – dies deckt sich mit der eben vorgetragenen Betrachtungsweise. Nicht deckt sich dagegen, daß man die »Chemische Evolution« von der »Biologischen Evolution« abzugrenzen pflegt. Hier liegt ein und dasselbe sich steigernde Geschehen vor. Es setzte sich von Anbeginn über molekulare Gefüge fort, die nur komplexer wurden, neue Fähigkeiten hinzugewannen, bei denen sich Abschnitte auf besondere Leistungen spezialisierten, wobei jedoch bis zur Entstehung der Zelle und auch danach über die gesamte Entwicklung der Vielzeller hinweg, molekulare Vorgänge im Zentrum der Erscheinungen blieben.

Im Rahmen dieser Differenzierungen kam es dann dahin, daß sich besondere Abschnitte der Urzellen auf die Wahrnehmung – also das Gereiztwerden – durch bestimmte sie berührende Moleküle spezialisierten. Die Urzelle gewann dadurch sowohl positive als auch negative Information über die Umwelt. Positiver Art waren sie, wenn über diese Reaktion Nahrung oder eine günstige Umwelt erkannt wurde. Durch negative Informationen wurde der Organismus vor ungünstigen Umweltbedingungen und Feinden gewarnt. Während also die ersten Lebenskörper die Fähigkeit besaßen, auf die Besonderheit anderer Moleküle aufgrund der sie umgebenden Elektronenwolken entsprechend zu reagieren, werden später bestimmte Abschnitte für solche Reizbarkeit zuständig, und es kommt nicht mehr unmittelbar, sondern mittelbar über Reaktion des Gesamtkörpers, zu einer Beantwortung des Reizes. Diese Fähigkeit »Geruchssinn« oder »Geschmackssinn« zu nennen ist immer noch verfrüht. Aufgrund der Wechselwirkungen, um die es hier geht, ist die Bezeichnung »chemischer Sinn« korrekter – allerdings unter der Voraussetzung, daß sie nicht zu falschen Assoziationen verleitet und man im Auge behält, daß in diesem Fall nicht Strahlung oder körperliche Berührung wahrgenommen werden, sondern die Eigenart von Elektronenwolken, welche die herankommenden Moleküle umgeben, und die elektrischen Kräfte, welche von diesen ausgehen.

Auch die zweite Sternstunde in diesem Entwicklungsbereich ist somit ziemlich weit zurückzuverlegen: auf die Periode vor 3500 bis 3000 Millionen Jahren. In der Zellhaut der Urzellen entstanden Bereiche, die auf die Einwirkung bestimmter Moleküle ansprachen. Die heute lebenden Einzeller, die uns in diese frühen Entwicklungsstufen Einblick geben, zeigen deutlich diesen chemischen Sinn. So reagieren etwa Amöben nicht nur auf Licht, nicht nur auf Druck oder Schwingung fremder Materie, sondern auch auf jene Eigenschaften von Molekülen, die man als »chemische« bezeichnet, da sie im Forschungsgebiet Chemie untersucht werden. Die Weiterentwicklung erfolgte dann in durchaus gewohnten Bahnen genauso wie im Falle der übrigen Organe der Pflanzen und Tiere. Als Einzeller zur Bildung von Vielzellern übergingen, spezialisierten sich wiederum manche der Zellen in diesen größeren Gemeinschaften auf ebendieses Amt (Taf. 13, Abb. 1). Sie spezialisierten sich auf die Analyse der Eigenschaften herankommender Moleküle oder größerer Materieklumpen, wurden so zu Rezeptoren eines chemischen Sinnes, leiteten Information an andere Einheiten des Zellstaates, dem sie angehörten, weiter. Erst jetzt schieden sich Geruch und Geschmack –, und zwar aufgrund der Reize, die wahrgenommen, also empfangen wurden. Als Geruch bezeichnet man Fernwahrnehmung. Nahrung, Feinde, Geschlechtspartner verraten ihre Anwesenheit in der Umgebung durch Stoffe, die sie ausscheiden und an denen sie erkannt werden können. Im Falle von lebender Beute und von Feinden ist es eine ungewollte Wirkung: Weit besser für deren Interessen wäre es, wenn sie nicht erkannt würden. Beim Artgenossen und insbesondere beim Geschlechtspartner wurden von ihnen abgeschiedene Moleküle – als Träger bestimmter Wirkungen, eines bestimmten »Geruches« – zu einem Signal, das beiden Seiten diente. In diesem Sinne entwickelten sich Organe – Drüsen –, die solche Erkennungsstoffe produzieren, und beim Geschlechtspartner Sinnesorgane, welche diese wahrnehmen, erkennen, durch sie also gereizt werden. Das ist die Fernwirkung des chemischen Sinnes. Zweitens spezialisierten sich jedoch andere Zellen auch auf eine Nahwahrnehmung von molekularen Eigenschaften. Und zwar zur Prüfung der von ihnen eroberten Beute. Dies nennen wir »Geschmackssinn« im eigentlichen Sinne des Wortes. Von tierischen Organismen eroberte Materie wird auf ihren Wert, auf ihren Energie- und Stoffgehalt geprüft. Nicht alles, was ein Tier mit seiner Freßöffnung erfaßt, ist förderlich, dient ihm. Ein entsprechendes Unterscheidungsvermögen ist somit wichtig. Hier also trennen sich die beiden spezialisierten Organe der Wahrnehmung, die man unter der Bezeichnung »chemische Sinne« zusammenfaßt. Schon bei den Wassertieren spielen beide Funktionen eine wichtige Rolle, werden aber zumeist von Sinneszellen wahrgenommen, die sich in ihrem Aufbau nicht unterscheiden. Manche sind mehr in der Mundzone angehäuft, andere an der Körperoberfläche. Eine strenge Trennung gibt es jedoch noch nicht. Bei Würmern sind Sinneszellen über den ganzen Körper verstreut, die sowohl auf Nah- wie auf Fernwirkung reagieren: also gleicherweise »Geruch« und »Geschmack« wahrnehmen. Bei den Knorpelfischen – Haien und Rochen – haben sich oberhalb des Maules bereits besondere Geruchsorgane entwickelt. Während die Geschmacksorgane innerhalb des Maules entstanden. Aber eine klare Arbeitsteilung hat noch nicht stattgefunden. Sogar bei den Knochenfischen, die von den luftatmenden Lungenfischen abstammen, ist die Situation noch verworren und unübersichtlich. Bei manchen Fischen finden wir Sinnesknospen der Geschmackswahrnehmung über die ganze Körperoberfläche verstreut. Erst an Land – aufgrund der total anderen Situation – kam es dann zu einer deutlichen Trennung dessen, was wir »Geruchssinn« und »Geschmackssinn« nennen. Soweit sind wir aber noch nicht. Denn eine Aufgabe des chemischen Sinnes, die sogar in den Lehrbüchern der Zoologie und Biologie fast durchwegs übersehen wird, ist noch zu besprechen. Sie ist sogar von besonderer Bedeutung, ihr Zustandekommen rechtfertigt sehr wohl eine eigene Sternstunde.

Schon bei den Sinnesorganen der WHrnehmung von Druck und Schmerz sahen wir, daß es sie nicht nur auf der Körperoberfläche der Tiere und unseres eigenen Körpers gibt, sondern auch im Inneren. Diese Organe, die dem Zentralnervensystem melden, wie es um seine Organe steht, welche Direktiven notwendig sind, um sie instand zu halten, ihre Funktionsausübung zu gewährleisten, nennt man »Propriorezeptoren«. Im optischen Bereich gibt es keine solchen inneren Sinnesorgane – denn im Körperinneren können sich Lichtstrahlen kaum ausbreiten, sie können den Körper nur bei den kleinsten durchsichtigsten Lebewesen durchdringen. Sinnesorgane, die auf Lichtreize ansprechen, wären dort eine verfehlte Investition. Selbst wenn sich solche bildeten, könnten sie dem Zellstaat, dem sie angehören, kaum mehr Lebensfähigkeit und Konkurrenzfähigkeit vermitteln. Ganz anders liegen die Dinge bei der Wahrnehmung »chemischer Reize«. Wie schon gesagt, beruht bei den vielzelligen Pflanzen und Tieren die Differenzierung der einzelnen sie aufbauenden Zellen auf Hemmstoffen. Jede dieser Zellen hat an sich das gleiche Erbrezept, das sämtliche für die Kolonie maßgebenden Befehle enthält. Daß die einen Zellen sich auf diese, andere auf eine andere Aufgabe spezialisieren – also in Struktur und Verhalten differenzieren –, bewirken diese Hemmstoffe, die in der einen Zelle jenen Teil des Erbrezeptes lahmlegen, in einer anderen einen anderen. Wie aber werden diese Direktiven erteilt? Wie wird der Zelle »A« befohlen, daß sie sich auf die eine Funktion spezialisiert, der Zelle »B«, daß sie an einer total anderen Organbildung teilnimmt? Dazu ist eine innere Rohrpost nötig. Und diese entstand längst, ehe es zur Ausbildung des ersten Nervensystems kam. Diese Rohrpost beruht auf Substanzen, die im Rahmen des Zellverbandes von bestimmten Zellen abgeschieden werden – und bei anderen entsprechende Wirkungen ausüben. Dazu aber müssen diese anderen Zellen irgendwie wahrnehmen, also erkennen, daß die entsprechende Botschaft für sie und nicht für andere Zellen bestimmt ist. Also müssen sie »chemische Signale« wahrnehmen können – oder, anders gesagt, auf bestimmte Moleküle, die in dieser Rohrpost als Briefe fungieren und an sie adressiert sind, reagieren. Die Entstehung der ersten Vielzeller liegt etwa 1800 Millionen Jahre zurück, also ist es nicht ganz einfach zu rekonstruieren, was damals geschah. Da indes die Situation auch bei den größten Vielzellern – einer Tanne, einem Elefanten, einem Menschen – grundsätzlich gleich blieb, können wir an den heutigen Vielzellern noch immer ablesen, was damals geschah, zu welchen Fortschritten es damals kam, auf welchen Leistungen diese beruhten.

Untersuchungen an Körpergeweben haben gezeigt, daß es in der Tat eine solche Rohrpost gibt, daß von Zelle zu Zelle bestimmte Kommandos ausgesandt und von anderen Zellen befolgt werden. Diese entscheidend wichtige Fähigkeit hat zur Voraussetzung, daß die Zellwand diese Briefpost, also einzelne Moleküle, erkennt und ihr Eintritt in das Innere der Zelle gewährt. Wie vollzieht sich das? Hier liegen aufschlußreiche Forschungsergebnisse vor. Nicht anders als bei den Einzellern verfügt die Zellhaut über spezialisierte Organe, die bestimmte Stoffe einlassen, andere nicht. Man spricht hier von einer »selektiven Permeabilität«. Allerdings sind in den Zellwänden keinesfalls besondere Öffnungen vorhanden, die etwa bestimmt geformten Stoffen – also Molekülen – den Eintritt gestatten. Es sind vielmehr Mechanismen, die unter Energieverbrauch ihres Amtes walten. In manchen Geweben wurde festgestellt, daß diese »Mechanismen« – diese Organe der Zellwand – nur bestimmte Stoffe in das Zellinnere einlassen und auch das wieder nur zu bestimmten Zeiten. Im Inneren wirken sie dann offenbar direkt oder indirekt so auf das Erbrezept ein, daß demgemäß diese oder jene Abschnitte aktiviert werden, diese oder jene Hemmstoffe gebildet werden. Bei den Pflanzenzellen, die von einer festen Zellulosehülle umgeben sind, spielt die sogenannte »Semipermeabilität« eine besondere Rolle. Lösungsstoffe – vor allem Wasser – werden freundlichst in das Zellinnere aufgenommen, die darin gelösten Stoffe müssen dagegen, wenn sie nicht erwünscht sind, draußen bleiben. Ist die Konzentration außerhalb der Zelle stärker als im Zellinneren, dann muß dieser Vorgang gegen die Konzentration – gegen das »osmotische Gefälle« – wirken, was nur mit beträchtlichem Energieaufwand möglich ist. Im Körper der vielzelligen Tiere finden ebenfalls ständig solche selektive Vorgänge statt: Gewisse Stoffe wirken als Reiz und werden aufgenommen, anderen wird, auch wenn sie noch so sehr in die Zelle drängen, der Zutritt verwehrt. Bei den pflanzlichen Zellen ist die Flüssigkeitskonzentration innerhalb der Zelle von besonderer Bedeutung, da sie ihr den notwendigen »Turgor«, die nötige Spannung, um andere Zellen zu stützen und zu tragen, vermittelt. In jedem solchen Fall werden innerhalb der Zellgemeinschaft Stoffe zu Signalen, die entsprechende Reaktionen auslösen. Dem nach außen gerichteten Geruchs- und Geschmackssinn steht also bei den Zellstaaten der pflanzlichen und tierischen

Vielzeller ein innerer »Geruchssinn« gegenüber. Parallel zu seiner Entwicklung kann es auch zur Bildung spezialisierter Botenstoffe kommen, von denen wir noch in einem späteren Kapitel sprechen. Hier kommt es darauf an zu erkennen, daß der »chemische Sinn«, welcher sich der Umwelt gegenüber in Geruchs- und Geschmackssinn aufspaltete, im Körperinneren von nicht geringerer, wenn nicht sogar weit größerer Bedeutung ist, indem er zum notwendigen Hilfsmittel der Zelldifferenzierung wurde, zum Hilfsmittel der inneren Organisation.

Die Entstehung dieser Sinnesleistung, die mit der Zelldifferenzierung bei Vielzellern einsetzte, war die dritte Sternstunde auf dem Entwicklungsweg der »chemischen« Reizwahrnehmung. Zeitpunkt: vor 1700 bis 1500 Millionen Jahren. Durch die Spalten zwischen den einzelnen Zellwänden diffundierten Stoffe, die je nach den im Erbrezept verankerten Steuerungen bei dieser oder jener Einzelzelle zu dieser oder jener Reaktion führten. Im Organismus des vielzelligen Körpers ist das Erbrezept – in Gestalt der langen RNS-Moleküle – eine Klaviatur, die gleichsam auf sich selbst spielt. Sie bewirkt nicht nur, was zu geschehen hat, sondern auch welche ihrer Kommandos zu verhindern sind. Die dazu nötige Telefonverbindung erfolgt über Stoffe, über Moleküle und deren Wahrnehmung, also über den Geruch, über einen inneren Geruch sozusagen. In tausendfältigen Signalen strömt er von einer Zelle zur anderen, von einer Zellgruppe zur anderen, ohne daß wir davon etwas wissen. Ohne daß unser so erhabenes »Ich« auch nur das geringste davon ahnt. Den Rosenduft – und manchen anderen – nimmt es wahr. Den Geschmack von Himbeeren und Salatsoße bewertet es. Ahnungslos steht es dagegen der Tatsache gegenüber, daß unser stolzer Körper – die Knochen, die Augen, das Herz, die Ohrmuschel, die Leber, die Hand – praktisch über Geruchssignale entstehen.

Besonderen Einblick in diese Telefonverbindung, die lange vor dem Nervensystem entstand, vermittelt die genauere Untersuchung der einzelnen Wachstumsschritte bei den Embryonen vielzelliger Tiere. Der deutsche Biologe Hans Spemann, der für diesen Versuch 1935 mit dem Nobelpreis ausgezeichnet wurde, verpflanzte beim Keim eines Molches den Abschnitt, aus dem sich normalerweise die Chorda bildet, in die Bauchregion eines anderen gleichaltrigen Molchkeimes. Und siehe da: auf der Bauchseite dieses Molchembryos entwickelte sich ein weiteres Achsensystem als Grundlage für Wirbelsäule, Rückenmark und Kopf. Während sich bei Verpflanzung anderer Zellabschnitte diese nach den Kommandos der sie umgebenden Zellbezirke richten, war hier eine Zellgruppe mit Organisator-Funktion verpflanzt worden und zwang den umliegenden Zellen über »chemische« Signale ihr Diktat auf. Oder genauer ausgedrückt, über Moleküle, die als Botenstoffe und Befehlsüberträger wirkten. Beim menschlichen Embryo können verständlicherweise keine derartigen Experimente gemacht werden, würden aber zu sehr ähnlichen Resultaten führen. Interessant sind in diesem Zusammenhang auch Vorgänge der Regeneration: Manche niederen Würmer – besonders Strudelwürmer – kann man in zahlreiche Teile zerschneiden. Jeder von diesen ergänzt dann die fehlenden Teile des Körpers. Aus einem Strudelwurm werden so zehn – jeder freilich entsprechend kleiner. Bei anderen Tieren kann zwar nicht der Kopf, doch können immerhin Organe oder Gliedmaßen ersetzt werden. Das in den Zellen beheimatete Erbrezept vermag über entsprechende Signale die verbliebene Zellgemeinschaft entsprechend zu beeinflussen. Und zwar über Stoffe, auf welche diese Zellen aufgrund innerkörperlicher Geruchswahrnehmung ansprechen. Auch die Nervenzelle, die sich im Rückenmark oder Gehirn bildet und ihren Neuriten – ihren befehlsübermittelnden Fortsatz – zu jenen Organen sendet, denen sie weiterhin Befehle erteilt, tut dies wieder mit Hilfe des »Geruches«. Jedes sich bildende Organ sendet im Körper entsprechende Stoffe aus, welche die Ausläufer der Nerven, die ihm später Befehle erteilen, zu ihm leiten. Die männlichen Samenzellen, die Spermien, gelangen ebenfalls nicht durch bloßen Zufall im allgemeinen Gewimmel, sondern über Geruchsstoffe, die sie wahrnehmen und die ihnen den Weg weisen, zur Eizelle.

In den üblichen Gesprächen des Menschen spielen diese Vorgänge kaum eine Rolle. Von höchster Wichtigkeit ist, was der eine oder der andere Staatsmann sagt, was die eine oder andere Nachbarin erzählt, was für den Sommer geplant ist. Auch hier wieder zeigt sich, wie wenig unser Ich mit den Teilen, die es aufbauen, korrespondiert. Selbst die Zeiteinheit ist eine total andere. Die Auseinandersetzung verschiedener Moleküle untereinander – ihre »chemische Auseinandersetzung« – spielt sich in hundertstel und tausendstel Sekunden ab. Billionen von solchen Vorgängen spielen sich in unserem Körper ab, von denen wir nichts ahnen. Von denen unser Ich – das sie letzten Endes aufbauen – nicht das allergeringste weiß.

Aber kehren wir zurück zum Entwicklungsweg unserer Vorfahren. Der große Augenblick ist gekommen: Die ersten Fische besiedeln das Land. Sie entwickeln eine Lunge – aus Lungenfischen, wie es sie heute noch gibt, werden Amphibien. Durch welche Öffnung wird Luft eingeatmet? Als erstes bietet sich das Maul an. Da sich der erste Lungensack aus einer bauchwärts gelegenen Ausstülpung des Darmes bildet, ist das Maul für diese Aufgabe prädestiniert. Freilich mit Vorbehalt. Denn wenn Nahrung aufgenommen wird, stört das den Vorgang der Atmung. Aber es gibt eine andere Möglichkeit. Schon bei den Knorpelfischen – den Haien und Rochen – führt beiderseits eine Rinne von den Riechgruben oberhalb des Maules herab ins Maul. So kann Wasser, an den geruchsempfindlichen Geweben vorbei, ins Maul strömen. Bei den Lungenfischen haben sich daraus Gänge gebildet. Die Funktion des Atmens verträgt sich weit besser mit jener des Riechens als mit jener des Fressens. Also entsteht ein doppelter Weg: Sowohl durch die Nase als durch das Maul kann Luft in die Lunge eingesogen und wieder ausgestoßen werden. Die verbindenden Öffnungen zwischen Nasenraum und Mundhöhle werden wissenschaftlich »Choanen« genannt. Das ist aber sozusagen nur die Lösung der vorderen Probleme. Auf der Bauchseite des Darmes war in Gestalt einer Ausstülpung die Lunge entstanden: Da sie an Land ungemein wichtig war, erwies sich jede Mutation, die sie vergrößerte und verbesserte als Vorteil. Sie wurde also größer, und da die Vermehrung der Oberfläche den Gasaustausch förderte, wurde sie gefaltet (Taf. 14). Dies erforderte nun aber eine Vorrichtung, welche die beiden Wege trennt. Wird geatmet – durch Nase oder Maul –, dann soll die eingesogene Luft in die Lunge gelangen. Wird gefressen, dann darf die aufgenommene Nahrung keinesfalls in die Lunge, sondern muß über die Speiseröhre in den Darm gelangen. Kein ganz einfach zu lösendes Problem, das im Verlauf der Landeroberung zu bewältigen war. Die Lösung: Eine Klappe verschließt den Weg zur Lunge, wenn gefressen wird. Wird geatmet, dann öffnet sich die Klappe, und die Luft strömt nicht in die Speiseröhre, sondern über die Luftröhre in die Lunge. Auch hier stellt sich wieder die Frage: Ist das ein Beweis zielhaften Willens, göttlicher Weisheit? Antwort: Kaum. Die ganze Einrichtung ist eher umständlich, könnte über von vornherein getrennte Wege gelöst werden. Über Mutationen war dies jedoch offenbar nicht möglich. Besonders deshalb, weil bei solchen Erbänderungen jede Übergangsstufe »Selektionswert« haben muß, also Konkurrenzvorteile einbringen muß – oder zumindest keine Konkurrenznachteile einbringen darf. Immerhin: Die Bildung einer geeigneten Falte, einer Klappe, liegt im Rahmen dessen, was über Mutationen entstehen konnte. Eine entsprechende Steuerung, wann die Klappe offen zu sein hat und wann sie zu schließen ist, mußte sich ebenfalls entwickeln. Ebenso ein Hustenreiz, der dafür sorgt, daß irrtümlich in die Luftröhre gelangte Speise explosiv wieder daraus entfernt wird.

Im nächsten Kapitel, wenn wir auf die Organe unserer Sprache eingehen, kommen wir auf diese Körpergegend noch eingehender zurück. Hier interessiert uns jene Sternstunde, die Geschmacks- und Geruchssinn endgültig trennte, jeder der dafür verantwortlichen Sinneszellen eine Spezialausrichtung zuwies. Diese – die vierte Sternstunde auf dem Entwicklungsweg der chemischen Sinne – liegt 400 bis 380 Millionen Jahre zurück. Sie fällt in die Zeit der Entstehung der ersten Landwirbeltiere, der Amphibien. An der Luft erweiterten sich die Möglichkeiten und Kompetenzen des Geruchssinnes ganz erheblich. Im Wasser können Stoffe nur langsam diffundieren, sich nur allmählich ausbreiten. Schlachtet man in tropischen Gewässern einen Fisch, dann dauert es mehrere Minuten, ehe Haie, die sich in 50 oder 100 Meter Entfernung befinden, aufmerksam werden. An Land trägt der Wind Geruchsstoffe weit schneller über beträchtliche Strecken. Ganz außerordentliche Leistungen sind besonders von Insekten bekannt. Über Kilometer hinweg nehmen die Männchen mancher Falter Geruchsstoffe wahr, welche die Weibchen absondern, und werden von ihnen angelockt. Ihre geruchsempfindlichen Organe – Riechkegel, Siebplatten und andere – befinden sich in erster Linie auf den Fühlern. Bei den Drohnen der Honigbiene befinden sich auf jedem der beiden bis über 30 000 solcher Organe, beim männlichen Maikäfer bis über 50 000. Das besondere Problem bei allen Gliedertieren – Arthropoden – ist der Außenpanzer, der aus einer derben Chitinschicht besteht. Bei den Siebplatten befinden sich die geruchsempfindlichen Zellen unterhalb einer Chitinplatte, die mit feinen Poren versehen ist. Bei den Riechkegeln durchbrechen die Sinnesstiftchen der Riechzellen die

Chitinhaut, ragen über sie vor, sind aber trotzdem noch von einer durchbrochenen Chitinkuppel überdeckt. Bei unseren Wirbeltierahnen, die uns mehr interessieren, entwickelten sich die Riechzellen wie in einem dichten Beet am oberen Dach des Nasenraumes. Bei unseren Reptilvorfahren – wie bei den heute lebenden Reptilien noch deutlich sichtbar – begann die Bildung einer Knochenplatte, die den Speiseweg von dem darüber liegenden Riechraum weitgehend abtrennt. Hier faltete sich die Riechschleimhaut, und Knochenbildungen unterstützten noch diese Oberflächenvergrößerung. Der Querschnitt durch die Riechmuscheln eines Rehs oder eines Schweines gleicht Labyrinthen in surrealistischen Bildern (Taf. 13, Abb. 3). In diesem Sinnesbereich ist der Mensch manchen Tieren gegenüber weit unterlegen. Meerschweinchen haben manchen Substanzen gegenüber ein tausendfach feineres Geruchsvermögen. Jenes eines Schäferhundes übertrifft das des Menschen um das Einmillionenfache. Hier wird allerdings das absolute Limit erreicht, indem schon ein einziges Duftmolekül genügt, um von einer der geruchsempfindlichen Sinneszellen wahrgenommen zu werden. Der Mensch ist ein Augentier. Die Art, wie wir Begriffe bilden und Erinnerungen speichern, ist vom Visuellen her stark beeinflußt. Oder genauer: Unser Ich ist dadurch beeinflußt. »Wenn der Mensch einen so feinen Geruchssinn hätte wie der Hund«, schrieben Hesse und Doflein in ihrem wegweisenden Werk »Tierbau, Tierleben«, »so würde nicht bloß sein Sinnesleben, sondern seine gesamte Vorstellungswelt dadurch eine einschneidende Veränderung erfahren ... Es ist kein Zweifel, daß uns damit eine sehr interessante Seite der uns umgebenden Welt zum größten Teil verborgen bleibt.« In anderen Worten: Auch hier erweist es sich, daß die Art, wie unser Ich die Welt sieht und erlebt, sehr stark von unseren Organen beeinflußt ist – also subjektiv ist. Durch die bevorzugte Entwicklung unseres Seh- und Gehörapparates in Verbindung mit dem Tastsinn sind unsere Begriffe, die Werkzeuge unseres Denkens, einseitig festgelegt – und damit auch die Ausrichtung unserer Bewertungen, die Zielrichtung unserer Bemühungen, die Welt und uns selbst zu verstehen. Dies meinte Immanuel Kant, wenn er erklärte, daß wir das »Ding an sich« nicht objektiv zu erkennen vermögen.

Ein besonderes Organ der Geruchswahrnehmung bildete sich bei unseren fernen Verwandten, den Echsen und Schlangen: das »Jacobsonsche Organ«. Es entstand als eine Abgliederung der Nasenhöhle und mündet am vorderen Gaumen in den Mundraum. Das Züngeln der Schlangen dient der Geruchswahrnehmung. Sie nehmen mit der zweispitzigen Zungenspitze Duftstoffe auf und deponieren diese am Eingang des Organes. Daß bei Raubtieren, aber auch bei Huftieren die Geruchsleistung hoch entwickelt ist, ergibt sich aus der Anpassung an ihre Lebensweise. Die Räuber gelangen häufig über die Witterung an ihre Beute – die Beutetiere werden über ihre Witterung rechtzeitig vor Raubtieren gewarnt. Schwach ausgebildet ist der Geruchssinn bei Vögeln. Bei ihrer schnellen Fortbewegung ist die Orientierung über die Augen vorteilhafter. Ihr Sehvermögen ist besonders entwickelt, in der Detailwahrnehmung sind Raubvögel dem Menschen erheblich überlegen. Interessant ist, daß die Wale ihr Geruchsvermögen verloren. Sie stammen von Landwirbeltieren ab: Ihr Körper zeigt, wie weitgehend sich Organe einer neuen Lebensweise anpassen können. Die Hinterbeine bildeten sich zurück, aus einer versteiften Hautfalte entstand eine querstehende Schwanzflosse. Die spezialisierten Geruchszellen blieben jedoch an den Atemweg, also an die Luftanalyse, gebunden.

Bei räuberischen Landwirbeltieren gewann das ausgeprägte Geruchsvermögen noch eine zusätzliche Funktion. Bei ihnen bildeten sich Duftdrüsen und Verhaltenssteuerungen im Dienste der Revierverteidigung. So wie der Mensch seinen Besitz durch Zäune oder Hinweistafeln abgrenzt, so setzen diese Tiere Duftmarken ab – jeder Hund, der an der Straßenecke sein Hinterbein hebt, zeigt es uns. Jedem Konkurrenten wird so mitgeteilt: »Hier herrsche ich, wag dich ja nicht in dieses Gebiet!« Ameisen und manche Schnecken legen Duftstraßen an, die ihnen die Orientierung erleichtern. Bei den staatenbildenden Insekten erkennen sich die Bewohner des gleichen Stockes am Geruch; Wächter prüfen beim Eintritt in den Stock diese Visitenkarte. Der Hund ist in der Lage, jeden Menschen auf Grund seines Geruches von einem beliebigen anderen zu unterscheiden. Nur bei eineiigen Zwillingen, die außerdem gleich groß sind, versagt auch er. Pflanzen bilden in ihren Blüten Duftflächen aus, um die Insekten anzulocken und sie zu Fortbewegungsorganen ihrer männlichen Keimzellen zu machen (S. 121, 122, Taf. 17).

Weit weniger dramatisch – doch nicht weniger bedeutungsvoll für den Menschen – verlief die Entwicklung der chemischen Nahwahr-

TAFEL 13: **Über die Relativität unserer Kunstausrichtung**

Abbildungen: **1** Zellen der »chemischen Sinneswahrnehmung« in der Außenhaut eines Regenwurmes, **2** Geschmacksknospen in den Vorwölbungen (»Papillen«) der menschlichen Zunge, **3** Schnitt durch die Nasenhöhle eines Schweines. a = aus einer einzigen Zellschicht gebildete Oberhaut (»Zylinderepithel«), b = auf »chemische Analyse« spezialisierte Sinneszellen, c = Schicht darunterliegender Muskelzellen mit Nervenfasern, d = Zungenpapille, e = sie umgebende Vertiefung, f = Geschmacksknospen in den Seitenwänden, g = Speicheldrüsen, h = Knochenlamellen, j = labyrinthhafte Nasenhöhlen, k = Riechschleimhaut.

Tiere gewinnen Information über Umweltgegebenheiten durch Organe, die Lichtstrahlen oder Schallwellen in »Informationsübermittler« verwandeln (Tafeln 4 und 12). Eine weitere Möglichkeit ist die Wahrnehmung der »chemischen« (molekularen) Eigenschaften von Materieteilchen, die durch Wasser oder Luft an ein Lebewesen gelangen. Abb. 1 zeigt im Schnitt die Außenhaut eines Wurmes, die nur aus einer Zellschicht besteht (»Zylinderepithel«) und in der zwei Zellen (b) auf die Wahrnehmung chemischer Reize spezialisiert sind. Sämtliche Zellen im vielzelligen Körper – auch die darunter liegenden Muskelzellen (c) – haben in ihrem Kern das gleiche Erbrezept, doch werden durch besondere »Hemmstoffe« Teile davon »abgedeckt«. Dies führt dazu, daß eine Zelle sich auf diese, die andere auf jene Einzelleistung ausrichtet und es so zu einer Arbeitsteilung kommt (S. 100, 286).

Zur Aufspaltung der Wahrnehmung von »chemischen Reizen« in solche des »Geruches« und andere des »Geschmackes« kam es in unserer Ahnenlinie bereits bei unseren Fischvorfahren; sie gelangte vor 400 Millionen Jahren zu besonderer Bedeutung, als einige sich dem Leben an Land, also in der Luftwelt anpaßten. Fernwahrnehmung über Analyse der in der Luft heranfliegenden Materieteilchen wurde zum »Geruchssinn«, Nahwahrnehmung zur Prüfung der Beute beim Fressen wurde zum »Geschmackssinn«. Abb. 2 zeigt einen Schnitt durch die Oberfläche der menschlichen Zunge. Rings um die kreisförmigen »Papillen« (d) liegen von Speichel erfüllte enge Vertiefungen (e), in denen gelöste Teilchen der Beute an die Geschmacksknospen (f) herangetragen werden. Vier lebenswichtige Qualitäten werden von diesen unterschieden: »süß«, »sauer«, »salzig« und »bitter«. Die in der Nase lokalisierte Fernwahrnehmung wurde bei den Landwirbeltieren durch die Lungentätigkeit unterstützt. Eingeatmete Luft wird durch geräumige Höhlungen über eine möglichst große Oberfläche von Zellen der Geruchswahrnehmung geleitet, die durch Schleimdrüsen feucht gehalten werden. Denn nur gelöste Teilchen können von den Zellen »chemisch analysiert«, also auf ihre molekularen Eigenschaften hin geprüft werden. In bezug auf diese Sinneswahrnehmung ist der Mensch keineswegs »Krone der Schöpfung«, sondern vielen seiner Tierkollegen unterlegen. 3 zeigt den Schnitt durch die Nasenhöhle des Schweines, die – im Gegensatz zu den unseren – labyrinthhaft verzweigt sind, so daß dieses Tier über ein ungleich größeres Geruchsepithel verfügt und weit subtilerere Geruchsnuancen unterscheiden kann. Wären an unserer Stelle Schweine zu ich bewußter Intelligenz gelangt, dann hätten ihre Komponisten Symphonien nicht in Schallwellen, sondern in Molekularabstrahlungen komponiert.

1 Haut des Regenwurms

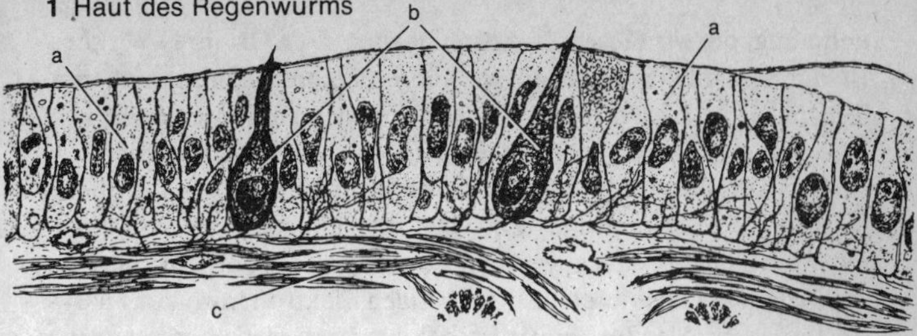

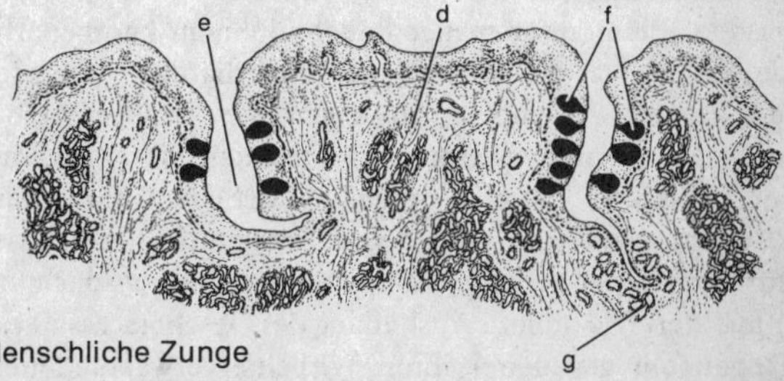

2 Menschliche Zunge

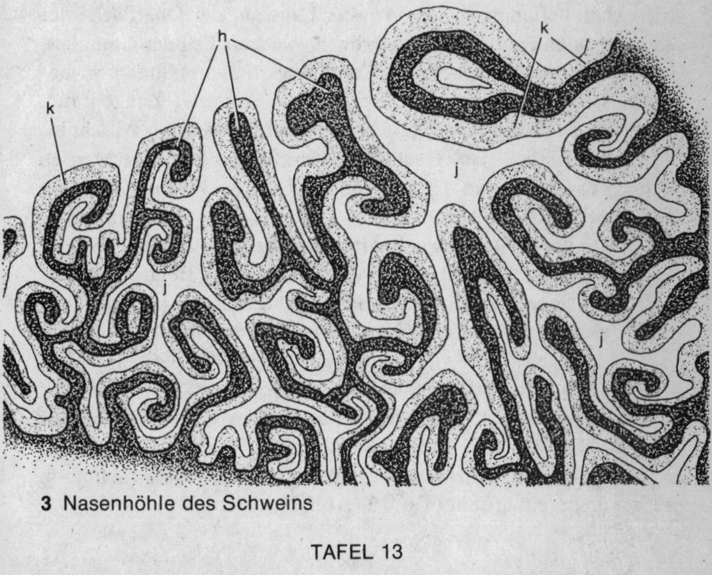

3 Nasenhöhle des Schweins

TAFEL 13

nehmung, die wir Geschmackssinn nennen. Der Ort ihres Wirkens ist die Mundhöhle. Hier gilt es, die erbeutete Nahrung auf ihre Tauglichkeit zu prüfen. Bei manchen Fischen sind, wie gesagt, die Geschmacksknospen auch auf den Lippen und Barteln, ja über den ganzen Körper verteilt. An Land ist das nicht mehr möglich, da diese Organe ihre Leistung nur erbringen können, wenn sie von einer feuchten Schicht bedeckt werden. Nur in einer Lösung kann die Besonderheit der die Moleküle umgebenden Elektronenwolken analysiert werden. Also finden wir sie bei den Landwirbeltieren nur innerhalb der Mundhöhle. Hier sind zahlreiche Sinneszellen jeweils auf engstem Raum zusammengedrängt zu einem knospenartigen Gebilde vereint, was die Effizienz der Sinneshärchen, die ihre Signale aus der Umwelt empfangen, steigert. Sie vermögen bloß vier Reizqualitäten zu unterscheiden – wir nennen diese süß, salzig, sauer und bitter. Süß ist eine besonders wichtige Wahrnehmung, denn Zucker ist ein leicht erschließbarer Energieträger. Ebenso sind Salze für den Körper wichtig. Manche Säuren sind schädlich, manche Gifte bitter. Die höhere Ausbildung des Geschmackssinnes bei den Säugetieren gegenüber ihren Wirbeltierverwandten beruht hauptsächlich auf einer größeren Zahl solcher Sinnesknospen. Beim Menschen befinden sie sich in erster Linie auf der Oberfläche der Zunge, sodann auf dem rückwärtigen, weichen Teil des Gaumens, am Rachen und sogar auf dem Kehldeckel. Süß empfinden wir besonders auf der Zungenspitze, salzig am vorderen Zungenrand, sauer am mittleren Rand, bitter auf dem rückwärtigen Abschnitt. Auch hinsichtlich der Geschmackswahrnehmung ist der Mensch keineswegs die Krone der Schöpfung. In unserem Mund befinden sich an die 1000 Geschmacksknospen, das Schwein besitzt über 5000, das uns so stumpfsinnig erscheinende Rind bis über 90 000. Mit steigendem Alter vermindert sich diese Zahl. Beim Menschen verringert sie sich ab dem 20. Lebensjahr und hat sich bei Erreichen des 80. auf ein Drittel reduziert. Der in unserem Mund so reichlich fließende Speichel bewirkt – neben seiner Mitarbeit am Verdauungsgeschäft – die Lösung der Geschmacksstoffe und hält außerdem die feinen Spalten in der Zungenoberfläche rein. Die Geschmacksknospen sitzen an den Kanten dieser Spalten und bedürfen solcher Säuberung, um laufend für neue Geschmackswahrnehmung aufnahmebereit zu sein (Taf. 13, Abb. 2).

Wäre jedoch unsere Geschmackswahrnehmung allein auf die Unterscheidung dieser vier Qualitäten beschränkt, dann hätte sich unsere Gastronomie nur sehr bescheiden entwickeln können. Der Übergang an Land, der dem Geruchssinn neue Dimensionen eröffnete, wurde aber auch für den Geschmackssinn bedeutsam. Die schon besprochene Verbindung zwischen den ursprünglichen Nasengruben und der Mundhöhle hatte zur Folge, daß auch bei der Beurteilung von aufgenommener Nahrung im Maul der Geruchssinn mitwirken kann. Die Verbindungswege, die Choanen, lagen bei unseren Lurchvorfahren noch ganz vorn, verlagerten sich dann bei unseren Reptilvorfahren weiter nach rückwärts, während sich bei unseren Säugetiervorfahren die Trennwand zur Nasenhöhle – der harte Gaumen – noch durch eine weiche Wand ein Stück mehr verlängerte, so daß bei uns der Nasenraum und die Mundhöhle erst ganz hinten, dicht über dem Kehldeckel zusammentreffen. Dorthin gelangt die bereits gut zerkleinerte und zerkaute Nahrung, die somit ihre Geruchsstoffe in feinster Differenzierung in die Nase hochsendet. Wir schmecken also nicht bloß die Speisen, sondern riechen sie auch inwendig. Bei Schnupfen sind unsere Riechwege verlegt, deshalb schmeckt uns das Essen dann auch weniger gut. Im Verlauf der Entwicklung unserer bewußten Eßkultur traten dazu noch Reizwahrnehmungen der Augen und des Tastsinnes, der Lippen und des Mundes hinzu, welche unsere kulinarischen Vergnügungen noch weiter bereichern. Das Zubereiten und Würzen der Gerichte, ihre Kombination, ihre Folge, die dazu genossenen Getränke, die Abstimmung von kalt und warm, die Gefäße, in denen die Speisen serviert werden, die angenehme Gesellschaft und anderes mehr. Schmetterlinge haben sowohl auf ihrem Rüssel als auch auf den Beinen Sinnesorgane der Geschmackswahrnehmung. Wäre es bei uns ebenso, dann hätten sich unsere Eßsitten wohl noch komplexer gestaltet.

Es gibt jedoch noch eine fünfte Sternstunde in der Entwicklung unserer chemischen Sinne. Sie liegt erst 10 bis 8 Millionen Jahre zurück. Obwohl sie banal erscheinen mag, war sie für den Menschen ebenfalls von beträchtlicher Bedeutung. Sie betrifft die Ausbildung unserer vorstehenden Nase, durch die wir uns von den übrigen Tieren und im besondern auch von den Affen unterscheiden. Warum entstand dieser knorpelige Vorsprung, dieser »Nasenerker«? Er entwickelte sich in jener Zeit, da unsere Affenvorfahren zum Leben in der Steppe übergingen, zu Raubaffen wurden und in Anpassung an dieses Verhalten zum aufrechten Gang gelangten. Der Nasenvorsprung bildet ein Schutzdach, das herabfließenden Schweiß und Regen vom Geruchsorgan abhält. Der aufrechte Gang machte diese Bildung vorteilhaft, wenn nicht sogar nötig. Eine Lappalie? Keineswegs. In der zentralen Visitenkarte für unser Ich – in unserem Gesicht – wurde sie zum Mittelpunkt. Für unser Schönheitsempfinden bei der Beurteilung des anderen ist sie nicht unwesentlich. Sie wurde zu einem Rassenmerkmal – mit beträchtlicher Auswirkung. Aus der Form der Nase schließen wir auch auf Charaktermerkmale, sie spricht uns sympathisch und liebenswert an – oder auch nicht. Nasenkorrekturen durch Operation werden deshalb heute hoch bezahlt.

Unser Ausgangspunkt war: Moleküle wirken auf andere durch die Besonderheit der Elektronenwolken, die sie umgeben, die ihre »Oberfläche« bilden, von der spezifische Wirkungen ausgehen. Am Anfang der Lebensentwicklung war die Fähigkeit, auf solche Wirkungen zu reagieren, mit Ernährung, Fortpflanzung und Abwehr noch weitgehend identisch. Dann entstanden eigene Organe für diese Analyse. Bei den Vielzellern gelangten sie im Innern ihres Körpers zu besonderer Bedeutung. Jedes Tier und jede Pflanze hat zumindest ebenso viele, wie ihr Körper Zellen umfaßt. Beim Menschen sind es Billionen. Mit unserem inneren Geruchssinn, der auch nicht im entferntesten in unser Bewußtsein gelangt, steht und fällt unsere körperliche Organisation. Das nach außen gerichtete Riechen und Schmecken ist demgegenüber von untergeordneter Bedeutung. Allerdings vermitteln diese Organe dem Menschen erlesene Genüsse, und ein kleines, unser Riechorgan schützendes Dach wurde für die Beurteilung unseres Ich durch andere ebenfalls interessant. Und schließlich ist dieses »Dach« im Verlauf unserer technischen Entwicklung dann auch noch zu einem Hilfsorgan unserer Augen geworden. Denn ohne diesen zu ganz anderer Funktion hervorgebrachten Erker wäre es für uns schwierig, eine Brille vor ihnen zu befestigen.

11.
Lunge und Sprechapparat

Wir kommen nun zu einem weiteren Organ, von dem wir an die Hunderttausend besitzen, ohne sie eigentlich als Organe anzusehen. Es ist sicher nicht unangemessen zu sagen, daß sie es letztlich waren, die den Menschen zum Menschen gemacht haben. Auch hier geht es wieder um Rezepte der Steuerung – so klein, daß noch kein Auge sie sah. Es geht um die Begriffe, die eigentlich Werkzeuge unseres Denkens sind und erst mit Wortbezeichnungen versehen für uns praktikabel werden. Das heißt: zu Werkzeugen, zu Organen der Informationsspeicherung und Informationsübermittlung, zu dem verbindenden Element, das Menschen zusammenhält, ihr Wissen und ihre Erfahrung übertragbar macht, die Vielzahl von Einzelmenschen in die »Menschheit« schlechthin verwandelt. Von diesen Begriffen sagte Angelus Engel – Literaturhistoriker, 1851 geboren und 1938 verstorben –, daß wir sie letztlich der Zunge und dem Griffel verdanken. Sie wurden beim Menschen erst »hell, indem er sie mitzuteilen suchte«. Das Werkzeug für ihre Übermittlung waren die Worte. Sie vergleicht ein arabisches Sprichwort mit einem Pfeil: Einmal abgeschossen, könnten sie nicht mehr zurückgehalten werden. Der Evangelist Johannes berichtet von ihrem Ursprung: »Im Anfang war das Wort und das Wort war bei Gott. Und Gott war das Wort.« Ludwig Börne nannte sie die »furchtbaren geheimen Oberen der Welt, die im Verborgenen regieren«. Was ihre Wirkung betrifft, so erklärte bereits Kung Fu-tzu, es gäbe kein Wort, »dem nicht Antworten drohn«. Hebbel meinte optimistisch, »das Wort finden heißt also die Dinge selbst finden«. Ebenso optimistisch erklärte Goethe: »Erst werde ich Sinn, sodann auch Worte finden.« Während in unseren Tagen Eugène Ionesco weit pessimistischer behauptete, das Wort »verschleiße den Gedanken«.

Begriffe werden durch Worte fixiert, aus Worten besteht die

Sprache, und diese wird über Schriftzeichen in dauerhafte, materielle Struktur verwandelt. Von der Sprache sagt Jean Paul, sie sei ein »Gewölke, in dem jede Phantasie ein anderes Gebilde erblickt«. Christian Morgenstern hielt sie für »eine ungeheure fortwährende Aufforderung zur Höherentwicklung«. Rivarol mahnte, sie sei »ein Instrument, dessen Federn man nicht überanstrengen darf«. Und was die Schrift betrifft, so war Oswald Spengler der Ansicht, sie sei »das große Symbol der Ferne, also nicht nur der Weite, sondern vor allem auch der Dauer, der Zukunft, des Willens zur Ewigkeit«. Und von den alten Überlieferungen sagte Montaigne: »Ich finde, daß sie alle der Reihe nach recht haben, mögen sie sich auch oft widersprechen.« Letzteres wird heute geradezu zur Regel. Viele Begriffe werden überstrapaziert und damit fraglich, infolgedessen auch die Worte und die sie in Materie verwandelnde Schrift.

In diesem Buch wird – mit Worten – die eher unpopuläre, ja für manche lästerhaft erscheinende Ansicht vertreten, daß der Mensch ganz und gar nicht gewolltes Ziel der Lebensentwicklung ist, daß unser »Ich« sich total falsch einschätzt, kaum im entferntesten ahnt, woraus sich jenes zusammensetzt, was wir »unseren freien Willen« zu nennen pflegen. Was hier jedoch vorgetragen wird, ist keineswegs das eigenwillige Machwerk eines bösartigen Verleumders unserer angestammten Werte, sondern praktisch die Konsequenz dessen, was heute in jedem Lexikon, in jedem Lehrbuch nachzulesen steht. Auch in fast jeder Schule wird es bereits gelehrt. Das Kuriosum liegt darin, daß die wenigsten Menschen die Konsequenzen aus diesen Ergebnissen und Erkenntnissen ziehen, sie kaum für die Bewertung ihres eigenen Seins und Lebens, für die Ausrichtung ihrer Handlungen und Nichthandlungen heranziehen. Das Wissen der so zahlreichen und so leistungsfähigen Wissenschaften ist so groß geworden, die Informationsflut, die auf den modernen Menschen anbrandet, so überwältigend mächtig und umfangreich, daß dies zur Entschuldigung wird, nur eben die nutzbaren, angenehmen Ergebnisse der Wissenschaften zu beachten – ebenso all jenes, das Abwechslung, Unterhaltung und Zerstreuung verschafft –, im übrigen aber dem großen Trott im Gleichschritt zu folgen. Dazu kommen noch die heute herrschenden Ideologien: In der westlichen Welt verkünden die Anhänger der Marktwirtschaft mit Fanfarenstößen: Mach das Beste aus deinem Leben! Mach dir keine weiteren Gedanken, sondern sei glücklich! Und in der östlichen Welt heißt es: Die Gemeinschaft zählt! Diese Gemeinschaft hilft dir, fördert dich, du bist diese Gemeinschaft! Sie will dein Bestes, reihe dich ein! In den beiden großen Lagern, deren Waffenpotential so übermächtig geworden ist, daß alles Leben auf diesem Planeten zerstört werden kann, wird der Mensch ent-individualisiert. Der Trend lautet: Wozu sich Gedanken machen, wenn sie nicht dem persönlichen Wohlergehen, der Wirtschaft nützen – wenn sie nicht der Gemeinschaft nützen. Da es indes doch passieren kann – und leider mit Wahrscheinlichkeit passieren wird –, daß auf der einen oder anderen Seite aus Wahnsinn oder Zufall auf den Knopf gedrückt wird, der in einigen Sekunden dann unsere Welt auslöscht, ist es vielleicht nicht unangemessen, den wenn auch noch so hoffnungslosen Versuch zu machen, die Aufmerksamkeit auf das »Ich« zurückzulenken, auf sein Zustandekommen, auf das Wissen, über das wir nun einmal verfügen, in Hinblick auf eine etwas weniger übersteigerte Einschätzung unseres Selbst, unserer uns so bedeutsam erscheinenden Konflikte. Und ebenso ist es vielleicht angemessen, dem Menschen von heute den Spiegel vorzuhalten, um ihm die Relativität der ihn leitenden Werte vor Augen zu führen, um ihm die Bedingtheit vieler von uns götzenhaft verehrter Begriffe und Werte anschaulich zu machen.

Wie kamen die Begriffe, die Worte, die Sprache und die Schrift zustande? Wo sind die Sternstunden in dieser Entwicklung? Wäre der Mensch gewolltes Ziel einer göttlichen Schöpfungsmacht, wie dies viele Religionen, insbesondere jedoch das Christentum, zu einem Dogma gemacht haben, dann wäre doch wohl anzunehmen, daß die Entwicklung zu diesen Werkzeugen, ohne die der Mensch nie zum Menschen geworden wäre, umsichtige Planung und eine klare Verwirklichung verrät. Da ist zunächst die Frage, warum denn das Leben überhaupt im Wasser entstand, warum so immens viel Zeit in submikroskopische Vorzell-Ahnen, in ein belangloses Gewimmel von Medusen, Schnecken und Seepferdchen investiert wurde. Darauf wird zur Antwort gegeben: Gottes Wege seien jenseits menschlichen Verstehens, menschlicher Kritik. Immerhin: Wenn wir vor dieser schöpferischen Macht so unbedingte Achtung haben, ist doch zu bedenken, daß diese Macht – wenn der Mensch wirklich ihr Ziel wäre – ganz ungemein effizienter hätte handeln können. Nicht das Ergebnis dieser Entwicklung wird hier unter Beschuß genommen, sondern die geradezu groteske Ziellosigkeit ihres Weges. Das Wunder der Natur verliert deshalb nichts von seiner Faszination, jedoch wird bezweifelt, daß sich hinter dem heute so strapazierten Begriff »Natur« ein wollendes Agens verbirgt, ein planender Konstrukteur, eine Instanz, die nichts Besseres zu tun hat, als auf diesem Planeten eine Million verschiedener Insektenarten und im Rahmen einer Menagerie von Wirbeltieren das Lebewesen »Mensch« als besonderes Meisterstück zu entwerfen. Es ist nicht Anliegen dieses Buches, Gefühle zu verletzen – vielmehr sollen die nicht zu bestreitenden Ergebnisse der Naturwissenschaft jenen ins Bewußtsein gebracht werden, die so verfahren, so leben und urteilen, als gäbe es sie nicht. Da Wort, Sprache und Schrift für die Entfaltung des menschlichen Fortschrittes, seiner Zivilisation und Kultur so entscheidend Voraussetzung waren, ist hier ganz besonders die Frage berechtigt, ob sich zielhafter Wille, göttliche Planung dabei abzeichnet? Die Antwort lautet: Hier genausowenig wie überall sonst. In winzigen, fast möchte man sagen, hilflosen Schritten tastete sich die Entwicklung fort, von einem kleinen Fortschritt zum nächsten. Wo sich ein Vorteil ergab, wurde die über eine Tier- oder Pflanzenart sich fortsetzende Entwicklung der Konkurrenz überlegen. Wo Fortschritte jedoch nur über Zwischenstufen möglich waren, die keinen eigenen Selektionswert hatten, also nicht konkurrenzfähig waren, erfolgte keine Hilfestellung eines Schöpfers. So war es auf dem Entwicklungsweg sämtlicher Organe, aus denen sich heute der menschliche Körper aufbaut. Und nicht anders war es auf dem Entwicklungsweg, der zur Bildung von Begriffen, von Worten, zur Sprache und letztendlich zur Schrift und zur Wissenschaft führte.

Über den schicksalhaften Augenblick der Landeroberung durch unsere Wirbeltierahnen wurde bereits mehrmals gesprochen. Nach der Entstehung der ersten Lebensstrukturen, der organisierten Einheit »Zelle« und der Bildung von vielzelligen Pflanzen und Tieren, war dies wohl die vierte Großsternstunde des Lebens. Der Umweg, über den diese Landeroberung durch unsere Fischahnen erreicht wurde, zeigt alles eher als eine hilfreiche Hand. Im Extremraum vertrocknender Süßwassertümpel und sonstiger Gewässer kam es – wie schon besprochen – dazu, daß diejenigen Fische zu einem Konkurrenzvorteil gelangten, welche diese Trockenperioden überstanden, gleichgültig wie. Sie besaßen ein Maul, das sich allmählich zur Aufnahme von Nahrung gebildet und ausgestaltet hatte. Jede Verbesserung dieses Maules – der Sinnesorgane, die diesem Maul Beute anzeigten, der Fortbewegungsorgane, die es zu ihr hintrugen, der Verhaltenssteuerungen, die dieses Maul in Aktion treten ließen, und der Verdauungsorgane, die dann die Nahrung dem eigenen Körper zuführten – steigerte die Überlebensfähigkeit, den Konkurrenzwert, die Chance, bestehen und sich vermehren zu können. Aber all das nutzte nichts, wenn nicht auch Sauerstoff gewonnen wurde. Denn die Nahrung kann nur über Verbrennung – »Oxydation« – mit Hilfe von Sauerstoff verwertet werden. Ohne diesen ist also die ganze Prozedur umsonst. Im Wasser wurde der Sauerstoff über die Kiemen gewonnen, an Land versagten diese Organe ihren Dienst. Sie vertrockneten. Immerhin gibt es noch eine andere Notlösung. Bei Fischen in Aquarien, deren Wasser nicht ausreichend mit Sauerstoff versorgt wird, kann man sie sehen. Sie schwimmen dann an die Oberfläche, »fressen« mit ihrem Maul Luft. Der Darm ist zwar nicht für eine Aufnahme und Weiterleitung von Sauerstoff ins Blut geeignet, aber immerhin gelangt so über die Kiemen mehr Sauerstoff dorthin. Woran es im Darm fehlt, sind dünne Oberflächen, durch welche die Blutgefäße das Gas aufnehmen können. Er ist auf handfeste Nahrung ausgerichtet. Bei unseren Urvorfahren, die armselig im vertrocknenden Schlamm herumkrochen, kam es nun auch zu Mutationen, welche die Bildung einer Ausbuchtung des Vorderdarmes zur Folge hatten. Es entstand so eine erste ursprünglichste Zone zur Übernahme von Sauerstoff in das Blut (Taf. 14, Abb. 1). Die Wand ist dort dünn, mit Blutgeweben reich umsponnen. Jene Urvorfahren, die über dieses primitivste Organ zur Gewinnung von Sauerstoff aus der Luft verfügten, hatten einen entschiedenen Vorteil. Sie konnten auch im Luftreich für eine Weile überleben. Sie konnten sogar, auf ihren Flossen über Land watschelnd, womöglich einen noch nicht ausgetrockneten Tümpel finden. Vor ihnen hatten jedoch schon andere Lebewesen das Land erobert: Pflanzen und auch einige niedere Tiere. Es gab also auch an Land Nahrung. Somit war für diese Urahnen im weiteren Verlauf eine interessante Möglichkeit geboten. Nicht nur das Erreichen anderer Tümpel war von Vorteil, der Marsch durch die Trockenwelt konnte auch Nahrung

TAFEL 14: **Die Entstehung des Blasebalges, dem wir unsere Stimme und dem die Knochenfische ihre Fähigkeit der Gewichtstarierung verdanken**

Abbildungen: **1** Australischer Lungenfisch, **2** gekammerte Amphibienlunge, **3** verzweigte Bronchien in der Lunge des Menschen. a = Kiemen, b = die aus einer Darmausstülpung hervorgegangene Urlunge, c = Einfaltung der Wand, d = Kammern in der Lungenwand, e = Luftröhre, f = Bronchien, die sich in feinste Ästchen verzweigen, g = bläschenförmige »Alveolen« an den Enden der Verzweigungen, die eine weitere Oberflächenvergrößerung bewirken.

Wie Zufälle den Entwicklungsweg der vielzelligen Tiere beeinflußt, ja festgelegt haben, zeigt deutlich der Lungenfisch, ein direkter Nachkomme jener Urfische, die den Luftraum eroberten und von denen alle Wirbeltiere, auch der Mensch, abstammen (S. 23; Tafeln 1, 5). Noch heute zeigt er, wie aus einer Ausstülpung des Vorderdarmes die erste »Lunge« wurde (Abb. 1), das erste Organ zur Gewinnung von Sauerstoff und zur Abgabe von Kohlendioxyd im Luftraum. Beim Gasaustausch zwischen Blutgefäßen und der Umwelt kommt es auf eine möglichst große Oberfläche an. Deshalb die feine Verästelung der Kiemen bei den im Wasserraum »atmenden« Fischen, deshalb beim Lungenfisch eine allseitige Einfaltung (c) der zunächst als glatte Blase angelegten »Urlunge«. Die Weiterentwicklung dieses Organes bei den höheren Landwirbeltieren (Abb. 2, 3) zeigt, wie benötigte Leistung – also Notwendigkeit – den Weg möglicher Verbesserung steuert. Je größer die Oberfläche, je besser der Gasaustausch – ein klarer Vorteil im »Kampf ums Dasein«, bei dem sich das jeweils Bestgeeignete ganz von selbst durchsetzt. Bei den Lurchen (»Amphibien«, vgl. Tafel 5) ist die Lunge bereits gekammert (d), wodurch die Oberfläche wesentlich vergrößert ist. Bei den Säugetieren wurde sie durch ein stark verästeltes und mit winzigen Bläschen (»Alveolen«) versehenes Kanalsystem (f, g) noch um ein Mehrtausendfaches gesteigert. Beim Menschen gelangte dieser Blasebalg noch zu einer weiteren Bedeutung. Aufgrund der gesteigerten Denkfähigkeit und des daraus erwachsenden »Ich-Bewußtseins« gelangte er zur Fähigkeit, sich mit seinen Artgenossen zu verständigen, Erfahrungen mit ihnen auszutauschen und so die gemeinsame Überlebenschance wesentlich zu verbessern. Die Lunge – aus Zufall – war Voraussetzung für diesen Fortschritt. Aus einem Organ des Gasaustausches im Luftraum wurde jetzt – in zusätzlicher Funktion – der für die sprachliche Verständigung notwendige Blasebalg (S. 231).

Nicht minder half dieser Blasebalg – ebenso zufällig und »ungewollt« – auch den Knochenfischen. Auch sie stammen von den Lungenfischen ab, allerdings von solchen, die mit der hinzugewonnenen Lunge wieder in den Wasserraum zurückkehrten, wo das an sich hier nutzlose Organ nun der Regelung des Auftriebes dient. Während die Knorpelfische – Haie und Rochen – ihr Gewicht nicht tarieren können, gelangten die Knochenfische dank des »Landausfluges« ihrer Vorfahren zur Schwimmblase. Zielhafte Planung beim Blasebalg unserer Stimme und bei der Schwimmblase? Wohl kaum. Hier wie dort war es ein zufällig sich bietender Vorteil, der eine Effizienzsteigerung bewirkte und so eine neue Entwicklung einleitete (S. 27).

1 Australischer Lungenfisch

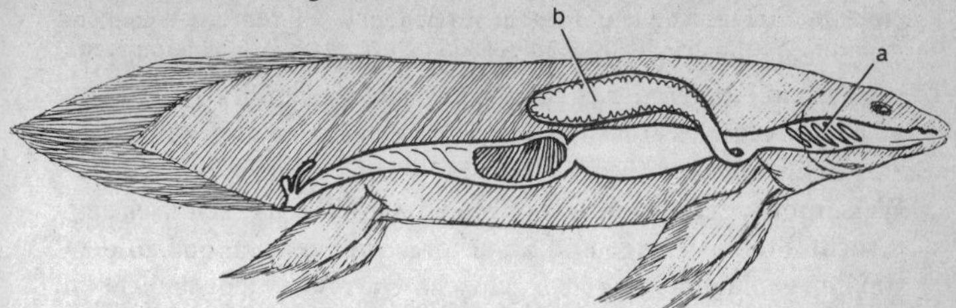

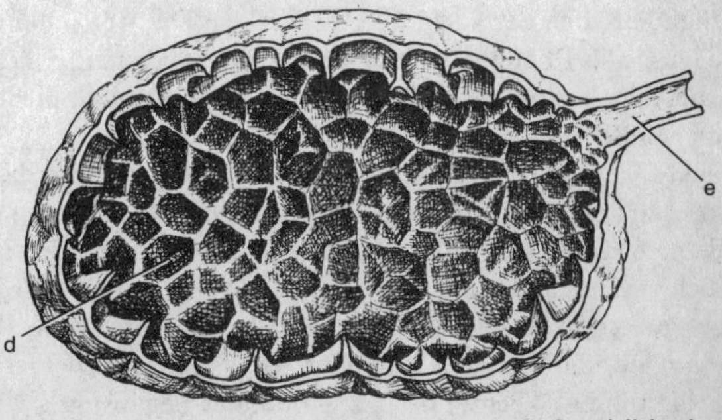

2 Amphibienlunge

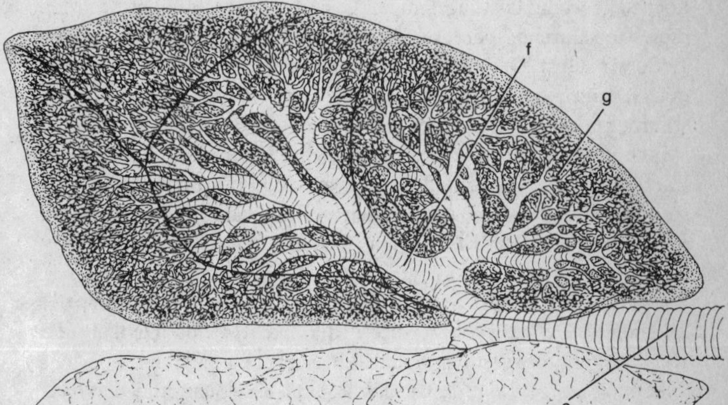

3 Menschliche Lunge

einbringen. Das ist natürlich sehr vereinfacht, soll nur das Wesentliche beleuchten: Ein extremer Außenseiter unter den Wirbeltieren wurde zum Pionier, der zu den Landwirbeltieren führte, zum Menschen und letztlich zur Sprache, zur Schrift. Ein an dieser Entwicklung interessiertes höheres Wesen hätte sich – wenn wirklich dieser Wasserumweg zum Land so notwendig war – einen Prachtfisch ausgesucht, ihn mit Lunge und Sprechorganen versehen und zu dem von ihm geplanten Menschen gemacht. Davon war jedoch nicht im entferntesten die Rede. Niemand kümmerte sich um jenes besondere Wassertier, um aus ihm einmal geschickt und weise die an Land erstehende Krone der Schöpfung zu machen. Die Vorstellung, daß diese Krone als Ebenbild jener höchsten Macht entstand, würde nahelegen, daß diese selbst im Wasser lebte – was ebenfalls nicht eben wahrscheinlich ist.

Nackte Tatsache ist vielmehr: Die Landeroberung durch die Wirbeltiere, zu denen wir gehören, hatte keinerlei höheres Stipendium, wurde nicht gefördert, ist kein grandioser Pinselstrich. Sie erfolgte deutlich erkennbar in einem ungünstigen Lebensraum als Ergebnis einiger günstiger Mutationen. War jedoch erst einmal diese Klippe überwunden, dann ging es schneller voran. Jede Körperveränderung, die diesen Wechsel des Lebensraumes begünstigte, war ein klarer Vorteil, erhielt sich, setzte sich durch, schlug sich in einer entsprechenden Nachkommenzahl zu Buche. Aus Urfischen mit einem noch sehr wenig leistungsfähigen Organ zur Gasaufnahme wurden die ersten Lurche, später die Echsen, später die Säugetiere und am Ende wir selbst. Da jedoch dieses Atmungsorgan – die neuentstandene Lunge – später nicht nur zum Hilfswerkzeug der Geruchswahrnehmung, sondern auch der Sprache wurde, ist die erste Sternstunde in der Entwicklung zu eben dieser Sprache die Periode der Landeroberung. Sie fällt also mit zwei schon besprochenen Sternstunden zusammen: mit der zweiten im Entwicklungsweg der Hand, mit der vierten in der Entwicklung unserer chemischen Sinne, unseres Geruchsorganes und liegt 400 bis 380 Millionen Jahre zurück. Diese Sternstunde ist aus der Sicht des heutigen Menschen, der erhabenen Geisteswissenschaften, der Dichter und Denker und Künstler, außerordentlich banal. Ein Säckchen entstand, über das Sauerstoff aufgenommen werden konnte. Ein Schöpfer, der über diesen Weg den Menschen schuf, muß wohl als recht schrullig angesehen werden. Bedenkt man die Zahl von Gestirnen im Universum – ungezählte Billionen –, dann nahm er sich mit den Vorgängen auf dem Planeten Erde viel Zeit. Zunächst einmal nahm es schon beträchtliche Zeit in Anspruch, ehe dieser Planet zustande kam – schlicht gesagt 6 Milliarden Jahre (Taf. 16). Dann dauerte es noch lange, bis sich die klimatischen Bedingungen auf dieser Kugel für die Entwicklung von Leben – zunächst nur im Wasserraum – eigneten: 3 Milliarden Jahre. Nun vergingen weitere 3600 Millionen Jahre, bis endlich der Lungenfisch sich zu seiner Pioniertat entschloß. Aber die Geduld des übersinnlichen Konstrukteurs war damit noch lange nicht am Ende. Denn vom Zeitpunkt der Entstehung dieses ersten Säckchens – unabdingbare Voraussetzung für unsere Sprache und anschließende Schrift – bis zum Menschen dauerte es weitere 396 Millionen Jahre. Wer die Behauptung aufstellt, daß der Mensch hier seine Bedeutung ein wenig überschätzt, sollte nicht allzu leichtfertig als Ketzer verurteilt werden. Wenn wir zu Vernunft gelangten, dann kann es kaum fehlerhaft sein, sie auch anzuwenden. Und wenn die sich daraus ergebenden Schlußfolgerungen nicht mit dem übereinstimmen, was der Mensch als liebgewonnenes Phantasieerbe überliefert, dann bleibt ihm nur zweierlei übrig: entweder die Konsequenz daraus zu ziehen oder in der Traumwelt seiner nicht mehr haltbaren Vorstellung zu verharren.

Beim Blutgefäßsystem steigerten sich die Fähigkeiten durch Vergrößerung der Oberfläche – durch immer feiner verzweigte Kapillaren. Beim Darmtrakt steigerte sich die Leistungsfähigkeit durch Vergrößerung der resorbierenden Oberfläche – durch Bildung der Darmzotten. Wie uns die heutigen Amphibien noch zeigen, war es bei der Lunge nicht anders. Zunächst wurde die Ausstülpung des Darmes nur vergrößert, gelangte zu einer wabigen Struktur (Taf. 14, Abb. 2). Bei den Reptilien sehen wir, wie es in unserer Ahnenreihe weiterging. Die Lunge – als Organ der Sauerstoffaufnahme und der Abgabe von Kohlendioxyd – bildete durch weitere Untergliederung innerhalb der Kammern zusätzliche Kammern. Und bei den Säugetieren verengen sich schließlich Kanäle in immer feinere Röhren und Röhrchen, an deren Ende sich traubenartig Bläschen befinden. Wissenschaftlich ausgedrückt »Kammern dritter Ordnung«. Das sind die von zartesten Blutgefäßen umsponnenen Alveolen der Lunge. So kam es zu einer außerordentlichen

Vergrößerung der Lungenoberfläche, der für den Gasaustausch zur Verfügung stehenden Oberfläche. Sie ist beim Menschen 50mal größer als die Oberfläche seines Körpers (Taf. 14, Abb. 3).

Damit aber sind wir der Entwicklung – wohlgemerkt unseres Sprechorganes und unserer Schrift – um ein gutes Stück vorausgeeilt. Die zweite Sternstunde auf diesem Entwicklungsweg liegt 340 bis 300 Millionen Jahre zurück. Bei unseren Lurchvorfahren wurde die Luft noch regelrecht geschluckt. Bei den Fröschen können wir diesen Vorgang noch heute verfolgen. Die Luft wird bei geschlossenem Maul durch die Verbindungswege mit der Nase – die Choanen – durch Senkung des Mundhöhlenbodens eingesaugt, dann wird durch Zusammenziehen der Bauchmuskeln die in der Lunge befindliche Luft – bei gleichzeitiger Schließung der Nasenlöcher – in die Mundhöhle gepreßt, wo sich die eingeatmete mit der ausgeatmeten Luft mischt. Ein Teil dieser Mischluft wird anschließend in die Lungen gepreßt, indem der Frosch den Mundboden hebt und so den Mundraum verkleinert. Durch Öffnung seines Maules und durch Schwingungen seines Mundbodens atmet der Frosch den Rest aus. Dann wird der Mund wieder geschlossen, die Nase geöffnet und das Spiel beginnt von neuem. Sehr effizient ist diese Atmung nicht, da so die ausgeatmete Luft noch ein zweites Mal eingeatmet wird, obwohl sie bereits mit Kohlensäure angereichert ist. Aber dies ist nicht problematischer als die Situation im Herz der Amphibien, wo sich in der noch nicht getrennten gemeinsamen Hauptkammer des Herzens arterielles und venöses Blut vermengen (Taf. 2, Abb. 2).

Erst als sich aus Lurchen Reptilien – also Echsen, Schildkröten, Schlangen – entwickelten, wurde diese konstruktiv unglückliche Lösung verbessert. Und zwar mit Hilfe der Rippen – also mit stützenden und schützenden Knochen, die mit der Atmung nicht das allergeringste zu tun haben. Bei den heutigen Amphibien sind sie kurz, schützen den sich über den Boden bewegenden Körper nur gegen Einwirkungen von oben. Bei allen Reptilien sind diese Knochen jedoch so lang, daß sie die Leibeshöhle umschließen und sie zugleich vergrößern. Auf der Bauchseite entstand eine elastische knorpelige Verbindung, das »Sternum«. Wesentlicher Fortschritt: An diesen Rippen setzten Muskeln an, die den Brustkorb in einen Blasebalg verwandeln: in ein Hilfsorgan der Lunge. Dies war die zweite Sternstunde auf dem Entwicklungsweg unseres Atemorganes –

und gleichzeitig auch auf dem Entwicklungsweg unseres Sprechorganes. Schon der Frosch vermag durch einen primitiven Kehlkopf seine Atemluft auszupressen, wobei er den Kehlspalt öffnet und schließt. So entsteht der für ihn charakteristische Ruf: »Brekekekex«. Auf diese Weise hätten sich Menschen jedoch nicht unterhalten können. Erst die Verwandlung des Brustkorbs in einen aktiv tätigen Blasebalg schuf dafür die Voraussetzung. Seine Entstehung, die zweite Sternstunde, liegt 340 bis 300 Millionen Jahre zurück.

Bei unseren Säugetiervorfahren kam es dann noch zu einer weiteren Verbesserung. Zwischen der Brust- und Bauchhöhle entstand durch die Vereinigung zweier vom Rücken und vom Bauch her sich bildenden Falten das muskulöse Zwerchfell, welches die Leistungsfähigkeit des Blasebalges auf seiner Unterseite noch erhöht. Wie jeder Sänger lernen muß, wird nicht bloß mit dem Brustkorb, sondern – sehr wesentlich – auch mit dem Zwerchfell geatmet. Durch diese weitere Verbesserung steigerte sich die Leistung unseres Blasebalges »Lunge« um ein beträchtliches. Für unser Sprechvermögen war jedoch nur entscheidend, daß überhaupt ein geregelter Strom von ein- und ausgeatmeter Luft zustande kam. Wir verwenden die von uns ausgeatmete Luft zusätzlich zur Bildung von Verständigungslauten. Doch ein allgemein gültiges Gesetz ist dies nicht. Das Geschrei des Esels kommt über Einsaugen der Luft zustande – ebenso das durchdringende Geräusch der Rohrdommel oder der Gesang der in die Lüfte hochsteigenden Lerche.

Ehe wir zu dem eigentlichen Musikinstrument kommen, das von diesem Blasebalg bedient wird – unserem Kehlkopf –, ist die Frage interessant, wie es sich bei den ebenfalls die Luft erobernden Insekten verhält. Wie steht es mit ihrer Stimme? Wo ist ihr Kehlkopf, ihr Blasebalg?

Aufschlußreich ist, daß sie keinen eigentlichen Blasebalg besitzen. Diese Land- und Lufteroberer haben eine andere Geschichte, eine andere Entwicklung hinter sich gebracht. Wer an eine zielhaft planende Kraft glaubt, muß zu dem Schluß kommen, daß hier der zielhaft Planende sich eben – auf unserem Planeten unter Billionen von anderen Gestirnen – geduldig auf die Erprobung grundsätzlich verschiedener Baupläne verlegte. Während die Wirbeltiere ein Innenskelett ausbilden – darauf kommen wir im nächsten Kapitel zurück –, entwickeln die »Arthropoden«, die Gliederfüßer, ein

Außenskelett. Nicht Knochen also, die ihren Körper von innen her stützen, sondern einen Chitinpanzer, der sie von außen her zugleich stützt und beschützt. Jeder Krebs zeigt uns einen solchen Panzer, und an Land oder im Luftbereich zeigen uns ihn seine Verwandten, die Insekten. Mit dieser Konstruktion verbinden sich sowohl Vorteile als auch Nachteile. Vorteil dieses Weges der Entwicklung: Die Stützorgane erbringen eine zusätzliche Funktion. Sie halten nicht nur alle Organe in der richtigen Lage und bieten der Erdschwerkraft erfolgreichen Widerstand, sondern sie schützen auch den Körper, bilden einen Panzer gegen störende und feindliche Einwirkungen. Die schützende und stützende Funktion des Panzers bedeutet gegenüber den Wirbeltieren eine nicht unwesentliche Einsparung. Dem stehen allerdings eine ganze Reihe von Nachteilen gegenüber. Erstens: das Problem der Fortbewegungsorgane. Beine benötigen Gelenke, bei einem Außenpanzer ist das nicht eben einfach. (Jene Schmiede, welche die Rüstungen für unsere Ritter im Mittelalter herstellten, standen vor dem gleichen Problem.) Über Mutationen mußten Scharniere entstehen, die den von festen Röhren umgebenen Gliedmaßen Bewegungsfreiheit vermittelten (Taf. 15). Zweitens: das Problem des Wachstums. Ein solcher Außenpanzer ist ein von den Zellen abgeschiedenes totes Gewebe, das seine Größe nicht verändern kann. Die Tiere müssen sich deshalb häuten. Ein aufwendiger und komplizierter Vorgang, der auch ein beträchtliches Risiko in sich birgt. Stößt eine Languste ihren Panzer ab, dann ist sie ganz weich und gegenüber Feinden ungeschützt. Darum ist ein Verhaltensrezept notwendig, damit sie sich vorher mit den nötigen Reservestoffen versieht und nach der Häutung – bis sich der neue Panzer gebildet hat – in einer engen Spalte Schutz sucht. Dritter, ganz entscheidender Nachteil: Die Körpergröße wird durch einen Außenpanzer beschränkt. Bei kleinen Lebewesen ist er noch zu ertragen, bei großen wird er, besonders an Land, immer schwerer. Das ist der Grund dafür, daß sich auf unserem Planeten keine Hornissen entwickelten, die so groß sind wie Adler, keine Maulwurfsgrillen, die so groß sind wie Elefanten. Daß heute – entgegen den phantastischen Vorstellungen der Science-fiction-Filme – keine Riesenkrebse und keine Riesenspinnen auftreten können, liegt einfach daran, daß deren Entwicklung bei der von unserem Planeten erzeugten Erdschwerkraft nicht möglich war. Durch den Außenpanzer war hier der Größenentwicklung eine absolute Grenze gesetzt – weniger im Wasser, wo der Auftrieb hilft, jedoch um so mehr in der Luft.

Ein weiterer Vorteil stand jedoch all diesen schwerwiegenden Nachteilen gegenüber. Aus dem festen Material der Außenpanzerung, aus dem Chitin, lassen sich auch Gänge formen, die nicht zusammenpreßbar sind. Dies dürfte einer der Gründe gewesen sein, warum hier das Problem der Sauerstoffzufuhr zu den einzelnen Zellen im vielzelligen Körper grundsätzlich anders als bei den Wirbeltieren gelöst werden konnte. Die Insekten eroberten die Luftwelt ohne Lungen. Feine Kanälchen – die Tracheen – führen von außen in den Körper, verzweigen sich dort und versorgen alle Organe mit Sauerstoff. Versteift werden sie durch eine Chitinspirale, die ein Abquetschen verhindert und gleichzeitig den Gasaustausch möglich macht. Auch bei Insekten finden wir eine Blutflüssigkeit, die in die Gewebespalten eindringt, auch sie besitzen ein Herz, das diese Flüssigkeit bewegt. Aber die zusätzliche Aufgabe eines Gastransportes brauchte dieses System nicht zu übernehmen. Dafür ist ein eigenes Netz von Kanälen da. Nachteil: Für die Erzeugung von Tönen eignen sich diese Kanäle im Gegensatz zur Lunge nicht.

Nächste Sternstunde im Entwicklungsgang der menschlichen Stimme, der menschlichen Schrift: Am Ende der Luftröhre entsteht ein Musikinstrument. Dieses Ende ist eine Schwachstelle bei den Wirbeltieren. Hier kreuzen sich der Atemweg und der Speiseweg. Dringt Speise in die Lunge ein, dann wird deren Funktion zunichte gemacht; gelangt Luft in den Magen, dann ist dies zumindest unangenehm. Darum ist es nicht besonders erstaunlich, daß an diesem Schwachpunkt, an dieser Kreuzung, eine Vorrichtung entstand – ja, entstehen mußte –, die gleichsam den Verkehr regelt. Sie entwikkelte sich aus Knorpeln, die wiederum aus rückgebildeten Kiemenbögen gebildet wurden. Es ist der sogenannte »Kehlkopf«. Wenn Speise geschluckt wird, verschließen Muskeln den Eingang zur Luftröhre. Diese selbst wird durch ringartige Bildungen offen gehalten – ähnlich wie die Tracheen der Insekten durch die Chitinspirale. Bei den Säugetieren wird der Verschlußapparat durch einen weiteren vorgelagerten Knorpel geschützt, den Schildknorpel. Und es erübrigt sich beinahe zu erwähnen, daß auch dieser wie Teile der die Luftröhre offenhaltenden Bildungen aus Resten der Kiemenbögen hervorging. Eine weitere Verbesserung bei den Säugetieren ist der Kehlkopfdeckel, der den Abschluß der Luftröhrenöffnung noch besser regelt. Schon bei den Lurchen entwickelte sich innerhalb des Kehlkopfes durch Faltenbildung beiderseits eine Membrane, die durch den Luftstrom in Schwingungen versetzt werden kann und so Töne hervorbringt. Diese sogenannten »Stimmbänder«, die in Wahrheit Falten sind und darum korrekter »Stimmlippen« genannt werden, vervollkommneten sich während der Zeit der Reptilentwicklung. Es bildete sich ein kompliziertes Muskelsystem, das diese »Lippen« mehr oder weniger schließt und spannt. Dies war die dritte Sternstunde auf dem Entwicklungsweg unserer Sprache, die für unsere Menschwerdung so entscheidend wichtig ist. Sie liegt 250 bis 220 Millionen Jahre zurück. Dadurch wurden die ersten differenzierten Lautäußerungen möglich, was besonders für die Erkennung von Artgenossen und Geschlechtspartnern ein Vorteil war. Viel mehr jedoch nicht. Die Geduld des unsichtbaren Schöpfers, der – in der Vorstellung vieler – diesen mühseligen Entwicklungsweg abwartete, ist nicht einfach nachzuvollziehen. Er lag gleichsam auf der Lauer, wartete. Millionen von Jahren spielten für ihn keine Rolle. Trotz seines unbeirrbaren Zieles, die Krone seines Wirkens, sein Ebenbild zu schaffen, verhielt er sich geduldig, griff nicht hilfreich ein. Er wartete darauf, was über beliebige Umwege in kleinen Schritten entstand.

Werfen wir nochmals einen Blick auf die Situation bei den Insekten. Auch für sie wird die Erkennung des Artgenossen, des Geschlechtspartners wichtig. Ein zentraler Blasebalg, der neben seiner Hauptfunktion auch Töne erzeugen kann, steht ihnen nicht zur Verfügung. Sie haben ein Außenskelett, sie besitzen Tracheen – sie haben gegenüber den Wirbeltieren Vorteile und Nachteile. Einer der Nachteile ist, daß ihre Tracheen sich für Gezwitscher, Gespräch und Gesang nicht eignen. Sie haben starre Wände. Zwar werden auch sie – besonders bei Flugbewegungen – zusammengezogen, aber Orgelpfeifen sind es nicht. Dagegen eröffnet ihnen der starre Außenpanzer andere Möglichkeiten, Töne in die Gegend zu senden. Laubheuschrecken und Grillen wetzen ihre Flügel gegeneinander, wobei eine zähnchenartige »Zirpplatte« über scharf zugespitzte »Schrillkanten« streicht. Derartige Vorrichtungen konnten sich über Mutationen ohne weiteres entwickeln. Bei Grasheuschrecken wird der

Vorderflügel zum Schwingen gebracht, indem der mit einer Zahnleiste versehene Hinterschenkel wie der Bogen einer Violine darüber streicht. Und bei Singzikaden bildete sich am ersten Hinterleibsring eine gewölbte Trommelhaut, die durch Muskeln abgeflacht und so in Schwingungen versetzt wird. Eine Tracheenblase des Hinterleibes wirkt dabei als Schallverstärker. Wer je an der Mittelmeerküste war, hat selbst erlebt, wie intensiv diese letztgenannte Einrichtung wirkt.

Doch kehren wir zum Menschen zurück. Welche zusätzlichen Werkzeuge steuerte hier der überirdische Konstrukteur für die so wichtige sprachliche Verständigung bei? Keine. Wiederum überließ er die Dinge – wenn wir an sein Engagement wirklich glauben wollen – total sich selbst. Durch eine besondere Entwicklung der an den Stimmlippen ansetzenden Muskeln wurde es uns möglich, in enge Schwingungsgrenzen festgelegte Töne zu produzieren. Der Sänger verdient mit dieser Fähigkeit sein Geld. Die Laute »o« und »u« könnten wir nur schwer hervorbringen, wenn wir keine Säugetiere wären. Damit die Jungtiere an der Mutterbrust saugen konnten, bildeten sich die Lippen derart, daß sie das Mundloch zu einer kleinen runden Öffnung schließen können. Noch komplizierter wird es mit den Konsonanten, von denen in den verschiedenen Sprachen eine beträchtliche Anzahl entstand. Ohne die Beteiligung der Zähne, des Gaumens, der Zunge, des Nasenraumes könnten sie nicht gebildet werden. Nun wurden aber die Zähne nicht zum Zwecke der Stimmbildung hervorgebracht, ebensowenig der Gaumen, die Lippen, der Nasenraum. Sozusagen alle Hilfsinstrumente der menschlichen Sprache sind deshalb nicht zielhaft erschaffen, sondern »geborgt«. Eine Fülle von Zufällen, die hier glücklich zusammentrafen, wirkten sich für die menschliche Entwicklung segensreich aus. Weder wurde die Lunge für den so wichtigen Dienst der Verständigung hervorgebracht, noch der Kehlkopf, noch die Zunge, noch die Lippen, noch die Zähne. Als Resonanzraum wirkt die Mundhöhle, die Nasenhöhle, der Brustraum. Bei den Brüllaffen – wie bereits bei den Fröschen – entwickelte sich noch ein besonderer Resonanzraum, der ihnen besonders lautstarke Tonäußerungen ermöglicht. Beim Menschen ist er zurückgebildet. Die oberen, »falschen« Stimmbänder sind ein Rest davon.

Was indes nützt das beste Musikinstrument ohne Musikant? Die menschliche Sprache hat wohl ein entsprechend differenziertes Instrument der Tonerzeugung zur Voraussetzung, doch dies ist nicht alles. Unsere engen Verwandten, die Affen, zeigen es uns nur zu deutlich. An Lauten der Verständigung fehlt es hier nicht – jedoch an Gehirn. Zur vierten Sternstunde in der Entwicklung des menschlichen Sprechvermögens kam es vor 4 bis 2 Millionen Jahren, als das menschliche Gehirn dahin gelangte, zu denken, zu schließen, Ich-Bewußtsein zu produzieren. Die besonders entwickelte Großhirnrinde war auch hier wieder der entscheidende Faktor. Ein Abschnitt von ihr, die Brocasche Region, wurde für den praktischen Einsatz des menschlichen Lautinstrumentariums zum Zweck der Verständigung zuständig. Desgleichen ein angeborener Trieb, sich sprachlich zu verständigen, der sowohl beim Kind als auch bei vielen Erwachsenen deutlich in Erscheinung tritt.

Nun: »Sprechen« ist ein Wort, nicht mehr. Was verbirgt sich dahinter? Worauf baut dieser Vorgang auf? Wie gesagt: auf Begriffen. Und solche bilden bereits die geistig höherentwickelten Tiere, etwa Affen. Die Vielheit der Erscheinungen, die wie ein Baum aussehen, fassen sie unter dem Begriff »Baum« zusammen, alles, was gelb ist, unter dem Begriff »gelb«, alles, was sich bewegt, unter dem Begriff »bewegt«. Was jedoch ihr Gehirn nicht vermag, ist die Verknüpfung solcher geistiger Schubladen mit je einer bestimmten Lautfolge – mit einem »Wort«. Dazu verhalf erst die besonders entwickelte Großhirnrinde dem Menschen. Während die höheren Säugetiere bereits »averbale Begriffe« entwickelten, vermag der Mensch »verbale Begriffe« zu bilden. Er erkennt nicht nur – über »Abstraktion« – die Gemeinsamkeit in ähnlichen Erscheinungen, sondern vermag das Ergebnis solcher Abstraktion auch mit einem Wortsymbol zu verknüpfen. In unserem subjektiven Erleben ist dies ein einfacher Vorgang. Beim sich entwickelnden Kind jedoch keineswegs. Beim erwachsenen Menschen wird diese Fähigkeit zur Voraussetzung seiner Überlegenheit über die Tiere.

Warum erlangt die sprachliche Verständigung eine derartige Bedeutung? Sehr einfach: Sie gibt dem Menschen die Möglichkeit, Erfahrungen, die sonst mit seinem Tod erlöschen würden, auf Nachkommen zu übertragen. Auch Tiere sammeln Erfahrungen, doch sie können diese nicht an ihre Nachkommen weitergeben. Es gibt keinen uns bekannten Mechanismus, über den erworbene Eigenschaften in das Erbrezept der Keimzellen übergehen. Ob also die Eltern erfahren oder weniger erfahren sind, geht nicht in das Erbgut ihrer Jungen ein. Dem Jungtier wird solches erworbene Wissen nicht übermittelt. Es muß dieses selbst wieder neu erwerben. Über die Sprache ist die »Vererbung erworbener Eigenschaften« jedoch möglich. Eine Generation kann ihren Erfahrungsschatz der nächstfolgenden weitergeben. So muß nicht jedes Individuum von Grund auf von neuem beginnen, Verhaltensrezepte werden übertragbar. Und da über Verhaltensrezepte auch zweckdienliche und machtsteigernde Strukturen geschaffen werden können – zum Beispiel Werkzeuge oder Maschinen –, wird auch die Herstellung von zusätzlichen, künstlich gebildeten Organen von den Eltern auf die Kinder, vom Lehrer auf den Schüler übertragbar. Eine Entwicklung von geradezu grenzenlosen Auswirkungen. Erfahrung geht nicht mehr verloren, das Individuum hört streng genommen auf, Individuum zu sein. Sein Wissen, seine Erfahrungen bleiben bestehen, setzen sich in anderen Menschen fort. Dem Erbgut, das sich nur über Mutationen verändern kann, tritt ein weiterer Steuerungsmechanismus zur Seite: das sprechende, seine Erfahrungen auf andere übertragende Gehirn. Es ist ungleich anpassungsfähiger, ungleich fähiger, individuell Erarbeitetes im Erbgang weiterzugeben. Das ist die vierte Sternstunde in der Entwicklung unserer Atemorgane, unserer Sprechorgane. Sie werden zu Hilfseinheiten von etwas total anderem. Sie werden zu Ergänzungen, zu wesentlichen Erweiterungen des Erbrezeptes. Diese Fähigkeit entstand vor 2 bis 1 Millionen Jahren. Durch diese Sternstunde wurde der Mensch zur Menschheit, das Individuum zum Kollektiv.

Es entstand eine mündliche Überlieferung. Es entstanden Sitten, die beibehalten wurden, es entstand Brauchtum. Es wurden Schulen geschaffen, in denen man das Wissen an die Kinder weitergab. Das Kind gewann einen neuen Ausgangspunkt. Es mußte nicht erfahrungslos beginnen: Eine immer anwachsende Fülle von Erfahrungen, von praktischem und theoretischem Wissen wurde ihm übermittelt. Friedlicher wurde der Mensch dadurch allerdings nicht. Heute – und seit eh und je – bemüht er sich um die Vermeidung der ständig erneut entstehenden Konflikte und Kriege. Das Ideal der Nächstenliebe wird unaufhörlich gepredigt, wird ebenso optimistisch wie wirkungslos von fast jedem Religionsstifter vertreten.

Aber die Zwiste verringern sich nicht. Der erbitterten Auseinandersetzungen werden nicht weniger. Jedes Individuum hat jedoch allen Grund zur Konzilianz, zur Überwindung der Streitursachen, weil es sich und was es ist einer Unzahl von Vorgängern verdankt, von denen es kaum etwas weiß. Zur universellen Nächstenliebe sind nur die wenigsten fähig – weit mehr vielleicht zur globalen Dankbarkeit. Sofern wir aber Häuser, Sessel und Straßen als etwas Gegebenes und Selbstverständliches ansehen, ist uns kaum zu helfen. All dies und viel mehr – und nicht zuletzt auch die Sprache – haben wir nicht selbst geschaffen, sondern es wurde uns zum Geschenk. Zu einem Geschenk, das sehr wohl Konzilianz nahelegt. Ohne die Unzahl von anderen, fast durchwegs unbekannten Vorfahren, denen wir alles, was heute unser Leben ausmacht, verdanken, wären wir nichts. Wir wären sogar weniger lebensfähig als ein Tier. Jeder von uns steht von Geburt an gewissermaßen auf einem Podest, dessen er sich bewußt sein sollte. Nur die wenigsten achten es. Das Vorgefundene wird als selbstverständlich angesehen. Was nicht den eigenen Wünschen entspricht, wird zum Impuls für Kritik und Aggression. Betrachten wir indessen, wie alles entstand, dann sehen die Dinge ganz anders aus.

Die fünfte und letzte Sternstunde in dieser Entwicklung war dann die Schrift vor etwa 5000 Jahren. Die Erfindung unseres Geistes, Worte in Materie zu verwandeln, machte die Schrift dem Erbrezept ebenbürtig. So wie dieses sich teilt und seine Kommandos an die Nachkommen weitergibt, so bleiben schriftliche Anweisungen bestehen, selbst wenn das Individuum längst gestorben ist. Darauf – und eben darauf – baut sich menschlicher Fortschritt, menschliche Technik, Zivilisation und Kultur in erster Linie auf. Dadurch erst wurde die Vielheit von Menschen zur »Menschheit«. Dadurch entstand Wissenschaft, entstand Gemeinerbe, auf dem weiterer Fortschritt aufbauen kann.

»Im Anfang war das Wort« – damit ist wohl gemeint, daß am Anfang eine zielhaft ausgerichtete, willensgebende Kraft stand, die Entfaltung diktierte. Die Ergebnisse der Forschung sprechen nicht für diese Vorstellung. Was hinter dieser gewaltigen Entfaltung steckt, ist völlig ungewiß. Wozu sie dienen soll, bleibt rätselhaft. Immerhin existiert sie. Und dies ist unser Vorteil, sofern wir unser Dasein, unser Bewußtsein nicht als ein Jammertal und eine Zeit der

Prüfung ansehen. Wir sind – nur eben dies ist konkret wirklich. Und unser Geist gibt uns die Möglichkeit, unser Werden näher zu erkunden. Dabei zeigt sich, daß viele liebgewordene und altüberlieferte, ehrwürdige Vorstellungen Produkte unserer reichen Phantasie sind, nicht mehr. Daß sich hinter diesem Sein und Universum eine »Ursache«, ein »Grund« verbirgt, dürfte wohl kein Denker in Frage stellen. Daß wir jedoch Ziel und Zentrum dieses Willens sind, wird mehr und mehr unwahrscheinlich. An unserem Leben, an dessen Wert und Unwert ändert sich dadurch nicht das allergeringste. Weder wird unser Dasein wichtiger, noch unwichtiger. Selbst wenn wir nicht Augapfel eines unsichtbaren Lenkers sind, haben wir allen Grund zur Zufriedenheit, daß wir existieren. Was wir daraus machen, liegt bei uns. Und dabei kann uns eine realistische Einsicht in die Struktur, die unser »Ich« ist, und in jene, aus denen es sich zusammensetzt, nur helfen.

12.
Haut und Knochen

Die Zahl der Zellen, aus denen der menschliche Körper besteht, wird auf etwa 60 Billionen geschätzt. Das sind 60 000 Milliarden, also 60 000 000 Millionen. Eine stattliche Zahl. Zur Zeit leben auf der Erde an die 5 Milliarden Menschen, also 5000 Millionen. Nach heute für vertretbar angesehenen Schätzungen waren es um das Jahr 1900 etwa 2000 Millionen, im Jahre 1700 etwa 600 Millionen, um Christi Geburt etwa 160 Millionen, 7000 vor Christus etwa 10 Millionen. Nimmt man als Durchschnittsalter einer Generation 20 Jahre an, dann errechnet sich als Gesamtzahl der Menschen, die in geschichtlicher Zeit gelebt haben etwa 150 000 Millionen. Daraus ergibt sich, daß bei vorsichtiger Schätzung – wenn man die früher weit höhere Sterblichkeit miteinbezieht – der Körper jedes Menschen 300- bis 400mal mehr Zellen umfaßt, als seit dem Jahre 7000 vor Christus insgesamt Menschen gelebt haben.

Jede dieser ungeheuer vielen Zellen, aus denen sich der menschliche Körper zusammensetzt, ist – mit Ausnahme der roten Blutkörperchen, die keine echten, kernhaltigen Zellen sind –, wie bereits erwähnt, grundsätzlich fähig, jedes beliebige Gewebe, jedes beliebige Organ aufzubauen. In ihrem Zellkern hat jede dieser Zellen das gesamte Erbrezept, also die Entwicklungsvorschrift für sämtliche Zellen. Eben dieses Erbrezept bewirkt jedoch auch, daß im Entstehungsvorgang des Körpers die eine Zelle an der Nase mitwirkt, eine andere an der Bildung eines Muskels teilnimmt, eines Knochens, eines Blutgefäßes oder irgendeiner der übrigen funktionellen Strukturen. Im vorliegenden Kapitel wollen wir uns mit jenen Zellen befassen, welche die als »Knochen« und als »Haut« bezeichneten Organe aufbauen.

Erste Frage: Was haben diese Organe miteinander zu tun? Äußerlich ist ihnen kaum etwas gemeinsam. Die Knochen bilden unser

Skelett – sie sind für uns Symbol des Todes, denn außer den Zähnen sind sie das einzige, was von uns übrig bleibt. Der restliche Körper »verwest« – oder genauer ausgedrückt: wird für Fäulnisbakterien und andere Lebewesen zum Nahrungsmittel. Unsere Haut steht uns näher, sie umhüllt unseren Körper, grenzt ihn gegen die Umwelt ab. Sie ist empfindlich, wir beschützen sie, pflegen sie, sie ist das Organ der Berührung, Frauen glätten sie durch Puder, verbessern ihren Eindruck durch Schminke, der Mensch erblaßt vor Schreck, Mädchen erröten vor Scham, Millionen von Touristen liegen im Sommer in der Sonne, um möglichst braun zu werden, den Neger erkennt man an der dunklen Haut, Verbrennungen der Haut gehören zu den furchtbarsten Verletzungen.

Funktionell betrachtet sind dagegen Haut und Knochen ein Gespann, bei dem nicht selten der eine für den anderen eintritt, dessen Pflichten übernimmt. Funktion der Knochen ist die Stützung des Körpers. Aber auch die Außenhaut kann den Körper stützen: Die Krebse, die Insekten und die Schildkröten unter den Wirbeltieren zeigen es. Funktion der Haut ist Schutz, sie bildet Schuppen, Felle, Panzer. Doch die Knochen können bei dieser Funktion mithelfen: Unsere Schädelkapsel schützt unser empfindlichstes Organ, die Rippen schützen unser Herz, unsere Lunge. Wir wollen den Entwicklungsweg beider Organe – der Außenhaut und des inneren Stützskeletts – gemeinsam verfolgen.

Die Haut ist die ältere Bildung. Schon Einzeller besitzen eine solche. Sie ist jedoch hauchdünn, bloß eine aus Molekülen gebildete, veränderliche Membrane. Die Kräfte der Oberflächenspannung wirken bei ihrer Bildung mit – auch ein Wassertropfen hat eine Art von Haut, die ein Staubkörnchen nicht ohne weiteres durchläßt. Dazu kommen molekulare Bindungskräfte, die so geartet sind, daß sie manchen Stoffen den Eintritt erlauben, anderen nicht. Diese feinste Membrane ist somit weniger ein Schutz gegen Außeneinwirkungen als eine Art von Filter, die nur Gewünschtes einläßt, Unerwünschtes dagegen – selbst unter Energieeinsatz – draußen hält. Weitere Membranen bilden im Protoplasma der Zelle ein kompliziertes Gerüst, werden so zu Stützorganen. Bei den vielzelligen Pflanzen bilden sich feste Zellwände, die einerseits Schutz bieten, andererseits jedoch auch wieder Stützfunktion haben. Vor allem an Land, wo die Pflanzen im Konkurrenzkampf der Sonne entgegenwachsen, sich also möglichst hoch über den Boden erheben müssen, wird diese feste, aus Zellulose gebildete Zellwand besonders wichtig. Indem sie – entgegen dem »osmotischen Gefälle« – Flüssigkeit aufnimmt, erzeugt sie einen inneren Überdruck, der die Zelle zu einem widerstandsfähigeren Baumaterial macht. Bei höher wachsenden Pflanzen werden die Zellwände durch Einlagerung fester Substanzen noch mehr verstärkt und verdickt, sie »verholzen«. Auch Abfallstoffe werden in diese Zellen eingelagert, sie sterben schließlich ab und werden zum elastischen Material, aus dem das Innere von Stämmen und Zweigen besteht. Membranen, Häute und Wände bilden so direkt oder indirekt das innere Stützskelett der Pflanzen.

Bei den tierischen Vielzellern sieht die Situation anders aus. Um Beute verfolgen, packen, überwältigen zu können, müssen sie sich fortbewegen. Feste Zellwände aus Zellulose kommen für sie nicht in Frage. Auch sie bilden eine feste Zellhaut, die jedoch weit dünner, zäher und elastischer ist. Durch besondere Zellorgane – »Tonofibrillen« – werden im vielzelligen Verband die einzelnen Zellen aneinander gebunden. Die den vielzelligen Organismus umhüllenden Zellen spezialisieren sich auf die Bildung einer zunächst einschichtigen Haut. Das Lanzettfischchen, das zu unserem ältesten Verwandten gehört, zeigt uns noch heute ein solches einfachstes »Epithel«. Im weiteren Entwicklungsgang – sowohl bei den Wirbeltieren als auch bei allen übrigen vielzelligen Tieren, die man als »Wirbellose« zusammenfaßt – bildete sich dann in sehr verschiedener Weise eine mehrschichtige Haut, deren Zellen sich in mannigfacher Art auf Schutz und Abwehr spezialisierten. In unserer noch weiter zurückliegenden Ahnenverwandtschaft zeigen uns die Seeigel noch heute, wie Zellen der Unterhaut Kalkplatten abscheiden und die so außerordentlich wirkungsvollen Stacheln bilden. Sehr eindrucksvolle Außenpanzer schaffen die Hautzellen bei den Schnecken, Muscheln und Krebsen. Auch bei den alleräItesten, kieferlosen Fischen bildeten sich Hautpanzer – ebenso bei den »Panzerfischen« (Taf. 5). Letztere entstanden vor etwa 450 Millionen Jahren, sie starben jedoch vor 300 Millionen Jahren wieder aus. Beim beutesuchenden Tier wird die Panzerung zum mehrfachen Problem. Sie behindert die Bewegung und den Gasaustausch mit der Umwelt, reduziert den Sinneskontakt und erhöht das Gewicht. Bei den Panzerfischen war nur der vordere Teil starr, der antreibende Schwanzteil dagegen nicht. Hatten sie Augen und bewegliche Brustflossen ausgebildet, dann waren Öffnungen ausgespart. Verwandte dieser Fische – Urvorfahren der heutigen Haie – gelangten zu einer weit besseren Lösung. Auch sie bildeten Panzer, jedoch aus winzigkleinen, nebeneinander liegenden Platten – wir nennen sie »Schuppen«. Ein solcher Panzer ist beweglich und kann über den ganzen Körper ausgedehnt sein. Bei der Landeroberung wurden jedoch auch diese Panzer zu schwer und zum Nachteil. Nur am Mundrand, wo aus solchen Schuppen Zähne geworden waren, erhielten sie sich bis zum Menschen (Taf. 3). Die heutigen Lurche zeigen uns, wie diese im Wasser vorteilhaften Platten völlig rückgebildet wurden. Zu einer anderen Form der Abwehr wurde bei ihnen die Schleimabsonderung. Diese Tiere sind schlüpfrig, entgleiten leicht. Doch bei ihren Nachkommen, den Echsen bildeten sich dann aus einer leichteren Hornsubstanz wieder Platten. Während die Schuppen der Haie und der Knochenfische teilweise oder ganz aus den unteren Zellagen entstanden sind, der »Lederhaut«, werden jene vieler Reptilien – der Echsen und Schlangen – ausschließlich von den oberen Zellschichten, der »Epidermis«, aufgebaut. Bei den Säugetieren wurden diese Schuppen wieder rückgebildet – nicht zuletzt aufgrund ihres Überganges zur Warmblütigkeit. Denn zur Wärmeregulation ist ein möglichst unmittelbarer Kontakt zwischen Haut und Luft notwendig, damit bei innerer Überhitzung über Schweißabsonderung und Verdunstung Kälte erzeugt und die Bluttemperatur dadurch herabgesetzt werden kann. Eines der ursprünglichen Säugetiere, dessen Nachkommen sich bis heute fortpflanzten – das Schuppentier –, zeigt uns noch einen den ganzen Körper bedeckenden Schuppenpanzer. Bei den übrigen Säugetieren tritt an seine Stelle ein Schutzkleid aus Haaren, auf dessen Entstehung wir noch als besondere Sternstunde zurückkommen.

Damit sind die Leistungen jener Zellen, welche die Außenhaut bilden, aber noch lange nicht erschöpft. Eine andere Möglichkeit, sich feindlicher Angriffshandlungen zu erwehren, sind Giftdrüsen. Auch wenn sie dem angegriffenen Tier selbst nicht mehr helfen, sondern nur dem Angreifer schaden, nützen sie zumindest der Art. Die meisten Raubtiere haben die Fähigkeit zu lernen und meiden in Zukunft solche unbekömmliche Nahrung. Oder – und dies erwies sich als weit wichtiger – solche Räuber gelangen im Lauf der Generationsfolgen über Veränderungen im Erbrezept zu Mechanismen angeborenen Erkennens, die sie dann instinktiv vor giftiger Beute warnen. Viele Individuen bleiben so zwar auf der Strecke, doch am Ende wird die Giftabscheidung zur tatsächlich wirksamen Abwehr. Neben solchen Giftdrüsen bildeten Hautzellen die eben erwähnten Schweißdrüsen – in der Haut des Menschen an die 2 Millionen –, sodann Talgdrüsen, welche ein für den Schutz der Haare wichtiges fettiges Sekret absondern, und Duftdrüsen, die wir bei der Besprechung der Haare ebenfalls noch behandeln. Dazu kommen noch die zahlreichen Sinnesorgane in der Haut: Beim Menschen dienen an die 3 Millionen einzellige oder vielzellige zur Wahrnehmung von Druck, Kälte, Wärme, Schmerz, lustspendenden und sonstigen Reizen. So betrachtet ist die Haut insgesamt alles eher als ein einfaches Organ. Die sie aufbauenden Zellen leisten sehr verschiedene Dienste, gelangten auf dem langen Evolutionsweg zur Bildung sehr verschiedener funktionserbringender Strukturen. Als erste Sternstunde in dieser Entwicklung – die wir gemeinsam mit jener der Knochen betrachten – muß wohl jener Zeitpunkt angesehen werden, als bei allereinfachsten Ur-Organismen aus geeigneten Molekülen die erste Schutzhaut entstand. Dies war offensichtlich längst vor Entstehung der ersten, noch kernlosen Zellen der Fall, sicherlich vor Entstehung der ersten Pflanzen und Tiere. Also vor ungefähr 3800 bis 3500 Millionen Jahren.

Die zweite Sternstunde betrifft die Entwicklung, die zu den Knochen unseres Innenskeletts führte, und liegt 1200 bis 1000 Millionen Jahre zurück. Damals spezialisierten sich bei einfachsten Vielzellern bestimmte Zellen auf die Aufgabe, den Körper von innen her zusammenzuhalten. Wie schon erwähnt, leisten diese Funktion bei der Einzelzelle Membranen, die im Körperinneren ein Gerüst bilden – es wird »endoplasmatisches Reticulum« genannt –, und bei allen Vielzellern sorgen weitere Zellorgane – die »Tonofibrillen« – für die Bindung der einzelnen Zellen aneinander. Bei größeren tierischen Vielzellern genügte dies allerdings nicht, um den inneren Zusammenhalt und damit die Stützung des Körpers zu gewährleisten. Diese Aufgabe übernahmen deshalb nun rundliche oder sternförmige Bindegewebszellen, die sich zwischen der Außenhaut und dem Darmkanal entwickelten. Sie haben – ähnlich manchen Amöben – lange Fortsätze, scheiden rings um sich eine gallertartige Substanz ab und bilden darin ein mehr oder minder dichtes Fasergewebe. Es gibt zahlreiche Typen, sie binden Organe aneinander, füllen Hohlräume aus, helfen beim Wundverschluß, regenerieren verlorengegangene oder beschädigte Teile, bilden – etwa zwischen Haut und Muskeln – elastische Lager, sind allerorts präsent und bereit, im Rahmen der großen Zellgemeinschaft benötigte Dienste zu verrichten. Waschen wir uns mit einem echten Badeschwamm, dann waschen wir uns mit dem primitiven, faserigen Skelett dieses Tieres, das von Bindegewebszellen geschaffen wurde. Solange dieses festsitzende Tier, das eher wie eine Pflanze aussieht, noch lebt, ist sein labyrinthisches Hohlraumsystem mit spezialisierten Zellen ausgekleidet und die äußere Oberfläche mit einem Zellepithel versehen. Sie alle sterben, wenn der Schwamm vom Meeresboden losgerissen und an die Luft gebracht wird, ebenso verfaulen die Bindegewebszellen. Was zurückbleibt, ist das von ihnen geschaffene faserige Gewebe. Wird ein Mensch alt, dann bildet seine Haut schlaffe Falten – das Bindegewebe hat seine Kraft und Elastizität verloren. In den ersten Lebensmonaten besteht jeder Embryo zu einem beträchtlichen Teil aus Bindegewebszellen. Zu ihren erstaunlichsten Spezialleistungen gehört die Mitarbeit an der glasartigen Hornhaut des Auges und die Bildung des Glaskörpers im Augeninneren. Manche von ihnen wandern amöbenhaft im Körper umher: die »Lymphocyten«, zu denen auch die weißen Blutkörperchen gehören. Ja, das gesamte Lymphsystem wird von Bindegewebszellen aufgebaut. Und auch alles Fettgewebe ist das Werk von Bindegewebszellen. Ganz besonders wichtige Bildungen – und damit kommen wir zur dritten und vierten Sternstunde – sind jedoch die Knorpelgewebe und die Knochen unseres Innenskeletts.

Die ersten Knorpel bildeten sich in unserer Ahnenreihe – dritte Sternstunde – vor 700 bis 500 Millionen Jahren bei unseren ältesten Fischvorfahren. Knorpel entsteht aus Bindegewebszellen durch Einlagerung von härteren Stoffen in die von den Zellen abgeschiedene gallertartige Zwischensubstanz und durch eine immer stärkere Verflechtung der sie durchziehenden Fasern. Das so entstehende elastische Material vergrößert sich, während die Zellen, die es aufbauen, immer mehr auseinanderrücken. Am Ende liegen sie voneinander völlig isoliert, nur von feinen Lymphbahnen ernährt. Blutgefäße dringen nicht in den Knorpel ein. Das Skelett der Haie und Rochen besteht noch heute zur Gänze aus diesem Material. Ebenso besteht bei sämtlichen Wirbeltieren – und somit auch beim Menschen – das Skelett des Embryos zunächst nur aus Knorpel. Im Laufe der weiteren Entwicklung wird dieser dann Stück für Stück durch Knochenzellen ersetzt, von diesen verdrängt. Auch hier können wir aus der Entwicklung des Embryos noch heute ablesen, wie sich die Evolution in der fernen Vergangenheit vollzog, wie sich das ursprüngliche Knorpelskelett allmählich in ein Knochenskelett verwandelte. Allerdings verknöchert nicht alles, auch im menschlichen Körper gibt es noch genug Bauteile aus Knorpel: Zum Beispiel das Stützskelett der Ohrmuschel und jenes unserer vorstehenden Nase; der gesamte Kehlkopf, die Gelenkflächen der Wirbel zwischen den Bandscheiben, jene der Röhrenknochen, die elastischen Verbindungsstücke zwischen den Rippen und dem Brustbein, der Meniskus im Knie, die Versteifungsringe der Luftröhre und manches andere. Von besonderer Bedeutung ist beim Menschen die sogenannte »Schamfuge« – ein Spalt zwischen den beiden schaufelförmigen Beckenknochen. Er verläuft vorn, in der Mittellinie, ist durch knorpelige Substanz überbrückt und erleichtert bei der Frau die Geburt des Kindes. Wird dieses während der »Wehen« durch die Muskeln der Gebärmutter aus dem Körper herausgetrieben, dann muß es den engen Beckenring passieren – was besonders aufgrund der gewaltigen Entwicklung des menschlichen Gehirnes und damit des Kopfes Schwierigkeiten bereitet. Hier hilft die elastische Beschaffenheit der Schamfuge zum Zeitpunkt der Geburt, außerdem der Umstand, daß beim Neugeborenen das Schädelskelett noch weitgehend aus Bindegewebe besteht und demgemäß verformbar ist. Erst um das 20. Lebensjahr ist beim Menschen die Verknöcherung des Skeletts völlig abgeschlossen.

Die nächste Sternstunde auf dem Entwicklungsweg des inneren Stützskeletts war – vor 400 bis 380 Millionen Jahren – die Versteifung der Knorpelstrukturen durch Knochenzellen. Solche hatten schon bei den kieferlosen Vorfahren die Außenpanzer gebildet, jetzt beteiligten sie sich am Aufbau des Innenskeletts. Hier entstehen sie nicht etwa so, daß eine Knorpelzelle noch mehr Kalksubstanz einlagert und so schließlich verknöchert. Da die Knorpelzelle wie eine Insel in dem von ihr geschaffenen Baumaterial liegt, hat sie

TAFEL 15: **Innen- oder Außenskelett: kleine Ursache, große Auswirkung**

Abbildungen: **1** Hinterbein eines Insektes (Blattwanze) mit »Außenskelett«, **2** Hinterbein eines Wirbeltieres (Frosch) mit »Innenskelett«. a = Chitinpanzer, b = Muskelstränge innerhalb der Chitinröhren, c = Gelenk, d = Knochen, e = Muskelstränge, die an den Knochen ansetzen.

Die Bildung größerer Vielzeller war nur möglich, wenn diese Organe hervorbrachten, welche die aus Milliarden von Zellen gebildeten Körperteile fest zusammenhielten. Drei Möglichkeiten waren hier gegeben. Erstens: ein möglichst kompaktes Stützgewebe. Zweitens: ein starrer Panzer, der den Körper von außen her zusammenhält (»Außenskelett«). Drittens: starre Streben im Körperinneren (»Innenskelett«).

Die erste Möglichkeit verwirklichten die Mollusken – die allerdings nur im Wasserraum, wo die Erdschwerkraft durch den Wasserauftrieb neutralisiert ist, größere Körper auszubilden vermochten. Die Tintenfische, die außer ihrem »Rückenschulp« kein Skelett haben und trotzdem eine Armlänge von über 10 Meter erreichen (Kalmare), gelangten hier zu höchster Effizienz (Tafel 4). Die zweite Möglichkeit verwirklichten die Gliederfüßer (»Arthropoden«) – die Krebse im Wasser und die Spinnen und Insekten im Luftraum. Ihr Körper ist von einem festen Chitinpanzer umschlossen – im Wasser mit Kalkablagerungen –, der den Zellstaat schützt und gleichzeitig auch stützt (Abb. 1). So wie jede Doppelfunktion bedeutet dies eine Einsparung und ist somit ein Vorteil. An Land jedoch, wo die Schwerkraft voll wirksam ist, wurde der Panzer zum limitierenden Faktor. Denn bei Vergrößerung eines Körpers wachsen Volumen und Gewicht stärker an (a^3) als der Querschnitt der ihn tragenden Teile (b^2). Deshalb konnten sich im Wasserraum die Krebse noch zu beträchtlicher Größe entwickeln (Languste, Hummer), dagegen war für die das Land erobernden Insekten und Spinnen die mögliche Größe begrenzt. Damit aber auch die mögliche Zahl ihrer Gehirnzellen – und damit wieder die Möglichkeit, zu gesteigerter Intelligenz zu gelangen (vgl. S. 232).

Die dritte Möglichkeit wurde von den Wirbeltieren verwirklicht: das aus Knorpeln und Knochen gebildete Innenskelett (Abb. 2). Die Muskeln müssen in diesem Fall anders verlaufen, um die Beine zu beugen, zu strecken und zu drehen (b, e), das Problem der Gelenke bereitet hier weniger Komplikation (c). Kleine Ursache, große Auswirkung: Die Vordermünder (Tafel 5 u. 9) legten sich in ihren Entwicklungslinien frühzeitig auf eine Körperstützung durch kompaktes Gewebe oder Panzerbildung fest und konnten deshalb, als Vertreter aus ihrem Kreis 700 Millionen Jahre später das Land besiedelten, dort keine größeren Körper ausbilden. In der Gruppe der Zweitmünder dagegen gelangten die Urchordaten zu einer Körperstützung durch ein Innenskelett. Die von ihnen abstammenden Wirbeltiere setzten diese Entwicklung fort – und ihnen war, als sie dann das Land besiedelten, dort die Bildung von größeren Körpern möglich – somit auch größerer, über weit mehr Ganglien verfügender Gehirne. Dies war die entscheidende Voraussetzung dafür, daß aus dieser Entwicklungslinie – 800 Millionen Jahre nach Festlegung auf das Innenskelett – ein Lebewesen mit überdurchschnittlicher geistiger Fähigkeit hervorgehen konnte: der Mensch.

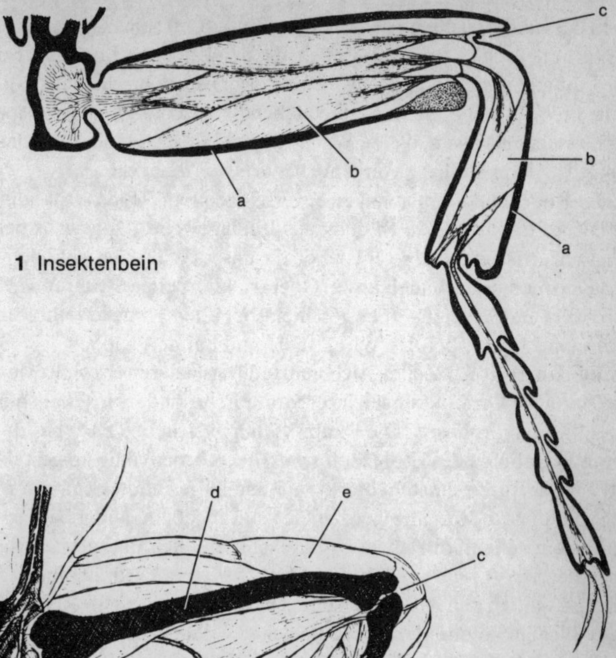

1 Insektenbein

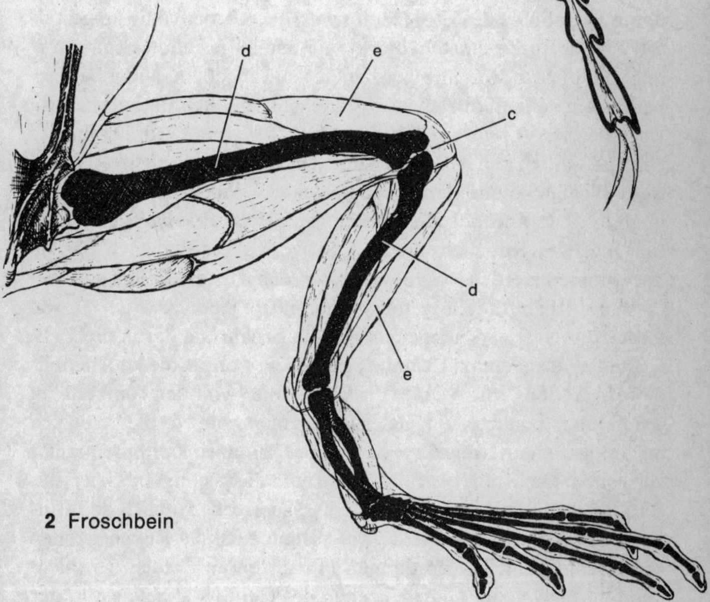

2 Froschbein

TAFEL 15

nach dessen Fertigstellung kaum mehr Einfluß auf seine Gestaltung. Völlig anders ist es bei jenen Zellen, die den Knochen aufbauen. So hart, tot und gesteinsähnlich wie ein Knochen auch erscheinen mag, er ist in Wahrheit außerordentlich lebendig: ein organisch gebildetes Gestein gleichsam, das zu Wachstum und Formveränderung befähigt ist. Jede Heilung von Knochenbrüchen zeigt dies.

Die Knochen kommen auf zwei verschiedenen Wegen zustande: Entweder durch direkte Bildung aus Bindegewebe – so war es bei den Panzerfischen, und so entstehen die unser Gehirn umschließenden Knochen der Schädelkapsel. Oder die knorpelige Struktur wird verdrängt und ersetzt – dies geschieht bei allen Knochen unserer Arme und Beine, bei der Wirbelsäule und bei den Rippen.

Die Fähigkeit der Zellen, sich »umzudifferenzieren« verhilft vielen Tieren zu Veränderungen ihrer Struktur, besonders Insekten bei ihrer »Metamorphose«. Die Raupe verpuppt sich, und nach besonderen Richtlinien des Erbrezeptes wird der Körper völlig umgestaltet, aus der Raupe entsteht der so ganz anders gestaltete Schmetterling. Bei diesem Vorgang werden Gewebe abgebaut, andere aufgebaut – ein sehr rigoroser, doch durchaus friedlich und planmäßig verlaufender Vorgang. Anders ist das Bild bei der Verdrängung des Knorpels durch den Knochen. Hier geht es durchaus nicht um einen freundlichen Stafettenlauf, bei dem der eine dem nächsten den Stab übergibt. Die Knorpelzellen werden aufgelöst, abgebaut, ja richten sich gegen die Knochenzellen aus. Sie vermehren sich noch, ehe sie überwunden werden. Bundesgenossen der Knochenzellen sind bei diesem Vorgang die Blutgefäße. Während sie jeden Knorpel nur wie mit einem Netzwerk umgeben und die Ernährung der in die Zellspalten eindringenden Lymphe überlassen, werden die knochenbildenden Zellen – die »Osteoblasten« – aktiv von den Blutgefäßen unterstützt, marschieren gleichsam gemeinsam, verbleiben auch nach siegreichem Kampf auf das engste, ja untrennbar miteinander verwoben. Die Knorpelstruktur wird aufgelöst, »aufgefressen«, das Blut liefert laufend den dazu nötigen Sauerstoff. Ähnlich den Bindegewebszellen – ihren »Eltern« – sehen auch die Knochenzellen wie Amöben mit langen dünnen Fortsätzen aus. Auch den nicht minder verzweigten Ganglienzellen des Gehirns ähneln sie in der äußeren Form. Wie bei den Ganglienzellen stehen die langen Fortsätze untereinander in Verbindung. Hier jedoch weniger zur Übermittlung von Signalen, sondern zur gegenseitigen Ernährung. In dem Raum zwischen diesen dünnen Fortsätzen wird zuerst gallertige, von Fasern durchzogene Bindegewebssubstanz abgeschieden, dann werden Kalkplättchen und Kalkbälkchen eingelagert.

Gemeinsam ist allen Knochen – ob sie in der friedlichen oder mehr kriegerischen Art entstehen –, daß sie außen von einer besonders stark verkalkten und darum harten Schicht überzogen sind. Innen befindet sich ein feines Gitterwerk von Knochenbälkchen – wegen der schwammartigen Struktur »Spongiosa« genannt. Diese Bezeichnung wird aber dem Wesen und der Leistungsfähigkeit dieser Bälkchen in keiner Weise gerecht. Bei Knochen, die in bestimmter Richtung hin auf Druck oder Zug beansprucht sind, ordnen sich die feinen Bälkchen genauso an, wie der Techniker sie aufgrund statischer Berechnungen anordnen würde. Mehr als das. Bei Knochenbrüchen, wenn die Druck- oder Zugrichtung sich verändert, passen sich auch die Knochenbälkchen den neuen »Spannungslinien« an. Schon dies zeigt, um wieviel lebendiger und wirkungskräftiger die Knochenzellen gegenüber ihren Vorgängern und »Widersachern«, den Knorpeln, sind.

Noch erstaunlicher ist die perfekte regelmäßige Anordnung innerhalb der äußeren, harten Knochenschicht, der »Compacta«. Hier bilden die Knochenzellen rings um die Blutgefäße säulenartige Strukturen, die durch Anlagerung von regelmäßig konzentrischen Schichten dicker werden, bis sie sich mit den benachbarten Säulen zu soliden Blöcken vereinigen. Durch querlaufende Kanäle, die von außen in den Knochen hineinführen, ist die Verbindung mit dem Blutsystem und dem Zentralnervensystem gegeben. Die großen Knochen unserer Arme und Beine sind innen hohl. Es sind »Röhrenknochen«. In ihrem Hohlraum befindet sich das Knochenmark; während der Embryonalentwicklung ist es eine Bildungsstätte für die roten Blutkörperchen, später ein Speicher von Energie in Gestalt von Fett. Bedenkt man all dies, dann ist es höchst rätselhaft, wie diese komplexe Gesamtstruktur »wachsen«, also ihre Größe verändern kann. Hätten die Erbänderungen im Verlauf der Wirbeltierentwicklung jedoch nicht zu dieser Fähigkeit geführt, gäbe es uns heute nicht.

In der Tat vermögen die Knochen auch dies. Vergleicht man das Skelett eines Neugeborenen mit jenem eines Erwachsenen, dann zeigt sich anhand der Größenunterschiede, welche Verwandlung hier vor sich gegangen ist. Nicht nur bilden die so vielseitigen Bindegewebszellen »Osteoblasten« – Knochenbilder –, sondern außerdem auch »Osteoklasten« – Knochenbrecher. Beim Größenwachstum eines Röhrenknochens wird im hohlen Innenraum von den Knochenbrechern die kunstvolle Säulenstruktur abgebaut, während gleichzeitig außen Knochenbilder rings um die Blutgefäße neue, weitere aufrichten. Halten wir einen ausgetrockneten Röhrenknochen in der Hand, dann gleicht er einem merkwürdig geformten Stück Stein – in Wahrheit jedoch ist er innerhalb des Körpers voll von pulsierendem Leben. Ebenso dramatisch wie sein Aufbau durch die Verdrängung der Knorpelsubstanz verläuft sein weiteres Wachstum, seine laufende Anpassung an den Druck oder Zug, dem er ausgesetzt ist. Im Verlauf der Kindesentwicklung müssen die Knochen dauernd ihren Dienst verrichten, obwohl sich ihre Gestalt laufend verändert. Wie werden Röhrenknochen länger? Durch inneren Abbau und äußeren Anbau kann ja bloß der Röhrendurchmesser vergrößert werden. Auch hier mußte sich über Erbänderungen ein Weg finden: Nahe den Gelenken besitzen diese Knochen eine Knorpelzone, die erst völlig in Knochensubstanz umgewandelt ist, wenn das Längenwachstum des Knochens voll abgeschlossen ist, also nach 18 bis 20 Lebensjahren. Bis dahin werden in diesen Wuchszonen nach Bedarf neue Knochenzellen gebildet. Daß hier über Nerven und Hormone eine ständige Kontrolle ausgeübt werden muß, liegt auf der Hand. Denn Tiere, deren Gliedmaßen ungleich länger würden, wären kaum den Lebensanforderungen und dem Konkurrenzkampf gewachsen. Und noch dies: Volumen und Gewicht eines Körpers wachsen mit dem Kubus an – der Querschnitt von tragenden Flächen nur mit dem Quadrat. Deshalb ist für kleine Tiere die Dimensionierung ihrer Knochen eine andere als für große, was beim Elefanten proportionell weit stärkere Knochen nötig macht als etwa bei einer Spitzmaus. Auch beim Kind sind somit andere Verhältnisse gegeben als beim Erwachsenen.

Dies bringt uns wieder zu den vielzelligen Pflanzen zurück, deren Stützskelett wir am Anfang dieser Überlegungen besprachen. Eine alte Eiche benötigt einen ungleich dickeren Stamm als eine junge. Dem Größenwachstum der Bäume und der Wirbeltiere sind somit durch den gleichen Zusammenhang Grenzen gesetzt. Allerdings nur an Land. Im Wasser vermindert der Auftrieb die Wirkung der Schwerkraft wesentlich oder hebt sie ganz auf. Deshalb konnten sich im Wasserraum bis zu 30 Meter lange und 100 Tonnen schwere Säugetiere entwickeln: die wieder ins Meer zurückgekehrten Wale. Sie haben übrigens die gleiche Anzahl von Wirbeln wie die Spitzmaus oder die Giraffe. Jeder dieser Knochen paßte sich – über zahllose dazu notwendige Veränderungen im Erbrezept – den jeweiligen Lebensbedingungen bestmöglich an. Manche Knochen wurden dabei rückgebildet oder verschmolzen mit anderen, doch besitzen alle Wirbeltiere das prinzipiell gleiche Knochengerüst. Wir haben es also mit einer langen, komplexen Entwicklung zu tun, deren erste Sternstunde die Entstehung einer umhüllenden Membrane war. Sie vervollkommnete sich bis zur Zellhaut, die bei den vielzelligen Pflanzen zum Stützorgan wurde und aus der sich im weiteren Verlauf das Baumaterial für ein inneres Stützskelett entwickelte.

Bei den Tieren behielt die Haut in erster Linie Schutzfunktion, wobei die sie bildenden Zellen immer neue Aufgaben übernahmen. Hier kam es über lange Zeit – bis zu den Echsen – zu immer neuen Bildungen und Leistungen, nicht jedoch eigentlich zu einer neuen, für uns Menschen schicksalhaften Sternstunde. Beim inneren Skelett ereignete sich in dieser Periode mehr. Wie bereits gesagt: Zweite Sternstunde auf unserem Entwicklungsweg: die Entstehung der so vielseitigen Bindegewebszellen. Dritte Sternstunde: die Entstehung der Knorpelgewebe, die bereits größere Körper stützen. Vierte Sternstunde: das Eingreifen der Knochenzelle, die in Verein mit Blutkreislauf und Nervensystem ein ebenso hartes wie wandlungsfähiges Innenskelett schafft. Die fünfte Sternstunde betrifft nun wieder einen Entwicklungsschritt bei der Haut. Der Übergang zur Warmblütigkeit brachte hier eine entscheidende Wende. Die Gefahr der Unterkühlung ist bei dieser Einrichtung weit weniger groß als jene der Überhitzung. Ein Schutzpanzer blieb notwendig, doch durfte er den Gasaustausch mit der Umwelt nicht verhindern. Bei den Säugetieren war die Lösung dieser Problematik das Haarkleid, bei den ebenfalls warmblütigen Vögeln, die sich unabhängig und später aus Echsen entwickelten, war es das Federkleid. Bei der Feder fanden die Forscher sehr bald einwandfreie Hinweise dafür, daß sie sich aus den Reptilschuppen entwickelten – ebenso gut geeignet als Körperschutz wie als Instrument des Fliegens. Beim Haar dagegen ist die Situation anders. Hier handelt es sich um eine Neubildung, wobei jedoch die Anordnung noch auf das einstige Schuppenkleid hinweist. Bei den Vögeln entwickelte sich aus je einer Schuppe eine Feder, bei den Säugern traten an die Stelle der einzelnen Schuppe jeweils mehrere Haare – meist drei. Bei der Feder gehen vom Schaft Äste und mit Häkchen versehene Unteräste ab, die das leichte, für Flug, Schutz und Wärmeregulation so geeignete Federblatt bilden. Genauso wie die Hornschuppen der Echsen liegen auch die Hornfedern der Vögel dachziegelartig übereinander. Sowohl bei den Haaren als auch bei den Federn fördert eine fettige Substanz die Geschmeidigkeit des hornigen Materials, aus dem sie bestehen. Beispiel für die planlos verschiedenen Wege, wie benötigte, aufgabenerfüllende Einheiten zustande kommen: An der Wurzel jedes Haares bildeten sich eine bis drei Talgdrüsen, die ein solches Sekret abscheiden. Bei den Vögeln dagegen entwickelte sich zu beiden Seiten des Schwanzes – ihres Bürzels – je eine weit größere Drüse, die ein solches Sekret hervorbringt. Der Vogel übernimmt es mit dem Schnabel und überträgt es auf die Federn, die dadurch auch besser Wasser abhalten. Hier freilich mußte sich parallel zu den Drüsen auch ein angeborenes Verhaltensrezept entwickeln, damit Kopf und Schnabel die entsprechenden Bewegungen ausführen. Denn ebensowenig wie Fliegen und Paarungsverhalten ist diese Bewegungskoordination das Ergebnis eines Intelligenzaktes.

Auch der Vogelschnabel ist eine Hornbildung der Haut. Während der in zahlreichen Gesteinsabdrücken erhaltene Urvogel *Archaeopteryx* noch Zähne hatte – ebenso wie die unseren aus den Kosmoidschuppen der Urhaie hervorgegangen –, sind sie bei allen heute lebenden Vogelarten bereits völlig rückgebildet, sie werden nicht einmal mehr in der Embryonalentwicklung angelegt. Aus verhornender Oberhaut der Reptilien gingen außer Haaren und Federn auch die Krallen hervor – beim Pferd wurden sie zum Huf, bei uns zum Fingernagel. Als unsere Affenahnen, wie schon erwähnt, vor 28 bis 22 Millionen Jahren die sich lichtenden Urwälder verließen und sich in der Savanne als Räuber betätigten, wurde der Haarpelz beim Verfolgen schneller Beute ein Nachteil. Er wurde zu heiß und deshalb zurückgebildet. Freilich nur dort, wo er nicht nach wie vor gebraucht wurde. Am Kopf verblieb das Haar als Wärme- und Kälteschutz, sowic als Puffer bei Schlägen zum Schutz unseres Gehirns.

Über den Augen blieb ein schmaler Streif als Schutz der Augen vor dem von der Stirne rinnenden Schweiß erhalten. In den Achselhöhlen und in der Schamgegend diente das Haar weiterhin als Hilfsorgan der dort befindlichen Duftdrüsen, die zum Instrumentarium der Zweigeschlechtigkeit gehören. Diese Haare wirken als »Duftpinsel«. Die abgeschiedenen Duftstoffe verteilen sich auf ihrer Oberfläche, können so besser von der Luft aufgenommen werden und sich verbreiten. Daß auch unsere Kopfhaare, unsere Augenbrauen und die das Auge vor Staub schützenden Wimpern in zweiter Funktion auch Signalfunktion im partnerschaftlichen Verhalten hinzugewannen, weiß jede Frau und jedes Mädchen, ohne es erst lernen zu müssen. Schönes Haar, lange Wimpern, zart geschwungene Augenbrauen erhöhen die Anziehungskraft, sind Auslöser für vorteilbringende Reaktionen beim anderen Geschlecht. Dagegen steigern die in den Nasenlöchern wachsenden Haare keineswegs die Chancen, Schönheitskönigin zu werden. Sie blieben erhalten, weil sie als Staubfilter nötig sind: zum Schutz der empfindlichen Geruchszellen und vor allem gegen Verschmutzung der Lunge.

Wer immer noch Zweifel daran hegt, daß wir Menschen von den zottigen Affen abstammen, dem sei das Studium jener Muskeln empfohlen, welche bei allen Säugetieren die Haare aufrichten. Die Funktion dieser Vorrichtung ist Wärmeschutz. Bei aufgestelltem Haar wird die Pelzschicht dicker, die isolierende Schicht somit größer. In zweiter Funktion wurde dann dieser Vorgang auch zu einem Mittel des Imponierens, des Einschüchterns von Feinden, von Artgenossen und Geschlechtspartnern. Was größer erscheint – erscheint mächtiger. Beim Menschen wurde dieses schützende Haarkleid weitgehend rückgebildet, nur noch Flaumhärchen blieben anstelle des einstigen Pelzes auf den nun »nackten« Körperstellen zurück. Die Muskeln, welche die Haare aufrichten, sind jedoch nach wie vor da – und wirksam. Ihre Rückbildung dürfte noch einige Millionen Jahre dauern. Auch der Regelkreis, der ihre Tätigkeit steuert, ist noch voll funktionsfähig. Wird uns kalt, dann ziehen sie an den immer noch vorhandenen Haarwurzeln – wölben dadurch die Haut hoch, und wir bekommen eine »Gänsehaut«. Sinnvoll ist das keineswegs. Denn auf diese Weise wird die Oberfläche – und damit der Wärmeverlust – noch größer. Selbst von der durch die Anspannung der Muskeln erzeugten Wärme geht so noch mehr verloren.

Wer nach wie vor daran glauben will, daß ein bewußter Wille uns so gestaltete, wie wir heute sind – also ein göttlicher Architekt uns eigens entwarf, der muß in Kauf nehmen, daß dieser in unserer Haut einige 100 000 überflüssige Nervenfasern schuf. Überflüssig? Nein, sogar nachteilhaft! Denn bei Kälte vergrößern sie unsere Oberfläche, fördern also noch den Wärmeverlust.

Bei zielhafter Konstruktion wäre es für uns zweckmäßiger, wenn diese Muskeln nicht bei Kälte, sondern bei Überhitzung anzögen. Dann würden sie durch Oberflächenvergrößerung die Verdunstung fördern – und damit die Abkühlung. Aber auch eine solche Umpolung in der Steuerung benötigt über Mutationen Millionen von Jahren. Wer also einen deutlichen Beweis für unsere Tierabstammung – und gleichzeitig dafür, daß kein göttlicher Wille uns zielhaft entwarf – konkret vor Augen haben will, der gehe bei Kälte ins Freie und ziehe sich aus. Unsere Gänsehaut ist ein anschaulicher Beweis für beides.

Die Evolution des Universums

TAFEL 16: **Das Phänomen »Leben« im Rahmen der Entwicklung unserer größeren »Heimat« – des Universums**

Abbildung: A = Situation in den ersten Hundertstelsekunden nach dem »Urknall«, B = Situation in den ersten drei Minuten, C = in den ersten Jahrhunderttausenden, D = das Geschehen im Zeitraum zwischen 13 000 und 10 000 Millionen Jahren, E = zwischen 10 000 und 6300 Millionen Jahren, F = zwischen 6300 und 4500 Millionen Jahren, G = zwischen 4500 Millionen Jahren und heute, H = Zeitraum der Entstehung der Affen und der aus ihrer Mitte hervorgehenden ersten Urmenschen, J = die wichtigsten Gruppen fossil nachgewiesener Urmenschen während der letzten 500 000 Jahre, K = einige markante Kulturen und Persönlichkeiten der Menschheitsentfaltung während der letzten 5000 Jahre.

Das Gehirn jedes Menschen (vgl. Tafel 10) vermittelt Grundeinschätzungen, die entweder vom Erbrezept oder durch Tradition und Erziehung beeinflußt sind und das Denken in bestimmte Geleise festlegen. Dazu kommt, daß die Leistungsfähigkeit dieses Organkomplexes funktionelle Grenzen hat – worauf bereits Immanuel Kant hinwies und wie durch Forschungsergebnisse der modernen Physik bestätigt wurde. Weder vermag sich unser Gehirn die »Äquivalenz von Energie und Materie« vorzustellen – daß also Materie aus reiner Energie entsteht und sich wieder in reine Energie verwandeln kann –, noch können wir uns die von Einstein nachgewiesene Relativität von Raum und Zeit vorstellen, noch einen endlichen und »gekrümmten« Raum, noch gar einen solchen, »der sich ausdehnt«. Die Atomphysik, zu deren Hauptwerkzeug die Zahl wurde, erweiterte auch unser Wissen über die Anfänge des Universums und die Vorgänge innerhalb der Sterne. Nach heutiger Ansicht entstand unser Universum vor etwa 13 000 Millionen Jahren mit einer Explosion von unvorstellbarem Ausmaß. Sie wird – eher lapidar – als »Urknall« bezeichnet, und ihr »Echo« klingt noch bis heute in der erst 1965 entdeckten »Mikrowellen-Hintergrundstrahlung« nach. Aus diesem Echo und anderen Forschungsergebnissen wurde es möglich, Einzelheiten über diesen dramatischen Anfang zu rekonstruieren.

Während des Urknalles gab es nur Energie von unvorstellbarer Intensität und Dichte. Entstehende Materieteilchen vernichteten einander gegenseitig, wurden sofort wieder in Energie zurückverwandelt. In der ersten Hundertstelsekunde nach dieser Manifestation, die durchaus nicht von einem Punkt ausging, »sondern überall gleichzeitig erfolgte«, sank die Temperatur auf ca. 100 000 Millionen Grad, und jene »Elementarteilchen« konsolidierten sich, aus denen alle Atomkerne aufgebaut sind: die schweren und stabilen »Protonen« und die »Neutronen« (A). Das Universum war millionenmal kleiner als heute. Die es erfüllende Energie, in der sich wie in einer brodelnden Suppe kleinere Materieteilchen bildeten und wieder vernichteten, war etwa 4000 Millionen Male dichter als unser heutiges Wasser. Innerhalb der ersten drei Minuten sank dann – während sich das Universum weiter ausdehnte – die Temperatur soweit ab, daß auch leichte Elementarteilchen – unter ihnen die »Elektronen« – aus dieser ständigen Schöpfung und Vernichtung übrigblieben (B). Drei bis fünf Jahrhunderttausende darauf bildeten diese mit Protonen, die sie in weitem Abstand umkreisten, die ersten Atome – Wasserstoffatome (C). Somit war das Element Wasserstoff keineswegs »der Anfang« – sondern der Anfang war Energie.

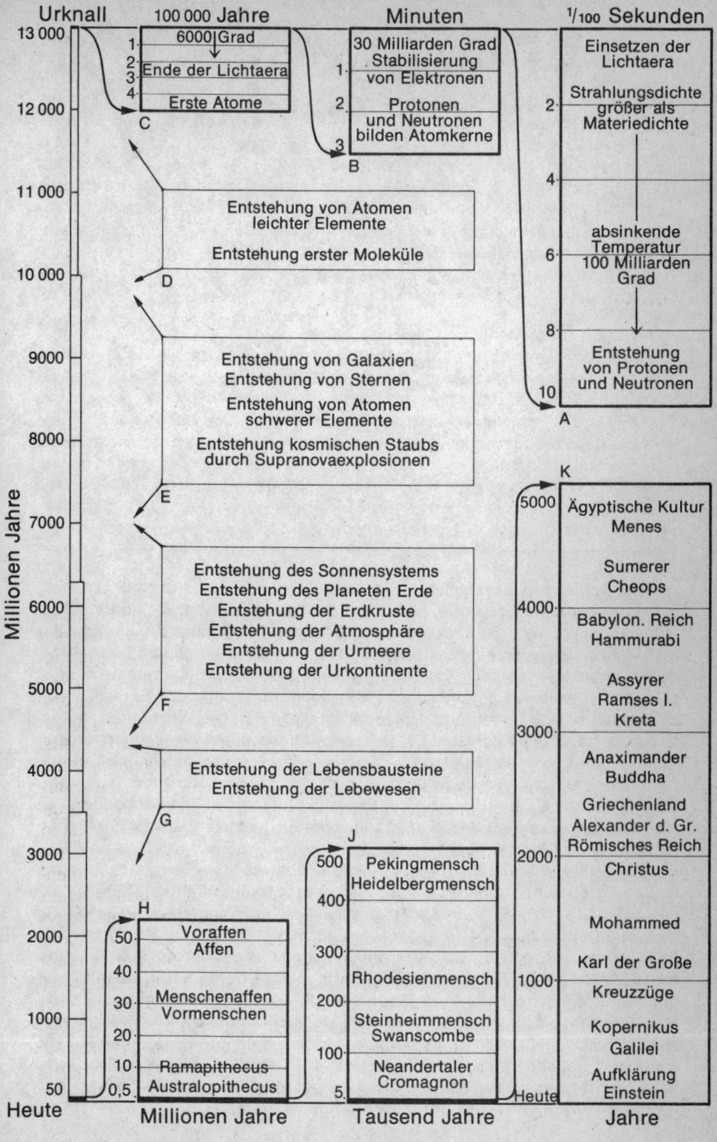
Urknall
100 000 Jahre
Minuten
1/100 Sekunden
6000 Grad
Ende der Lichtaera
Erste Atome
30 Milliarden Grad
Stabilisierung von Elektronen
Protonen und Neutronen bilden Atomkerne
Einsetzen der Lichtaera
Strahlungsdichte größer als Materiedichte
absinkende Temperatur 100 Milliarden Grad
Entstehung von Protonen und Neutronen
Entstehung von Atomen leichter Elemente
Entstehung erster Moleküle
Entstehung von Galaxien
Entstehung von Sternen
Entstehung von Atomen schwerer Elemente
Entstehung kosmischen Staubs durch Supranovaexplosionen
Entstehung des Sonnensystems
Entstehung des Planeten Erde
Entstehung der Erdkruste
Entstehung der Atmosphäre
Entstehung der Urmeere
Entstehung der Urkontinente
Entstehung der Lebensbausteine
Entstehung der Lebewesen
Millionen Jahre
Voraffen
Affen
Menschenaffen
Vormenschen
Ramapithecus
Australopithecus
Pekingmensch
Heidelbergmensch
Rhodesienmensch
Steinheimmensch
Swanscombe
Neandertaler
Cromagnon
Ägyptische Kultur
Menes
Sumerer
Cheops
Babylon. Reich
Hammurabi
Assyrer
Ramses I.
Kreta
Anaximander
Buddha
Griechenland
Alexander d. Gr.
Römisches Reich
Christus
Mohammed
Karl der Große
Kreuzzüge
Kopernikus
Galilei
Aufklärung
Einstein
Heute
Millionen Jahre
Tausend Jahre
Jahre

TAFEL 16

In den folgenden 3000 Millionen Jahren kam es zur Entstehung von Atomen weiterer »leichter« Elemente, außerdem zu den ersten Atomverbindungen – »Moleküle« genannt (D). Es folgte die Entstehung von Gasnebeln, die sich allmählich zu »Galaxien« verdichteten, und es kam zur Bildung von Sternen, in derem Inneren – wie in Brutöfen – die Atome der »schweren Elemente« entstanden. In weiteren gigantischen Explosionen (»Supernova«-Explosionen) zerbarsten solche Sterne und schleuderten die in ihnen entstandenen Atome ringsum ins All (E). In diesem Entstehen und Vergehen kam es auch zur Bildung unserer »Milchstraße«, und vor etwa 6500 Millionen Jahren zur Entstehung unseres Sonnensystems und des Planeten, auf dem wir leben (F, vgl. Tafel 11). Nachdem die Außenhaut der Erde abkühlte und in den kochenden Urmeeren komplexere Moleküle entstanden waren, setzte vor etwa 4000 Millionen Jahren der Prozeß »Leben« ein, der sich über wachstumsfähige und vermehrungsfähige Molekülstrukturen – die »Lebewesen« – fortsetzt und eine sich in Potenz und Volumen steigernde energetische Entfaltung darstellt (G, vgl. Tafel 4; S. 138). Erst vor 60 Millionen Jahren entstanden die ersten Affen und aus ihrem Kreis, vor 4–0,5 Millionen Jahren, die ersten »Urmenschen« (H). Fossilfunde mehrerer Entwicklungslinien liegen aus den letzten 500 000 Jahren in zunehmender Zahl vor (J). Die geschichtliche Überlieferung der kulturellen Entfaltung begann vor etwa 5000 Jahren (K). Die exakte Naturwissenschaft ist nicht mehr als 350 Jahre alt. Der erste Denker, der die wahren Zusammenhänge erahnte, lebte allerdings schon vor 2500 Jahren. Es war der griechische Philosoph Anaximander, der ausdrücklich erklärte, daß kein materieller Rohstoff »Urgrund« der Welt sei, »sondern ewiges Entstehen und Vergehen« und daß der Mensch von »fischartigen Vorfahren abstamme«.

13.
Organe der Bewegung

Stefan Zweig ging den »Sternstunden der Menschheit« aus seiner dichterischen Perspektive nach. Im vorliegenden Buch behandeln wir das gleiche Thema aus biologischer Sicht, aus der Sicht der durch die Forschung aufgedeckten Evolution, die alle Pflanzen und Tiere – einschließlich des Menschen – zu Verwandten, ja Schicksalsgenossen macht. Wir stießen dabei auf zahlreiche Hinweise dafür, daß entgegen altüberlieferter Meinung der Mensch keineswegs das Ergebnis eines zielhaft gewollten Schöpfungsaktes ist, ja daß auch in der Entwicklung der Pflanzen und Tiere nirgends eine »helfende Hand« erkennbar ist, welche diese Entwicklung zielhaft zum Höheren hinlenkt.

Andererseits zeigen uns jedes Tier und jede Pflanze, besonders wenn man ihre Körper und Verhaltensweisen genauer untersucht, eine solche überwältigende Zweckmäßigkeit, daß es schier unerklärbar ist, wie all dies ohne Plan, ohne gezielten Willen, ohne zielhafte Anstrengung zustande gekommen sein kann. Über »Mutationen«, also zufällige Veränderungen im Erbgut, und deren immer neue Kombination über die Mechanik der Zweigeschlechtigkeit soll all dies entstanden sein? Unser Gehirn sträubt sich auf das entschiedenste gegen diese Vorstellung, ja Zumutung. Und die eigene Erfahrung scheint uns dabei noch recht zu geben. Wann entsteht schon, wenn wir nichts tun, ein Werk? Wieviel Ausdauer und Mühe erfordert vielmehr jedes zielhafte Werk, jede eigene »Schöpfung«. Über Zufälle soll sich dies alles entwickelt haben? Die so subtile Gestalt von Blüten, von Schmetterlingen? Der so vollendete Körperbau einer Biene, eines Panthers – des Menschen? Das so erstaunlich differenzierte Verhalten eines Laubenvogels, einer Schlupfwespe – die Genialität eines Beethoven und Einstein?

Schon bei den griechischen Philosophen, bei Empedokles,

tauchte der Gedanke auf, daß hier unser Gehirn vielleicht die Ursache mit der Wirkung verwechselt. Sehen wir in den Lebewesen eine Auswirkung, also ein Werk, dann ist es höchst gerechtfertigt, nach einer Ursache, also nach einem zielhaften Verursacher zu fragen. Sehen wir dagegen in den Lebewesen eine für bestimmte Wirkungen geeignete Struktur – dann sind sie selbst Ursache. Dann erzeugt eine ganz bestimmte Anordnung von Teilen eine ganz bestimmte Wirkung: nämlich weiter zu bestehen. Das »Zweckmäßige« ist dann nicht Ergebnis eines mühevollen Schöpfungsaktes – sondern setzt sich ganz automatisch durch, ist das zur Fortsetzung eines Vorganges Geeignete. Nichtgeeignetes kann sich nicht fortsetzen, bleibt somit auf der Strecke. So gesehen ist Zweckmäßigkeit weder Wunsch noch Ergebnis einer zielhaften Bemühung – sondern Notwendigkeit.

Über dieses schwierige Thema »Zufall und Notwendigkeit« haben sich viele Denker und Philosophen den Kopf zerbrochen. Unter den griechischen Philosophen etwa Demokrit; später Nietzsche; in unserer Zeit etwa der französische Molekularbiologe und Nobelpreisträger Jacques Monod und zahlreiche weitere Molekularbiologen. Im Grunde kann man bei Monod bleiben, wenn man die Ausrichtung all dieser Gedanken und Bemühungen kennenlernen will. In seinem Buch »Zufall und Notwendigkeit« formulierte er sehr genau, was alle diese ihm folgenden Kollegen dann mit Hilfe weiterer Argumente darzulegen versuchten. Erstens definierte er Lebewesen (S. 17) »als mit einem Plan ausgestattet, den sie gleichzeitig in ihrer Struktur darstellen und durch ihre Leistungen ausführen«. Zweitens setze jeder solche Plan entsprechende »Information« und damit (S. 21) »einen Absender voraus«. Drittens sei somit evident, daß dem Organismus (S. 62) »seine makroskopische Struktur nicht durch das Eingreifen äußerer Kräfte aufgezwungen wird«. Hier lägen »Ordnungen« vor, die nur in ihrem Ursprung ihre Erklärungen finden könnten. Und daraus ergibt sich dann die verzweifelte Frage Monods (S. 132), die auch bei seinen Nachfolgern, etwa dem Nobelpreisträger Manfred Eigen, zum Grundmotiv seines Denkens und Wirkens wurde: »Wo ist dann der Ursprung ihrer erstaunlichen morphologischen und physiologischen Vielfalt?« Wenn die Lebewesen ihre Ursache in Mutation, also »Unvollkommenheiten des Erhaltungsmechanismus« haben, dann könnte die Evolution doch wohl »keineswegs eine Eigenschaft der Lebewesen sein« (S. 146). Sie sei vielmehr »Ergebnis einer riesigen Lotterie« (S. 171).

Welches also ist die Ursache der Lebewesen und ihrer Zweckmäßigkeit? Die hier vertretene Antwort wurde bereits angedeutet. Für alles »Leben«, für alle »Tätigkeit«, für jeden »Vorgang« ist als primäre notwendige Voraussetzung Energie nötig. Somit erklärt – und bestimmt – die Art des Energieerwerbes die Grundstruktur aller Pflanzen und Tiere. Wie auch immer sie zustandekamen – ob über Zufälle oder göttliche Wirksamkeit –, die für sie nötige Grundstruktur ist ihnen gleichsam vorgezeichnet, ist demnach Ausdruck einer »Notwendigkeit«. Diese legt fest, wie ein Tier oder eine Pflanze gestaltet sein muß, um zweckmäßig zu sein.

Zunächst bei den Pflanzen. Sie sitzen am Ort fest, haben keine Ohren, keine Augen, keine Beine, kein Maul. Warum? Weil ihre Energiequelle das Sonnenlicht ist. Dieses brauchen sie nicht mit technisch perfekten Augen aufzuspüren, sie müssen ihm nicht mit technisch perfekten Beinen nachlaufen, es nicht mit technisch perfekten Strategien überwältigen, mit technisch perfekten Mäulern packen, sich einverleiben, über einen technisch perfekten Darm zertrümmern. Sonnenstrahlen gibt es mehr als genug, selbst wenn es zwölf Stunden lang Nacht ist. Ein größeres Problem sind die benötigten Stoffe: Im Meer sind sie in gelöster Form fast überall vorhanden, an Land müssen sie über Wurzeln aus dem Bodenwasser gewonnen werden. Also können Pflanzen an einem festen Standort florieren, benötigen keine besonderen Fortbewegungsorgane, keine besonderen Sinnesorgane, kein Gehirn, keine besonderen Organe zur Überwältigung anderer Lebewesen, zur Zertrümmerung ihrer Substanz. Was die Pflanze braucht, sind Flächen, welche die Sonnenstrahlen auffangen, Organe in diesen Flächen, welche die Energie der Sonnenstrahlen festhalten, gleichsam in Fesseln legen, zum eigenen Diener machen – außerdem Organe zur Gewinnung der notwendigen Stoffe: zur Aufrechterhaltung ihrer Struktur, zur Vergrößerung ihrer Struktur, zur Vermehrung ihrer Struktur. Im Konkurrenzkampf ist dabei im Vorteil, wer seine Flächen besser zum Licht emporhebt, über die Flächen der anderen hinweg.

Damit ist die Grundstruktur der Gräser, der Kräuter, der Büsche und der Bäume, die uns umgeben, erklärt. Ihre zentralen Organe sind jene, welche die Sonnenenergie versklaven: die Blätter. Im

Konkurrenzkampf werden sie möglichst hoch über jene der Konkurrenz erhoben. Das erklärt die Notwendigkeit von Stämmen und Zweigen. Den Blättern müssen die für ihre Versklavungstätigkeit nötigen Stoffe zugeleitet werden. Das erklärt – an Land – die Notwendigkeit von Wurzeln. In weiterer Funktion werden diese auch Stützorgane der immer höher emporwachsenden Stiele und Stämme. Schließlich sind noch Verteilungsorgane nötig, über welche die von Blättern – oder sonstigen photosynthetisierenden Einheiten – gewonnene Energie allen übrigen Organen des Körpers zugeführt wird. Ebenso die von ihnen benötigten Stoffe. Fazit: ein Känguruh eignet sich nicht zur Versklavung von Sonnenstrahlen. Seine Augen sind für diesen Zweck nicht nötig, seine Beine ganz und gar nicht dafür geeignet. Anders der Grashalm, die Buche, der Tannenbaum. Alles an ihnen orientiert sich nach der zentralen Funktion, dem Energieerwerb. Alle übrigen Einheiten erfüllen Hilfsfunktionen und werden für ihre Leistungen mit dem Nötigen versehen.

Nicht anders bei den Tieren. Ihre Energiequelle sind andere Lebewesen: Pflanzen oder andere Tiere. Diese müssen sie aufspüren, an sie herankommen, ihnen Stücke entreißen, ihnen die in ihrem Gefüge gehortete Energie rauben. Das legt weitgehend fest, wie ihr Körper beschaffen sein muß, über welche spezialisierten Einheiten – Organe – er verfügen muß. Blätter oder Wurzeln oder Tannennadeln würden einem Wolf, einem Maikäfer, einer Klapperschlange wenig helfen. In erster Linie sind für sie Einheiten notwendig, mit denen sie Beute ausmachen, »orten«, erkennen können. Zweitens, und nicht minder wichtig, sind Organe, um zu dieser Beute hinzugelangen, sie zu überwältigen, ihr zumindest Teile ihres »Körpers« zu entreißen. Das sich bewegende, mit Sinnesorganen, Maul und Darm ausgerüstete Tier ist keineswegs ein beliebiger Entwurf. Die hier gegebene Energiequelle diktiert, wie eine Struktur beschaffen sein muß, um an sie zu gelangen, sie zu erschließen. Ebenso wie das Sonnenlicht die für die Pflanzen notwendige Grundgestalt festlegt, so legt bei den Tieren die jeweils vorliegende Beute fest, über welche Organe sie verfügen müssen, um sie sich einzuverleiben. Es gibt im Meer Tiere, die wie Pflanzen am Boden festsitzen und es den Meeresströmungen überlassen, ihnen die Beute vors Maul zu spülen. Aber das ist die Ausnahme. In der Regel ist Eigenbewegung nötig – und dies bringt uns auf das Thema des vorliegenden Kapitels.

Für fast jede Tierart ist Bewegungsfähigkeit die wichtigste Voraussetzung für den Nahrungserwerb. Nicht aufgrund höherer Weisheit, nicht aufgrund kurioser Zufälle, sondern notwendigerweise. Tiere, denen diese Fähigkeit fehlt, können sich nicht behaupten, geschweige denn sich vermehren. Sich behaupten und vermehren können nur Tiere, die so beschaffen sind, daß sie an ihre Beute herankommen. Dazu verhelfen ihnen Sinnesorgane, dabei hilft manchen ein beurteilendes Gehirn. Aber all das ist nutzlos, wenn es an der Bewegungsfähigkeit fehlt. Die Beute diktiert gleichsam, daß diese Fähigkeit gegeben sein muß. Und das gilt sicher nicht nur auf unserem Planeten. Auf jedem anderen wäre es ebenso.

Wie also ist es um diese Bewegungsfähigkeit bestellt, wann nahm sie ihren Anfang? Die allerersten Vorlebewesen und Urlebewesen trieben zunächst passiv im Wasser, in der damals noch von energiereichen Bausteinen gut gesättigten »Ursuppe«. Diese Bausteine samt Energie boten sich gleichsam als Geschenk an: Wer sie bei einem Zusammenstoß an sich ziehen und verwerten konnte, lag im Existenzkampf vorne. Dann wurden diese Gratisgeschenke spärlich. Nächste Entwicklungsstufe: Urlebewesen, die andere Energiequellen zu nutzen vermochten, erlangten einen Vorteil. Die weitaus potenteste ist das Sonnenlicht: Wer diesem seine Energie entreißen konnte, lag nunmehr vorne. In einem Molekulargefüge wurde diese Energie gehortet, zum Betrieb der Organe, des Körpers eingesetzt. Damit aber war eine weitere neue Energiequelle in die Welt gekommen: die Organismen. Zum Abbau ihrer Struktur ist Sauerstoff vonnöten. Diesen scheiden die Pflanzen als Abfallprodukt – sehr zu ihrem Nachteil – selbst aus. Dadurch eröffneten sie den Räubern überhaupt erst eine Existenzbasis und legten gleichzeitig die für räuberische Organismen nötigen Eigenschaften, die für sie nötige Struktur fest. Die für Würmer notwendige Struktur, für Fische und Medusen nötige Struktur, für Lurche und Krebse nötige Struktur, für Säugetiere und Libellen nötige Struktur und auch die für das Säugetier Mensch nötige Struktur. Neben vielen anderen Leistungsträgern – Organen – mußten die Tiere über solche der Fortbewegung verfügen. Was ist nun deren Geschichte? Wo liegen die Sternstunden ihrer Entwicklung?

Betrachten wir die wichtigsten heute lebenden Gruppen von Einzellern, dann stoßen wir auf drei hauptsächliche Methoden der

Fortbewegung. Die erste zeigen uns die schon mehrfach genannten Amöben, bei denen die Körpersubstanz – das Protoplasma – selbst zum Fortbewegungsorgan wird (Taf. 19, Abb. 1). Sie strecken Plasmafortsätze aus, »Scheinfüßchen«, fließen gleichsam über den Boden hinweg. Bei den Geißeltierchen ist als Fortbewegungsorgan eine Peitsche ausgebildet, die wie ein Ruder wirkt. Sie schlägt hin und her oder rotiert, treibt den Körper vorwärts. Aber auch umgekehrt geht es. Manche dieser Peitschenträger lassen sich gleichsam von ihrer Peitsche nachziehen. Dann windet sich diese wie eine Schlange durchs Wasser. Dritte Fortbewegungsart: kleinere Peitschen, jedoch in großer Zahl, die wie Ruder im Takt schlagen. Man nennt diese Tiere Wimperntierchen, »Ciliaten«. Sie gleichen einer Galeere, Hunderte, ja Tausende von winzigen Rudern treiben sie voran. Wie genauere Untersuchungen zeigten, beruhen alle drei Bewegungsweisen auf der Leistung ein und derselben Grundeinheit. Es sind besonders geformte Eiweißmoleküle, die sich einringeln und so zusammenziehen. Die Fähigkeit dieser winzigen Einheiten, sich kraftvoll zusammenzuziehen, ermöglicht die fließende Fortbewegung wie auch jene durch Geißeln oder durch Wimpern. Die erste Sternstunde in dieser Entwicklung – die dann geradewegs über die gesamte Tierreihe bis zum Menschen führt – ist die Bündelung solcher Moleküle zu »kontraktilen Fibrillen«, auch »Myofibrillen« genannt. Bei den heute lebenden Einzellern kann man sie mit dem Elektronenmikroskop sehen. Ihre Geburtsstunde lag wahrscheinlich bereits vor jener der ersten Tiere. Denn auch bereits die ersten Lichtenergie erwerbenden Pflanzen benötigten Schwebe- und Fortbewegungsorgane, um nicht in lichtlose Tiefen abzusinken. Erste Sternstunde also: vor mindestens 3000 bis 2500 Millionen Jahren.

Im Körper der vielzelligen Tiere spezialisierten sich einige Zellen darauf, in ihrem Protoplasma möglichst viele solche Fibrillen auszubilden. So entstanden die langgestreckten Muskelzellen, die auch einen langgestreckten Zellkern haben und an beiden Enden dünne Fortsätze entwickeln: ein vorzügliches Baumaterial für größere Muskelgewebe, die aus Millionen solcher Zellen bestehen. Noch ein anderer Typ von Muskelzelle kam zustande. Sie ist höher differenziert, von weit komplizierterem Aufbau und zu noch schnellerer Zusammenziehung fähig. Hier bilden dünnere und dickere Molekularstrukturen in geradezu maschinenhafter Ordnung parallel laufende Fadenstücke, die bei Betrachtung durch ein starkes Mikroskop regelmäßig quergestreift aussehen. Dieser regelmäßige Anblick entsteht, weil die dunkleren und helleren Abschnitte der Fasern absolut parallel liegen. Muskeln, die aus solchen Zellen bestehen, nannte man demgemäß »quergestreift«, und da man für die anderen zur Unterscheidung auch eine Bezeichnung benötigte, nannte man sie »glatt«. Die beiden Typen unterscheiden sich sehr wesentlich dadurch, daß die quergestreiften Muskelzellen keine normalen Zellen sind, sondern Riesengebilde, in denen sich bis zu mehrere hundert Zellkerne befinden. Man nennt solche Zellverschmelzungen »Syncitien«. Sie entstehen entweder dadurch, daß sich die Kerne teilen, nicht jedoch die Zellen – oder indem Zellen miteinander verschmelzen und so vielkernige Kommunen bilden. Beim quergestreiften Typ spricht man deshalb nicht von Muskelzellen, sondern von Muskelfasern. Sie sind etwa zehnmal so groß wie die glatten, liegen regelmäßig nebeneinander und sehen wie prall gefüllte Schläuche aus. Auch sie werden durch Bindegewebszellen zu Muskelsträngen vereint. Beim Menschen sind die unserem Willen unterworfenen Muskeln – also sämtliche, mit denen wir Körperbewegungen ausführen – aus den quergestreiften Fasern aufgebaut, dagegen jene, die unsere inneren Organe bewegen – etwa die Muskulatur des Darmes, der Blutgefäße, der Drüsen –, aus glatten Muskelzellen. Der Vorteil der letzteren besteht darin, daß sie zwar nicht so schnell arbeiten, jedoch sparsamer wirtschaften. Wo Dauerverkürzung, also längeres Straffhalten benötigt wird, bewältigen sie dies ohne Energieaufwand – so als würden Zähnchen in ein Raster einschnappen. Man spricht von einer »tonischen Sperrvorrichtung« im Gegensatz zur »tetanischen Arbeitsverkürzung« der quergestreiften Muskeln. Denn auch diese sind zu Daueranspannungen fähig – wie etwa die Muskeln, die unseren Kopf, oder die Beckenmuskeln, die unseren Rumpf ständig aufrecht halten, deutlich zeigen. In diesem Fall wird jedoch die Dauerleistung durch eine sehr schnelle Folge von Einzelzuckungen der Muskelfasern – 50 bis 70 pro Sekunde –, die wir nicht wahrnehmen, bewerkstelligt. Ein weiterer Vorteil der glatten Muskeln ist ihre größere Dehnungsfähigkeit. Dies spielt besonders bei Hohlorganen wie Blase und Uterus eine Rolle.

Bei sehr vielen Tieren sind beide Muskeltypen vertreten, vielfach in kollegialer Zusammenarbeit vereint. Ein Beispiel dafür ist der Schließmuskel der Muscheln, welcher sowohl aus glatten wie aus quergestreiften Fasern besteht. Vorteil der quergestreiften ist, daß sie bei Feindannäherung oder Störung blitzschnell die Schalen schließen können. Vorteil der glatten, daß der Verschluß danach ohne Energieverbrauch über längere Zeitstrecken aufrechterhalten bleiben kann. Eine Ausnahmestellung nimmt unter sämtlichen Muskeln der Herzmuskel ein. Er darf nie rasten, nie ruhen, kann sich nie erholen. Hört seine Tätigkeit auf, dann ist es – bei den höheren Wirbeltieren schon in wenigen Minuten – um die Zellgemeinschaft geschehen. Besonders die Gehirnzellen müssen laufend ernährt werden, stoppt die Blutzufuhr, dann werden sie als erstes geschädigt und zerstört. Man hat berechnet, daß während eines 65jährigen Lebens das menschliche Herz an die 20 000 Hektoliter durch den Körper pumpt – das entspricht der in 4 Millionen Bierflaschen enthaltenen Flüssigkeitsmenge. Diese enorme Leistung erbringen Muskelzellen eines wiederum anderen, also dritten Typs. Sie sind quergestreift, aber nicht vielzellig – also keine Kommunen. Sie sind an den Enden sternförmig verzweigt und miteinander vernetzt. Ernährt werden sie keineswegs von dem durch die Herzkammern strömenden Blut, sondern – wie jedes andere Organ – durch Gefäße des Körperkreislaufes. Ein kleiner Teil des aus dem Herz gepumpten arteriellen Blutes kehrt somit auf einem Umweg wieder von außen her zum Herzen zurück, um es zu ernähren. Fallen diese Herzkranzgefäße aus, dann erfolgt ein »Herzschlag« oder nach heutiger Bezeichnung ein »Herzinfarkt«. Es tritt die groteske Situation ein, daß die Herzzellen verhungern, ersticken und durch das bei ihrer emsigen Tätigkeit anfallende Kohlendioxyd vergiftet werden – obwohl in eben diesem Herz Blut mit Nährstoffen, Sauerstoff und Einheiten, welche den Abtransport von Kohlendioxyd bewirken, in Hülle und Fülle vorhanden ist. Ausgerechnet das Organ, das über die stärkste Blutzirkulation verfügt, geht dann an Blutmangel zugrunde.

Im übrigen Körper ist die Zusammenarbeit zwischen Muskeln und Blutgefäßen perfekt – nicht minder perfekt als jene zwischen den Blutgefäßen und den Knochenzellen. Benötigt ein Muskel mehr Nahrung, mehr Sauerstoff, dann wird dies über Ausscheidungen des Muskels unmittelbar an die Blutgefäße gemeldet, die sich daraufhin erweitern und somit für bevorzugte Blutzufuhr sorgen. Ebenso erfolgen laufend über die Nerven Rückmeldungen an das Rückenmark, das seinerseits entsprechende Befehle erteilt. Die Koordination der einzelnen Muskelbewegungen ist Angelegenheit des Zentralnervensystems – seine allerursprünglichste Funktion. Keine Muskelbewegung erfolgt ohne entsprechenden Befehl. Die Nerven übertragen diese Befehle auf die Muskeln über plattenartige Erweiterungen – allerdings nicht direkt, wie man früher glaubte, sondern indirekt. Das über die Nerven verlaufende elektrische Potential erzeugt keine unmittelbaren Erregungen in den Muskeln, sondern über den Umweg von Stoffen, die sie absondern und die auf die Muskelfasern einwirken. Dort breitet sich dann innerhalb der Muskelfasern die Erregung von einer Fibrille zur nächsten aus. Auf diese Weise werden außerordentliche Kräfte in Bewegung gesetzt. Vergleicht man die Energie, die bei der Signalübermittlung über die Nerven verbraucht wird, mit jener, welche die Muskeln dann aufgrund dieses Befehles einsetzen, dann ist das Verhältnis 1 zu 100 000. Die Zeit, bis der Muskel sich aufgrund des Befehles zusammenzieht – die »Kontraktionszeit« –, ist bei verschiedenen Muskeltypen sehr verschieden. Bei der glatten Muskulatur des Froschdarmes beträgt sie 75 Sekunden, beim quergestreiften Muskel des Froschbeines 0,05 Sekunden, bei den quergestreiften Muskeln, welche die Flügel einer Fliege in Bewegung setzen, nur 0,0015 Sekunden. Bei allen heftigen und schnellen Aktionen ist es für die Muskelzelle unmöglich, die dafür nötige Energie über die Verbrennung von Nährstoffen zu gewinnen. Sauerstoff läßt sich nicht speichern. Deshalb gelangte die Muskelzelle zu einer anderen Lösung. Sie setzt Energie über chemische Vorgänge frei, die blitzschnell und ohne Sauerstoffverbrauch ablaufen. Die in jeder Zelle enthaltenen elektrischen Batterien – die ATP-Moleküle – verwandeln sich in ADP-Moleküle, Phosphokreatin wird in Kreatin und Phosphorsäure gespalten, Glycogen wird zu Benztraubensäure abgebaut. Die Muskelzellen mobilisieren so die für ihr schnelles Zusammenziehen notwendige Energie – und gehen dadurch, wie der Chemiker es nennt, eine »Sauerstoffschuld« ein. So wie ein augenblicklicher Bankkredit muß auch diese Anleihe zurückgezahlt werden: Nur wenn ADP wieder zu ATP aufgeladen und aus Kreatin und Phosphorsäure wieder der Energiespeicher Phosphokreatin gebildet wird, ist der Muskel für die nächste Zuckung bereit. Nach der explosionshaften Entladung setzt nun die eigentliche Verbrennung von Glycogen und der durch Schnellabbau entstandenen Benztraubensäure ein. Dieser Vorgang nimmt mehr Zeit in Anspruch, bei starker Anstrengung einige Minuten. Die quergestreiften Muskeln werden also über die Nerven laufend mit Befehlen bombardiert, die ein Zusammenziehen einzelner Fibrillen und so eine Kontraktion des gesamten Muskels auslösen. Die in jeder Muskelfaser befindliche »Bank« schießt dabei laufend die nötigen Energiemengen vor, die anschließend prompt zurückgezahlt werden. Sternstunde der Entwicklung dieser ungemein komplizierten Anlagen, ohne die keinerlei Bewegung unseres Körpers möglich wäre, war der Augenblick, als bei vielzelligen Tieren die erste Muskelzelle entstand. Höchstwahrscheinlich war es eine »glatte«. Der Zeitpunkt dieses entscheidenden Fortschritts liegt 1600 bis 1400 Millionen Jahre zurück.

Ehe wir uns der nächsten Sternstunde zuwenden – zu der es bald darauf kam –, muß noch erwähnt werden, daß im Körper der vielzelligen Tiere die Bewegungsweisen der Einzeller auch weiterhin eine wichtige Rolle spielten. Von den amöbenhaft in unserem Körper umherkriechenden weißen Blutkörperchen wurde bereits gesprochen (Taf. 19, Abb. 2). Sie sind eine innere Polizei, beseitigen Abfälle und eingedrungene Parasiten, indem sie diese fressen, und verlassen, wenn nötig, mit dieser giftigen Fracht den Körper – verüben also Selbstmord. Weitere solche amöbenähnliche Zellen gibt es in großer Zahl. Zum Beispiel Bindegewebszellen, die frei herumkriechen; Leberzellen, die amöbenartig Füßchen ausstrecken; vor allem jedoch die Ganglienzellen unseres Gehirns, die über solche Füßchen Verbindung mit anderen aufnehmen und so die Grundlagen für unsere Denkprozesse schaffen. Wie steht es mit Geißeltierchen? Wer je Spermien des Menschen, also männliche Keimzellen, unter dem Mikroskop sah, weiß, daß sie von diesen Tieren kaum zu unterscheiden sind (Taf. 19, Abb. 4, 5). Und wie steht es mit Wimperntierchen? Wenn man das Flimmerepithel in der Luftröhre, im Samenleiter, in der Nasenhöhle und bei vielen anderen Geweben unseres Körperinneren unter dem Mikroskop sieht, gewinnt man den Eindruck, daß sich zahllose Wimperntierchen zu einem Gewebe vereint, zu gemeinsamer Leistung entschlossen haben. Dies zeigt, daß die Bewegungsweisen der Einzelzellen auch im vielzelligen

Körper eingesetzt werden, also erhalten blieben. Blicken wir beim Rasieren oder beim Nachziehen der Augenbrauenlinie in den Spiegel, dann sehen wir ein Gesicht – unser Gesicht –, nicht dagegen Zellen. Auch hier ist das »Ich« mangelhaft orientiert. Der Durchschnittsmensch ahnt nicht im entferntesten, was sich in seiner Haut, in seinem Körper tatsächlich abspielt. Er weiß auch nicht, aus was sich dieser Körper – dieses von uns empfundene »Ich« – überhaupt zusammensetzt. Aus welchen Einzelleistungen. Aus welchen Einheiten. Aus welchen Bemühungen.

Die dritte Sternstunde auf dem Entwicklungsweg der Muskeln folgte bald darauf vor 1200 bis 1000 Millionen Jahren. In dieser Zeitspanne gelangten die Muskelfasern zu einer sehr leistungsfähigen und bedeutsamen Anordnung, die wir als »Hautmuskelschlauch« bezeichnen. Ringförmige und längslaufende Muskelfasern bilden eine Röhre, die sich sowohl zusammenziehen als auch verkürzen kann. Im Falle diagonal verlaufender Fasern sind auch Verdrehungen möglich. Durch entsprechend koordinierte Muskelkommandos kann sich ein solcher Schlauch fortbewegen, indem das Vorderende sich ausstreckt und dann ein verdickter Ring wie eine Welle nach rückwärts wandert. Sämtliche Würmer bewegen sich auf diese Weise fort. Ihre Grundgestalt ist durch einen solchen Hautmuskelschlauch festgelegt, wobei im Inneren der Darm verläuft, am Vorderende sich das Maul befindet und in dessen Umgebung Sinnesorgane, die Nahrung anzeigen – also die Richtung, in die der Schlauch sich bewegen muß, um sie zu finden. Ob es uns lieb ist oder nicht, ob wir es als Verstoß gegen die Würde des Menschen ansehen oder nicht – Tatsache ist: So sahen unsere Urvorfahren aus, so bewegten sie sich fort. Allerdings, wie es scheint, nicht sehr lange. Während der Entwicklungsweg zu den Krebsen und Insekten durch viele Zwischenformen belegt ist, deren Nachkommen noch heute existieren, verlegten sich die Wurmvorfahren der Wirbeltiere offenbar bald auf die schwimmende Fortbewegung im Wasser und hinterließen keine auf der damaligen Entwicklungsstufe verbliebenen Ahnen. Im Konkurrenzkampf gegen bessere Schwimmer, also überlegene Konkurrenten, starben diese Urformen aus. Die schwimmende Lebensweise erforderte eine andere, zweckmäßigere Ausrichtung der Muskelfasern, eine andere Koordination der Nervenimpulse. Im Wasser hilft Schlängelbewegung am besten vorwärts, die durch komplementäre Tätigkeit gegenüberliegender Muskelgruppen bewirkt wird. Sehr vorteilhaft ist hier ein stützender Stab, an dem die Muskelgruppen ansetzen. Das Lanzettfischchen zeigt uns noch heute die erste Entstehungsphase eines solchen aus stützenden Zellen gebildeten Stranges, um den sich dann die aus Wirbeln bestehende Stützachse aller Wirbeltiere entwickelte. Bei den Haien sind diese Wirbel aus Knorpelsubstanz, bei den Lurchen und Knochenfischen sind sie verknöchert. Der Hautmuskelschlauch wurde somit in dieser Entwicklungslinie durch eine andere Muskelanordnung ersetzt: Komplementär wirkende Muskelstränge übernahmen die Funktion der Fortbewegung. Im Körperinneren jedoch leistete der Konstruktionstyp des Hautmuskelschlauches weiterhin gute Dienste. Schon beim Darm der meisten Würmer wird die vom Maul aufgenommene Nahrung durch wellenartig weiterlaufende Zusammenziehung – »Peristaltik« – weiterbefördert. Bis zu den Säugetieren, bis zu uns selbst, hat sich an dieser Grundkonstruktion nichts geändert. Auch die ursprünglichen Blutgefäße bewegten das in ihnen fließende Blut ausschließlich in dieser Weise, auch unser Magen, auch unser Herz bewegen ihren Inhalt über solche Peristaltik. Ausführungsgänge vieler Drüsen, die harnableitenden Kanäle und der die Eier oder lebenden Jungen beim weiblichen Tier aus dem Körper pressende Uterus arbeiten nach dem Prinzip des Hautmuskelschlauches, also mit Hilfe einer Kombination von ringförmig angeordneten mit längs und auch oft diagonal verlaufenden Muskelsträngen. Über Nerven gelangen zu diesen Muskeln koordinierte Befehle – so koordiniert, daß Kontraktionswellen den Schlauch entlanglaufen.

Die nächste Sternstunde im Entwicklungsgang der Muskeln war somit deren Verbindung mit einem inneren Stützskelett – zuerst mit der Chorda, dann mit Knorpeln und Knochen. Das Lanzettfischchen zeigt uns fast genau den Augenblick dieses 800 bis 600 Millionen Jahre zurückliegenden vierten Entwicklungsfortschrittes. Die Chorda ist eine noch nicht knorpelige Versteifung, auf sie folgt die Ausbildung der knorpeligen oder knöchernen Wirbelsäule. Bei den Fischen, Lurchen, Echsen, Säugetieren und Vögeln wurde dieser gegliederte Stab zum zentralen Hilfsorgan der Fortbewegung – als weitere kamen die Extremitäten hinzu. Erst waren es Flossen, dann wurden daraus Beine und Arme. Anfangs waren die sie stützenden

Skeletteile von der Wirbelsäule getrennt, später entstanden verbindende Elemente: der Beckengürtel und der Schultergürtel mit entsprechenden Gelenken. Ersterer stellt eine feste Verbindung zwischen den Hinterbeinen und der Wirbelsäule dar. Bei Fortbewegung an Land müssen diese den Körper vom Boden abheben und nach vorwärts schieben. Die Knochen des Schultergürtels sind dagegen bei sämtlichen Landwirbeltieren nicht fest mit der zentralen Stützachse verbunden, sondern über Muskeln, Sehnen und Knochen indirekt mit dieser verkoppelt. Beim Laufen und Springen ist eine elastische Verbindung mit den Vorderbeinen zweckmäßiger. Das Schlüsselbein wirkt als abstützendes Element. Bei den Raubkatzen, die ihre Beute mit großen Sprüngen überwältigen, ist dieses zurückgebildet und durch ein Sehnenband ersetzt.

Zwischen Muskeln und Knochen kam es zu einer ähnlichen Partnerschaft wie zwischen den Knochenzellen und Blutgefäßen. Zur Fortbewegung – besonders an Land – waren Extremitäten nötig, die jedoch von Muskeln betrieben werden mußten. Ohne diese treibenden Elemente war die Knochenbildung mehr oder weniger sinnlos, brachte, selbst wenn sie über Mutationen zustande kam, der betreffenden Art keinen Vorteil, konnte sich somit nicht weiterentwikkeln. Dies zu bedenken ist wichtig, wenn man berücksichtigt, daß die Höherentwicklung der Lebewesen stets auf Änderungen im Erbrezept angewiesen war. Nicht weniger als vier verschiedene Entwicklungslinien waren bei der Bildung von Extremitäten von Bedeutung, mußten aufeinander abgestimmt sein: Die Knochenbildung war auf entsprechende Entwicklung der Blutgefäße angewiesen, ebenso aber auch auf Muskeln, die sie bewegen, und dafür waren schließlich Nerven und Steuerungsrezepte nötig. Auf jeder dieser Ebenen mußten somit Abänderungen im Erbrezept zustande kommen und in geeignete Kombination gelangen, um den Vorfahren in unserer Wirbeltierreihe eine Chance des Überlebens und der Weiterentwicklung zu geben. Wo und wie die Knochen an den Muskeln anzusetzen haben, ist von der auszuführenden Bewegung her vorgezeichnet. Schon die Fortbewegung der Geißeltierchen erfordert mehr als das bloße Zusammenziehen von Fibrillen. Diese müssen gegenläufig – antagonistisch – wirken, indem die einen sich wieder ausdehnen, während die anderen sich zusammenziehen: Nur so kann es zur Vorwärtsbewegung des Körpers durch die Geißel kommen. Bei unseren Gliedmaßen ist es nicht anders. Damit sich etwa die Beine vor- und rückwärts bewegen, müssen die Muskelstränge an gegenüberliegenden Seiten des Knochens anziehen (Taf. 15, Abb. 2). Die einen müssen so verlaufen, daß ihre Kontraktion das Bein vorwärts bewegt, die anderen derart, daß sie es nach rückwärts ziehen. Wenn wir unsere Arme – etwa in der Schulter – beliebig drehen oder auf und nieder bewegen, dann verdanken wir dies dem Zusammenspiel zahlreicher »antagonistischer« Muskeln, über deren entgegengesetztes Wirken dies erreicht wird. Gerade an diesem Punkt wird die hervorragende Bedeutung der Zweigeschlechtlichkeit, des Verschmelzens verschiedener Erbrezepte, der Entstehung immer neuer Gen-Kombinationen besonders deutlich. Hätte jede der Entwicklungen stets auf mutative Fortschritte bei den anderen warten müssen, dann wäre eine solche gemeinschaftliche Entwicklung nie möglich gewesen. Denn für Muskeln, Blutgefäße, Nerven und Knochen sind völlig verschiedene Abschnitte in den Erbrezepten zuständig. Durch immer neue Kombinationen der anfallenden Veränderungen innerhalb des Genpools der Art waren die Chancen für ein solches Zusammenwirken ungleich größer. Die Muskeln waren auf die Knochen angewiesen, die Knochen auf die Muskeln. Und beide auf den Weg der Blutgefäße und der Nerven, beide auf die in Ganglienzellen sich bildenden Rezepte für koordinierte Befehle – also für angeborenermaßen koordinierte Bewegung: für »Erbkoordination«. Mochte deshalb im einzelnen jedem dieser Fortschritte ein Zufall zugrunde liegen, was sich insgesamt entwickelte, war ganz und gar nicht zufällig, sondern durch die Notwendigkeit bestimmt. Der räuberische Energieerwerb macht Fortbewegung notwendig – und diese diktiert dann den weiteren Entwicklungsweg. Ein Innenskelett legt bis ins Detail fest, wie Muskeln verlaufen müssen, um es zu betätigen, und welche weiteren Strukturbildungen für diese Fortbewegung notwendig beziehungsweise förderlich sind.

Auch die so vielseitigen und eifrigen Bindegewebszellen mischten in dieser Entwicklung mit, traten auch hier wieder in Aktion. Zunächst erfolgt die Verbindung der Muskeln mit den Knochen, an denen sie ansetzen, durch Zellorgane, durch die schon genannten »Tonofibrillen«, die im Körper vielzelliger Tiere benachbarte Zellen aneinanderbinden. Meist setzt der Muskel jedoch nicht unmittelbar am Knochen an, sondern ist mit diesem gleichsam wie durch ein Seil verbunden. Solche Seile – die »Sehnen« – erzeugt das Bindegewebe durch besondere Ausbildung seiner widerstandsfähigen Kollagenfasern. So hält Bindegewebe nicht nur die einzelnen Muskelfasern zusammen, sondern bildet an ihrem Ende noch eine beliebig lange Verbindung zu den Knochen. Erscheint der menschliche Körper – ebenso wie der Körper der übrigen Tiere – in immer neuen Details von erstaunlicher Effizienz, so erhöht sich dieser Eindruck noch, wenn man ihn als das sieht, was er ist: eine Zellgemeinschaft, die über immer gesteigerte Arbeitsteilung zu immer höheren Leistungen, zur immer größeren Fähigkeit, den Lebensprozeß fortzusetzen, gelangt. Beim Knie und beim Ellenbogen müssen die Muskeln über das Gelenk hinweg am nächstfolgenden Knochen ansetzen, um eine Streckung des Unterarmes bzw. eine Vorwärtsbewegung des Unterschenkels zu bewirken. Höchst perfekte Anordnungen von Bindegewebszellen, die sich zu Sehnen differenzierten, bewirken dies im Verein mit einer der Sehne hilfreichen Knochenform.

In der Entwicklungslinie der »Vordermünder«, die zu den Ringelwürmern, den Krebsen, den Insekten und Spinnen führte, mußten sich die nach gleichem Prinzip sich entwickelnden Muskeln den Gegebenheiten eines Außenskelettes anpassen (Taf. 15, Abb. 1). Hier knüpft die Weiterentwicklung unmittelbar an die Struktur des Hautmuskelschlauches an, dessen Entstehung wir als dritte Sternstunde auf dem Entwicklungsweg der Muskeln bezeichneten. Bei den Würmern bildete dieser – zusätzlich zu seiner Funktion als Organ der Bewegung – auch ein unter der Haut gelegenes schützendes Korsett, das Darm und Leibeshöhle umschließt. Bei den Gliedertieren überlagerte ein harter Chitinpanzer den Hautmuskelschlauch, bei den Krebsen und Insekten wird dieser Panzer dann immer besser ausgestaltet, die Extremitäten mit immer perfekteren Gelenken – ähnlich denen einer Ritterrüstung – versehen. In dieser Entwicklung reduzierte sich der ursprüngliche Hautmuskelschlauch auf jene Stränge, welche die benötigten Leistungen am wirkungsvollsten erbrachten. Auch hier – wie bei den Wirbeltieren – entstanden komplizierte Anordnungen einander entgegenwirkender, also »antagonistischer« Muskeln. Dabei laufen allerdings die Muskeln nicht außen über die Knochen, sondern innerhalb der gelenkigen Röhren.

TAFEL 17: **Die unmittelbare Dienstbarmachung fremder Kräfte und fremder Leistung**

Abbildungen: **1** Spinne mit Flugfaden, **2** Blüten, durch die Insekten in Transportorgane von Pflanzen verwandelt werden (Biene), **3** der Mensch, der mit Hilfe des Zaumzeuges die Kraft von Tieren, mit Hilfe der Windmühle die Kraft des Windes und mit Hilfe verdienten Geldes die Leistungen anderer Menschen erwirbt.

Für jede Tätigkeit ist »freie Energie« (solche, die Arbeit zu leisten vermag) Voraussetzung. Pflanzen gewinnen sie über »Photosynthese« aus den Sonnenstrahlen, Tiere über den Raub von »organischer Materie«, der sie durch »Aufschließung« die in ihnen enthaltene molekulare Bindungsenergie entziehen (S. 139). Es gibt indes noch eine Möglichkeit die eigene Potenz zu steigern: Sie besteht darin, Fremdkräfte unmittelbar für sich arbeiten zu lassen, wodurch eigener Kraftaufwand erspart wird.

Abb. 1 zeigt eine Spinne, die Windenergie für sich arbeiten läßt. Der von ihr gebildete Faden dient nicht zum Netzbau, sondern ist ein Werkzeug der Dienstbarmachung. Er bietet dem Wind Widerstand, hebt die Spinne in die Luft, verhilft ihr so zum Ortswechsel durch »Fliegen«. Abb. 2 zeigt das von manchen Pflanzen hervorgebrachte Werkzeug »Blüte«, durch das Insekten in ihren Dienst genommen werden. Ihrer Hauptenergiequelle, dem Sonnenlicht, brauchen die Pflanzen nicht nachzulaufen, demnach bestand für diese Vielzeller keine Notwendigkeit, Beine oder Flügel hervorzubringen. Sie verharren am Ort – was allerdings das Problem nach sich zieht, wie die männlichen Geschlechtszellen zu den weiblichen Geschlechtszellen von Artgenossen gelangen sollen. Das Werkzeug »Blüte« löst dieses Problem. Sie ist so beschaffen, daß Insekten sie aufsuchen, wobei männliche Geschlechtszellen ihren Beinen anhaften. Die Insekten bringen sie dann zu anderen Blüten, wo sie sich mit weiblichen Geschlechtszellen verbinden können. Schon hier liegt ein »Tauschgeschäft« vor. Durch Farbe und Duft werden die Insekten zur Blüte gelockt, durch zuckerhaltigen (energiereichen) Nektar und als Nahrung geeignete Pollen für ihren »Dienst« entlohnt. Weder das Insekt noch die Pflanze wissen um diesen für beide Teile günstigen »Geschäftsvorgang« – er entstand über Änderungen im Erbrezept, die bei den Pflanzen die Blütenbildung, bei den Insekten ein ihnen angeborenes Verhalten festlegten. Für die Zeitspanne ihres Fluges werden so die Insekten zu Fortbewegungsorganen der Pflanzen.

Beim einsichtig denkenden, ichbewußten Menschen wurde diese Möglichkeit, fremde Kräfte und fremde Leistungen in den eigenen Dienst zu zwingen – und sich so eigene Anstrengung zu ersparen – vom Erbrezept unabhängig und individuell erreichbar. Der Mensch läßt Umweltkräfte (Tiere, Wind, die im Rohöl enthaltene Energie, Atomkraft, Mitmenschen etc.) für sich arbeiten, bildet dafür geeignete (also »notwendige«) Werkzeuge, Maschinen und Organisationen. Diesen bedeutsamen Fortschritt verdanken wir unserer besonders entwickelten Großhirnrinde (Tafel 10). So wurden wir dank unserer Technik den übrigen Lebewesen an Macht weit überlegen, so kam es zu unserer Kultur und Zivilisation.

1 Spinne mit Flugfaden

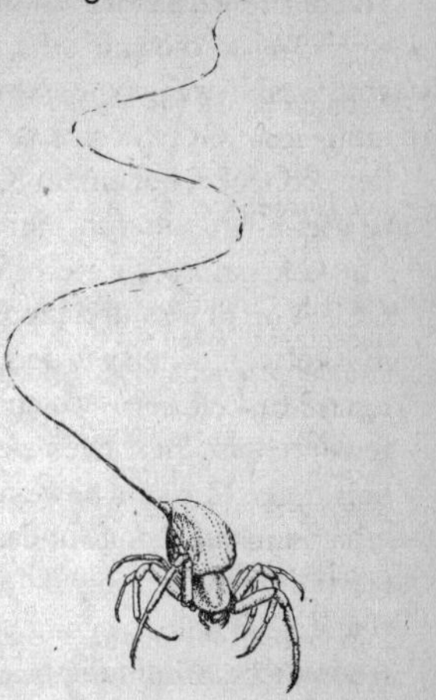

2 Biene als Organ

3 Vom Menschen dienstbar gemachte Fremdenergie

TAFEL 17

So oder so wird der Tierkörper über entsprechend koordinierte Bewegungen in die eine oder andere Richtung bewegt – zur Beute hin, vom Feind weg, beim Sexualvorgang in entsprechender Abstimmung zum Geschlechtspartner. Dies geschieht beim Käfer wie bei der Schnecke, bei einem Krebs wie bei einem Hai oder einer Giraffe. Bei allen höheren Tieren – und bei uns selbst – sind außerdem Muskeln ganz ohne Verbindung mit dem Innen- oder Außenskelett tätig. Von den zahlreichen in unserem Körper ausgebildeten Hautmuskelschläuchen wurde schon gesprochen. Ebenso von den unzähligen Muskelfasern, welche bei den Säugetieren die Haare aufrichten und beim Menschen weitgehend arbeitslos wurden. Weitere isoliert tätige Muskeln bewegen im Auge die Pupille, beim Sprechen so virtuos unsere Zunge und unsere Lippen, bewirken die so fein nuancierten Verschiebungen der Hautdecke unseres Gesichtes: die zahlreichen Signalbewegungen unserer Mimik, die dem Artgenossen freundliche Stimmung oder Ärger anzeigen, Sympathie oder Antipathie, Aufmerksamkeit, Ablehnung, Enttäuschung, Überraschung, Erschrecken und vieles andere. Hier entwickelten sich angeborene Muskelbewegungen im Gleichklang mit angeborenen Rezepten des Erkennens, also der richtigen Deutung von Ausdrucksbewegungen, von Signalen. Beim haarlosen menschlichen Gesicht wurden diese mimischen Äußerungen und das Erkennen ihrer Bedeutung besonders wichtig. Die Organe der Bewegung – die Muskeln – übernahmen hier, ebenso wie beim Kehlkopf, beim Mund, bei der Zunge, bei den Lippen, bei den Händen, noch die weitere Funktion der Informationsübermittlung. Aus Hilfsorganen des Beutefanges und der Feindabwehr wurden so zusätzlich Hilfsorgane der Verständigung, des Informationstransfers – des Gehirns.

Mit diesen vier Sternstunden – dem Entstehen des ersten aus kontraktilen Eiweißmolekülen zusammengesetzten Fibrillen, der ersten Muskelzelle, des Hautmuskelschlauches und der unser Knochenskelett antreibenden Muskeln – ist nach gewohnter Denkart der Höhepunkt und Abschluß in dieser Entwicklungsfolge erreicht. Dem Bild, das sich der Mensch von seinem Körper und von jenem der Lebewesen macht, würden wir so auch gerecht – nicht jedoch der tatsächlichen Entwicklung. Denn diese setzte sich noch um einen Schritt weiter fort: Sternstunde vor 2,5 bis 1,5 Millionen Jahren. Denn nicht nur über eigene Muskelkontraktion können Bewegungen ausgeführt werden, sondern außerdem auch dadurch, daß fremde Bewegung zum antreibenden Motor gemacht wird.

Vorstufen für diese Entwicklung, die erst beim Menschen zu wirklicher Bedeutung gelangte, gab es in der Evolution der Pflanzen und Tiere in großer Zahl. Schon Einzeller bilden Fortsätze aus, die ihre Oberfläche und damit den Reibungswiderstand im Wasser vergrößern. Mit Hilfe dieser Fortsätze zwingen sie molekulare Umweltkräfte in ihren Dienst, ersparen oder erleichtern sich so das mühsame Geschäft, mit Geißeln oder Wimpern der Erdschwerkraft entgegenzuwirken. Sodann gibt es eine Unzahl von Tieren, die sich die Wasserströmung zunutze machen, sich dadurch eigene Bewegung ersparen. Oder das Ausnützen der Aktivität anderer Tiere: Schon in den labyrinthhaften Hohlräumen der Schwämme leben zahllose »Einmieter«. Sie setzen sich in diesem Röhrensystem fest, überlassen es den emsigen Wimpernbewegungen der die Gänge auskleidenden Zellen, frisches, nahrungsreiches Wasser einzusaugen, profitieren ohne Mühe von dieser Anstrengung, fischen sich aus dem so erzeugten Wasserstrom Nahrhaftes heraus. Weitere Beispiele für solche Nutzbarmachung der Anstrengungen anderer Organismen gibt es in praktisch allen Tiergruppen in fast unbeschränkter Zahl. Selbst bei den Pflanzen ist diese Tendenz und Methode nachweisbar. Efeu und andere Schlinggewächse ersparen sich die Anstrengung einer eigenen Aufwärtsbewegung zur Sonne durch die Ausbildung eines eigenen Stammes, indem sie schon vorhandene Stämme benutzen, sich an ihnen emporranken und dadurch ihre Blätter näher zur Sonne bringen als jene der Konkurrenten. Unter den zahllosen Beispielen im Reich der Insekten sei ein einziges herausgegriffen: der Maiwurm *Meloe.* Die Larven dieses Insekts klettern an Blüten hoch. Setzen sich dort Bienen nieder, dann klammern sie sich an deren Haarpelz fest, werden von der Biene wie von einem Flugzeug hinweggetragen, zum Bau, in das Innere des Stockes, direkt zu den Waben, in denen sich die Eier entwickeln. Diese fressen sie dann samt der für sie bereitgestellten Nahrung und entwickeln sich so aufgrund von Energievorräten, die sie nicht selbst über Eigenbewegung erworben haben. Nötig dafür ist allerdings eine angeborene Steuerung, die den Maiwurm zu eben diesem zweckmäßigen Verhalten anhält. Nicht anders ist es bei fast jeder Nutzbarmachung von Fremdbewegung durch Tiere, nur in seltenen Fällen wird sie über Lernvorgänge erreicht. So konnte sich die Methode, sich eigene Anstrengung zu ersparen, nur in engen Grenzen entwickeln.

Anders beim Menschen. Die Intelligenzleistung unserer überdimensionalen Großhirnrinde ermöglicht es, bewußt und zielhaft solche Gegebenheiten zu nützen. Die Gegebenheit des Windes: Der Mensch schuf Windmühlen, ließ sie für ihn Arbeiten verrichten, er konstruierte Segelschiffe, die ihn mit Windkraft über die Wasseroberfläche trugen. Es gelingt ihm über Turbinen die Kraft herabstürzenden Wassers in seine Dienste zu spannen. In der Elektrizität entdeckte er einen sehr praktikablen Energieübermittler, der eine Energieform in ganz andere zu verwandeln erlaubt: Wasserkraft in Maschinenleistung – in Beleuchtung, in Heizung. Hinzu kommt die Nutzbarmachung der in Kohle, in Rohöl und im Atom gefesselten Energie. Und dazu kommt vor allem: die Nutzbarmachung des Mitmenschen. Über unsere Intelligenz – die Einsicht in Zusammenhänge – wird die Ausnützung von Fremdaktivität zum zentralen Moment in der kulturellen Entwicklung des Menschen. Zum Raub gesellt sich nun der Tausch. Spezialisierte Fremdleistung wird über Entgelt in den eigenen Dienst genommen. Für Geld leistet ein Diener, ein Arzt, ein Rechtsanwalt, eine Versicherungsgesellschaft, eine Autofabrik, ja selbst ein Staat Dienste, die das eigene Potential steigern. Innerhalb der organisierten menschlichen Gemeinschaft kann das aus dem Tierreich hervorgegangene Lebewesen Mensch sich praktisch jede Eigenbewegung ersparen, fast in den Genuß jeder Fremdleistung gelangen. Über Geld, ein Tauschmittel, das ähnlich dem Vermittler Elektrizität einen Bewegungsablauf in ganz andere, eine Leistung in eine ganz andere übertragbar macht, gliedert der Zellkörper Mensch sich beliebig viele hochspezialisierte Organe an, die für ihn tätig sind, seinen Leistungskörper immens vergrößern, den Lebensprozeß noch weit stärker anschwellen lassen – ja ihm zu einer für ihn selbst bereits gefährlich werdenden Potenzierung verhelfen.

14.
Die Armee der Drüsen

Wenn man die Augen schließt und scharf nachdenkt, dann zeigt sich recht deutlich, daß dieser Vorgang sich in unserem Kopf abspielt, und zwar im oberen vorderen Teil, wo sich unser Gehirn, genauer unsere Großhirnrinde, befindet. Ein Beweis dafür, daß unser Geist, unsere Intelligenz, unser Ich-Bewußtsein das Ergebnis der Tätigkeit von Gehirnzellen ist, sind die deutlich sichtbaren Auswirkungen von Gehirnverletzungen, von Gehirnkrankheiten, von mangelhafter Ausbildung des Gehirnes, ja auch die allmähliche Entfaltung der Denkfähigkeit beim Kind. So wie jedes andere beschädigte, mangelhaft ausgebildete oder sich erst entwickelnde Organ keine volle Leistung erbringen kann, ist es auch beim Gehirn. Trotzdem herrscht seit eh und je die Überzeugung, unser Geist sei etwas von der Materie prinzipiell Getrenntes.

Denken, Vernunft und Bewußtsein wurden in der Philosophie als »immaterielle Seite der Wirklichkeit« angesehen, etwas, das grundsätzlich über das Materielle hinausgehe. Mehr als das. Dieses Immaterielle wurde – und wird vielfach noch – als Teil eines göttlichen Weltgeistes betrachtet, als Aspekt einer undurchschaubaren Allvernunft, die den Menschen und nur ihn mit dieser höheren ordnenden Kraft unmittelbar verbindet. Platon bezeichnete den Geist als die »ewige Selbstschau des Ewigen«, und Aristoteles betrachtete ihn als »das sich selbst denkende Denken«. Paracelsus schrieb: »Es ist also, daß ein jeglicher Mensch einen Geist hat, der außerhalb wohnt und setzt seinen Stuhl in die oberen Sterne.« In jüngerer Zeit formulierte es Christian Morgenstern noch klarer: »Es gibt nicht zweierlei Geist, sondern nur einerlei, und es ist Gottes Geist ...« Die Ansicht, daß der menschliche Geist etwas von unserem Körper grundsätzlich Getrenntes sei, ergibt sich somit weitgehend aus der Vorstellung der unmittelbaren Identität unserer Intelligenz, unseres

Bewußtseins mit jener höheren Intelligenz, jenem allumfassenden Bewußtsein, das dem Schöpfer aller Dinge innewohne. Der Mensch kann sich diesen letzten Urgrund auch nur menschlich denkend vorstellen: Unser Geist wäre somit ein Bestandteil dieses in den menschlichen Körper eingepflanzten Allgeistes. Die meisten derartigen Vorstellungen dürften auch vom Glauben an ein Weiterleben nach dem Tode beeinflußt sein. Die Unsterblichkeit der Seele hat ja nur dann praktische Bedeutung, wenn die Individualität erhalten bleibt. Dies aber bedingt das Erhaltenbleiben des Geistigen – über den Tod, über das Vermodern der Gehirnzellen hinaus.

Wie schon gesagt, gibt es naturwissenschaftlich keine Möglichkeit, Glaubensvorstellungen zu widerlegen. Die nüchterne Forschung hat allerdings auch keinerlei Hinweise gefunden, die zur Annahme zwingen, daß unser Denken, unsere Intelligenz, unser »Ich«-Bewußtsein ein von unseren Gehirnzellen getrenntes Phänomen sei. Dagegen hat sie andere Zusammenhänge aufgedeckt, die zu einer radikalen Revision der angestammten, altüberlieferten Überzeugungen nötigen. Während der Durchschnittsmensch seit eh und je der Überzeugung ist – ja diese einfach für selbstverständlich hält –, daß sein urteilender Verstand Steuermann des Körpers sei, hat sich mehr und mehr gezeigt, daß wir in Wahrheit – wie alle höheren Tiere – gleichsam von zwei sehr verschiedenen Regierungen beherrschten Staatsgebilden gleichen. Das Nervensystem ist bloß eine dieser Regierungen, und ihre bewußt entscheidende Instanz ist das von uns deutlich empfundene Ich. Daneben aber gibt es noch eine zweite Steuerungshierarchie, der weit mehr Macht und Kompetenz zukommt, als die meisten ahnen. Ihre Tätigkeit beruht nicht auf elektrischen Impulsen, die über Nervenbahnen kreuz und quer durch den Körper eilen, Befehle erteilen und Kontrollmeldungen zu den Zentralen zurückleiten. Ihre Arbeit beruht auf einer Signalgebung über Stoffe, die weniger schnell aber nicht minder effektiv ebenfalls bis in die letzten Winkel unseres Körpers Befehle erteilen und von dort Kontrollmeldungen empfangen. Unser »Ich« weiß wenig davon. Wenn wir uns die Fingerkuppe wegschneiden und die Wunde allmählich verheilt, dann ist uns wohl klar, daß dies nicht das Ergebnis unseres Geistes, unserer Intelligenz, unseres Bewußtseins ist. Auch daß wir unsere inneren Organe nicht bewußt kontrollieren, ist uns bekannt – ebenso, daß nicht alle Tätigkeiten des Nervensystems in unser Bewußtsein gelangen. Schon die Träume legen dies nahe. Auf jeden Fall nehmen wir das Heilen unserer Fingerkuppe eher als selbstverständlich hin, ebenso das Heranwachsen des Säuglings zum Erwachsenen. Daß jene zweite Regierung, die über »Wirkstoffe« – über stoffliche Signale – operiert, von ganz immenser Bedeutung und Leistungskraft ist, ja daß sie überhaupt das Zentralnervensystem samt wesentlichen Steuerungen nach ihren Gesetzen aufbaut, ist dem Nichtwissenschaftler in seiner vollen Bedeutung und Tragweite kaum bekannt. Wollen wir jedoch nüchtern auf unser »Ich« blicken, es als das sehen, was es als Konsequenz naturwissenschaftlicher Forschungsergebnisse tatsächlich ist, dann müssen wir uns mit dieser zweiten in uns wirksamen Regierung näher befassen – und dieser Betrachtung wenden wir uns nun zu.

Sieht man in modernen Lehrbüchern und Lexika unter dem Stichwort »Drüse« nach, dann findet man mit diesem Wort Zellen oder vielzellige Gebilde bezeichnet, die entweder nach außen oder nach innen hin Stoffe abscheiden. Beispiel für eine nach außen abscheidende »exokrine Drüse« ist die Tränendrüse. Beispiel für eine nach innen abscheidende »endokrine Drüse« ist die Bauchspeicheldrüse. Was jedoch nicht unter diesem Stichwort angeführt wird, ist die weitaus leistungsstärkste, vielseitigste und am meisten »differenzierte« Drüse im Körper sämtlicher Lebewesen. Wollen wir über sie Näheres erfahren, dann müssen wir unter einem anderen Stichwort nachsehen – und zwar unter »Zellkern«. Wenn dem menschlichen Erkennen und Fortschritt zu allen Zeiten schwerwiegende Hindernisse entgegenstanden, dann liegt das nur zum Teil an der oft genannten »Blindheit der Zeitgenossen«, sondern vielmehr weitgehend an den Fesseln, die sich der menschliche Geist selbst anlegt. Als solche erweisen sich manche »eingebürgerte Begriffe«, die nicht nur den Laien, sondern auch den etablierten Fachmann irreführen. Haben sie sich erst einmal eingebürgert, dann werden sie gleichsam wie mit der Muttermilch übernommen und keineswegs mehr als Werkzeuge des Denkens angesehen – was sie sind –, sondern als Visitenkarten der Wahrheit schlechthin. Der Begriff »Drüse« ist ein Beispiel dafür. Er wurde geschaffen, ehe man ahnte, daß es Zellkerne gibt, er verbindet sich uns mit der Vorstellung einer bestimmten Größe und läßt die funktionellen Zusammenhänge übersehen.

In der Tat gibt es kein anderes Organ in unserem Körper – und ebenso in jenem der Pflanzen und Tiere –, das auch nur annähernd so viele Wirkstoffe in die Umgebung sendet, wie die Drüse »Zellkern« aufgrund des in ihr enthaltenen Erbrezeptes. Wie schon ausgeführt besteht dieses aus überaus langen Molekülketten, auf denen wie Buchstaben, Worte und Sätze chemisch wirksame Einheiten aufgereiht sind. Die sogenannten »Gene«. Jedes von diesen ist so geartet, daß es Moleküle aus der Umgebung an sich zieht und so ordnet, daß höchst potente Stoffe daraus entstehen. Es sind komplizierte Eiweißmoleküle, von denen sich die meisten als »Enzyme« betätigen. Darunter versteht man Stoffe, die vermittelnd – »katalytisch« – Verbindungen oder Trennungen von Molekülen bewirken, ohne jedoch selbst in die so entstehende Verbindung oder Trennung einzugehen. Sie mögen sich während des Vorganges vorübergehend verändern, doch am Ende des Vorganges sind sie genau wieder, wie sie zuvor waren. Die einzelnen »Sätze« des Erbrezeptes – die einzelnen Kommandos erteilenden »Gene« – bilden also Enzyme, die dann in der Zelle chemische Vorgänge auslösen. Wenn diese Tätigkeit nicht als Drüsentätigkeit bezeichnet wird, dann vor allem deshalb, weil sich die Wissenschaft in zahlreiche Fachgebiete aufgesplittert hat, die voneinander weitgehend unabhängig Stollen in das noch Unbekannte vortreiben. In jedem solcher Stollen wird eine eigene Sprache gesprochen, werden eigene Begriffe gebildet und mit Wortbezeichnungen versehen. Das hat in den Einzeldisziplinen zu bedeutenden Erfolgen geführt, doch die Gesamtübersicht geht über dieser Spezialisierung verloren. Verlassen die Vertreter jener Spezialwissenschaften ihre Stollen und unterhalten sie sich mit den Vertretern anderer Spezialgebiete, dann werden viele Worte gebraucht, die hier und dort zu ganz verschiedener Bedeutung gelangten – andererseits wird jedoch sehr oft mit verschiedenen Worten das an sich gleiche, funktionell ebenbürtige, bezeichnet.

So auch hier. Mit den Molekularstrukturen innerhalb der Zelle beschäftigt sich die Biochemie, mit den Zellen und Organen der Körper befassen sich Anatomen, vergleichende Morphologen und Physiologen. Wenn wir jedoch dem Wesen der auf Wirkstoffen beruhenden zweiten Regierung in unserem Körper näherkommen und gerecht werden wollen, müssen wir heutige Gepflogenheiten und Überzeugungen über Bord werfen, dürfen uns nicht darum kümmern, wie groß oder wie klein eine Struktur ist, leitendes Kriterium muß vielmehr sein: Was leistet sie, welches ist ihre Funktion und Funktionsweise, welches sind ihre Auswirkungen in dem großen Zellstaat »Mensch«?

Erste Sternstunde in der Entwicklung der »Drüsen« war jener Zeitpunkt, als das Erbrezept – in ursprünglicher Funktion Organ der Körpervervielfältigung – dahin gelangte, zusätzlich Wirkstoffe zu bilden, die einerseits andere Organe steuerten und andererseits der eigenen Wirksamkeit Fesseln anlegten. Man muß verstehen, daß das eine ohne das andere gar nicht möglich ist. Produzierte dieses Erbrezept gleichzeitig alle seine Enzyme, dann konnte nur ein Chaos an Wirksamkeit entstehen. Eine streng koordinierte zeitliche Abfolge war somit nötig. Und diese wurde über Worte, Sätze und Seiten in der chemischen Befehlsschrift erzielt, die einmal diese, dann wieder jene Teile des übrigen Erbrezeptes – des übrigen »RNS-Stranges« – außer Funktion setzten, lahmlegten oder, wie man wissenschaftlich sagt, »maskierten«. Zu diesem entscheidenden Fortschritt muß es bereits sehr früh gekommen sein, längst ehe das Erbrezept in einem eigenen, von einer Membrane umschlossenen Organ, dem Zellkern, Unterkunft fand, vor schätzungsweise 2600 bis 2300 Millionen Jahren. Das in der Zelle befindliche Erbrezept, das sich bei jeder Zellteilung ebenfalls teilte, schied nun in ganz bestimmter Reihenfolge all jene Substanzen ab, welche die Lebensfähigkeit des Gesamtkörpers dirigierten.

Zweite Sternstunde war dann jene bedeutsame Periode vor 2000 bis 1700 Millionen Jahren, als die bis dahin einzeln lebenden Zellen – die Einzeller – dazu übergingen, Kolonien zu bilden. Über Mutationen, Veränderungen im Erbrezept, trennten sich damals bei manchen Arten nach der Teilung die neu entstandenen Individuen nicht. Zunächst war dies wohl eine Fehlleistung mit negativer Auswirkung. Aber die neuen Möglichkeiten, die sich daraus ergaben, machten dies wett. Schon ein kleiner Zellklumpen mochte sich in mancher Umwelt als erwerbsfähiger erweisen, also zu einer besseren Energiebilanz gelangen. Besondere Leistungssteigerungen waren jedoch nur möglich, wenn es in diesem Klumpen – in dieser »Zellkolonie« – zu einer Arbeitsteilung kam: Wenn sich also die Zellen auf Einzelleistungen ausrichteten und so ein Organismus höherer Ordnung, ein leistungsfähigeres Ganzes daraus wurde.

Wie aber konnte das geschehen? Man muß bedenken, daß diese

Urzellen damals bereits über außerordentlich viele Fähigkeiten verfügten. Zu einer Arbeitsteilung waren somit gar keine besonderen neuen Fähigkeiten nötig, sondern nur die Unterdrückung einiger bereits vorhandener. Dann konnten sich in der Kolonie einzelne Zellen ganz auf eine bestimmte Tätigkeit ausrichten. Jene Stoffe, durch die das Erbrezept sich gleichsam selbst Fesseln anlegt – »Repressoren« genannt –, gelangten nun zu neuer Bedeutung. Die sie bildenden Gene nennt man »Regulationsgene«, jene anderen, die Enzyme zur Eiweißsynthese herstellen, »Strukturgene«. Was an diesem Entwicklungspunkt geschehen mußte, ist einfach zu verstehen. Die Regulationsgene mußten jetzt ihre Wirksamkeit auf Nachbarzellen ausdehnen. Auf die eine oder andere Weise mußten ihre Signale in diese Zellen gelangen und deren Kern so beeinflussen, daß er nur ganz bestimmte Enzyme abschied, wodurch dann die Zelle auf eine ganz bestimmte Tätigkeit ausgerichtet wurde.

Ist dies deutlich geworden, dann bereitet das Verständnis der weiteren Entwicklung keine besonderen Schwierigkeiten. Durch die Arbeitsteilung innerhalb der Zellkolonien wurden diese den Einzellern überlegen. Also setzte sich die evolutionäre Entwicklung weiter fort. Im Inneren dieser ersten »Vielzeller« wurde die Vernetzung der kreuz und quer laufenden Befehle – durch die Zellwände hindurch und über den Weg der Gewebsflüssigkeit innerhalb der Spalten zwischen den Zellen – immer komplexer. Als es zur Ausbildung des Blutgefäßsystemes kam, bot sich die Möglichkeit einer weit besseren und über weitere Distanzen wirksamen Signalübermittlung. Zunächst sonderten einzelne Drüsenzellen ihre Signal- oder »Botenstoffe« ab. Im Verlauf der Entwicklung entstanden dann mehrzellige Gebilde – »Drüsen« im eigentlichen Sinn –, die solche Stoffe – »Hormone« – in größeren Mengen herstellten und in das Blut abschieden, von dem es dann durch den ganzen Körper verbreitet wird. Dies war die dritte Sternstunde vor 1000 bis 700 Millionen Jahren. Jetzt erzielten Botenstoffe nicht nur in umliegenden Geweben Wirkungen, lösten dort Zelltätigkeiten aus, sondern bewirkten in beliebig weit entfernten Körperteilen solche Aktivitäten. Wo immer der Blutkreislauf hinreichte, konnten Zellen, Gewebe und größere Organe zu Tätigkeiten veranlaßt oder in ihren Tätigkeiten gebremst werden. Die submikroskopisch kleine, in jeder Zelle enthaltene Zentralregierung – das Erbrezept – bildete so größere

Hilfseinheiten, über welche ihre Kommandos wie über ein Relais verstärkt wurden (Taf. 18).

Das aber ist nur die eine Seite dieser Entwicklung, dieser bedeutsamen Sternstunde. Nachteil aller Hormone ist, daß sie sich nur langsam ausbreiten und beschränkt wirken. Die Muskeln eines Beines, eines Auges, eines Flügels müssen jedoch im Bruchteil einer Sekunde in Aktion gesetzt werden. Da alle Tiere auf den Raub organischer Nahrung angewiesen sind und dieser entsprechende Sinnesleistung und Fortbewegung notwendig macht, mußte das Erbrezept – in millionenfacher Ausführung in jeder Zelle enthalten – noch ein vielzelliges Hilfsorgan besonderer Art über Zelldifferenzierung ins Leben rufen: das Nervensystem. Über innere Telefondrähte, die elektrische Impulse weiterleiten, müssen Sinneswahrnehmungen erfolgen, müssen Befehle an Muskeln erteilt werden. Ganglien mußten entstehen, welche die Sinnesmeldung verarbeiten, Steuerungsrezepte für koordinierte Bewegungen: Erbkoordinationen. Das – und keineswegs die Bildung eines »Ich« – war ursprünglich die Aufgabe des Zentralnervensystems. War jedoch dieses Organsystem erst einmal entstanden – die Pflanzen benötigten es nicht, brachten es auch nie hervor –, dann entwickelte es sich weiter. Denn über Mutationen war es sehr wohl möglich, daß seine Leistungsfähigkeit sich Stück für Stück steigerte. Die Fähigkeit eines »Gedächtnisses« kam hinzu, ebenso jene des »Lernens«. Die entstehenden Zentralen, die Ganglien, traten mehr und mehr zusammen, bildeten ein »Gehirn«, in dem sich wiederum Teilabschnitte auf Spezialaufgaben ausrichteten. »Schlußfolgerungen« wurden schließlich möglich, ein »Ich-Bewußtsein« entstand. So stehen wir vor der Situation, daß neben die ursprüngliche, eigentliche Regierung eine weitere, zweite trat, die immer leistungsfähiger wurde, die Zügel bei der Lenkung des Körpers immer mehr an sich riß. Problematik: »Zwei Seelen wohnen, ach! in meiner Brust«, oder nüchterner als Goethe formulierte: »Zwei Regierungen, ach, in unserem Körper.« Vom Erbrezept – der eigentlichen und zentralen Regierung im Körper – her gesehen, ist das gesamte Zentralnervensystem eine Hilfseinheit, die ihr einen Teil der Steuerungsgeschäfte abnimmt. Und zwar vor allem das Geschäft der Körperbewegungen, für die sich Botenstoffe nicht eignen, weil sie viel zu langsam und zuwenig gezielt wirken.

TAFEL 18: **Die wankelmütigen Grundpfeiler unseres »Ich«**

Abbildungen: A = menschliche Eizelle mit darin enthaltenem Erbrezept (»Genom«), B = Körperaufbau durch laufende Zellteilung und Zelldifferenzierung, C = das im Rahmen der Körperstruktur aufgebaute vielzellige Steuerungssystem über Hormondrüsen (»Hormonsystem«), D = das weitere vielzellige Steuerungssystem über Ganglien (»Nervensystem«). a–g = die wichtigsten Hormondrüsen (»innersekretorische Drüsen«), h = »Vegetatives Nervensystem«, j–o Rückenmark und Gehirnabschnitte (»Animales Nervensystem«), p = die beim Menschen besonders entwickelte Großhirnrinde, Sitz von Intelligenz und Ich-Bewußtsein (»Humanes Nervensystem«). Die Pfeile zeigen an, von welchen Steuerungszentralen die Willensäußerungen des »Ich« am stärksten beeinflußt werden.

Im subjektiven Erleben des Menschen erscheint das »Ich« als feststehende Größe. Anderseits weiß jeder, daß dieses »Ich« bei Schlaf »abgeschaltet« ist, daß »Stimmungen« – etwa durch Hunger, Ärger, Sexualtrieb, Angst, aber auch durch körperliche Zustände wie Streß, Erschöpfung, innere Krankheiten, Menstruationszyklus der Frau, Alter und anderes – die Entschlußausrichtung verändern und die Willensbildung wesentlich beeinflussen können. Die von der Forschung aufgedeckten Zusammenhänge zeigen auf, welche Einflüsse hier maßgebend sind.

Ursprüngliche Regierung im Körper jedes Vielzellers ist das Erbrezept innerhalb der Eizelle (A). Im Verlauf der Zellteilungen wird es an alle Körperzellen (B) weitergegeben. Im Rahmen der Körperbildung über Zelldifferenzierung baut das Erbrezept auch vielzellige Steuerungsstrukturen auf: das »Hormonsystem« und das »Nervensystem« (C, D). Die Befehlstechnik des Erbrezeptes – Aussendung von Wirkstoffen – setzt das Hormonsystem auf vielzelliger Ebene fort. Die »innersekretorischen Drüsen« (a–g) scheiden ihre Wirkstoffe – die »Hormone« – in die Blutbahn ab, wo sie als innere Rohrpost an anderer Stelle Zellen, Gewebe oder Organe zu Tätigkeiten anregen oder solche abbremsen. Sie steuern so Wachstumsvorgänge, die chemische Zusammensetzung der Gewebsflüssigkeit, Blutdruck, Wärmeregulation, Wasserabscheidung, Stoffwechsel, Sexualverhalten und vieles andere (S. 290). Die Zentralen des Nervensystems (h–o) steuern mittels elektrischer Impulse, die blitzschnell über Nervenbahnen eilen, alle Bewegungsvorgänge, bei denen es auf eine schnelle Signalübermittlung ankommt. Das »Vegetative Nervensystem« regelt die Tätigkeit der inneren Organe – vielfach in Wechselwirkung mit Hormonen, das Rückenmark und die einzelnen Gehirnabschnitte sind auf Spezialaufgaben der Körpersteuerung ausgerichtet (S. 162). Über Rückmeldungen werden – ebenso wie beim Hormonsystem – die Befehlsgebungen laufend kontrolliert und korrigiert (»Regelkreise«). In einem ungeheuer vernetzten Wirkungsgeflecht steht praktisch jede Zentrale beider Steuerungssysteme direkt oder indirekt mit allen übrigen in Verbindung.

Bei den höheren Wirbeltieren machte sich das Nervensystem teilweise vom Erbrezept unabhängig, indem sich eine seiner Zentralen – das Großhirn (o) – auf Lernleistungen ausrichtete. So entstand eine »zweite Regierung« im Körper: Zu »angeborenem Verhalten« trat in zunehmendem Maß vom Erbrezept unabhängiges »erworbenes Verhalten« (S. 170). Den Menschen befähigt die besonders entwickelte Großhirnrinde (p, Tafel 10) zu einsichtiger Denkfähig-

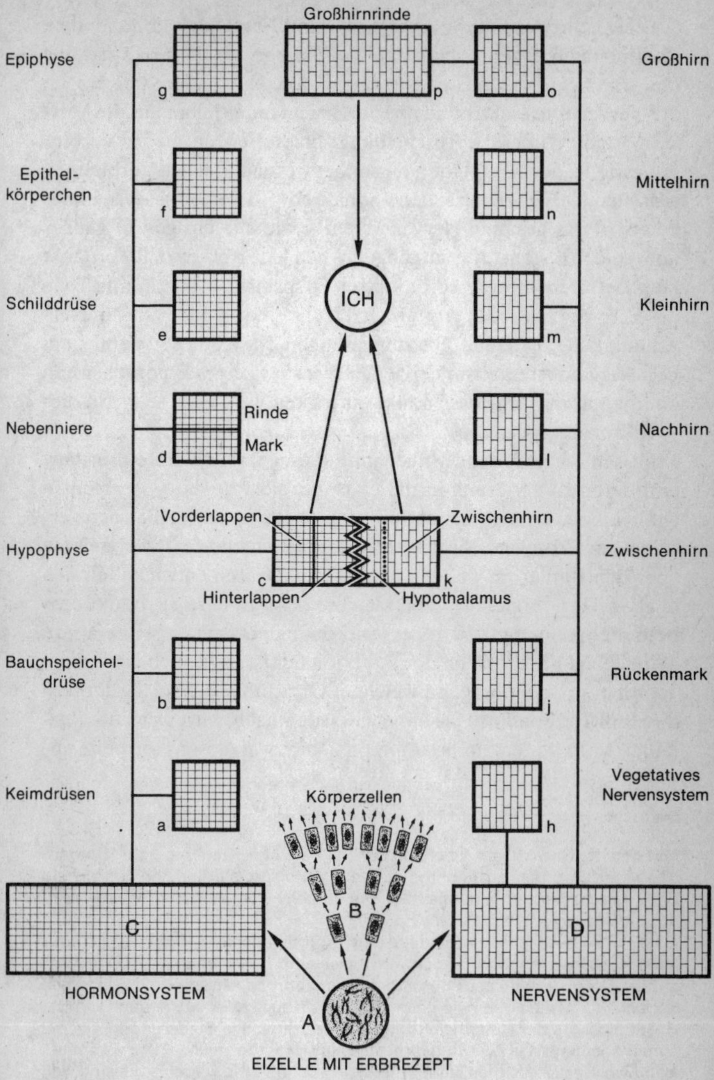
Großhirnrinde
Epiphyse
g
p
o
Großhirn
Epithel-
körperchen
f
n
Mittelhirn
ICH
Schilddrüse
e
m
Kleinhirn
Rinde
Nebenniere
Mark
d
l
Nachhirn
Vorderlappen
Zwischenhirn
Hypophyse
Zwischenhirn
c
k
Hinterlappen
Hypothalamus
Bauchspeichel-
drüse
b
j
Rückenmark
Vegetatives
Nervensystem
Körperzellen
Keimdrüsen
a
h
B
C
D
HORMONSYSTEM
NERVENSYSTEM
A
EIZELLE MIT ERBREZEPT

TAFEL 18

Eine echte Trennung zwischen dem Nervensystem und dem »hormonalen System« gibt es nicht. Sie entwickelten sich parallel und sind bis heute aufs engste verbunden. Noch heute übertragen die Nerven ihre elektrischen Impulse nicht unmittelbar auf die Muskeln, sondern über die Abscheidung von Stoffen, die an der Verbindungsstelle, den »Enplatten«, gebildet werden. Bei der Verbindung zwischen Nervenenden – den »Synapsen« – ist es ebenso. Schließlich wird das gesamte Nervensystem – wie alle übrigen Organe – über solche Botenstoffe aufgebaut. Auch jede Nervenzelle verdankt Hemmstoffen – Repressoren – ihren Ursprung, die bestimmte Teile des Erbrezeptes außer Aktion setzen und sie voll und ganz auf Nerventätigkeit ausrichten. Bis zum heutigen Tag ist dies so geblieben. Das Nervensystem kann bei der Entwicklung eines Embryos, wenn überhaupt, nur sehr beschränkt mitwirken, weil es ja selbst in diesem Prozeß erst entsteht.

Lassen wir indes die Entstehung dieser zweiten Befehlsinstanz und deren Integrierung in die erste zunächst beiseite. Verbleiben wir bei jenen Drüsen, die als Hilfsorgane der in den Zellkernen verborgenen Erbrezepte Signalstoffe absondern und so deren Befehle über den Blutstrom weitergeben. Solche Drüsen entwickelten sich in allen Tiergruppen: Es sind kleinere oder größere »Produktionsbetriebe«, ohne System in der Anordnung entstanden sie geradezu an beliebiger Stelle. Von der Funktion her ist es ja auch von untergeordneter Bedeutung, an welchem Ort im Körper solche Drüsen ihre Stoffe absondern. Sie entstanden demnach, wie es sich über zufällige Mutationen am besten fügte. Nur zwei dieser Hormone ab-

---

keit und Ich-Bewußtsein. Über sprachliche Verständigung und Schrift vermögen wir Erfahrungen auf andere zu übertragen, so daß sie über den Tod hinweg der Gemeinschaft erhalten bleiben, die darauf weiter aufbauen kann (Tradition, Wissenschaft).

Das »Ich« des Menschen wird praktisch von sämtlichen Befehlsstellen (a–p) beeinflußt, insbesonders jedoch vom Zwischenhirn (k), wo die vom Erbrezept aufgebauten Verhaltenssteuerungen (»angeborene Motorik«, »angeborene Sensorik«, »Triebe«) vorwiegend lokalisiert sind. Andererseits aber von der Hypophyse (c), der Hauptbefehlsstelle der hormonalen Steuerungen, die mit einem Abschnitt des Zwischenhirnes – dem »Hypothalamus« – eng verdrahtet ist. »Zwei Seelen wohnen, ach! in meiner Brust«, schrieb Goethe. Es sind weit mehr.

scheidenden Drüsen – »innersekretorische Drüsen« genannt – liegen an Punkten, die auch ein zielhaft planender Konstrukteur ausgewählt hätte; die sogenannten »Zwischenzellen« der Keimdrüsen und die Sekretindrüsen in der Schleimhaut des Zwölffingerdarmes. Die Hormonabscheidung der Zwischenzellen steht in enger Wechselwirkung mit der Bildung der männlichen und der weiblichen Geschlechtszellen und ist somit dicht bei diesen am rechten Platz. Ebenso die Sekretinzellen: Sie liegen in der Schleimhaut des Zwölffingerdarmes und melden bei Passage von saurem Speisebrei an die Bauchspeicheldrüse, daß diese ihr Verdauungssekret abscheiden soll. Diese Aufgabe könnten auch innere Sinnesorgane und Nerven übernehmen, doch die Signalübermittlung über Hormone leistete hier befriedigende Dienste und erhielt sich deshalb. Eher kurios ist dagegen die Lage der Zirbeldrüse oben auf dem Kopfdach, die man früher als Sitz der Seele ansah. Ihre Wirkstoffe beeinflussen den Kohlehydrat- und Phosphatstoffwechsel, außerdem wird ihnen eine hemmende Funktion bei der sexuellen Entwicklung zugesprochen. Ihr Standort –? Er erklärt sich aus ihrem Ursprung: Sie entstand aus dem Scheitelauge, das bei manchen Reptilien, etwa bei der Blindschleiche, noch heute funktionsfähig ist. Bei den Säugetieren wurde es rückgebildet und übernahm eine völlig andere Funktion: wurde zur »Epiphyse«, einer Hormondrüse.

Noch kurioser ist Ort und Art der Entstehung bei zwei besonders wichtigen innersekretorischen Drüsen: bei der Schilddrüse und den Epithelkörperchen. Ebenso beim Thymus. Bei allen dreien zeigt die Entwicklung der Embryonen von Wirbeltieren – auch des menschlichen Embryos – noch deutlich, daß sie aus Anlagen des Kiemendarmes und seiner »Taschen« entstehen, die bei den Landwirbeltieren ebenso wie die Kiemenbögen rückgebildet wurden. Die Schilddrüse entstand – und entsteht noch heute bei jedem Embryo – im Kiemendarmboden zwischen den ersten beiden Kiemenspalten, wandert dann abwärts und legt sich in zwei Lappen rechts und links neben den Kehlkopf – mit dem ihre Tätigkeit nicht das allergeringste zu tun hat und wo sie auch keineswegs besonders gut aufgehoben ist. Ihre Wirkstoffe, Thyroxin und Trijodthyronin, beeinflussen unter anderem das Wachstum und die Differenzierung des Körpers, ihre Überproduktion bewirkt die Basedowsche Krankheit, ihre Unterproduktion verursacht Entwicklungsstörungen und Kropfbildung.

Die vier Epithelkörperchen, welche die Kalkbelieferung der Knochen regeln, entstehen aus der dritten und vierten Kiementasche, wandern ebenfalls abwärts, legen sich auch noch dem Kehlkopf an und betten sich in die Schilddrüse ein. Der Thymus, dessen Wirkstoffe unter anderem die Bildung des Lymphsystems und der Antikörper beeinflussen, geht gleichfalls aus Geweben der dritten und vierten Kiementasche hervor und wandert bis in den freien Raum hinter dem Brustbein und vor dem Herzbeutel hinab, wo er ein paariges Organ bildet. Wären diese drei so wichtigen Drüsen geplant angelegt, dann gäbe es für sie im Körper zahlreiche günstigere Orte, und für Wanderungen während der Ausbildung bestünde nicht der geringste Grund. Aber auch hier hinterließ eben der Übergang vom Wasser- zum Landleben seine Spuren. Offenbar wird häufiger bereits bestehendes Material über Mutationen für andere Aufgaben umfunktioniert und differenziert, als etwas total Neues geschaffen. Wir brauchen uns hier nur daran zu erinnern, daß aus dem rückgebildeten Primärkiefergelenk der Knorpelfische Gehörknöchelchen entstanden sind, sich aus dem einstigen Spritzloch der äußere Gehörgang und das Mittelohr entwickelten, aus den Resten der sich rückbildenden Kiemenbögen die Knorpel des für unsere Sprache so wichtigen Kehlkopfes und schließlich aus weiteren Resten die ringartigen Versteifungen der Luftröhre. Wenn dies planende Absicht war, dann muß dem zielhaft den Menschen produzierenden Konstrukteur ein ungewöhnliches Maß an Eigenwilligkeit und Geduld zugesprochen werden – ganz abgesehen von der Frage, warum er uns denn überhaupt über den Umweg der Fische konstruierte und – wenn wir noch weiter zurückgehen – über den Umweg einer Verwandtschaft mit den heutigen Seesternen.

Bei zwei weiteren, sehr wichtigen Hormondrüsen – den Nebennieren und den Langerhansschen Inseln – ist die Entwicklung nicht minder kurios. Die Nebennieren sind bei uns oben auf den Nieren angesiedelt, sie bestehen aus zwei Abschnitten, die miteinander wenig zu tun haben und auf völlig verschiedene Weise entstanden sind. Das innen gelegene »Mark« scheidet bei kritischen Situationen Adrenalin ins Blut ab und setzt so den Körper in erhöhte Gefechtsbereitschaft. Die Herztätigkeit wird beschleunigt, der Blutdruck erhöht, Kommandos befehlen der Leber, Zucker ins Blut auszuschütten, den Blutgefäßen wird angeordnet, die Muskeln bevorzugt zu beliefern, den Muskeln, den Zucker schneller zu verbrennen. Die »Rinde« produziert mehr als 25 verschiedene Wirkstoffe, die unter anderem den Mineralgehalt des Blutes steuern, den Wasserhaushalt des Körpers, und die männlichen Keimdrüsen beeinflussen. Das Mark entsteht keineswegs im Inneren des Organes, sondern aus Zellen, die auch Ganglien des sympathischen Nervensystems aufbauen und die zunächst wie diese zwischen und vor den Nieren in langer Doppelreihe angelegt wurden. Bei den Haien ist es noch heute so. Bei den höheren Wirbeltieren wandern sie in der Embryonalentwicklung aufwärts und dringen in das Innere der Nebennieren ein, die sich ihrerseits im Bauchfell bilden und dann dem Oberende der Niere anlegen. Indem sie sich im Inneren dieser Hormondrüse versammeln, wird das ursprüngliche Organ zur »Rinde«. Teile, welche die Wanderung nicht mitmachen, verbleiben im Grundgewebe der Nieren, der Leber und in der Nachbarschaft der Keimdrüsen, wo sie ebenfalls Hormone absondern. In ganz ähnlicher Weise haben sich die Langerhanschen Inseln, welche das für den Zuckerhaushalt wichtige Insulin abscheiden, in der Bauchspeicheldrüse installiert, die eine völlig andere Funktion hat. Und bei der wichtigsten Hormondrüse – der Hypophyse – zeigt die Entstehung ebenfalls keinerlei zielhafte Planung. Sie entsteht am Munddach und wandert dann aufwärts in Richtung zum Gehirn. An dessen Unterseite vereinigt sie sich mit einer Aussackung des Zwischenhirnes, wobei sich zwischen den beiden noch ein sie trennender Lappen ausbildet. Alle drei Teile scheiden durchaus verschiedene Hormone in die Blutbahn ab. All dies erklärt sich recht einfach, wenn man den Gesamtweg der Entwicklung vor Augen hat. Diese »Produktionsstätten« entstanden zunächst irgendwo an einem geeigneten Punkt für eine benötigte Funktion. Dann erweiterte sich ihr Betrieb, verlagerte sich, übernahm zusätzliche Aufgaben, schloß sich anderen Organen an, mietete sich in diesen ein. Auch in der Wirtschaft sehen so allmählich entstandene und immer wieder umfunktionierte Betriebe anders aus als solche, die völlig neu für einen ganz bestimmten Zweck geschaffen werden. Ist der Mensch eine Neuschöpfung, Ergebnis einer auf ihn ausgerichteten Planung, dann wären diese inneren Zustände höchst unerklärlich und rätselhaft. So aber, wenn wir den Weg betrachten, den der Einzeller zum Fisch und der Fisch zum Menschen zurücklegte, sind sie es nicht.

Die Hypophyse wurde zur entscheidenden Schaltstelle unseres Körpers. Sie ist nicht größer als eine Erbse und zerfällt in drei Abschnitte, von denen jeder über Steuerungsaktivitäten verfügt. Der Vorderlappen, vom Nervensystem am weitesten entfernt, steuert – vielleicht in ursprünglichster Funktion – die Wachstumsvorgänge und die Bildung der Geschlechtszellen. Damit liegen die wichtigsten Funktionen des Lebens – Wachstum, Vervielfältigung und Verbesserung – bereits weitgehend in seiner Kompetenz. Im weiteren Verlauf übernahm dieser Teil das Oberkommando über sämtliche innersekretorische Drüsen. Von hier aus wird direkt oder indirekt die Tätigkeit der Schilddrüse, der Epithelkörperchen, des Thymus, der Langerhansschen Inseln, der Nebenniere – Mark und Rinde – sowie die Hormonproduktion der Geschlechtsdrüsen gesteuert. Der Hinterlappen, wo Nervenbahnen des Zwischenhirnes unmittelbar Botenstoffe in die Blutbahn senden, beeinflußt über die Hormone Vasopressin und Oxytocin den Blutdruck, die Erregung der glatten Muskulatur von Blase, Gebärmutter, Dünn- und Dickdarm, außerdem die Wasserausscheidung und Konzentrationsfähigkeit der Niere. Vielfach verbunden sind diese Steuerungen mit jener des sympathischen und parasympathischen Nervensystems, so daß es zu einer doppelten Lenkung kommt, welche erhöhte Sicherheit schafft. Regelkreise spielen dabei eine entscheidende Rolle, und praktisch jede Kombination ist hier verwirklicht. Befehl und Rückmeldung entweder über Hormone oder über Nervensignale, oder die eine so und die andere so – oder beides. Bei der Regulation des Blutzuckers ist die Vernetzung der Wechselwirkungen besonders kompliziert, da sowohl die Schilddrüse als auch die Langerhansschen Inseln als auch Nebennierenmark und Nebennierenrinde, alle vom Hypophysen-Vorderlappen gesteuert, mit von Einfluß sind. Die Erforschung dieser Zusammenhänge ist höchst schwierig, da Hormone in äußerst geringen Mengen wirken, also schwer nachweisbar und analysierbar sind. Die Wirkungen, die von der Hypophyse ausgehen, sind sehr verschiedenartiger Natur. Ihre Hormone – sie bildet mehr als jede der anderen innersekretorischen Drüsen – wirken über Blutbahn und Zellmembranen entweder aktivierend auf einzelne Gene, auf Repressoren, deren Wirkung sie verstärken oder vermindern; auf die Zellwände, deren Durchlässigkeit für Signale sie erhöhen oder herabsetzen; auf andere Drüsen, die sie aktivieren oder bremsen;

und schließlich auch auf das Nervensystem, dessen Befehlsgebung sie ebenfalls steigern oder drosseln. Fragen wir auch in diesem Zusammenhang wieder, ob unser Körper uns einen bewußten, zielhaft operierenden Konstrukteur nahelegt, dann werden wir auch hier enttäuscht. Charakteristisch für die meisten Hormone ist, daß sie nicht artspezifisch, sondern funktionsspezifisch wirken. Zu deutsch heißt das: Diese Botenstoffe führen im Körper eines Känguruhs zu ähnlichen Wirkungen wie in jenem einer Fledermaus oder eines Menschen. Wurde der Mensch für besondere Zwecke von einem planenden Wesen – also einem Gott – erschaffen, dann schuf dieser bei uns recht ähnliche Signalträger wie bei den uns umgebenden, uns so unterlegenen Tieren. Baumaterial und Konstruktionsform sind auffallend gleich. Für die moderne Medizin ergab sich daraus der Vorteil, daß Wirkstoffe, die zum Zweck der Heilung in den menschlichen Körper eingebracht werden, nicht aus menschlichen Körpern gewonnen werden müssen, sondern ebensogut von Tieren, etwa Rindern, erzeugt sein können.

Doch verlassen wir diese für die Regelung des inneren Körperhaushaltes so entscheidend wichtigen Drüsen der Befehlsübermittlung und wenden wir uns anderen zu, die ebenfalls im Körperinneren wirken, ebenfalls Hilfsorgane der Zentralregierung – des Erbrezeptes – sind. Wie gesagt, konnten die vielzelligen Organismen nur entstehen, indem das Erbrezept über die Zelle hinaus wirkt und in anderen Zellen des immer größeren Staatsgebildes die dortigen Erbrezepte beeinflußt, Teile der Gesamtbefehlsschrift abblockt, andere aktiviert. Eine weitere Tätigkeit des Erbrezeptes innerhalb der Zelle besteht darin, daß es die Bildung von Enzymen bewirkt, welche die vereinnahmten Nahrungsstoffe abbauen, ihre Molekularstruktur zertrümmern, sie »spalten« und so die in ihnen gefesselten Kräfte freisetzen. Die bei dieser Zertrümmerung anfallenden Grundstoffe werden dann als Baumaterial für körpereigene Substanz verwendet. Heute weiß man schon recht genau, wie diese im Zellinneren ablaufende »Verdauung« vonstatten geht. Zahlreiche Enzyme arbeiten dabei Hand in Hand – wie beim Fließband in einer Fabrik. Für die Zertrümmerung der drei Hauptnahrungsstoffe – Fette, Eiweiße und Kohlenhydrate – stehen im Zellinneren gleichsam Facharbeiter bereit, von denen jeder ganz bestimmte Griffe tut, bis das Zerstörungswerk – Grundlage für das Wirken der Zelle und für den Aufbau weiterer Zellen – beendet ist. Interessanterweise münden alle drei Typen von Fließbändern am Ende in ein gemeinsames Fließband ein – »Citrat-Cyclus« genannt. In zahlreichen Arbeitsgängen – von Oxalacetat über Citrat, Isocitrat, Oxal-Succinat, α-Ketoglutarat, Succinat, Fumarat und Malat – wird das, was in dem Nahrungsrest noch an Energie enthalten ist, herausgewonnen. Ganz ähnlich spielen sich die Vorgänge im Darmtrakt ab – mit dem einzigen Unterschied, daß hier die Enzyme nicht vom Erbrezept synthetisiert werden, sondern in darauf spezialisierten Drüsenzellen oder noch größeren Produktionsstätten: den vielzelligen Drüsen.

Auch diese Tätigkeit versteht man nur dann richtig, wenn man sie im unmittelbaren Zusammenhang mit den Vorgängen innerhalb der Zellen betrachtet. Auch hier schafft sich das Erbrezept vielzellige Hilfsorgane, die seine Möglichkeiten erweitern – Leistungen erbringen, ohne die der vielzellige Organismus nicht bestehen könnte. Ehe die von der Zellgemeinschaft auf die eine oder andere Art gewonnene Nahrung durch die Zellmembranen ins Zellinnere gelangen kann, muß sie so weit zerkleinert und aufgespalten werden, bis sie wasserlöslich wird. Für diese Tätigkeit sind die Verdauungsdrüsen zuständig, die ebenso mit Enzymen arbeiten, wie dann später im Zellinneren die endgültige Aufspaltung über Enzyme erfolgt. Im Mund, wo die Nahrung mit den Zähnen zerkleinert und zerkaut wird, treten die ersten Verdauungsdrüsen in Aktion. Mit dem Speichel, durch den der Speisebrei gleichzeitig auch schlüpfrig gemacht wird, werden die ersten Enzyme auf die aufgenommene Nahrung abgeschossen: in erster Linie Amylase, außerdem Maltase, Lipase, Proteinase, Peptidase. Im Magen folgen – neben Salzsäure, die sämtliche Bakterien tötet, also desinfizierend wirkt – Pepsin, Kathepsin, Chymosin. Im Zwölffingerdarm bewirkt die Galle der Leber, daß Fett in kleine Tröpfchen zerlegt, zu »feiner Emulsion« gemacht wird; daraufhin wirken die von der Bauchspeicheldrüse produzierten Enzyme Trypsin, Erepsin (Exo- und Dipeptidasen), Maltase, Lactase, Lipase und weitere Amylase auf die zu zertrümmernden organischen Substanzen ein. Von Drüsen des Dünndarmes produziert kommen die Enzyme Erepsin, Invertase, Lactase, Nuclease sowie weitere Maltase und Lipase hinzu, außerdem Enterokinase, die das Trypsin der Bauchspeicheldrüse aktiviert. Am Ende des Speiseweges, über den Blinddarm und im Dickdarm, bearbeiten schließlich noch Bakterien, was noch nicht in die Blutbahn aufgenommen ist. Manche produzieren auch Vitamine, die der Körper ebenfalls als Aufbaustoffe braucht.

Von der Bauchspeicheldrüse erwähnten wir bereits, daß sich die Langerhansschen Inseln in ihr etablierten – ohne Einfluß auf ihre Verdauungssekretion, ein Untermieter mit völlig getrennten Räumlichkeiten und getrenntem Ausgang. Anders die Leber, die bei den Wirbeltieren zu einer besonders bedeutsamen Zentrale wurde. So wie das Blutgefäßsystem immer neue Aufgaben zur ursprünglichen – der Nahrungsverteilung – übernahm, so auch hier. Zu der so wichtigen Gallenabscheidung kam in erster Linie hinzu: die Kontrolle sämtlicher Nährstoffe, die der Darm aufnimmt – ausgenommen die Fette, die vom Darm über eine Lymphbahn in den Körperkreislauf des Blutes übergeleitet werden. Alles übrige muß durch die Leber, wird hier mit weiteren Enzymen untersucht, geprüft und bearbeitet. Schädliche Stoffe werden gemeinsam mit der Galle abgeschieden. Erste weitere Funktion: Die mit dem Blutkreislauf aus den Zellen abgeführten Stoffwechselschlacken werden hier entgiftet, in Harnsäure verwandelt, die dann, wieder über die Blutbahn, den Nieren zur Ausscheidung weitergereicht werden. Zweite weitere Funktion: Energie, in dem als Glycogen bezeichneten chemischen Käfig eingeschlossen, wird hier gespeichert, um bei Bedarf schnell an die Muskeln zum Aufschließen und zur Nutzung abgegeben zu werden. Dritte weitere Funktion: Funktionslos gewordene rote Blutkörperchen werden hier abgebaut, ihr Eisengehalt wird zum Neuaufbau solcher Zellen über die Blutbahn zum Knochenmark geleitet. Vierte weitere Funktion: Hier werden Stoffe aufgebaut, die zur Blutgerinnung nötig sind. Fünfte weitere Funktion: Die Leber ist das Blutdepot des Körpers, sie vermag bis zu 20 % der gesamten Blutmenge zu speichern. Das erstaunliche dabei ist, daß nicht verschiedene Zellen alle diese Leistungen erbringen, sondern immer dieselben. Allerdings sind sie zu einer Art von Schichtarbeit übergegangen. Entweder wird Galle produziert, oder die übrigen Funktionen werden wahrgenommen. Die Bildung dieses so entscheidend wichtigen und vielseitigen Organes – der Leber – darf wohl als vierte Sternstunde in der Entwicklung der so zahlreichen Drüsen angesehen werden. Diese Sternstunde liegt 550 bis 450 Millionen Jahre zurück.

Das Ende dieses Kapitels bringt nichts mehr wesentlich Neues.

Außer Drüsen, die Signale übermitteln, außer solchen, die unmittelbare Wirkstoffe abscheiden, gibt es noch weitere Armeen von Drüsen, die das Machtpotential der Erbrezepte nicht unmittelbar erweitern – keine unmittelbaren Hilfsorgane der Bildung von Enzymen und Botenstoffen sind. Vor allem sind dies jene Drüsen, die eher föderativ waltend Wirkungen in der Umgebung erzielen. Bei den Spinnen sind es die Spinndrüsen, bei den Bienen die Wachsdrüsen. Manche Fische haben Gasdrüsen, über die sie ihren Auftrieb im Wasser regeln, das Stinktier hat Stinkdrüsen, die seiner Verteidigung dienen, viele Pflanzen und Tiere besitzen Duftdrüsen, die zum einen oder anderen Zweck Artgenossen oder andere Tiere anlokken. Auch Giftdrüsen sind verbreitet, ebenso Schleimdrüsen: Schweißdrüsen sind bei zahlreichen Säugetieren ausgebildet und gelangten bei unseren Vorfahren, in der Steppe jagenden Raubaffen, zu besonderer Bedeutung.

Eine dieser Hautdrüsen müssen wir allerdings besonders hervorheben, ihre Entstehung – vor 230 bis 200 Millionen Jahren – zur fünften Sternstunde in der Entwicklung der Drüsen erklären: die Milchdrüsen der Frau. Wir sind Säugetiere – das bedeutet weit mehr als eine bloße Kategorie zoologischer Einteilung. Nie wären wir Menschen geworden, wenn sich unsere Lernfähigkeit nicht hätte voll entwickeln können. Dies aber hatte zur Voraussetzung, daß die Jungen nicht »fertig« – also mit angeborenen Verhaltensnormen versehen – zur Welt kommen, sondern höchst unfertig und noch lange elterlichen Schutzes bedürfen. Dazu erforderlich war jedoch unter anderem, daß die Mutter ihr Junges auch noch nach der Geburt mit körpereigenen Stoffen ernährt: mit in Wasser gelösten Stoffen, die direkt über das Blut durch die Membranen in das Zellinnere eindringen können, mit »Milch«. Die Brust der Frau wurde über die Ernährungsfunktion hinaus auch noch zum »sekundären Geschlechtsmerkmal«. Ihr Anblick, ihre Berührung hat Auslösewirkung für die sexuelle Gestimmtheit beim Mann – aktiviert also innersekretorische Drüsen. Das Einschießen der Milch wird von der Hypophyse gesteuert. Die Reizwirkung des jugendlichen wohlgeformten Busens erfolgt dagegen über angeborene Steuerungen im Zentralnervensystem, also über die andere Steuerung in unserem Körper, über die zweite Regierung, aus der unser »Ich« entsteht.

15.
Organe der Erhaltung

Eine der kuriosesten Erkenntnisse der Naturwissenschaft ist jene, daß der Tod zwar individuell unser Feind ist – jedoch keineswegs der Feind des Lebens. Mehr noch: Würden Pflanzen und Tiere zehnmal länger leben, dann gäbe es uns heute längst noch nicht. Dann hätte sich nämlich die evolutionäre Höherentwicklung der Lebewesen zehnmal langsamer vollzogen. Zwischen Lebensdauer und Vorteil für die Gesamtentwicklung besteht eine rechnerisch erfaßbare Beziehung. Organismen benötigen eine gewisse Zeit, um sich durchzusetzen und die zur Fortpflanzung nötigen Mengen an Energie und Stoffen zu horten. Leben sie jedoch zu lange, dann verbarrikadieren sie dem Fortschritt den Weg. Denn nur über Veränderungen im Erbgut konnte sich Neues entwickeln, und dieses konnte sich nur etablieren, wenn »Planstellen« frei geworden waren. So wie in der Wirtschaft allzufest verwurzelte Unternehmen nicht selten den Fortschritt hemmen, so war es bei den Pflanzen und Tieren seit eh und je. Der provozierende Ausspruch von Heraklit, der Krieg sei der Vater aller Dinge, hat insofern eine gewisse Berechtigung, als selbst das Aussterben ganzer Arten den Vorgang der Auslese des Besseren beschleunigen konnte. Beim Menschen, dessen Erfahrung und geistigen Fähigkeiten bis ins Alter zunehmen, ist durchschnittlich ein längeres Lebensalter für die Evolution bestimmt kein Nachteil. Bei seinen Werken – etwa den Betrieben – kann dagegen, universell betrachtet, Vernichtung tatsächlich den Fortschritt fördern, wie das etwa die Wirtschaftsentwicklung nach dem letzten Krieg gezeigt hat.

In diesem Kapitel wenden wir uns der dem Tod entgegengesetzten Frage zu: jener nach Sicherheit, nach Schutz, nach Aufrechterhaltung der Organe, der körperlichen Ordnung. Blickt man auf die Gesamtheit der Lebewesen, die sich seit 4 Milliarden Jahren entwickelten, dann stellt jedes von ihnen eine ganz bestimmte Anordnung von Teilen dar, über welche sich das Gesamtgeschehen fortsetzt. Insgesamt gleicht die Lebensentfaltung einem Strom, der sich über ganz bestimmte materielle Strukturen fortbewegt, die Stoffe und Energie aus der Umwelt gewinnen, in körpereigene Struktur verwandeln, anwachsen, sich vermehren und auch neue Strukturen hervorbringen. Erweisen sich diese geeignet, den Prozeß – den wir insgesamt Lebensstrom nennen – fortzusetzen, dann entstehen entsprechend viele Individuen der neuen »Art«. Sind sie dazu nicht geeignet, dann setzt sich an diesem Punkt der Lebensstrom nicht fort. Wie gesagt, dürfen die Individuen einer Art nicht allzulange bestehen. Das hemmt den Fortschritt, bringt diesen Entwicklungszweig anderen gegenüber in Nachteil. Anderseits sind bei jedem Lebensindividuum neben seinen Organen zur Energie- und Stoffgewinnung und zur Fortpflanzung auch so und so viele andere erforderlich, die nur eben dazu dienen, das körperliche Gefüge aufrechtzuerhalten, seine Teile instand zu halten, abzusichern, Störungen entgegenzuwirken, sie nötigenfalls zu erneuern. Diese in allen Lebewesen und selbstverständlich auch in unserem Körper vorhandenen Organe sind von sehr verschiedenem Aussehen, trotzdem wollen wir sie gemeinsam betrachten. Die Aufgabe, die sie erfüllen, ihre Funktion also, macht sie verwandt. Ihre gemeinsame Aufgabe lautet, das jeweilige Lebensgefüge, seine Ordnung und sein Bestehen aufrechtzuerhalten. Wie also verlief bei diesen »Einrichtungen« der Entwicklungsweg – wo lagen hier für die Entwicklung zum Menschen die »Sternstunden«?

Für die Erhaltung jedes Lebensindividuums – Pflanze oder Tier – sind vor allem Reserven von hoher Wichtigkeit. Und zwar Energiereserven. Denn ohne Energie gibt es keine Bewegung, erlischt also jeder Prozeß. Selbstverständlich sind auch Stoffreserven wichtig – zum Beispiel Wasserreserven in Trockengebieten an Land. Doch bei Stoffen können sich Einzeller und Vielzeller weit eher »nach der Decke strecken«, wenn eine Notlage entsteht. Altert ein Organ, geht ein Bestandteil verloren, dann kann meist durch Umbau des bestehenden die Gesamtordnung trotzdem aufrechterhalten werden. Unersetzlich ist jedoch Energie. Sind die Kraftquellen schließlich total erschöpft, dann gelangen die Lebensrädchen unerbittlich zum Stillstand, dann verliert die körperliche Ordnung ihren Lebenswert. Sie ist nicht mehr fähig, den Lebensstrom über das eigene, individuelle Gefüge hinweg fortzusetzen.

Wir müssen freilich noch ein klein wenig länger im Theoretischen verbleiben. Energie und Stoffe lassen sich bei den Lebewesen nicht streng scheiden, denn das Material, aus dem sie bestehen, enthält beides. Die körperliche Struktur wird in erster Linie aus Eiweißmolekülen aufgebaut: Diese bestehen aus Atomen, also Stoffen, und aus Kräften, die sie aneinander binden. Essen wir ein Stück Fleisch, dann nehmen wir – in großer Zahl – solche Eiweißmoleküle in uns auf: somit ebenso Stoffe wie in diesen enthaltene Energie. Bei Pflanzen besteht die körperliche Struktur ebenfalls aus Eiweiß, daneben spielt jedoch ein anderer Molekültyp eine wichtige Rolle: die Kohlenhydrate. Essen wir Pflanzen, dann ist indes die Situation nicht anders. Auch die Kohlenhydrate bestehen aus Atomen, also Stoffen, und aus Kräften, die sie aneinander binden. Jedes Eiweißmolekül und jedes Kohlenhydratmolekül ist also ein Speicher sowohl von Stoffen als auch von Energie. Werden solche Moleküle »zertrümmert« – in ihre Teile aufgespalten –, dann werden sowohl Stoffe als auch Energiemengen frei. Deshalb stellt die körperliche Struktur jeder Pflanze und jedes Tieres auch die ursprünglichste Reserve dar. Herrscht Not, dann kann durch Abbau der eigenen Struktur beides gewonnen werden. Freilich ist das keine ideale Lösung. Erstens, weil die Zellen und Gewebe nur bis zu einem bestimmten Punkt in der Lage sind, sich »selbst zu verdauen« und so über Verkleinerung der Struktur die Gesamtordnung trotzdem aufrechtzuerhalten. Zweitens, weil bei sich bessernder Lebenslage diese Struktur wieder aufgebaut werden muß, wobei die Energieverluste bei solchem Hin und Her erheblich sind. In einem Wirtschaftsbetrieb ist es nicht anders: Werden, um dem Konkurs zu entgehen, etwa einige Maschinen verkauft und müssen diese dann später neu angeschafft werden, ist der Verlust beträchtlich. Er ist jedenfalls größer als bei einer gezielten Reservebildung für Notzeiten – etwa in Gestalt von Rücklagen. Auch Pflanzen und Tiere greifen darum nur im äußersten Notfall auf den Abbau der eigenen Struktur zurück. Vielmehr legen sie Reserven an, deren Auf- und Abbau geringere Verluste schafft. Ihre Rücklagen sind ebenfalls Moleküle, jedoch solche, deren Auf- und Abbau für sie ökonomisch günstig ist, ihnen also geringste Energieeinbußen verursacht. Am besten bekannt unter diesen Molekülen sind uns jene, die wir als »Zucker« und »Fett« bezeichnen. Es sind Depots sowohl von Energie als auch von Stoffen. Zucker hat den Vorteil, daß seine Energie schnell verfügbar gemacht werden kann. Der Abbau der Fettmoleküle nimmt mehr Zeit in Anspruch, Fett enthält jedoch die doppelte Energie.

Noch über eine dritte Art von »Konto« verfügt jedes Tier und jede Pflanze – jede Zelle. Es ist ein Girokonto, das jederzeit verfügbar ist. Wiederum ist es eine Molekülart, abgekürzt »ATP« genannt. Wie schon erwähnt, gleicht sie einer elektrischen Batterie, die fast ohne Verlust aufgeladen und wieder entladen werden kann (Taf. 20, Abb. 5). In jeder Zelle befinden sich viele Tausende solcher Batterien. Sie treiben im Protoplasma der Zelle und werden am Tag 2000- bis 3000mal geladen und entladen. Ähnlich dem Geld haben sie den Vorteil, daß über ihre Vermittlung eine Leistung in völlig andere Leistungen verwandelt werden kann. Das gesamte Getriebe innerhalb der Zellen läuft über ihre ständige Vermittlung ab. Vereinnahmte Energie, die schnell wieder verfügbar sein soll, gelangt in diese Batterien. Und alle Zelltätigkeiten werden über diese Batterien angetrieben. Erst wenn sie entladen sind, wird auf Zucker oder gar auf Fettreserven zurückgegriffen – um sie wieder zu laden, damit der laufende Betrieb nicht ins Stocken gerät.

Sämtliche vielzelligen Tiere und Pflanzen sind insofern Zellkolonien geblieben, als jede ihrer unzähligen Zellen ihre eigenen ATP-Batterien selbst aufbaut. Nie kam es zur Bildung vielzelliger Organe, die sich auf ATP-Bildung und schnelle Energieübermittlung spezialisierten – auch nicht beim Menschen. Dagegen werden die verschiedenen Zuckerarten und Fette sowohl innerhalb der Zellen als auch in vielzelligen Organen gespeichert. Bei tierischen Einzellern und niederen Tieren ist das der pflanzlichen »Stärke« vergleichbare »Glycogen« – neben dem ATP – der universell verwendete Energiespeicher. Bei den vielzelligen Tieren, auch beim Menschen, wird Glycogen besonders in der Leber und in den Muskeln gespeichert. Auf Grund ihrer Molekularstruktur zählt man alle Zucker zur großen Gruppe der Kohlenhydrate. Bei den Pflanzen wurde ein anderes Kohlenhydrat zum Hauptspeicher für Energie und Stoffe: die Stärke, die in Knollen, Wurzeln, Früchten und Samen gespeichert wird. Je nachdem, wie die Pflanze es benötigt, kann sie leicht in Zucker umgewandelt werden.

Als Sternstunde in der Entwicklung der Reservedepots wollen wir indes die Entstehung der als Fette bezeichneten Molekülarten ansehen. Sie erwiesen sich in der Gesamtentwicklung und auch für den Menschen besonders bedeutsam. Ihr erstes Entstehen – also Zeitpunkt dieser ersten Sternstunde von Organen der Erhaltung – dürfte 3500 bis 2500 Millionen Jahre zurückliegen. Ein Hinweis dafür ist, daß wir schon im Protoplasma von Einzellern Fetttröpfchen finden. Da Fett leichter als Wasser ist, dienen sie hier auch als Organe des Auftriebes. Ihre Bildung wurde zu einem Mittel, das Absinken in lichtlose Meeresabgründe zu verhindern. Das war für die einzelligen Pflanzen wichtig, ebenso aber auch für planktonische Tiere, deren Nahrungsquelle eben diese Pflanzen sind. Somit mag die zweite Eigenschaft der Fette, in sehr konzentrierter Weise Energie zu speichern, erst in weiterer Folge zu Bedeutung gelangt sein. Bei unseren Wirbeltiervorfahren – und bei uns selbst – wird Fett an den verschiedensten Stellen des Körpers gespeichert: in der Leber und in Fettlagern an verschiedenen Teilen des Körpers. Beim Aal kann der Fettgehalt mehr als 60 % seiner Trockensubstanz betragen. Bei den Warmblütern wurde eine dritte Eigenschaft des Fettes bedeutsam: Es ist ein schlechter Wärmeleiter, eignet sich deshalb zur Bildung einer isolierenden Schicht. Bei den Walen – Warmblütern, die wieder ins Meer zurückkehrten – ist die Speckschicht im Unterhautbindegewebe besonders stark ausgebildet. Beim Pottwal erreicht sie bis zu 35 cm Dicke. Die Wirkung des Auftriebes kommt diesen Tieren natürlich ebenfalls zugute. Eine vierte Eigenschaft des Fettes ist die, daß es elastisch ist. Unsere Nieren und Eingeweide sind durch Fettlager fixiert und gleitfähig gemacht, so auch gegen Stoßwirkung abgesichert. Fettpolster bilden wir am Gesäß, im Fußgewölbe und in der Handfläche, aber auch im Augenhintergrund, wo es dem Augapfel zu reibungsfreier Drehung verhilft. Bei der Frau formen Fettpolster das Geschlechtsmerkmal der vortretenden Brust, ebenso die gerundeten Hüften und Schenkel, die jedoch in erster Linie als Energie- und Stoffspeicher für die Schwangerschaft angesehen werden müssen. Deshalb lassen sie sich auch bei Diät nur schwer abbauen.

Beim Menschen wurde die aufgrund angeborener Steuerungen erfolgende Fettbildung zum Problem. Da der menschliche Körper nicht zielhaft gebildet wurde, ist er in keiner Weise darauf ausgerichtet, der menschlichen Genußausrichtung zu entsprechen. Also hat die Eßkultur für uns unbequeme Begleiterscheinungen. Der Körper legt emsig Reserven an, die gar nicht mehr Motiv unseres Eßvorganges sind, ja gar nicht erwünscht sind. Diät und Abmagerung werden so zu einem für viele schwerwiegenden Problem.

Zweite Notwendigkeit für die Erhaltung der körperlichen Struktur und Ordnung ist – neben dem Anlegen von Reserven – die Abscheidung der im Körperinneren entstehenden Abfälle. Leben ist, wie gesagt, ein Vorgang, ein Prozeß. Der Lebensstrom setzt sich über dafür geeignete materielle Strukturen fort, die Energie und Stoffe aufzunehmen vermögen und in weitere Lebenssubstanz verwandeln. Diese Vorgänge sind molekulare Umwandlungen, bei denen ganz automatisch Abfälle entstehen. Man spricht von »Stoffwechsel« und von »Stoffwechselschlacken«, die dabei anfallen. Beim Abbau von Kohlenhydraten und Fetten kann bei der Molekülzertrümmerung manchmal alles verwendet werden. Dann bleibt als Abfall letztendlich nur Wasser und Kohlendioxyd übrig – beides Stoffe, die keine besondere Komplikation schaffen. Wasser ist Voraussetzung allen Lebens und Hauptbestandteil der Zellen – geht also in der Regel wieder in den Betrieb ein, Kohlendioxyd kann bei kleinen Organismen durch die Körperwand, bei größeren über denselben Weg abgeschieden werden, über den Sauerstoff gewonnen wird, über Kiemen und Lungen. Das ist jedoch der günstigste Fall. Meist verbleiben Endprodukte, die für die Zellen giftig sind und abgeschieden werden müssen. Beim Abbau von Eiweißstoffen trifft dies besonders zu. Hier bleibt stets Stickstoff übrig, etwa in Gestalt von Ammoniak, sowie Schwefel, Phosphor und andere Stoffe in für den Körper schädlicher Verbindung. Diese Stoffe werden von den Zellen – wieder über chemische Manipulation – in andere verwandelt, die nicht mehr giftig, also unmittelbar schädlich sind. Beseitigt müssen sie indes werden, sonst stören sie das innere Gefüge. Bei den Einzellern und den einfachsten Vielzellern werden sie durch die Zellhaut ausgestoßen. Bei größeren Vielzellern gelangen sie in das enge Spaltensystem zwischen den Zellen und müssen von hier aus dem Körper gelangen. Wie? Wir sprachen bereits von den weißen Blutkörperchen, die wie Amöben durch die Gewebe wandern, eingedrungene Krankheitserreger auffressen und mit diesen beladen den Körper verlassen – also zum Wohle des Zellstaates Selbstmord begehen. Ähnliche »Wanderzellen« gibt es bereits bei einfachen Vielzellern, die noch über keinerlei Blutgefäßsystem verfügen. Sie betätigen sich im Sinne einer Müllabfuhr. Sie fressen die Abscheidungsprodukte der Zellen, wandern mit ihnen zur Außenwand oder zum Darm und scheiden sie dort ab. Dann kam es zur Bildung eines Systems von dünnen Röhren, das nach außen mündet. Durch »Wimpernflammen« wird die Flüssigkeit in den Kanälen bewegt. Diese Lösung zeigen uns noch heute die Plattwürmer, von denen bereits gesagt wurde, daß sie einen vielfach verzweigten Darm bilden. Ebenso wie dieser die einzelnen Zellbereiche direkt mit Nahrung beliefert, verfügen die Plattwürmer noch über ein zweites, ähnlich verzweigtes Röhrensystem, das die Abfälle der Zellen nach außen ableitet. Vierte Entwicklungsstufe – die uns ebenfalls heute noch lebende Würmer zeigen –: Es kommt zur Bildung von Leibeshöhlen, aus denen einzelne Kanäle direkt nach außen führen. Durch einen Wimperntrichter nehmen sie aus der Leibeshöhle die Abfallstoffe auf und leiten diese nach außen ab. Man nennt solche Schläuche »Nephridien«: heute lebende Würmer zeigen sie uns noch. Wanderzellen, die wie Amöben im Spaltensystem zwischen den Zellen umherkriechen und Abfallstoffe in die Leibeshöhle transportieren, leisten weiterhin Hilfsdienste. Beim Regenwurm und beim Blutegel geben sie ihren Müll in der Weise ab, daß sie in der Leibeshöhle zerfallen – auch hier eine Art von Selbstmord im Dienst der größeren Gemeinschaft. Bei anderen Tieren geht es weniger dramatisch zu: Die Wanderzellen versammeln sich bei den Wimperntrichtern und entleeren die von ihnen gesammelten Abfälle in die Nephridien. Fünfte Entwicklungsstufe – Schnurwürmer führen sie uns noch heute vor –: Ein primitives Blutgefäßsystem ist entstanden, und die Nephridien suchen Anschluß an dieses. Die Blutbahnen leiten jetzt nicht nur Nahrungsstoffe zu den Geweben, sondern nehmen dort auch Abfallstoffe auf. Diese entziehen ihnen dann die Nephridien und leiten sie nach außen ab. Sechste Entwicklungsstufe: Nun wendet sich das Blatt, und die Blutgefäße suchen Anschluß an die Flimmertrichter der Nephridien, an die nach außen führende Kanalisation. So ist es bei allen Wirbeltieren. Zwei Kanalsysteme verbinden sich, treten in unmittelbaren Kontakt. Zuerst bilden die Blutgefäße neben den Wimperntrichtern Vernetzungen – »Glomeruli« –, über die sie die Abfallstoffe in die Leibeshöhle abscheiden, von wo aus sie in die Wimperntrichter gelangen. Dann werden die Wimperntrichter rückgebildet, und die Gefäßknäuel buchten sich in die ausführenden Kanäle ein, es entstehen Kapseln – »Bowmansche Kapseln« genannt –, in denen das Blut seine Abfallstoffe direkt an das Ausleitungssystem abgibt (Taf. 7, c).

Wem die Ausführungen in den bisherigen Kapiteln noch nicht als Beweis dafür genügten, daß der Mensch keineswegs das Ergebnis einer zielhaften Konstruktion, sondern vielmehr ein allmählich über mannigfache Umbildungen entstandener Nachkomme von im Meer lebenden Urfischen ist, der sei auch hier wieder auf den Entwicklungsweg des menschlichen Embryos verwiesen. Nicht nur der Verlauf unserer Blutgefäße, die Entstehung der Gehörknöchelchen und des Kehlkopfes sowie das Aquarium, in dem jeder Embryo heranwächst, zeigen auf das deutlichste, daß wir von Lebewesen abstammen, die unter Wasser lebten und mit Kiemen atmeten. Auch die Entstehung unserer Niere aus den Nephridien unserer Fischvorfahren beweist dies, weil die Embryonalentwicklung deutlich den Weg der Stammesgeschichte »rekapituliert«. Auch jeder aus einer Einzelzelle hervorgehende Mensch zeigt bei dieser Entwicklung auf das anschaulichste, wie sich die zunächst hintereinanderliegenden Nierenkanälchen zuerst im vorderen und dann auch im mittleren Abschnitt zurückbildeten und schließlich im Endteil das heutige Nierenorgan entstand (Taf. 7). Es umfaßt beim Menschen nicht weniger als 2,2 bis 2,5 Millionen Bowmansche Kapseln mit darin enthaltenen Gefäßknäueln – jede solche Einheit wird »malphigisches Körperchen« genannt – und leistet weit mehr als die ursprünglichen Nephridien. 85 % der von den Nierenkanälchen dem Blut entzogenen Flüssigkeit wird in einem zweiten Arbeitsgang – als ökonomische Maßnahme des Landtieres – wieder an das Blut zurückgegeben. Die dem Blut entzogenen Stoffe werden hier geprüft und die vom Körper benötigten Salze wieder an ihn zurückgegeben. Über Regelkreise des Nervensystems und der Hormone wird die Konzentration der für den Körper wichtigen Stoffe im Blut beeinflußt, außerdem auch der Blutdruck. Die Bildung des Harnstoffes übernahm im Entwicklungsverlauf die Leber, die so zu einem Hilfsorgan der Ausscheidung von Stoffwechselschlacken wurde. Zu einer weiteren Hilfseinrichtung wurde das Lymphsystem, das sind feinste Röhrchen, die sich zu größeren vereinigen und dann in die Venen einmünden, also ein Dränagesystem, das den Blutkreislauf unterstützt. Die nach wie vor emsigen Wanderzellen haben hier ihr Hauptquartier, werden in Erweiterungen der Gefäße, den Lymphknötchen, gebildet. Als Sternstunde in dieser Entwicklung darf man jenen Zeitpunkt – vor 1000 bis 800 Millionen Jahren – ansehen, als die ersten »Nephridien« entstanden. Zunächst endeten sie blind in den Geweben, öffneten sich später in die Leibeshöhle, gewannen Anschluß an das Blutgefäßsystem und konzentrierten sich auf die im rückwärtigen Körperabschnitt liegenden Nieren – mit Leber, Lymphsystem und den nach wie vor eifrig tätigen Wanderzellen als emsigen Helfern.

Dritte Voraussetzung für die Aufrechterhaltung der körperlichen Struktur und Ordnung – neben der Bildung von Reserven und der Abscheidung von Abfällen – ist die Abwehr der von außen eindringenden Feinde. Jeder Organismus enthält in seinen Molekülen Energie und Stoffe, die auch von anderen genützt werden können. Solche Räuber können durch Panzer, Stacheln und Gift abgehalten werden, durch aktive Verteidigung mit Maul und Krallen, durch Fluchtverhalten, Tarnung oder Täuschung der Gegner. Es entwikkelten sich jedoch Angreifer, gegen die solche Mittel nichts ausrichten, weil sie zu klein sind. Über den Weg der Körperöffnungen oder durch die Haut selbst gelangen sie in das Innere des Körpers – schmarotzen darin. Viele sind harmlos, stören die Gesamtordnung nicht, manche – etwa die im Darm lebenden Bakterien und Einzeller – leisten sogar Dienste, werden mit zu Bestandteilen dieser Ordnung: dem Körper dienliche Organe, selbst wenn dieser sie nicht selbst herstellt. Sehr viele aber richten durch Raubtätigkeit, durch ihre Vermehrung und vor allem durch ihre Abfallstoffe Unheil an, sind für die Gesamtorganisation eine ernste Gefahr. Da sie nun einmal im Inneren des Körpers sind, können sie nur im Inneren des Körpers bekämpft werden.

Von der inneren Polizei in Gestalt der weißen Blutkörperchen und der im Lymphsystem tätigen Wanderzellen – den »Lymphocyten« – wurde bereits gesprochen. Ihre Tätigkeit reicht bis in die letzte Gewebsspalte, überall bekämpfen sie eingedrungene Feinde, beseitigen Abfälle. Darüber hinaus entwickelte sich jedoch bei unseren Vorfahren noch eine besonders wirkungsvolle Abwehrwaffe. Ihre Entstehung – vor 500 bis 400 Millionen Jahren – war eine weitere Sternstunde auf dem Entwicklungsweg der die körperliche Struktur und Ordnung aufrechterhaltenden Organe.

In der heutigen Wissenschaft bezeichnet man als »Organ« nur vielzellige, auf eine bestimmte Funktion ausgerichtete Strukturen, etwa Auge, Mund, Ohr, Lunge, Herz. Stellt man dagegen die Aufgabenerfüllung in den Vordergrund, dann ist es eher gleichgültig wie groß oder wie klein eine dem Körper dienende Einheit ist, ob sie aus vielen Zellen besteht oder aus einer einzigen, die besondere Dienste leistet; ob es am Ende gar nur der Teil einer Zelle ist oder deren Bildung. Funktionell betrachtet ist etwa das Erbrezept ohne jeden Zweifel eine für den Körper entscheidend wichtige Einheit – und in diesem Sinne ein Organ. Doch da es nicht aus Zellen besteht, vielmehr nur Bestandteil innerhalb der Zellen ist, spricht man nicht von »Organ«, sondern von »Organell«. Bei der Verteidigungswaffe, der wir uns jetzt zuwenden – den »Antikörpern« –, handelt es sich nicht einmal um ein Organell, sondern nur um das Abscheidungsprodukt von Zellen. Um Moleküle, die nach der bisher üblichen Auffassung gar nicht als lebend zu betrachten sind, sondern als unbelebte Gebilde. Auch hier hilft uns die funktionelle Betrachtungsweise weiter. Letzten Endes besteht der Körper jedes Tieres und jeder Pflanze zur Gänze aus unbelebtem Material – aus Atomen, Molekülen. Indem sich diese jedoch zu Strukturen gruppieren, die den Trägern des Lebensstromes – den »Lebewesen« – in der einen oder anderen Art dienen, werden sie zu »vitalisierter Materie«, wie Teilhard de Chardin es nannte, oder eben zu »Organen« im weitesten Sinne. So verstanden, wollen wir auch die Antikörper, deren Entstehung wir sogar als Sternstunde betrachten, als Organe der Erhaltung ansehen.

In der Evolution der Tiere und Pflanzen ging es ähnlich zu wie bei der Entstehung der Staaten und der Erzeugung ihrer Angriffs- und Abwehrwaffen. Fortschritt auf einer Seite: Ein Krieg wird gewonnen, der Sieger breitet sich über eroberte Gebiete aus. Fortschritt auf der anderen Seite: Die Überlegenheit verlagert sich, die andere Seite gewinnt erhöhte Macht, einen gesteigerten Einflußbereich. Genauso war es in der Auseinandersetzung zwischen den Raubtieren – groß oder klein – und ihrer Beute. Konnten sie, über Mutationen oder deren Kombination, zu einem Fortschritt gelangen, dann wurden sie der Konkurrenz überlegen, breiteten ihren Machtbereich aus. Mehr Individuen dieser Art konnten sich behaupten, florierten. Dann gelangten die Verfolgten – auch über Mutationen und deren Kombination – zu einer neuen Struktur der Abwehr. Das Blatt wendete sich. Jetzt konnten wieder die Verfolgten florieren, den Räubern dagegen ging es schlecht, viele verhungerten, konnten sich nicht fortpflanzen ... bis es auf ihrer Seite wieder zu einem Fortschritt kam. Beim Abwehrkampf unserer zahlreichen Vorfahren war es nicht anders – und ebenso in allen übrigen Entwicklungslinien des Lebens. Bei den Urvorfahren der Wirbeltiere leisteten zunächst Wanderzellen die Abwehr gegen eingedrungene kleine Raubfeinde – gegen Bakterien, Viren und parasitäre Einzeller. Sie fraßen nicht nur den von den Zellen abgeschiedenen Müll, sondern, wenn es ihnen gelang, auch eingedrungene Feinde. Und damit begann das Wechselspiel zwischen Angriff und Abwehr. Die Wanderzellen »lernten« – in erster Linie wohl über chemische Signale, also »Geruch« – Eindringlinge zu erkennen. Von den eindringenden Bakterien konnten sich nur jene behaupten, die dieser inneren Polizei auf die eine oder andere Weise entschlüpften oder sich gegen deren Tätigkeit abzuschirmen vermochten. Zweiter Schritt auf der Abwehrseite: Zellen des Blutplasmas gelangten dahin, Stoffe abzuscheiden, die Viren, Bakterien oder Protozoen wie mit einer Revolverkugel außer Gefecht setzen. Zwei solche Waffen waren das Eiweiß »Inferon« und das Eiweiß »Propertin«. Das erste wirkt gegen zahlreiche Viren, indem es deren Nucleinsäuresynthese vereitelt, also die Fähigkeit, ihr Erbrezept zu vervielfältigen, so daß die Vermehrung unterbleibt. Das zweite ist so geartet, daß es sich mit Stoffen der Zellmembran von Bakterien und Einzellern verbindet und diese nicht nur behindert, sondern aktionsunfähig macht, also tötet. Allerdings ist die Wirkungsdauer dieses Stoffes gering, er muß deshalb ständig erneuert werden. Unterbleibt dies aus dem einen oder anderen Grund, dann sind wieder die Eindringlinge im Vorteil.

Dritter Schritt ist eine erworbene, spezifische Abwehrkraft. Sie beruht nicht länger auf der Bildung von Stoffen – Eiweißen – die generell diese oder jene Eindringlinge abwehren und vernichten, sondern jetzt wird je nach den Eigenschaften des Angreifers, des Eindringlings, eine besondere, auf ihn zugeschnittene Waffe hergestellt. Die Eigenschaften des Gegners, die besondere Ausbildung seiner Molekularstruktur, werden festgestellt. Und zwar über »Re-

TAFEL 19: **Unsere Vorfahren und Bausteine**

Abbildungen: **1** Amöbe *(Mayorella vespertilio),* **2** Weißes Blutkörperchen des Menschen (Leukocyt), **3** Zelle der Herzhaut des Menschen in einer Gewebekultur (Histiocyt), **4** Geißeltierchen *(Trachelomonas oblonga),* **5** menschliche Samenzelle (Spermium). a = Zellkern, b = Scheinfüßchen, c = Geißel. Vergrößerung: Abb. 1 = 600fach, Abb. 3 = 800fach, Abb. 2 und 4 = 3000fach, Abb. 5 = 5000fach.

Wie heute erwiesen ist, stammen alle vielzelligen Pflanzen und Tiere, auch der Mensch, von Einzellern ab, die vor mehr als 2000 Millionen Jahren aus noch einfacheren Lebensformen hervorgingen (Tafel 4). Trotz dieser enormen Zeitspanne konnten sich die Einzeller bis heute in vielen Arten behaupten, sind fast in jedem Wassertropfen anzutreffen. Abb. 1 und 4 zeigen zwei besonders erfolgreiche Typen: die Amöbe, die mit Scheinfüßchen umherkriecht, ihre Beute »umfließt« und so in ihren Körper aufnimmt, also »frißt«; und das Geißeltierchen, das sich mit Hilfe eines peitschenartigen Organes dorthin bewegt, wo es die günstigsten Lebensbedingungen findet. Ist es eine Pflanze, dann sucht es nach Sonnenlicht, ist es ein Tier, dann stellt es anderen Kleinlebewesen nach.

Dieses bunte Gewimmel von Einzellern in den Wassertropfen erscheint dem Menschen eher belanglos – ihm, für den Prometheus von den Göttern das Feuer raubte, der auf Vorfahren wie Laotse, Hammurabi, Demokrit und Alexander den Großen zurückblickt, der Nietzsche, Beethoven und Einstein zu seinen Artgenossen zählt. Auch die Forschung scheint dieser Mißachtung recht zu geben. Die ersten Vielzeller, deren großem Kreis wir angehören, entstanden bereits vor mehr als 1800 Millionen Jahren, sie trennten sich schon damals von den Einzellern (S. 99). Die Wirbeltiere – unsere näheren Verwandten – bestehen aus Billionen von Einzelzellen, die eine komplexe Organisation bilden, sich zu höchst verschiedenen Spezialleistungen »differenziert« haben. Warum sollten uns also die Einzeller sonderlich interessieren?

Tatsache ist indes: Die Kluft zwischen Vielzellern und Einzellern – zwischen dem stolzen Menschen und der so bedeutungslosen Amöbe – ist keineswegs so groß, wie es scheint. Trotz der 1800 Millionen Jahre unserer Trennung zeigt unser Körper auch heute noch auf das deutlichste unsere Zugehörigkeit zu ihnen, ja unsere Abstammung. Abb. 2 zeigt ein »weißes Blutkörperchen«, deren es in unserem Körper einige Milliarden gibt. Nicht anders als Amöben kriechen sie freibeweglich in den Spalten unserer Gewebe umher, umfließen Nahrungsteilchen, fressen sie. Im Rahmen der Organisation unseres Körpers haben sie die Funktion von Polizeiorganen und Müllbeseitigern. Sie machen Jagd auf in den Körper eingedrungene Parasiten und beseitigen Gewebeabfälle. Ja, noch mehr: Entnimmt man den Organen des menschlichen Körpers Gewebe und züchtet man die Zellen – etwa Herzzellen (Abb. 3) –, dann kann die Gemeinschaft nicht mehr auf sie einwirken und sie werden wieder zu Amöben mit Scheinfüßchen, führen ein eigenes, unabhängiges Leben. Noch mehr: Unsere Gehirnzellen stellen mit Scheinfüßchen unsere Denkwege her. Die Krebszellen sind Revolutionäre, die den Körper von innen her amöbenhaft verspeisen. Und daß Amöben sich durch Körperumbau auch in Geißeltierchen verwandeln können, zeigen noch heute lebende Arten. Auch Zellen vom Typ des Geißeltierchens spielen in unserem Körper eine bedeutsame Rolle – als Samenzellen des Mannes (Abb. 5).

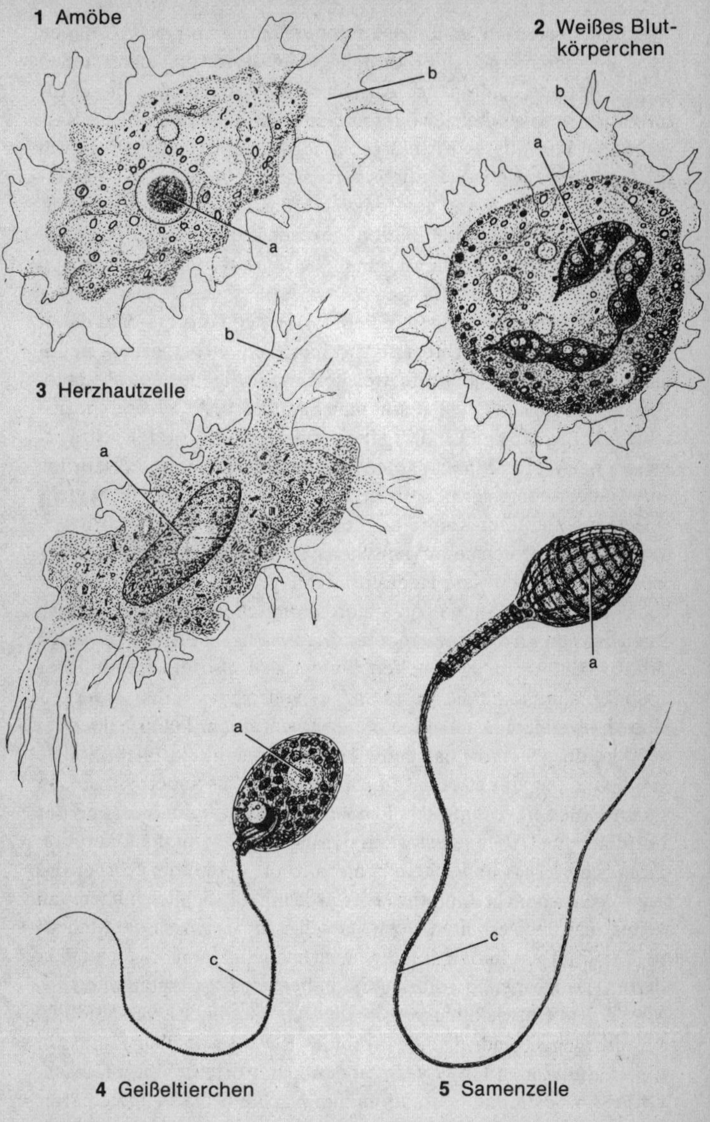
1 Amöbe
b
a
2 Weißes Blut-
körperchen
b
a
b
3 Herzhautzelle
a
a
a
c
c
4 Geißeltierchen
5 Samenzelle

TAFEL 19

zeptoren« – genau genommen: innere Sinnesorgane. Kommen Lymphocyten mit neuen Eindringlingen in Berührung, dann stellen sie deren Eigenschaften fest. Anschließend wird mit Hilfe dieser Information im Eigenbetrieb oder mit Hilfe darauf spezialisierter Kollegen, ein besonderes Eiweiß gebildet, das zum Eindringling paßt wie ein Schlüssel zum Schloß. Es verbindet sich mit diesem – ob dieser will oder nicht –, und aus dem gefährlichen Feind ist eine durchaus andere Molekülkombination geworden, die den Körper nicht länger stört. Wanderzellen können sie ohne weiteres fressen und beseitigen.

In den Körper eindringende Feinde, die den Körper – und damit den Bestand seines Erbrezeptes, seiner Gene – gefährden, nennt man »Antigene«. Und Stoffe, welche diese Antigene neutralisieren, also unschädlich machen, nennt man »Antikörper«. Es sind spezifische Eiweiße, die den Eindringling vernichten, und zwar in sehr verschiedener Weise: Manche töten ihn, andere lösen ihn wie Nahrung auf, wieder andere verkleben ihn, so daß er seine Waffen nicht mehr einsetzen kann. Der Kampf an dieser Front geht weiter. Kurioserweise wendet er sich beim Menschen gegen uns selbst. Infolge unserer Intelligenz ist unsere Heilkunst dahin gelangt, schadhaft gewordene Organe durch jene von anderen Menschen zu ersetzen. Etwa eine Niere durch die eines anderen Menschen. Im Prinzip kann sich der Körper mit einer behelfen. Findet sich also ein freundlicher Spender, dann kann die Verpflanzung vollzogen werden. Oder das Herz. Hier freilich, kann nur ein solches von einem Toten verwendet werden, der so starb, daß seine Herzstruktur intakt blieb. Solche Möglichkeiten gibt es ebenso für praktisch jedes andere Organ. In vielen Fällen liegt dann das Problem zunächst beim Vorgang der Verpflanzung. Aber selbst wenn diese gelingt, kann die Operation daran scheitern – und scheitert nur allzuoft –, daß der Körper das fremde Organ nicht annimmt. Es würde ihm tatsächlich nützen, ihn weiter am Leben erhalten, doch »er will es nicht«. Wäre der Mensch mit dem Ziel geschaffen, intelligent zu handeln, dann fragt man sich, warum der Körper so »dumm und unbelehrbar« programmiert ist. Aus seinem Entwicklungsweg ist dies dagegen höchst verständlich. Abwehr gegen eindringendes fremdes Eiweiß war über Hunderte von Jahrmillionen hinweg ein eindeutiger Vorteil. Nun, plötzlich, wird es in bestimmter Situation zum Nachteil. Da kein zielhafter

Wille diese Entwicklung steuert, verhält sich der Körper deshalb »falsch«. Er stößt das ab, was ihn heilen, was die Ordnung seiner beschädigten Struktur wiederherstellen würde.

Eine vierte Voraussetzung zur Aufrechterhaltung körperlicher Struktur und Ordnung sind Maßnahmen der Kontrolle und Sicherheit. Nicht nur Abfallprodukte oder eindringende Räuber stören das innere Getriebe, Organe können sich auch gegenseitig stören – ja zerstören. Vom Herz sprachen wir bereits, das durch seine ständige Bewegung sich selbst und die umliegenden Organe beschädigen würde. Dies verhindert der Herzbeutel, ein mit Flüssigkeit gefüllter Sack. Oder die sich ständig bewegende Lunge. Sie haftet durch Unterdruck am Rippenfell, ist indes durch eine dünne Flüssigkeitsschicht von ihm getrennt. So scheuern die Häute nicht aneinander. Oder die Gelenke unserer Knochen. Wie die beweglichen Teile von Maschinen bedürfen sie einer Schmiere und eines Lagers. Schleimbeutel und Knorpelsubstanz leisten dies. Oder der Blutdruck. Bei plötzlichen Anstrengungen könnte er Gefäße zerreißen. Hier wirkt die Milz – von der wir noch nicht sprachen – als Sicherheitsventil. In diesem großen, elastischen Organ werden weiße Blutkörperchen gebildet und rote Blutkörperchen abgebaut. Eine ihrer wesentlichen Funktionen ist jedoch auch die eines Sicherheitsventils. Bis über 10 % der roten Blutkörperchen werden hier gespeichert. Kommt der Organismus in sauerstoffarme Höhenluft oder benötigt er bei Anstrengung mehr Sauerstoff, dann öffnet sie ihre Schleusen und mehr Blutkörperchen entreißen der Luft, was der Körper benötigt. Steigt bei Anstrengung der Blutdruck plötzlich an, dann dehnt sich die Milz entsprechend aus und vermeidet dadurch Schaden.

Die Tränendrüsen sorgen dafür, daß die sehr wasserreiche Hornhaut des Auges nicht vertrocknet und nicht scheuert. Der Pupillenreflex stellt sicher, daß die lichtempfindlichen Zellen des Augenhintergrundes nicht durch zu starken Lichteinfall geschädigt werden. Die Reflexe des Hustens und Nießens bewirken, daß Fremdkörper schnell wieder aus dem Körper ausgestoßen werden, ehe sie unseren Atemweg behindern. Der Schlaf, dieser uns kommandierende Trieb, sorgt dafür, daß unseren empfindlichen Gehirnzellen die nötige Ruhe und Erholung zuteil wird. Gaumensegel und Kehlkopfdeckel sorgen dafür, daß beim Schluckakt keine Speise in den

Atemweg gelangt. Hinzu kommen schließlich noch die unzähligen Regelkreise, welche die laufende Tätigkeit unserer Organe und ihres Zusammenwirkens sicherstellen.

In dieser Entwicklungslinie notwendiger Sicherheitsvorrichtungen wollen wir jenen Augenblick als Sternstunde ansehen, als es bei der Landeroberung unserer Vorfahren dazu kam, daß das »innere Milieu« unserer Zellen konstant gehalten wurde. Dieser Zeitpunkt liegt 350 bis 330 Millionen Jahre zurück.

Man muß bedenken, daß sich die Urlebewesen bis zur Entwicklung der Zelle fast 3 Milliarden Jahre lang dem Meer als Lebensraum und Umwelt angepaßt hatten, also der Zusammensetzung der darin gelösten Stoffe. Und auch als die Vielzeller entstanden, verblieb die Entwicklung zunächst ebenfalls im Meer, also im gleichen Milieu. Erst mit der Eroberung des Süßwassers ergaben sich Komplikationen: Hier wurden Vorrichtungen nötig, welche die innere Konzentration von Salzen und anderen Stoffen gegen die auslaugende Wirkung einer veränderten Umwelt absicherten. Wirklich akut wurde diese Problematik jedoch erst mit der Landeroberung. Jetzt war der Lebensträger nicht länger von Wasser umgeben, sondern von Luft. Wie in einem früheren Kapitel bereits dargestellt, wächst der Embryo bei sämtlichen Wirbeltieren – auch beim Menschen – in einem künstlich gebildeten Aquarium, im »Amnion«, heran. In diesem Fall spielt neben der Zusammensetzung des umgebenden Mediums vor allem die Wirkung der Erdschwerkraft in der Luftwelt eine entscheidende Rolle. Im Amnion ist der Embryo ebenso schwerelos wie im Wasser, kann sich ebenso ungestört von Druck und Zug entwickeln. Doch nicht nur der Embryo der Landwirbeltiere wächst in einem künstlichen Milieu heran, sondern genaugenommen ist jedes Landwirbeltier – und somit auch wir selbst – in seiner Gesamtheit ein großes Aquarium. Die Körperzellen, aus denen unser Körper besteht und die durch mannigfache Differenzierung unsere verschiedenen Organe bilden, sind samt und sonders von einer Gewebeflüssigkeit umspült, deren chemische Zusammensetzung jener der Urmeere auffällig gleicht. Wäre der Mensch eine Sonderentwicklung oder Zielpunkt einer Planung, dann wäre dies bestimmt nicht nötig. Da sich jedoch die Zellen über eine so enorme Zeitspanne – von 3500 Millionen Jahren – dem Wasser, beziehungsweise dem Meer, angepaßt hatten, war ihre innere Organisation über Veränderungen im Erbgut kaum mehr umzupolen. Weit einfacher war es, zu Vorrichtungen zu gelangen, die eine Konstanz des einstigen Milieus nach wie vor sicherstellten. Der Gedanke mag absurd erscheinen: Doch bis zum heutigen Tag leben die Zellen sämtlicher Landtiere in einer Flüssigkeit, die über zahlreiche Organe und unzählige Regelkreise ständig so gehalten wird, daß sie der einstigen Meeresheimat gleicht. Besonders wichtig für die Leistung der Zellmembranen, manche Stoffe aufzunehmen, andere wieder zurückzuhalten, sind die im Blut, in der Gewebsflüssigkeit und Lymphe gelösten Salze, vor allem ihr Verhältnis zueinander. Im Meer ist das Mengenverhältnis zwischen Natriumchlorid, Kaliumchlorid und Calziumchlorid 100 : 2 : 2 – in der Körperflüssigkeit 100 : 2 : 1. Rein äußerlich bieten die Landwirbeltiere einen ganz anderen Eindruck als ihre Fischahnen. Die sie aufbauende Zellgemeinschaft lebt jedoch nach wie vor im heimatlichen Milieu.

Zur Erhaltung der körperlichen Struktur und Ordnung ist schließlich – neben Reservenbildung, Abscheidung von Abfällen, Abwehr von äußeren Störungen und Maßnahmen der inneren Sicherheit und laufenden Kontrolle – noch ein weiteres nötig: die Fähigkeit zur Erneuerung, zur Regeneration. Teile nützen sich ab, müssen ersetzt werden. In der Auseinandersetzung mit der Umwelt kommt es zu Verletzungen, zum Verlust oder zur Zerstörung von Organen, deren Wiederherstellung lebensnotwendig ist – sonst verebbt der Lebensstrom in diesem Individuum an diesem Punkt. Die Zelle als Bauelement der vielzelligen Körper zeigt hier ihre besondere Stärke und Leistungskraft. Sie ist – ökonomisch gesehen – ein teueres Baumaterial, benötigt laufend Energie- und Stoffzufuhr; jede einzelne ist mit der Information für den Gesamtbauplan des Organismus ausgestattet, doch wenn Organe altern und verletzt werden, erweist sich dieser Mehraufwand als Vorteil. Alle mit einem Zellkern versehenen Zellen sind grundsätzlich »totipotent« – vermögen sich zu jeder im Erbrezept niedergelegten Einzelleistung zu differenzieren. Bei Pflanzen ist diese Fähigkeit noch voll nachweisbar. Im Experiment kann man sogar aus hochdifferenzierten Einzelzellen noch ein neues Individuum heranziehen. Bei den Tieren vermindert sich diese Umwandlungsfähigkeit mit dem Grad ihrer Höherentwicklung – oder genauer: mit der Differenzierung der Zellgemeinschaft. Schneidet man einen Strudelwurm in drei Teile, dann vermag das Schwanzende einen neuen Kopf und ein neues Mittelstück zu bilden, das Kopfende den übrigen Körper, das Mittelstück einen neuen Kopf und einen neuen Schwanz. Sogar wenn man das Tier in 200 Teile schneidet, wird aus vielen ein ganzer, wenn auch weit kleinerer Wurm. Auch bei unseren frühen Verwandten, den Stachelhäutern, ist das Regenerationsvermögen noch erheblich. Schneidet man einem Seestern einen Arm ab, dann erneuert dieser eine Arm den übrigen Körper – bildet also ein neues Mittelstück und weitere vier Arme. Bei den Wirbeltieren nimmt diese Fähigkeit dann zunehmend ab. Salamander können noch ganze Gliedmaßen ersetzen, und von der Eidechse ist bekannt, daß sie ihren Schwanz erneuern kann. Statt des Stücks verlorener Wirbelsäule entsteht dann ein knorpeliger Stab. Das sind aber Ausnahmen, in der Regel können nur noch Verletzungen heilen, Teile von Organen wiederhergestellt werden. Immerhin erneuern Vögel ihre Federn, und beim Menschen wachsen abgeschnittene Haare nach. Wenn behauptet wird, daß sich unser Körper alle sieben Jahre erneuert, dann trifft dies insofern zu, als die meisten Zelltypen – ausgenommen Nervenzellen und Muskelzellen – laufend altern, absterben und neu gebildet werden. Die Zellen unserer äußersten Hautschichten verhornen, werden ständig abgestoßen und ersetzt. Blutkörperchen haben nur eine kurze Lebensdauer, werden immer wieder im Knochenmark neu gebildet. Knochenzellen unseres Skelettes werden abgebaut und neu aufgebaut. Undifferenzierte Zellen im Körper sind eine Art von Reserve, können sich, je nach erforderlichem Gebrauch, differenzieren, also auf Spezialleistungen einstellen. Wie multipotent unsere Körperzellen sind, zeigen am deutlichsten die Viren. Im Prinzip sind es parasitäre Erbrezepte. Sie dringen in Zellen ein, ersetzen dort die Kommandos des Erbrezeptes durch das ihre. Wird unser Körper von Viren befallen, dann werden unsere Zellen auf die Herstellung von Viren umprogrammiert, erzeugen solche in Perfektion – und gehen dann zugrunde. Um es ganz klar zu sagen: Wenn sie die richtigen Befehle erhalten, sind Zellen von uns sogar fähig, Viren zu erzeugen.

Die Sternstunde in dieser Entwicklung, die im Rahmen der zur Erhaltung nötigen Organe hervorgehoben werden soll, liegt nur 4 bis 2 Millionen Jahre zurück. Das Erwachen der menschlichen Intelligenz gab hier den Ausschlag. Sie führte dazu, daß der Mensch die

Zahl seiner Organe über künstliche Bildung vermehrt, indem er sich technische Organe schafft. Waffen, Werkzeuge und Kleider betrachten wir nicht eigentlich zum Körper gehörig, da sie nicht aus Zellsubstanz gebildet sind. Tatsächlich erweitern sie jedoch die Fähigkeiten des Körpers, dienen ihm ebenso wie jedes andere Organ. Funktionell betrachtet ist auch eine Brille oder ein Bleistift ein Organ. Vorteile dieser nicht vom Erbrezept, sondern vom Zentralnervensystem gebildeten Einheiten ist – unter anderem –, daß sie ablegbar sind. Sie belasten den Körper nicht ständig, müssen nicht laufend vom Körper herumgetragen werden. Weiterer Vorteil: Sie sind leichter ersetzbar als die meisten aus Zellen gebildeten Strukturen. Im Rahmen organisierter menschlicher Gemeinschaften spezialisieren sich einige auf ihre Herstellung – liefern sie im Tausch gegen andere Werte. Die industrielle Entwicklung steigerte diese Möglichkeiten ins Immense. Auf dem Tauschweg – über Geld – kann heute jedes Werkzeug, jede uns irgendwie dienliche Einheit erworben und ersetzt werden. Auch die Erhaltung dieser »künstlichen Organe« kann anderen übertragen werden.

Wie schon anfangs ausgeführt, ist lange Lebensdauer bei den Zellkörpern der Pflanzen und Tiere nur beschränkt für die Lebensentfaltung, also für deren Evolution von Vorteil. Was indes die Individuen überlebt, ist der Bauplan ihrer Struktur, der sich bei jedem Akt der Fortpflanzung immer wieder erneuert. Zentrales Organ der Erhaltung ist somit das Erbrezept, das eine ständige Regeneration der Gesamtindividuen bewirkt. Ihre individuelle Lebensspanne ist wohl begrenzt, die Struktur der Art bleibt aber trotzdem erhalten. Laufend entstehen neue Rehe, neue Birken, neue Menschen – neue Augen, neue Blätter, neue Herzen. Bei den künstlichen Organen, durch die wir die Fähigkeiten unseres Zellkörpers noch erweitern, treten neue Mechanismen der Fortpflanzung und Erhaltung in Aktion. Die Aufbaurezepte werden jetzt sprachlich weitergegeben, in Schriften niedergelegt, in Schulen gelehrt. So erhält sich auch in dieser weiteren, beim Menschen einsetzenden Entwicklung, was sich bewährt, also aufgabenerfüllend ist. So wie Zellorgane über Generationen hinweg in stets gleicher Ausbildung erhalten blieben, bis sie mitunter durch funktionsfähigere ersetzt wurden, so bleiben auch Produkte unserer Technik in immer neuer Ausführung erhalten, bis sie durch bessere verdrängt werden.

16.
Bausteine und Proportionen

Noch ein wichtiger Problemkreis bleibt zu besprechen. Haben die Bausteine, aus denen unser Körper besteht, Einfluß auf seine Gestalt? Warum sind alle höheren Tiere symmetrisch, warum ist der Mensch symmetrisch? Warum bestehen wir – zumindest im äußeren Erscheinungsbild – aus zwei spiegelbildlich fast gleichen Hälften? Und schließlich: Warum sind wir so groß, wie wir sind? Warum nicht bloß einen Zentimeter hoch – oder erreichen 48 Meter Höhe? Wie sich zeigen wird, ist hier die Größe des Planeten, auf dem wir leben, von unmittelbarem Einfluß. Ebenso aber auch das Baumaterial, aus dem wir bestehen. Und was die Größe des Planeten Erde betrifft, so erlangt sie am heutigen Entwicklungspunkt sogar noch besondere, für alle Lebewesen auf dieser Erde schicksalhafte Bedeutung.

Beginnen wir also mit den Bausteinen. Es sind Atome. Und zwar die absolut gleichen Atome, wie sie auch die Gebirge und Wüsten aufbauen, das Meer, die Seen und Flüsse, die Luft. Was das Baumaterial betrifft, so sind auch die Berge, die Gewässer, die Gase unsere fernen Verwandten. Wer dies nicht glaubt, sei auf die Pflanzen verwiesen. Ihre »Nahrung« ist zur Gänze anorganisches Material. Ihre Energiequelle sind die Sonnenstrahlen, ihre Stoffquelle ist in erster Linie Wasser mit darin gelösten Stoffen und Luft. Sie verwandeln in ihrem Gefüge »leblose Materie« in »vitalisierte Materie«. Die Atome, die sie aus der Umgebung an sich ziehen – in erster Linie jene des Kohlenstoffs, des Wasserstoffs, des Sauerstoffs und des Stickstoffs –, verwandeln sie mit Hilfe der Lichtenergie in Struktur, die den Lebensprozeß fortsetzt. Es kommt also auf eine bestimmte Kombination der Baustoffe an. Ist sie solcherart, daß der Lebensprozeß sich über sie fortsetzen kann, dann sind sie »organische Materie« geworden. Eignet sich die Kombination nicht oder altert sie und verliert so ihre Eignung, dann stoppt der Vorgang an diesem

Punkt, die Struktur zerfällt, und die Materie wird wieder anorganisch.

Die Tiere sind, wie mehrfach erwähnt, durchwegs Räuber von organischem Material. Ihre Energiequelle sind die Kräfte, welche die Atome zusammenhalten, letztlich die Energie der Sonnenstrahlen, welche die Pflanzen in jene Bindungsenergie verwandeln, die ihre Atome zusammenhält. Frißt ein Tier eine Pflanze, dann raubt es dieser Energie und Stoffe, baut deren organisches Material ab, baut eigenes organisches Material daraus auf. Frißt ein Tier ein anderes Tier, dann geschieht das gleiche: Wiederum wird organisches Material geraubt und in andere organische Struktur umgebaut. Was die Lebewesen also gegenüber den Gebirgen, den Meeren, den Wüsten, der Luft auszeichnet, ist keineswegs das Baumaterial, sondern ein Prozeß, der sich fortsetzt, wenn die Atome in eine bestimmte Kombination gelangen, wenn die aus ihnen gebildete Struktur die dazu nötigen Eigenschaften hat. So gesehen sind nicht die Lebewesen das eigentliche Phänomen, sondern ein Vorgang, der sich über sie hinweg fortsetzt. Er begann vor etwa 4000 Millionen Jahren im Meer und steigerte sich allmählich wie eine Lawine. Seine Weiterträger sind die Lebewesen. Sie vermehrten sich, immer neue Arten entstanden. Genauer gesagt: Immer neue Kombinationen von Molekülen entstanden, so geartet, daß sie den sich lawinenhaft steigernden Prozeß fortsetzten. Zunächst geschah dies bloß im Meer, dann auch in nicht salzigen Gewässern und schließlich auch an Land, in der Luft. Eigentliches Phänomen ist somit ein anschwellender Strom – wir nannten ihn in seiner Gesamtheit »Lebensstrom« –, der immer mehr anorganische Materie und Energie an sich zieht, gleichsam in seinen Dienst zwingt und sich über immer weitere Generationen von Atomkombinationen fortsetzt – in immer neue Arten von »Lebewesen«. Ist eine Kombination geeignet, diesen Strom fortzusetzen, dann ist sie ein Lebewesen. Ist sie dazu nicht geeignet, dann ist sie keines. Verliert sie diese Eignung, dann hört sie auf, ein solches zu sein.

Wann entstand nun das Baumaterial, das uns zu fernen Verwandten der Gebirge und Meere macht – wo lagen die Sternstunden in diesem Entwicklungsverlauf?

Die erste fällt mit der Entstehung des Universums zusammen – nach dem Stand heutiger Forschung liegt sie ungefähr 13 000 Millionen Jahre zurück. Denn die Atome bestehen ihrerseits aus noch kleineren Einheiten, welche die eigentlichen Bausteine aller Materie sind. Alle Atome setzen sich aus den gleichen »Elementarteilchen« zusammen, die noch um ein millionenfaches kleiner sind als die Atome. Die Übersicht wird dadurch erleichtert, daß es nur drei solche Elementarteilchen gibt, welche die dauerhafte Struktur der Atome bilden. Sie werden »Protonen«, »Neutronen« und »Elektronen« genannt. Sämtliche Materie, aus denen der Planet Erde und die übrigen Himmelskörper bestehen, sind Protonen, Neutronen und Elektronen. Die größeren und schweren Protonen und Neutronen entstanden in der vierten hundertstel Sekunde der Entstehung unseres Universums, die Elektronen etwas später – innerhalb der ersten Minute (Taf. 16).

Das Universum entstand mit einer Manifestation, die man in der Wissenschaft mit dem eher banalen Ausdruck »Urknall« bezeichnet. Es war eine Explosion von unvorstellbarem Ausmaß. Daß sie stattfand, erkannte man zunächst daran, daß die Galaxien und ihre Sterne sich in großer Geschwindigkeit voneinander entfernen, immer weiter nach allen Richtungen in den Weltenraum hinausfliegen – oder nach heutiger, für unser Denken schwer faßbarer Formulierung, daß der Raum sich über sie immer mehr ausdehnt. Der Zeitpunkt dieser Explosion, in deren Folge Masse, also Materie, aus Energie entstand, ließ sich aus der Geschwindigkeit dieser Bewegungen errechnen. Außerdem hinterließ diese Explosion gleichsam ein Echo, das bis heute noch feststellbar ist: die kosmische »Mikrowellen-Hintergrundstrahlung«. Aus ihr ließ sich errechnen, daß im Augenblick des »Urknalles« eine Temperatur von weit über 100 000 Millionen Grad herrschte. Und an diesem Punkt müssen wir kurz eine andere Betrachtung einschieben.

Seit eh und je hielt man Materie und Energie – also Stoff und Kraft – für etwas grundsätzlich Verschiedenes. 1906 erkannte jedoch Einstein, daß Materie eine Erscheinungsform von Energie ist, daß nämlich jedes Gramm Materie 9.10^{20} erg Energie darstellt. In den Jahren 1932 und 1933 gelang es, dies im Experiment zu beweisen: nämlich Materie zur Gänze in Energie zu zerstrahlen und aus reiner Energie Materie zu erschaffen. Die Elementarteilchen, aus denen alle Materie besteht, sind sozusagen höchst stabile »Pakete« von ungeheuer konzentrierter Energie. Die für unser Gehirn so selbstverständlich erscheinende Überzeugung, daß Stoff und Kraft etwas Verschiedenes sind, war somit nicht länger aufrechtzuerhalten.

Wenn nach dem Alten Testament Gott zu allererst das Licht schuf, dann deckt sich dies mit der heutigen Vorstellung vom Anfang unseres Universums. Licht – Strahlung – von unvorstellbarer Intensität war der Anfang, und in diesem ersten Augenblick einer unvorstellbaren Kraftkonzentration und Hitze entstand aus Energie Masse, entstanden die Elementarteilchen. Das also war die erste für uns bedeutsame Sternstunde vor ungefähr 13 000 Millionen Jahren. Im gleichen Augenblick der Entstehung des heutigen Universums entstanden auch die Materieteilchen, aus denen sich letztendlich unser Körper zusammensetzt – aus denen sich alle uns bekannte Materie zusammensetzt (Taf. 16, A, B). Die zweite Sternstunde – etwa 400 000 Jahre nach dem »Urknall« – war der Zeitpunkt, als das erste Atom sich bildete.

Sämtliche Atome bestehen aus einem Kern, der sich aus Protonen und meist auch Neutronen zusammensetzt, und den viel kleineren Elektronen, die diesen Kern in großer Entfernung umkreisen. Jedes Atom besteht somit nur zum geringfügigen Teil aus Masse, eigentlicher Materie, zur Hauptsache besteht es aus »leerem Raum«. Auch das widerstrebt dem »gesunden Menschenverstand« – ist aber dennoch erwiesene Tatsache. Im einfachsten Fall wird ein einziges Proton von einem einzigen Elektron umkreist – dies ist das Atom des Elementes »Wasserstoff«. Umkreisen 29 Elektronen 63 Protonen und Neutronen, dann handelt es sich um ein Atom des Elementes »Kupfer«. Umkreisen 79 Elektronen 197 Protonen und Neutronen, dann handelt es sich um ein »Gold«-Atom. Umkreisen 92 Elektronen 238 Protonen und Neutronen, dann ist ein Atom des schweren Elementes »Uran« entstanden.

Die Entstehung der Atome erfordert außerordentliche Energie. Sie entstanden, als sich in dem sich ausdehnenden und abkühlenden Universum Sternnebel bildeten, Galaxien, in denen es zur Bildung von Sternen, von Sonnen und weiteren ungeheueren Explosionen, den »Supernova«-Explosionen, kam. Wie in Backöfen entstanden die verschiedenen Atome – auch sämtliche, aus denen sich unser Körper zusammensetzt. Viele von ihnen sind weit älter als der Planet Erde, der nach heute herrschender Ansicht vor etwa 60 000

Millionen Jahren durch Zusammenballung von Gas und kosmischem Staub entstand (Taf. 11). Aus Atomen wiederum entstanden – aufgrund ihrer elektrischen Eigenschaften – durch Zusammenschluß die Atomverbindungen: die Moleküle. Dieser weitere Prozeß nahm vor etwa einer Million Jahren nach dem Urknall seinen Anfang. Dies war die dritte Sternstunde im Entwicklungsgang des Baumaterials unseres Körpers.

Durch Zusammenschluß von Molekülen in den Urmeeren unseres Planeten kam es dann zu jener Kombination, über die vor 4000 Millionen Jahren der Lebensprozeß seinen Anfang nahm – ein Prozeß, dessen Besonderheiten darin besteht, daß er nicht wie die übrigen mit Umweltkräften zu Gleichgewichtszuständen gelangt und so seine Potenz, Arbeit zu leisten, einbüßt, sondern im Gegenteil diese Potenz lawinenhaft steigert. Bei diesem Prozeß kam es, notwendigerweise, sehr bald zu einem Konkurrenzkampf unter den Strukturen, die ihn fortsetzen. Diese benötigten Energie, benötigten Stoffe. Wer besser an dieses »Material« – in welcher Gestalt auch immer – gelangte, wurde anderen überlegen, schnappte ihnen dieses Material weg, baute es in die eigene Struktur ein, konnte also eher anwachsen und sich vermehren, eher den Lebensprozeß fortsetzen als die anderen, die, notwendigerweise, in diesem Wettstreit auf der Strecke blieben. Jede neue Eigenschaft, die in diesem Vorgang einen Vorteil brachte, förderte ihre Träger, benachteiligte andere. Dieser Konkurrenzkampf setzte sich bis zum heutigen Tag fort. Die Tiere und Pflanzen rings um uns zeigen ihn uns deutlich. Der Kampf der Menschen und der von uns aufgebauten Machtstrukturen untereinander – Unternehmen, Staaten – beweisen ihn uns. Für die Höherentwicklung der Organismen war er insofern wichtig, als sich in diesem Ringen – nach Darwin »Kampf ums Dasein« genannt – Fortschritte durchsetzten. Genaugenommen ist es nicht ein Kampf »ums Dasein«, sondern »ums Fortsetzen«. Strukturen, die den Lebensprozeß in irgendeinem Bereich besser fortzusetzen vermögen, behaupten sich dort, verdrängen andere, setzen sich in immer weiteren Generationen fort, bis wieder irgendeine neue Verbesserung entsteht, über die der Lebensstrom sich noch konkurrenzfähiger fortsetzen kann und wodurch weniger geeignete Strukturen verdrängt werden. Aus dieser Sicht lassen sich die Tiere und Pflanzen und die Zweckmäßigkeit ihrer Körper weit leichter verstehen. Sehen wir in ihnen die Hauptsache – wie bis heute als selbstverständlich angenommen –, dann stoßen wir automatisch auf die Frage: Wer schuf sie, wieso kam ihre Zweckmäßigkeit zustande? Sehen wir dagegen in einem lawinenhaft anschwellenden Prozeß das eigentliche Phänomen, dann wird klar, daß nur eben bestimmte Strukturen mit ganz bestimmten Eigenschaften ihn fortzusetzen vermögen – und eben diese sind dann zweckmäßig. Bis der Strom dann Strukturen hervorbringt, die ihn noch besser fortsetzen, also noch zweckmäßiger sind – und die vorhergehenden verdrängen. Das Einsetzen dieses Konkurrenzkampfes war somit für die Gesamtentwicklung des Lebens eine besonders wichtige Sternstunde. Und so wie die Entstehung unserer Grundbausteine mit jener des Universums praktisch zusammenfiel, so fiel auch das Einsetzen des Konkurrenzkampfes mit dem Einsetzen des Lebensprozesses – vor 4000 Millionen Jahren – unmittelbar zusammen.

Nichts erscheint uns selbstverständlicher als die Tatsache unseres symmetrischen Aufbaues. Aber selbstverständlich ist nichts auf dieser Welt, in diesem Universum. Alles Seiende hat eine Ursache, und diese Ursachen versuchen Forschung und Philosophie zu ergründen. Eine Haselnußstaude ist durchaus nicht symmetrisch – ja die meisten Pflanzen sind nicht symmetrisch. Und auch unter den Tieren sind durchaus nicht alle symmetrisch. Zum Beispiel die Schwämme. Waschen wir uns mit einem Badeschwamm, dann waschen wir uns mit dem von lebender Substanz befreiten Innenskelett eines Tieres. Und dieses ist alles eher als symmetrisch.

Symmetrisch wurden Tiere in dem Augenblick, als sie in aktiver Fortbewegung Nahrung zu suchen begannen. Bei dieser Tätigkeit wird Symmetrie zum Konkurrenzvorteil. Man stelle sich einen Käfer vor, der auf einer Seite fünf, auf der anderen nur ein Bein hat. Höchstwahrscheinlich läuft er dann im Kreis – doch selbst wenn ihm eine zielhafte geradlinige Fortbewegung gelingt, ist er bestimmt einem Konkurrenten unterlegen, der bei sonst gleichem Körperbau auf beiden Seiten drei Beine hat. Somit setzten sich in allen Entwicklungslinien symmetrische Tiergestalten durch. Wenn vorn im Zentrum das Maul ist, dann ist das bei räuberischem Nahrungserwerb durch aktives Aufsuchen von Beute die beste Lösung. Wenn die wichtigsten Sinnesorgane – Augen, Nasen, Ohren – in der Nähe dieser Öffnung liegen, ist das ebenfalls von Vorteil. Ein weiterer

Vorteil besteht darin, daß Augen und Ohren paarig, also zu beiden Seiten und symmetrisch angeordnet liegen. Bei Anpassung an besondere Lebensweise – Erwerbsweise – kann es natürlich auch zu Ausnahmen kommen. Die Schollen liegen seitlich auf dem Grund, sind durch Farbanpassung perfekt getarnt, lauern so auf Beute. Diese Erwerbsform erwies sich als vorteilhaft: Die Schollen behaupteten sich. Ja über Mutationen gelangten sie sogar dahin, daß ihr nun nach unten weisendes Auge allmählich über die Stirn zur anderen Seite wanderte. Somit sind sie jetzt unsymmetrisch, haben beide Augen auf der gleichen Seite. In der Embryonalentwicklung dieser Fische zeigt sich jedoch deutlich, daß sie von symmetrischen Vorfahren abstammen, die sich bloß einer besonderen Form von Beuteerwerb anpaßten.

In unserer Ahnenlinie kam es vor 1200 bis 1000 Millionen Jahren zur Ausbildung des symmetrischen Körperbaues – eine weitere Sternstunde auf dem Entwicklungsweg unseres Körpers. In Verbindung mit dem ständig wirksamen Konkurrenzkampf erwies sich die notwendige Symmetrie als ein gestaltender Faktor ersten Ranges. Kein genialer Pinselstrich des Schöpfers – sondern eine Notwendigkeit. Innere Organe wie Lunge, Herz, Leber, Darmschlingen mußten sich diesem Diktat fügen. Wie auch immer sie im einzelnen liegen: Sie müssen so angeordnet sein, daß die für den Gesamtkörper nötige Symmetrie nicht gestört wird.

Nächste Frage: Warum ist der Mensch im Durchschnitt eineinhalb bis zwei Meter groß, während etwa eine Tanne bis über 20 Meter hoch wird und ein Bartenwal bis über 30 Meter lang? Antwort: Hier ist die Gravitationskraft des Planeten, auf dem wir leben, also die Erdanziehung, der gestaltende Faktor. Unter Wasser wird durch den Auftrieb der Einfluß dieser Kraft wesentlich vermindert, deshalb konnten sich dort weit größere und dabei trotzdem sehr bewegliche Tiere entwickeln. An Land wird dagegen jedes Lebewesen durch die Schwerkraft voll getroffen – dies setzt sowohl bei Pflanzen als auch bei Tieren der Größenentwicklung Grenzen. Wird hier ein Körper größer, dann wächst sein Körpervolumen – und damit sein Gewicht – mit dem Kubus, also mit der dritten Potenz, die Tragfähigkeit der ihn stützenden Teile nur mit dem Querschnitt, also mit der zweiten Potenz, mit dem Quadrat. Deshalb benötigen größere Tiere relativ dickere Beine, höhere Bäume relativ dickere Stämme.

Der Vergleich zwischen einer Maus und einem Elefanten zeigen dies anschaulich – noch anschaulicher der Vergleich zwischen dem Stamm einer jungen und einer alten Eiche. Wäre unser Planet ein viertel so groß und demnach auch seine Gravitationskraft nur ein viertel so stark, dann könnten sich weit größere Landtiere bilden, die Bäume könnten noch höher werden. Wäre dagegen unser Planet viermal größer, dann wäre auch seine Anziehungskraft entsprechend stärker und unsere jetzige Körpergröße nicht möglich.

Damit kommen wir zu einem sehr bedeutsamen und interessanten Zusammenhang. Nämlich zur Frage, inwiefern die Entwicklung zum Menschen auf eine bestimmte Planetengröße angewiesen war?

Folgendes ist dabei zu bedenken: Die Größe der Elementarteilchen steht fest, und ebenso konstant ist die Größe der von ihnen gebildeten Atome. Ob sich ein Sauerstoffatom oder ein Eisenatom auf einem großen oder kleinen Gestirn befinden, beeinflußt ihre Größe nicht – oder jedenfalls nicht wesentlich. Die Kräfte, welche die Atome zusammenhalten, sind so bedeutend, daß demgegenüber die Gravitationskraft nur eine untergeordnete Rolle spielt – es sei denn, daß gewaltige Materiezusammenballungen im Weltenraum stattfinden. Von solchen sprechen wir jedoch nicht, sondern nur von Gestirnen, die für die Lebensentwicklung in Frage kommen. Da somit die Atomgröße festliegt, liegt auch die Größe der Moleküle fest – und dies wieder beeinflußt die Größe der Zelle. Offensichtlich muß sie über eine Mindestzahl von Molekülen verfügen, um zu ihrer Gesamtleistung zu gelangen, sonst hätten sich im Konkurrenzkampf bestimmt kleinere, aus weniger Einheiten bestehende Zellen durchgesetzt. Die Zellgröße beeinflußt nun aber an einem wichtigen Punkt die Menschwerdung. Zur Ausbildung unserer Intelligenz war offenbar eine entsprechende Gehirngröße nötig. Dies lehrt der Vergleich mit den Affen sehr deutlich. Gehirngröße bedeutet: Zahl von Ganglien, also von Nervenzellen. Aus Zellen bestehende Körper müssen also offenbar eine bestimmte Größe erreichen, um über die nötige Zahl von Nervenzellen zur Möglichkeit von Intelligenzleistung zu gelangen. Auf einem vierfach oder sechsfach so großen Planeten hätten sich jedoch – zumindest an Land – nur kleinere Lebewesen ausbilden können. Und da über die Größe der Atome und Moleküle auch die Mindestgröße für die Zellen festliegt, hätten sie schwerlich eine Ganglienzahl erreichen können, dic intelligentes, ichbewußtes Denken zu produzieren vermag. Auf einem kleineren Planeten dagegen hätten sich zwar größere Landtiere entwickeln können, doch wäre hier die Problematik entstanden, ob die Größe der Oberfläche für den Vorgang der Evolution ausgereicht hätte. Auch hier gibt es Grenzen, da es nur über eine beträchtliche Vielfalt von Formen über Erbveränderungen und deren Kombination zu einer entsprechenden Höherentwicklung kommen kann. Einem Gott könnte wohl zugestanden werden, daß er auch auf einem Planeten von nur 100 Meter Durchmesser einen Menschen hinpflanzt – über den Weg, den die Lebensentwicklung tatsächlich genommen hat, wäre solches indes keinesfalls möglich.

Zugegeben: Hier sind viele Einwände möglich. Es gibt Zellen sehr verschiedener Größe. Die sehr kleinen Insekten haben es zu beträchtlichen Gehirnleistungen gebracht. Möglicherweise hätte über einen anderen Weg von Mutationen und das Entstehen von evolutionsfördernden Mechanismen auch intelligente Wesen von Erbsengröße entstehen können. In diesem Zusammenhang soll bloß ganz allgemein darauf hingewiesen sein, daß für die Lebensentwicklung nicht nur Wasser, nicht nur diese und jene Atomart, diese oder jene Temperatur und ähnliches erforderlich war, sondern daß auch die Größe des Planeten, auf dem dieser Vorgang stattfindet, eine Rolle spielt. Ist er zu klein, dann sind der Höherentwicklung Grenzen gesetzt. Ist er zu groß, dann setzt die Gravitationskraft ebenfalls Grenzen. Für die Größe des Menschen ist jedenfalls zweierlei von Einfluß. Erstens: die Größe der Bausteine, aus denen wir bestehen – also die durch physikalische Gesetze vorgezeichnete Größe der Elementarteilchen und der Atome. Zweitens: die Größe des Planeten Erde, unserer Heimat. Auch hier somit kein eigenwilliger Pinselstrich eines uns persönlich hervorbringenden Schöpfers. Auch hier die gestaltende Kraft von Gegebenheiten, die dem Lebensprozeß und damit auch der Entwicklung des Menschen den Weg vorzeichneten.

Weitere Sternstunde: Der formende Einfluß der Erdschwerkraft spielt bereits in der Wasserwelt eine nicht zu unterschätzende Rolle. Das eindrücklichste Beispiel wurde bereits besprochen: der Selektionsvorteil – der Vorteil im Konkurrenzkampf – jener Fische, die auf dem Umweg über die Luftanpassung ihrer Vorfahren zum Organ der Schwimmblase gelangten. Gäbe es keine Erdschwerkraft,

TAFEL 20: **Die wichtigsten Organe von Mensch und Apfelbaum – die man gemeinhin nicht als solche betrachtet**

Abbildungen: **1** Erbrezept (»RNS-Helix«), an den Enden schematisch vereinfacht, **2** Plastid, **3** Mitochondrium, **4** Ribosom, **5** ATP-Molekül. a = Polynucleotidstränge, denen die Buchstaben des Erbrezeptes in Gestalt von vier Basen anhaften: b = Adenin, c = Thymin, d = Guanin, e = Cytosin; f = Hüllmembrane, g = Granalamellen, h = Cristamembran, j = Ribosomkörper, k = Syntheseapparat, l = Messenger-RNS, m = Transfer-RNS, o = synthetisierter Eiweißstrang, p = Adenosinmonophosphatmolekül, r, s = Phosphate, t, u = Energie, die bei Abtrennung der Phosphate frei wird. Vergrößerung: Abb. 2 = 30 000fach, Abb. 3 = 70 000fach, Abb. 4 = 1,5 Millionen*fach,* Abb. 1 = 15 Millionen*fach,* Abb. 6 = 50 Millionen*fach.*

Der Begriff »Organ« entstand zu einer Zeit, als es noch keine Mikroskope und chemischen Analysen gab, er bezeichnet deutlich unterscheidbare Körperteile: etwa Arme und Beine, Augen und Nase, Herz und Leber. Heute wissen wir, daß die wichtigsten Leistungen bei den Pflanzen, Tieren und auch beim Menschen nicht von solchen großen vielzelligen Einheiten erbracht werden, sondern von Organen der uns aufbauenden Zellen, die wir jedoch – aufgrund des altüberkommenen Organ-Begriffes – nicht zu unseren Organen zählen. Bezeichnet man dagegen mit diesem Wort die Haupteinheiten, denen ein Körper seine Leistungen verdankt, dann müssen gerade sie an erster Stelle stehen.

Abb. 1 zeigt das in jedem Zellkern enthaltene Erbrezept, das beim Vorgang der Fortpflanzung alle zum Aufbau eines neuen Individuums nötigen Befehle erteilt. Es hat die Gestalt eines Doppelstranges (a), dem vier verschiedene Moleküle (b–d) anhaften – die »Buchstaben« der Befehlsschrift. Bei jeder Zellteilung teilt sich der Doppelstrang, so daß jede neue Zelle in ihrem Kern das gesamte Erbrezept enthält. Beim Menschen sind diese Stränge so lang, daß die Befehlsschrift in unsere Buchstabenschrift übersetzt 10 Bände einer Enzyklopädie von je 1000 engbedruckten Seiten füllen würde (Kap. 5). Abb. 2 zeigt das Zellorgan »Plastid« – jene Werkstätte, mit deren Hilfe die Pflanzen Sonnenenergie in ihren Dienst zwingen. Die Blätter der Pflanzen sind bloß Hilfsstrukturen, die eigentliche Arbeit – die »Photosynthese« – wird von den in den Zellen enthaltenen Plastiden geleistet. Abb. 3 zeigt das Zellorgan »Mitochondrium«, dem die Tiere, auch der Mensch, ihren Energieerwerb durch Aufschließung von »Nahrung« verdanken. Maul, Magen, Darm, Sinnesorgane, Fortbewegungsorgane sind nur vielzellige Hilfsstrukturen des Beuteerwerbes, die eigentliche Zertrümmerung der gefressenen organischen Moleküle wird von den in jeder Zelle enthaltenen Mitochondrien geleistet (S. 141). Abb. 4 zeigt das Zellorgan »Ribosom« – die Werkstätte des Eiweißaufbaues. Vom Erbrezept gelangen die Aufbauvorschriften in Form von »Messenger-RNS-Molekülen« (l) zu dieser Werkstatt, »Transfer-RNS«-Moleküle (m) bringen das nötige Baumaterial heran, und Eiweißmoleküle (o) verlassen die Werkstatt. Abb. 5 zeigt das Zellorgan »ATP«-Molekül, das wie eine Batterie, die von den Mitochondrien gewonnene Energie übernimmt und zu allen Zellteilen transportiert, wo solche benötigt wird (S. 140). Die Freisetzung der Energie (t) erfolgt durch Abtrennung eines Phosphates (s). Ist Not am Mann, dann kann durch Abtrennung eines zweiten Phosphates (r) noch eine weitere, geringere Energiemenge (u) abgegeben werden. Durch Wiederankoppeln von Phosphaten wird diese Batterie wieder aufgeladen.

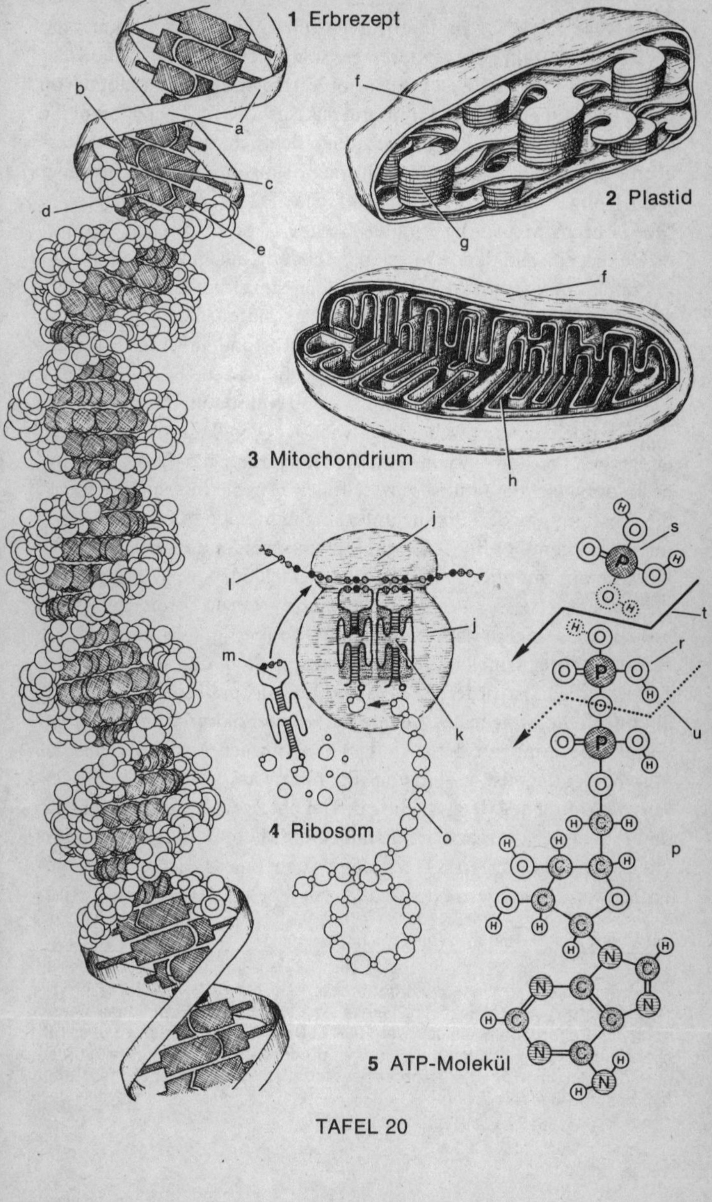
1 Erbrezept
a
b
c
d
e
2 Plastid
f
g
3 Mitochondrium
f
h
4 Ribosom
j
j
k
l
m
o
5 ATP-Molekül
p
r
s
t
u
P
P
P
O
H
C
N

TAFEL 20

dann wäre dieses Organ überflüssig, würde keinerlei Konkurrenzvorteil vermitteln. Ein anderes Beispiel: der ebenfalls schon genannte Bartenwal. Er ist ein warmblütiges Säugetier, stammt von Landwirbeltieren ab. An Land sind das Nashorn und der Elefant die größten Säugetiere. Ihre Beine zeigen deutlich, daß hier eine Vergrößerung der Körpermaße nicht mehr stattfinden kann. Im Meer jedoch ohne weiteres. Mühelos und schnell bewegen sich die großen Wale durchs Meer. Die Landeroberung ist somit für die Körpergröße das entscheidende Moment. Bei den Tausendfüßlern, Insekten und Spinnen ist sie durch den Außenpanzer auf Grenzen festgelegt. Die Wirbeltiere mit Innenskelett konnten dagegen an Land weit größere Körper bilden. Sechste Sternstunde also im Entwicklungsgang unserer Bausteine und Proportionen: die Landeroberung unserer Fischvorfahren vor 350 bis 330 Millionen Jahren.

Und noch eine entscheidend wichtige Problematik darf nicht übersehen werden – wichtig im Gesamtverlauf der Evolution und besonders wichtig an unserem heutigen Entwicklungspunkt. Es ist die Abstimmung der Organe untereinander, auf den Gesamtkörper hin und gegenüber der Umwelt. Die entscheidende Bedeutung des Konkurrenzkampfes zwischen den verschiedenen Weiterträgern des Lebensprozesses – den »Lebewesen« – wurde bereits hervorgehoben. Wer siegt in diesem Kampf? Offenbar jene Strukturen, die einerseits ihrer Umwelt am besten entsprechen, deren Organe also den jeweiligen Erfordernissen am besten angepaßt sind – anderseits aber auch die, welche das gleiche besser oder ökonomisch günstiger zu leisten vermögen. Hat ein Tier ein vierfach größeres Herz als notwendig, dann ist das ein unnötiger Aufwand, wirkt sich im Konkurrenzkampf negativ aus. Hat ein Tier ein vierfach zu kleines Herz, dann wirkt sich dies im Konkurrenzkampf ebenfalls negativ aus. Das gilt aber nicht nur für das Herz, das als beliebiges Beispiel herausgegriffen wurde, sondern ebenso auch für jedes andere Organ. Je bes-

---

Wie sehr alle Vielzeller – auch der Mensch – nach wie vor Zellkolonien geblieben sind, beweist die Tatsache, daß die wichtigsten Funktionen immer noch von Zellorganen geleistet werden – obwohl dies eine kaum zu übertreffende Vielgeleisigkeit bedeutet. Billionen durchaus gleichartiger Werkstätten befinden sich im Körper jedes größeren Vielzellers – auch in jenem des Apfelbaumes und des Menschen.

ser es in der Ganzheit des Körpers auf dessen tatsächliche Bedürfnisse abgestimmt ist, um so eher kann dieser im Konkurrenzkampf überleben.

Ein weiterer Punkt sind Vorrangstellungen, Prioritäten. Nicht selten stören einander Organe gegenseitig. Treffen zum Beispiel im Körper Knochen, Muskeln, Blutgefäße oder Nerven aufeinander, dann stellt sich die Frage, wer ausweichen muß. Je nach der Situation ist die beste Lösung verschieden. Meist haben Knochen und Muskeln den Vorrang: Blutgefäße und Nerven laufen nicht quer durch sie durch. Aber manchmal ist es auch umgekehrt – etwa bei den Schädelknochen oder beim Zwerchfell. Oder das Problem des optimalen Platzes im Körper. Nicht selten kommt es hier – ebenso wie in den menschlichen Betrieben – zum Konflikt, und jener Organismus ist am besten daran, bei dem das wichtigere Organ den optimalen Platz einnimmt, während andere eben Kompromisse eingehen müssen.

Hinzu kommt noch die Frage der Integration. In unserem Körper gibt es Organe von hoher Bedeutung, die nach wie vor Zellorgane sind, die man gemeinhin gar nicht als Organe bezeichnet. Allen voran das Erbrezept, das in jeder unserer Zellen enthalten ist – ein geradezu gigantischer Aufwand. Ebenso die Plastiden der Pflanzen, welche die Sonnenenergie einfangen und in molekulare Bindungsenergie verwandeln. Oder die in jeder Zelle enthaltenen Mitochondrien, die durch Molekülabbau Energie freisetzen, und die Ribosomen, die arteigenes Eiweiß aufbauen. Oder das von jeder Zelle selbst gebildete ATP als laufend tätiger Energievermittler. Alle diese Organe (Taf. 20) werden bis zum heutigen Tag in jeder einzelnen Zelle gebildet – ebenfalls ein gigantischer Aufwand. Daneben besteht unser Körper aus vielzelligen Organen – etwa unsere »Hände«, unsere »Augen«, unsere »Nieren«. Sodann gibt es uns dienende Einheiten von einer noch höheren Integrationsstufe, die man wiederum nicht als »Organ« bezeichnet, weil sie ihrerseits bereits aus zahlreichen Organen bestehen. Etwa das Blutgefäßsystem oder das Nervensystem. In ihrer Gesamtheit dienen sie dem Körper durchaus wie ein Organ. Schließlich kommen beim Menschen noch künstliche, nicht über Zelldifferenzierung, sondern über Leistungen des Gehirns gebildete Einheiten hinzu, die wir erst recht nicht als »Organe« bezeichnen, weil sie nicht mit dem Körper verwachsen sind, nicht aus Zellen bestehen, meist auch nicht vom Körper selbst gebildet wurden. Beispiel etwa: ein künstlicher Zahn. Er besteht aus anderem Material, wurde anderswo hergestellt – ist er darum aber weniger »Organ« als der danebenstehende natürliche Zahn? Unter Umständen – und darauf kommt es ja wohl letztlich an – leistet er seinen Dienst sogar besser! Da er mit unserem Körper fest verbunden ist, akzeptieren wir ihn – trotz seines anderen Zustandekommens – noch eher als »Organ« als etwa eine Brille oder unsere Schuhe. Aber auch diese steigern die Fähigkeiten unseres Körpers – und sind in diesem Sinn durchaus Organe. Letztlich auch eine Wohnung, in die wir uns zurückziehen wie eine Schnecke in das mit ihr verwachsene Haus.

Wesentlich ist in jedem Fall, daß alle diese Einheiten aufeinander abgestimmt sein müssen, da falsche Dimensionierung oder Konflikte zwischen Organen sich für den Körper, seine Lebensfähigkeit, seine Konkurrenzkraft unweigerlich negativ auswirken. Beim Menschen verlagerte sich die Ausrichtung in weitere Bereiche – in Annehmlichkeitsbereiche, in kulturelle Bereiche. Aber auch dort ist es keineswegs anders. Auch dort kommt es auf die Aufgabenerfüllung an, auch dort bilden wir Einheiten, die uns dienen – und die in diesem Sinn auch wieder »Organe« sind.

Ich komme nun zum Schluß, zur letzten in diesem Buch erörterten Sternstunde. Sie ist die erste, die insofern irreal ist, da sie noch nicht stattgefunden hat, da sie nur ein Ziel darstellt, auf das wir hinarbeiten können. Es lautet: Abstimmung unserer körperlichen und unserer künstlich geschaffenen Organe aufeinander und Abstimmung all dieser Organe auf den Planeten Erde, den wir heute beherrschen – und damit auf die Gesamtheit seiner »Natur«, auf die Gesamtheit dessen, was er zu liefern vermag, sowie auf die Gesamtheit unserer Verwandten: der Pflanzen und der Tiere. Vor diesem kaum zu lösenden Problem stehen wir heute. Für die Machtentfaltung des Menschen, für seine Fortpflanzung und sein Luxusstreben wird diese einsam durch den Weltraum fliegende Kugel allmählich zu klein. Die Katastrophe ist abzusehen.

Gäbe es zwanzig andere Planeten, die wir besiedeln könnten, dann wäre das Problem weit weniger akut. Es gibt sie jedoch nicht. Über unsere Intelligenz, über die ungeheure Vielzahl künstlicher Organe, die der Mensch heute hervorbringt, produziert, handelt, verkauft, ist der Lebensstrom so mächtig angeschwollen, gelangte zu so immenser Potenz, daß eine Selbstzerstörung dieses Vorganges näher an uns heranrückt, als wohl die meisten glauben oder wahrhaben wollen. Ob es uns freut oder nicht: Ausgerechnet wir sind dazu auserkoren, das weitere lawinenhafte Anwachsen des Lebensstromes entweder abzubremsen oder dem Ende der Lebensentwicklung ins Auge zu schauen. Dies war zu Anfang dieses Buches gemeint, wenn gesagt wurde, das Wissen um den Werdegang unseres Körpers und damit unseres »Ich« sei heute von besonderer Bedeutung. Tatsache ist, daß wir Bestandteile in einer Entwicklung sind, die nun gegen die Wand eines zu engen Raumes brandet und – wenn die Dinge weiterlaufen wie bisher – sich selbst zu vernichten droht.

Dem modernen Menschen liegt dieses Thema – sosehr er in der Abendrunde auch das Gegenteil beteuern mag – ganz außerordentlich fern. Grundlagen unseres Seins? Bemühungen um eine Standortbestimmung des Menschen? Wenn man noch Student ist und seiner Ziele ungewiß, dann mag dies von Interesse sein. Was aber hat das schon mit dem wirklichen Leben zu tun: mit dem Geld, das man verdient, dem Haus, dessen Besitz man anstrebt, dem Auto, das man fährt, den Orten, die man in den Ferien besuchen will, den Festen, die man gibt, dem Ansehen, das man genießt, dem Wohlleben, das man sich erkämpft, der selbstsicheren, fröhlichen, unbekümmerten Ausgeglichenheit, die man herbeisehnt? Die große Zehe – nun ja, sie ist vorhanden. Unsere Augen? Nun ja, sie sind notwendig. Aber was wirklich zählt, sind der Staat, die Wirtschaftslage, die Politik, die Steuern, der Berufserfolg, die Familie, der Seitensprung, die Altersversorgung. Oder am Ende nicht? Wäre es möglich, daß der Mensch einem Wassertropfen gleicht, der im großen Strom dahintreibt – jeder nur mit einem Minimum an freiem Willen versehen?

Die Sprache, welche Staatslenker sprechen, ist immer noch die gleiche Sprache wie eh und je. Das Denken, das die allgemeine Entschlußbildung lenkt, vollzieht sich in Kategorien, die sich seit Jahrtausenden kaum wesentlich geändert haben. In gewisser Hinsicht – so will mir scheinen – lebt der Mensch wie in einem Traum. Oder, genauer gesagt: in einer Unzahl von Träumen, die seine Phantasie produzierte und nach wie vor produziert. Die Werte, nach denen wir uns ausrichten, entsprechen in keiner Weise mehr dem Gesamtbild, das die Forschung uns von der Wirklichkeit produziert. Und die Forschung selbst wurde hilflos, da sie sich in so viele Spezialbereiche zersplitterte und deshalb zu einer Nutzung der eigenen Resultate, zu einer Gesamtkonsequenz längst nicht mehr fähig ist. Das »Erkenne dich selbst« auf dem Fries über dem Tempel zu Delphi gewinnt am derzeitigen Entwicklungspunkt tragische und dramatische Bedeutung. Siebente Sternstunde also im Entwicklungsverlauf der Bausteine und Proportionen des Menschen – fünfundachzigste in diesem Buch dargelegte – ist somit die Abstimmung unseres Körpers und der Machtkörper, die wir bilden, auf die Realität. Sie müßte wohl in den nächsten 30 bis 100 Jahren stattfinden – oder kann dann vielleicht schon nicht mehr stattfinden. Das ist der eigentliche Hintergrund dieses Buches, sein Anliegen und Impuls. Hier versucht es einen Beitrag zu leisten.

ANHANG

Nachwort und Danksagung

Die in diesem Buch dargestellten »Sternstunden« auf dem Entwicklungsweg des menschlichen Körpers erheben keinerlei Anspruch auf Vollständigkeit. Kenner der menschlichen Anatomie werden je nach ihrer Fachausrichtung sicher die eine oder andere vermissen. Ich bin bei meiner Auswahl weniger von einer strukturellen als von einer funktionellen Beurteilung des Evolutionsvorganges ausgegangen.

Bei den notwendigen Recherchen unterstützte mich in erster Linie Frau Prof. Dr. Anneliese Strenger, Vorstand des Institutes für Zoologie an der Universität Wien, der ich für laufende Information, Kritik und Korrektur meinen allerherzlichsten Dank sage. Die Vergleichende Morphologie, von keinem Geringeren als Goethe begründet, wurde an der Wiener Universität seit eh und je besonders gepflegt, und diese Tradition wird bis heute tatkräftig fortgesetzt. Für Hinweise und Korrekturen auf dem Gebiet der Physiologie danke ich Herrn Doz. Dr. Herbert Nopp, auf dem Gebiet der Paläontologie Herrn Prof. Dr. Friedrich Steininger und Herrn Doz. Dr. Gernot Rabeder, die mir auch bei der nicht eben einfachen Datierung der einzelnen Sternstunden halfen. Wir sind eher vorsichtig verfahren, in zahlreichen Fällen würde der heutige Forschungsstand eine weit genauere Fixierung rechtfertigen. Ebenso danke ich Herrn Prof. Dr. Heinrich Erben von der Universität Bonn und für Auskünfte auf dem Gebiet der Physik Herrn Doz. Dr. Gerhard Ecker vom Institut für Theoretische Physik in Wien. Wertvolle Hinweise, besonders auf dem Gebiet der Vergleichenden Verhaltensforschung, verdanke ich bei diesem Buch meinem langjährigen Freund Prof. Dr. Irenäus Eibl-Eibesfeldt, Leiter der Forschungsstelle für Humanethologie am Max-Planck-Institut in Seewiesen. Den zahlreichen weiteren Kollegen verschiedener Fakultäten, die mir ebenfalls durch Information bereitwillig halfen, sei hier pauschal mein herzlicher Dank ausgesprochen. Hervorheben möchte ich noch die besonders engagierte Mitarbeit von Helmut Katzmann, der die gewünschten Zeichnungen nicht nur mit großer Sorgfalt ausführte, sondern auch durch eigene Literaturforschung zur Konzeption der Aussage beitrug. Meinem Lektor, Herrn Dr. Erich Rößler, danke ich für wertvolle Anregungen und dem C. Bertelsmann Verlag für Unterstützung und Geduld.

Beim Umfang des Themas werden Fehler nicht ganz zu vermeiden gewesen sein. Für diesbezügliche Hinweise bin ich dankbar und jeder sachlichen Kritik aufgeschlossen. Wenn die Darstellung an manchen Stellen provokant ist, dann liegt dies durchaus in meiner Absicht. Nach meiner ehrlichen Überzeugung wird es gerade am derzeitigen Wendepunkt entscheidend wichtig, daß wir uns als das sehen, was wir tatsächlich sind, und nicht länger in dem gefährlichen Spiegelgarten unserer eigenen Phantasie weitertasten.

Literaturverzeichnis und Quellennachweis

Benninghoff, A. (1960): *Anatomie des Menschen,* 2 Bde., Urban und Schwarzenberg, München
Bertalanffy, L. v. (1932): *Theoretische Biologie,* Borntraeger, Berlin
Biologische Enzyklopädie (1967): *Leben und Mensch,* BLV-Verlagsgesellschaft, München
Bolk, L., Göppert, E., Kallius, E., und Lubosch, W. (1934): *Handbuch der vergleichenden Anatomie der Wirbeltiere,* Urban und Schwarzenberg, Berlin, Wien
Brahe, T. (1975): *Biologie die uns angeht,* Reihe Aktuelles Wissen, Bertelsmann Lexikon-Verlag, Gütersloh
Bresch, C. (1977): *Zwischenstufe Leben,* Piper Verlag, München
Bresch, C., und Hausmann, R. (1972): *Klassische und Molekulare Genetik,* Springer Verlag, Berlin
Brockhaus Enzyklopädie (1966/76), 23 Bde., F. A. Brockhaus, Wiesbaden
Buddenbrock, W. v. (1950): *Vergleichende Physiologie,* Bd. 4, *Hormone,* Verlag Birkhäuser, Basel
Bütschli, O. (1921): *Vorlesungen über Vergleichende Anatomie,* J. Springer Verlag, Berlin
Clara, M. (1967): *Entwicklungsgeschichte des Menschen,* Quelle und Meyer, Heidelberg
Darwin, Ch. (1859): *On the Origin of Species by Means of Natural Selection,* 2 Bde., London
Dineley, D. (1975): *Earth's Voyage through Time,* Granada Publishing Ltd. Paladin Frogmore, St. Albans, Great Britain
Ditfurth, H. v. (1973): *Im Anfang war der Wasserstoff,* Hoffmann und Campe, Hamburg
Ditfurth, H. v. (1976): *Der Geist fiel nicht vom Himmel,* Hoffmann und Campe, Hamburg
Driesch, H. (1921): *Philosophie des Organischen,* Wilhelm Engelmann, Leipzig
DTV – *Atlas zur Biologie* (1967), 2 Bde., Deutscher Taschenbuch Verlag, München
Durand, W. (1943): *Die großen Denker,* Orell Füssli Verlag, Zürich
Eibl-Eibesfeldt, I., und Hass, H. (1966): »Zum Projekt einer ethologisch orientierten Untersuchung menschlichen Verhaltens«, in: *Mitteilungen der Max-Planck-Gesellschaft,* Bd. 6.
Eibl-Eibesfeldt, I. (1978): *Grundriß der Vergleichenden Verhaltensforschung,* Piper Verlag, München
Eigen, M., und Winkler, R. (1975): *Das Spiel,* Piper Verlag, München
Eisler, R. (1929): *Wörterbuch der philosophischen Begriffe,* 3 Bde., Berlin

Erben, H. K. (1975): *Die Entwicklung der Lebewesen,* Piper Verlag, München
Fischer Lexikon: *Biologie I. u. II* (1965), Fischer Bücherei KG, Frankfurt am Main
Fischer Lexikon: *Geophysik* (1977), Fischer Taschenbuch Verlag GmbH, Frankfurt am Main
Florey, E. (1970): *Lehrbuch der Tierphysiologie,* Georg Thieme Verlag, Stuttgart
Gamow, George (1959): *Die Geburt des Alls,* Hanns Reich Verlag, München
Gersch, M. (1964): *Vergleichende Endokrinologie der wirbellosen Tiere,* Akademische Verlagsgesellschaft, Leipzig
Goethe, J. W. (1949): *Naturwissenschaftliche Schriften,* 2 Bde., Artemis Verlag, Zürich
Goodrich, E. S. (1930): *Studies on the Structure and Development of Vertebrates,* Macmillan and Co., London
Grassé, P. P. (1948–1976): *Traité de zoologie,* 17 Bde., Masson Editeurs, Paris
Grobben, K., und Kühn, A. (1932): *Lehrbuch der Zoologie,* Julius Springer, Berlin
Haeckel, E. (1875): *Natürliche Schöpfungsgeschichte,* Verlag Georg Reimer, Berlin
Hafferl, A. (1957): *Lehrbuch der topographischen Anatomie,* Springer Verlag, Berlin
Hanke, W. (1973): *Vergleichende Wirkstoffphysiologie der Tiere,* Gustav Fischer Verlag, Stuttgart
Hanke, W., und Lindauer, M. (1974): »Vergleichende Endokrinologie«, 2. Int. Symp. Akadem. Wiss. Mainz 1973, in: *Fortschr. Zoolog.* 22 (2/3) S. 1–470
Harper, Löffler, Petrides, Weiss (1975): *Physiologische Chemie,* Springer Verlag, Berlin
Hass, H. (1968): *Wir Menschen,* Molden Verlag, Wien
Hass, H. (1970): *Energon, das verborgene Gemeinsame,* Molden Verlag, Wien
Hass, H. (1971): *In unberührten Tiefen,* Molden Verlag, Wien
Hass, H. (1973): *Welt unter Wasser,* Molden Verlag, Wien
Hass, H., und Lange-Prollius, H. (1978): *Die Schöpfung geht weiter,* Seewald Verlag, Stuttgart
Heberer, G. (1967): *Die Evolution der Organismen,* Fischer Verlag, Stuttgart
Hertwig, O. (1920): *Allgemeine Biologie,* Gustav Fischer, Jena
Hesse, R., und Doflein, F. (1935): *Tierbau und Tierleben,* 2 Bde., Gustav Fischer Verlag, Jena
Hyman, H. H. (1967): *The Invertebrates,* Bd. 1–6, McGraw-Hill, New York
Illies, J. (1976): *Zoologie des Menschen,* Deutscher Taschenbuch Verlag, München
Illies, J. (1978): *Die andere Seite der Biologie,* Verlag Herder, Freiburg i. Br.
Kaestner, A. (1965): *Lehrbuch der Speziellen Zoologie,* 3 Bde., Gustav Fischer Verlag, Jena
Kahn, F. (1977): *Der menschliche Körper,* Manfred Pawlak Verlagsgesellschaft, Herrsching
Koestler, A. (1978): *Der Mensch – Irrläufer der Evolution,* Scherz Verlag, Bern
Kopsch, F. (1955): *Lehrbuch und Atlas der Anatomie des Menschen,* 2 Bde., Georg Thieme Verlag, Stuttgart
Kosmos Lexikon der Naturwissenschaften (1953), 2 Bde., Frankh'sche Verlagshandlung, Stuttgart
Kühnelt, W. (1965): *Grundriß der Ökologie,* Gustav Fischer Verlag, Jena
Kükenthal, T. (1925–1979): *Handbuch der Zoologie,* Walter de Gruyter, Berlin
Lange, Strauß, Dobers (1974): *Biologie,* Herrmann Schrödel Verlag KG, Hannover
Lehmann, U. (1977): *Paläontologisches Wörterbuch,* Ferdinand Enke Verlag, Stuttgart
Linder, H. (1971): *Biologie,* J. B. Metzlersche Verlagsbuchhandlung, Stuttgart

Lorenz, K. (1973): *Die Rückseite des Spiegels,* Piper Verlag, München
The Living World of Animals (1970), The Reader's Digest Association Ltd., London
Margulis, L. (1974): »Five-Kingdom Classification and the Origin and Evolution of Cells«, in: *Evolutionary Biology,* Bd. 7, S. 45–78
Marinelli, W., und Strenger, A. (1959): *Vergleichende Anatomie und Morphologie der Wirbeltiere,* F. Deuticke Verlag, Wien
Meadows H. D. und D. L., Randers, J., und Behrens, W. W. (1972): *The Limits of Growth,* New American Library, New York
Meyers Handbuch des Weltalls (1973), Bibliograph. Institut AG, Mannheim
Moore, R. G., und Teichert, C. (1953–1979): *Treatise on Invertebrate Palaeontology,* 22 Bde., Geological Society of America, The University of Kansas Press, Lawrence
Müller, H. A. (1963–1970): *Lehrbuch der Paläozoologie,* 3 Bde. (7 Teile), Gustav Fischer Verlag, Jena
Monod, J. (1971): *Zufall und Notwendigkeit,* Piper Verlag, München
Nelsen, O. E. (1953): *Comparative Embryology of the Vertebrates,* McGraw-Hill Book Co., New York
Nietzsche, F. (1930): *Der Wille zur Macht,* Alfred Kröner Verlag, Leipzig
Osche, G. (1972): *Evolution,* Herder Verlag, Freiburg
Parthier, B. (1976): *Eiweiße – Grundstoffe des Lebens,* Urania Verlag, Leipzig
Pasachoff, J. M. (1978): *Astronomy Now,* W. B. Saunders Company, Philadelphia
Pauling, L. (1967): *Chemie – Eine Einführung,* Verlag Chemie GmbH, Weinheim
Penzlin, H. (1977): *Lehrbuch der Tierphysiologie,* Gustav Fischer Verlag, Stuttgart
Pflugfelder, O. (1970): *Lehrbuch der Entwicklungsgeschichte und Entwicklungsphysiologie der Tiere,* Gustav Fischer Verlag, Stuttgart
Pilbeam, D. (1972): *The Ascent of Man, an Introduction to Human Evolution,* McMillan, New York
Piveteau, J. (1952–1962): *Traité de Paléontologie,* 7 Bde., Masson Editeurs, Paris
Portmann, A. (1948): *Die Tiergestalt,* Friedrich Reinhardt, Basel
Portmann, A. (1976): *An den Grenzen des Wissens,* Fischer Taschenbuch Verlag, Frankfurt am Main
Prosser, C. L., und Brown, F. A. (1962): *Comparative Animal Physiology,* Saunders, Philadelphia
Remane, A., Storch, V., und Welsch, U. (1973): *Evolution,* Deutscher Taschenbuch Verlag, München
Rensch, B. (1965): *Homo Sapiens,* Vandenhoeck und Ruprecht, Göttingen
Press, F., und Siever, R. (1978): *Earth,* W. H. Freeman and Company, San Francisco
Riedl, R. (1975): *Die Ordnung des Lebendigen,* Verlag Paul Parey, Hamburg
Riedl, R. (1976): *Die Strategie der Genesis,* Piper Verlag, München
Romer, A. S. (1966): *Vergleichende Anatomie der Wirbeltiere,* Verlag Paul Parey, Hamburg, Berlin
Romer, A. S., und Parsons, T. S. (1977): *The Vertebrate Body,* Saunders, Philadelphia
Saint-Hilaire, G. de (1830): *Philosophie zoologique,* Paris
Schütz, E., und Rothschuh, K. E. (1960): *Bau und Funktionen des menschlichen Körpers,* Urban und Schwarzenberg, München
Silbernagl, St. (1979): *Taschenatlas der Physiologie,* Georg Thieme Verlag, Stuttgart
Simons, E. L. (1972): *Primate Evolution, an Introduction to Man's Place in Nature,* McMillan, New York
Storer, T. I., und Usinger, R. L. (1957): *General Zoology,* McGraw-Hill, New York

Streble, H., und Krauter, D. (1976): *Das Leben im Wassertropfen,* Frankh'sche Verlagshandlung, Stuttgart
Teilhard de Chardin, P. (1959): *Der Mensch im Kosmos,* Verlag Beck, München
Teilhard de Chardin, P. (1963): *Die Zukunft des Menschen,* Walter Verlag, Olten
Thenius, E. (1970): *Paläontologie,* Frankh'sche Verlagshandlung, Stuttgart
Thenius, E. (1972): *Versteinerte Urkunden,* Springer Verlag, Berlin
Versluys, J., und Ihle, J. (1927): *Vergleichende Anatomie der Wirbeltiere,* J. Springer Verlag, Berlin
Webster, A. (1974): *The Cosmic Background Radiation,* Scientific American, Vol. 231, Nr. 2
Weinberg, St. (1977): *Die ersten drei Minuten,* Piper Verlag, München
Weizsäcker, C. F. v. (1948): *Die Geschichte der Natur,* Hirzel Verlag, Zürich

Register

* hinter den Seitenzahlen weisen auf Abbildungen hin

Bitte umblättern:

Zsolt Harsanyi/Richard Hutton

Die Marker

Das genetische Frühwarnsystem der Medizin
300 Seiten mit Register und 4 s/w-Abb.

Professor Dr. Zsolt Harsanyi, Ordinarius für Genetik am New Yorker Cornell Medical College, und der Wissenschaftspublizist Richard Hutton referieren in ihrem sensationellen Report den neuesten Stand der Gen-Forschung. Die Botschaft ist Hoffnung – denn die Entdeckung der genetischen Indikatoren, der sogenannten Marker, wird zu einer Revolution der Medizin führen.

Die Genetiker haben entdeckt, daß die Marker Vorhersagen über die Disposition eines Menschen für bestimmte Krankheiten zulassen. Solche Marker sind inzwischen für verschiedene Krebsarten, Herz- und Gefäßerkrankungen, Diabetes, Arthritis, Fettsucht, Multiple Sklerose, Malaria und einer Reihe von Erb- und anderen Krankheiten bekannt. Und bald wird die Gen-Forschung über einen noch beachtlicheren Katalog genetischer Indikatoren verfügen. Allerdings: Nicht jeder, der für eine bestimmte Krankheit disponiert ist, muß auch an ihr erkranken. In der Regel treten andere Umweltfaktoren auslösend hinzu. Aber auch die Erforschung dieser Faktoren ist in vollem Gange. An die Stelle der die bereits ausgebrochenen Krankheiten behandelnden Medizin wird in vielen Fällen die Vorbeugung von Krankheiten treten. Schon heute sind genetische Vorhersage-Untersuchungen in den USA für besondere Personen- und Berufsgruppen alltäglich. Morgen werden sie es auch in Europa sein. Daß dabei in Verbindung mit dem Arbeitsrecht und Datenschutz Probleme entstehen werden, ist sicher. Aber auch dabei können die Erfahrungen der Amerikaner hilfreich sein. In jedem Fall steht die Medizin vor einer Umwälzung – vor ihrer Revolution durch die Genetik.

Das Buch enthält ein Verzeichnis aller genetischen Beratungsstellen in der Bundesrepublik Deutschland, Österreich und in der deutschsprachigen Schweiz.

Hobby-Ratgeber

Ferdinand Brunner/Kurt Hlawacek
Wie sag ich's meiner Katze
Vom Umgang mit einem eigenwilligen Hausgenossen
Band 3009

Hans J. Fahrenkamp
Knuspriges Brot aus dem eigenen Ofen
Band 1879

Klaus Geller
Rechnen mit elektronischen Taschenrechnern
Formeln und Beispiele zur Lösung täglicher Rechenprobleme
Band 6375

Barbara Haislip
Die praktische Kunst des Wahrsagens
Band 3014

Curt Maronde
Rund um den Tee
Band 1459

Michael Schäfer
Das Pferd – mein Hobby
Ein Ratgeber für den Freizeitreiter
Band 1844

Frank Schoonmaker
Das Wein-Lexikon
Die Weine der Welt
Band 1872

Kurt Dieter Solf
Fotografie
Grundlagen, Technik, Praxis
Band 6034
Filmen
Grundlagen, Technik, Praxis
Band 6290

Fischer Taschenbuch Verlag